Jetzt helfe ich mir selbst

Dieter Korp

# VW Golf
# VW Scirocco
### ohne Diesel- und Einspritzmotor

## Jetzt helfe ich mir selbst

Unter Mitarbeit von
Thomas Haeberle

Motorbuch Verlag Stuttgart

Umschlagentwurf und Buchgestaltung: Peter Werner/Siegfried Horn
Titelbild: Thomas Haeberle

ISBN 3-87943-392-5

Auflage Nr. 108 972
Copyright © by Motorbuch Verlag, 7000 Stuttgart 1, Postfach 1370.
Eine Abteilung des Buch- und Verlagshauses Paul Pietsch GmbH & Co. KG.
Alle Rechte vorbehalten, einschließlich auszugsweiser Wiedergabe,
Übersetzung, Radio- und Fernsehübertragung.
Die in diesem Buch enthaltenen Ratschläge werden nach bestem Wissen und Gewissen
erteilt, jedoch unter Ausschluß jeglicher Haftung.
Änderungen durch Weiterentwicklung an den beschriebenen Fahrzeugmodellen
nach Drucklegung dieser Auflage sind möglich.
Idee und Gestaltung des Störungsfahrplanes in der vorderen Buchklappe: Verfasser.
Fotos: Boge 1, Haeberle 93, Herrmann 1, Schmarbeck 1, Solex 2, Thaer 20,
Volkswagenwerk 6.
Zeichnungen: Haeberle 1, Solex 4, Volkswagenwerk 14, Archiv Verfasser 1.
Stromlaufpläne: Volkswagenwerk.
Satz und Druck: SV-Druck, 7302 Ostfildern 1.
Buchbinderische Verarbeitung: Verlagsbuchbinderei Wilhelm Nething, 7315 Weilheim.
Printed in Germany.

# Sie finden in diesem Buch

Seite
7   Vorwort — So hält man sein Auto mobil
9   Prüfen ohne Werkzeug — Unbewaffneter Anfang
16  Werkstatt, TÜV und Garantie — Der Gang zum Onkel Doktor
22  Werkzeug und andere Hilfen — Gedanken zur Aussteuer

## Pflege nach Plan

29  Motorraum-Bildseite — Wo sitzt was?
30  Wartung wann und wo — Geplante Pflege
34  Schmieren aller Teile — Fettpölsterchen

## Der Motor

46  Der Motor und sein Innenleben — Kraft nach Wahl
63  Kühlung und Heizung — Zylinder im Wasser
72  Vom Tank zur Kraftstoffpumpe — Lange Leitung
78  Vergaser-Beschreibung — Die Futterküche
85  Vergaser-Praxis — Kennen Sie den Dreh?

## Antrieb und Fahrwerk

97   Die Kupplung — Zutritt erwünscht
102  Getriebe und Achsantrieb — Wir zeigen die Zähne
106  Vorder- und Hinterachse, Lenkung — Ein Blick auf die Autobeine
112  Die Bremsen — Abteilung Halt
124  Räder und Reifen — Profilierte Erwägungen

## Die elektrische Anlage

Seite
- 133 Die Batterie — Im Speicher
- 141 Lichtmaschine und Anlasser — Motoren am Motor
- 149 Elektrische Leitungen und Sicherungen — Auf den Pfaden des Stromes
- 154 Die Zündanlage — Hoffentlich funkt's
- 171 Die Beleuchtung — Erleuchtende Wirkung
- 180 Die Signaleinrichtungen — Es blinkt und hupt
- 185 Instrumente und Geräte — Wächter und Helfer

## Die Karosserie

- 198 Die Karosserieteile — Entkleidungsszene
- 207 Wagenwäsche und Lackpflege — Sehr gepflegte Erscheinung

## Und ferner

- 209 Der Winterschutz — Keine Angst vor Väterchen Frost
- 213 Schleppen und Abschleppen — Am Schnürchen
- 216 Technische Daten — Wir lassen Zahlen sprechen
- 220 Typentwicklung — Werdegang
- 222 Stichwortverzeichnis — Wegweiser
- 224 Stromlaufplan Teil 1 — VW Golf Modell 1975
- 226 Stromlaufplan Teil 2 — VW Golf Modell 1975
- 228 Stromlaufplan Teil 1 — VW Golf/Scirocco Modell 1978
- 230 Erläuterungen zu den Stromlaufplänen — Erklärende Worte

Vorwort

# So hält man sein Auto mobil

Wer sein Auto ständig braucht, will sich möglichst nur hineinsetzen, den Motor anlassen und fahren. Schlimm ist es da, wenn der Wagen streikt und man hilflos neben dem Wagen steht, während eine wichtige Verabredung herannaht. Mit dem nötigen »Gewußt wie« läßt sich das Auto oft wieder selbst flott machen — etwa wenn die Kühlwasseranzeige ins rote Feld wandert bzw. die rote Warnlampe aufleuchtet, weil sich der elektrische Kühlerventilator nicht einschaltet.* Dabei kann man nicht nur den Abschleppdienst, sondern auch noch eine Werkstattrechnung einsparen.
Sparmöglichkeiten sind gut zu wissen, wenn Anschaffungspreis, Reparaturen, Ersatzteile und nicht zuletzt Benzin und Öl für das Auto immer teurer werden. Wer selbst an seinem Wagen Hand anlegt, hat schon mit einer ersparten halben Werkstattstunde den Kaufpreis für dieses Handbuch »verdient«. Wir haben beschrieben, was man alles selbst machen kann und was wegen des erforderlichen Werkzeugs oder aus Gründen der Verkehrssicherheit der Werkstatt vorbehalten bleiben sollte.
Auch wer sich nicht unbedingt mit Werkzeug bewaffnen will, findet Anregungen und Tips, wodurch er mit seinem VW Golf oder VW Scirocco sachkundiger umgehen und in der Werkstatt sicherer auftreten kann. Unser Buch soll gewissermaßen die etwas magere Betriebsanleitung erweitern. Seinen Zweck kann es aber nur erfüllen, wenn es immer im VW griffbereit liegt und nicht zu Hause den Bücherschrank ziert.
Das Handbuch ist allen Versionen des VW Golf und des VW Scirocco gewidmet (abgesehen vom Dieselmotor und der Einspritzanlage der GTI-Versionen). Bis auf das andere Blechkleid unterscheidet sich ja der Scirocco technisch nicht vom Golf.
Ganz herzlich wollen wir an dieser Stelle all jenen freundlichen und hilfsbereiten Leuten danken, die bei der Entstehung dieses Buches direkt oder indirekt mitgeholfen haben.

Die Verfasser

---

* Der elektrische Kühlerventilator wird von einem Thermoschalter eingeschaltet, der einmal ausfallen kann. Selbsthilfe ist hier ganz einfach möglich, indem man die beiden Kabel am Thermoschalter abzieht und zusammensteckt, wie es unser Bild auf Seite 70 zeigt. Damit ist der Kühlerventilator dauernd eingeschaltet und verhindert ein Überhitzen des Motors.

Weibliche Autofahrer meinen vielfach, ihre technische Ader sei so wenig ausgeprägt, daß es wenig Sinn habe, sich mit dem Innenleben ihres Autos zu befassen. Gelegentlich sind sie dann bei der Entgegennahme von Werkstattrechnungen ernüchtert. Wir meinen, daß eine Frau, die sich in einem immer mehr technisierten Haushalt auskennt, auch mit ihrem Auto vertrauter werden und sich einfachere Wartungsarbeiten zutrauen kann. Zum Prüfen des Säurestands der Batterie brauchen Sie nicht einmal Werkzeug: Alle Zellenstopfen herausdrehen und hineinsehen, ob der Säurestand bis zur Füllmarke reicht. Falls nicht, muß destilliertes Wasser nachgefüllt werden, wie auf Seite 136 beschrieben. Solche kleinen Kontrollen selbst durchzuführen, ist vor allem dann wichtig, wenn Sie normalerweise bei Selbstbedienungs-Tankstellen tanken. Denn während früher ein freundlicher Tankwart die Scheiben geputzt, den Ölstand und den Reifendruck kontrolliert und destilliertes Wasser in die Batterie nachgefüllt hat, bleibt er jetzt in seinem Häuschen sitzen und kassiert nur noch. Was man sonst noch alles für seinen VW Golf oder Scirocco tun kann, haben wir in diesem Handbuch zusammengestellt.

Prüfen ohne Werkzeug

# Unbewaffneter Anfang

Ehe Sie das Werkzeug schwingen, wäre zunächst einmal zu prüfen, ob, und wenn ja, was dem VW Golf oder Scirocco fehlt. Dazu genügt, wenn Sie sich mit Schreibzeug und einem Notizblock bewaffnen, um die festgestellten Mängel gleich festhalten zu können. Anschließend können Sie dann zusammenstellen, was Sie selbst machen wollen und was die Werkstatt beheben muß.

Zuerst machen wir einmal einen Rundgang um das Auto:

**Prüfen im Stand**

■ Neue Kratzer im Lack? Beulen? Rostansatz durch Steinschlag?
■ Stimmt der Luftdruck in allen Reifen? Damit Sie den Druck bei kalten Reifen messen können, lohnt sich hierzu ein eigener Luftdruckprüfer (siehe auch Seite 127).
■ Reifenprofil noch ausreichend? Reifenprofil ungleichmäßig abgefahren (Seite 127)? Alle Ventilkappen vorhanden?
■ Alle Lichter in Ordnung? Bremslicht beobachten lassen (oder selbst abends im Rückspiegel vor einer hellen Hauswand kontrollieren). Funktionieren Richtungsblinker und Warnblinkanlage?
■ Auch ein Blick unter die Motorhaube empfiehlt sich: Scheibenwascherbehälter gefüllt? Motorölstand (Seite 34)? Kühlflüssigkeitsstand? Stand der Bremsflüssigkeit (Seite 113)?

Die folgenden Kontrollen lassen sich leichter durchführen, wenn der Wagen aufgebockt ist — beispielsweise beim Ölwechsel an der Tankstelle.
■ Rost am Wagenboden, insbesondere an den Bremsleitungen?
■ Motor oder Getriebe ölfeucht? Ein wenig schadet nichts, die Motoren »schwitzen« gern ein wenig Motoröl aus, vor allem vorn an der Kurbelwellen-Keilriemenscheibe. Ernst ist es, wenn Bremsleitungen oder Stoßdämpfer ölfeucht sind (Werkstatt).

Die recht strömungsgünstige Golf-Karosserie (und auch das Scirocco-Blechkleid) hat die unschöne Angewohnheit, ihr Hinterteil bei Regenwetter schnell vollzukleckern. Darunter leidet natürlich auch die Leuchtkraft der hinteren Lichter, die man deshalb nach jeder Fahrt kontrollieren und mit einem feuchten Tuch abreiben sollte. Wenn die Scheinwerfergläser vorn auch eine lichthemmende Schmutzschicht tragen, reibt man sie bei dieser Gelegenheit auch gleich ab.

9

■ Schleifgeräusche der Bremsen an den Hinterrädern, Geräusche in den Radlagern (siehe Seiten 117 und 110), Räder schwergängig beim Durchdrehen von Hand? Bei der letzten Prüfung ist allerdings eine Eigenart der VW-Scheibenbremsen zu beachten: Die Schwimmsattelbremse löst sich nur durch die Drehung des Rades und nicht schon beim Loslassen des Bremspedals. Bremsen Sie deshalb den VW beim Befahren der Hebebühne nur mit der Handbremse (die auf die hinteren Trommelbremsen wirkt), sonst haben Sie bei hochgebocktem Wagen den Eindruck, die Vorderräder liefen nicht frei.
■ Auspuffanlage durchgerostet oder beschädigt? Ein durch Bodenberührung zusammengequetschtes Auspuffrohr hemmt die Abgasströmung und mindert die Motorleistung.

**Prüfen während der Fahrt**
Wartungspunkte Nr. 35, 17, 18, 19 und 20

Da die Werkstätten heute kaum noch die Zeit und oft durch das Verkehrsgewühl gar nicht die Möglichkeit für eine Probefahrt haben, sollten Sie selbst ab und zu auf einer abgelegenen Straße oder einem am Wochenende verwaisten Parkplatz eine Testfahrt machen. Dabei läßt sich Wichtiges erkennen und manchem Schaden rechtzeitig vorbeugen. Andererseits muß aber nicht jedes neuartige Geräusch schon eine Vorankündigung sein, daß Ihr Auto demnächst zusammenbrechen wird.
■ Sprang der Motor willig an? Mangelnde Startfreudigkeit kann ihre Ursache sowohl in der Zündanlage (ab Seite 159) als auch im Vergasersystem (ab Seite 86) haben.
■ Ist der Leerlauf ruhig? Stotternder Leerlauf kann von verbrauchten Zündkerzen (Elektrodenabstand; Seite 168) wie auch von einem falsch eingestellten Vergaser oder verschmutzter Leerlaufeinrichtung des Vergasers verschuldet sein.
■ Sind ungewöhnliche Motorgeräusche zu hören? Ein schnatternd rasselndes Geräusch kann auf zu großes Ventilspiel (Seite 56) hinweisen. Ein zischelndes oder leicht pfeifendes Geräusch kann von Keilriemen, Wasserpumpe oder Lichtmaschine ausgehen.
■ Zeigt der Motor bei der Fahrt sauberen Übergang und ruckfreies Beschleunigen beim Gasgeben? Andernfalls kann der Elektrodenabstand durch Abbrand zu groß geworden sein oder Vergaser- und Zündeinstellung müssen kontrolliert werden.
■ Dröhnt der Motor in bestimmten Drehzahlbereichen? Dann sitzt wahrscheinlich der Antriebsblock (Motor und Getriebe) verspannt in seinen Gummilagern — das muß die Werkstatt beheben.
■ Patscht der Auspuff beim Gaswegnehmen? Dann ist er zumeist irgendwo durchgerostet und bekommt »falsche Luft«.
■ Trennt die Kupplung beim Schalten einwandfrei (kein Kratzen im Getriebe beim Schalten des ersten oder des Rückwärtsganges)? Rutscht die Kupplung bei scharfem Gasgeben durch? Beide Mängel betreffen vor allem das Kupplungsspiel, siehe Seite 100.
■ Pfeift die Kupplung beim Durchtreten? Das ist meist ein Zeichen, daß das sogenannte Ausrücklager (Seite 97) stark abgenutzt ist und bald ausgetauscht werden muß. Man kann aber in der Regel damit bis zu einer gelegentlichen Reparatur an Motor oder Getriebe warten.
■ Kratzt das Getriebe beim Einlegen eines Ganges zum Anfahren? Das kann eine nicht sauber trennende Kupplung als Ursache haben, aber es kann auch an schadhafter Synchronisierung im Schaltgetriebe liegen.
■ Mahlende oder singende Geräusche im Getriebe? Das deutet auf abgenutzte Zahnräder. Klackendes Geräusch oder leichter Schlag beim Gasweg-

nehmen? Entweder haben im Achsantrieb die Zahnräder zu viel Spiel oder eine Gelenkwelle ist ausgeschlagen.

■ Ist die Schaltung leichtgängig? Sie kann in der Werkstatt nachgestellt werden.

■ Schaltet das automatische Getriebe in den nächstniederen Gang zurück, wenn das Gaspedal voll durchgetreten wird (Kickdown)? Siehe Tabelle Seite 104.

■ Ziehen die Bremsen einwandfrei? Die Bremsversuche beginnt man aus mäßiger Geschwindigkeit, sagen wir 30 km/h. Dann wird — je nach Platz — bei größeren Geschwindigkeiten probiert. Dabei ist allerdings zu beachten, daß die VW-Lenkung ungleiche Wirkung der Vorderradbremsen von selbst ausgleicht (durch den »negativen Lenkrollradius«; siehe Seite 106). Schiefziehende Bremsen erkennt man deshalb weniger daran, daß der VW seitlich wegdrängt, sondern an ungleich langen Bremsspuren. Ungleichmäßiges Ziehen der Bremsen deutet zumindest auf verschlissene Beläge, wenn nicht auf undichte Bremsleitungen, klemmende Bremskolben oder schwergängigen Schwimmsattel hin. Im übrigen darf sich der Bremspedalweg auch nach mehrmaligem Treten nicht verringern. Sonst müssen bei Fahrzeugen bis Juli 1978 die Trommelbremsen nachgestellt werden.

■ Zieht die Handbremse? Siehe Seite 119.

■ Federt das Bremspedal beim Treten oder kann man es ohne Verstärkung der Bremswirkung tiefer durchtreten? Dann ist meist Luft in der Bremsleitung und das gesamte Bremssystem muß sorgsam überprüft und entlüftet (Seite 120) werden. Die Ursache kann auch am mangelhaft funktionierenden Bremskraftverstärker (Seite 121) liegen.

■ Ist die Lenkung leichtgängig? Stellt sich die Lenkung nach Kurvenfahrt wieder von selbst geradeaus? Fährt der VW auf ebener Fahrbahn auch bei losgelassener Lenkung sauber geradeaus? Mängel an der besonders leichtgängigen Lenkung deuten auf schwere Fahrwerksfehler (Lenkgeometrie) oder auf ungleichmäßige Kraftverteilung des einseitig gehemmten Ausgleichgetriebes oder Achsantriebes hin.

■ Rollt der Wagen leicht (Motor und Getriebe im Leerlauf) weiter? Andernfalls zu schwergängige Räder durch schleifende Bremsbeläge oder defekte Radlager.

■ Spürt man bei jeweils bestimmten Geschwindigkeiten Vibrationen im Lenkrad? Dann sind in der Regel die Räder nicht mehr richtig ausgewuchtet (Seite 129), sie springen (vor allem bei außerdem noch defekten Stoßdämpfern) auf der Fahrbahn. Oder eine Gelenkwelle ist schadhaft.

**Benzinverbrauch messen**

Wer sich einen VW Golf oder Scirocco gekauft hat, kann sich bei jeder Fahrt zur Tankstelle darüber freuen, daß sein Auto sparsam mit dem teuren Saft umgeht. Wenn Sie genau wissen wollen, wieviel Benzin durch den Vergaser läuft, müssen Sie allerdings auch genau messen. Zunächst werden Sie dann feststellen, daß der im Prospekt angegebene »Normverbrauch« aber noch geringer als der Benzindurst Ihres Wagens ist. Woran liegt das?

**Normverbrauch**

Je nach Modell und Motor sind in der Betriebsanleitung Ihres Wagens unter den Technischen Daten als Kraftstoffverbrauch 7,5 bis 9,0 Liter je 100 km angegeben (mit Getriebeautomatik ein halber Liter mehr). Nur wer ganz bewußt sparsam fährt, wird diese Verbrauchswerte erreichen oder sogar noch unterbieten. Aber der Normverbrauch ist ohnehin kein Praxiswert, denn hinter dem Wort »Kraftstoffverbrauch« steht noch »nach DIN 70 030«.

Der Normverbrauch wird unter besonders günstigen Bedingungen ermittelt: Mit halber Nutzlast beladen und mit genau ¾ der Höchstgeschwindigkeit rollt das Fahrzeug mit vorgeschriebenem Reifendruck auf absolut ebener Fahrbahn. Dem daraus ermittelten Verbrauchsergebnis wird noch ein 10%-iger Zuschlag hinzugegeben.

**Verbrauchsmessung mit Fahrtenbuch**

Da einzelne Nachtank-Messungen (geteilt durch die gefahrene Strecke) allenfalls den Verbrauch für die an jenen Tagen herrschenden Einsatzbedingungen ergeben, muß man den Durchschnittsverbrauch über einen längeren Zeitraum beobachten. Wer nur zwischendurch einmal den Verbrauch mißt, sollte sich weder über sein besonders sparsames Auto freuen, noch den scheinbaren Säufer gleich zur Überprüfung in die Werkstatt bringen. Eine wirklich richtige Aussage bringt nach unseren Erfahrungen nur ein über mindestens 1000 und mehr Kilometer sorgsam verbuchter Verbrauch. In solch einer Strecke — meist über mehrere Tage und Wochen — mischen sich meist alle Fahrweisen, so daß man einen echten Durchschnittsverbrauch erhält.

Für diese laufende Verbrauchsbeobachtung eignet sich am besten ein ordentlich geführtes Fahrtenbuch (kostenlos bei der Tankstelle erhältlich). Die Verbrauchsmessung geht dann so: Jeweils getankte Benzinmengen eintragen, alle paar tausend Kilometer zusätzlich nach dem Volltanken den genauen Kilometerstand eintragen. Alle Nachfüllmengen zwischen zwei km-Eintragungen addieren und den Gesamtverbrauch durch die gefahrenen km (mindestens 1000 km!) teilen und mit 100 multiplizieren — das ergibt den Liter-Verbrauch auf 100 km.

Beispiel: Letzte km-Notierung 27 396, vorletzte Notierung km-Stand 26 104, ergibt 1292 km Meßstrecke. Getankt wurden nach km-Stand 26 104 (ohne die damalige Volltankung!) bis einschließlich km-Stand 27 396 insgesamt 106,59 Liter. 106,59 : 1292 = 0,0825 (das ist der Liter-Verbrauch je 1 km). 0,0825 x 100 = 8,25 Liter Verbrauch auf 100 km.

Falls Ihnen die Führung eines Fahrtenbuches zu umständlich ist, sollten Sie wenigstens die Tankquittungen sorgsam sammeln, bei Volltankungen darauf Ihren km-Stand notieren und von Zeit zu Zeit mit diesen Quittungen nach obiger Methode prüfen, ob Ihr VW keinen über den Durst trinkt.

**Beurteilung des Kraftstoff-Verbrauchs**

Wenn Ihr Golf oder Scirocco zwischen 8,5 und 11 Liter durchschnittlich verbraucht, dürfen Sie sich freuen, aber keinem Mechaniker gestatten, sich Zündung, Vergaser, Zündkerzen, Unterbrecherkontakten Ihres VW auch nur zu nähern! Er kann daran nichts besser machen und neue Zündkerzen oder Unterbrecherkontakte sind bei solcher Sparsamkeit bestimmt noch nicht notwendig.

Liegt der Durchschnittsverbrauch Ihres VW Golf oder Scirocco zwischen 11 und 12 l/100 km, dann müssen Sie unterscheiden, ob dieser Durchschnitt außergewöhnlich im Vergleich zum seitherigen Verbrauch ist (durch ungünstige Fahrbedingungen), oder ob er auch den seitherigen Verbräuchen nach einer sorgsamen Motoreinstellung entspricht (Ursache zumeist unbeeinflußbare, ungünstige Fahrbedingungen).

Auf jeden Fall sollten Sie — und erst recht, wenn der Verbrauch um 13 l/100 km liegt — die nachfolgend aufgeführten Einflüsse auf den Verbrauch genau studieren und durchdenken, bevor Sie Geld zur Werkstatt tragen. Vielleicht finden Sie eine einleuchtende Erklärung für Ihren höheren Verbrauch oder einen Weg, ihn erfolgreich zu reduzieren.

- Innerstädtischer Verkehr, vor allem zu Berufszeiten, mit ständigem Anhalten und Anfahren, läßt den Verbrauch kurzzeitig bis zum Dreifachen ansteigen.
- Der Straßenzustand beeinflußt den Verbrauch ungünstig durch Kurven, gebirgige Strecken, Baustellen, unebenen Straßenbelag, Schneematsch oder Regenwasser.
- Die Witterung treibt den Kraftstoffverbrauch in die Höhe durch Gegenwind oder Kälte. Letztere läßt den Motor später betriebswarm werden, so daß bis dahin durch ungünstigere Kraftstoffausnutzung und kältesteifes Öl mehr Benzin zusätzlich verbraucht wird.

**Unbeeinflußbare Bedingungen**

- Hohe Belastung kostet mehr Kraftstoff. Nach unseren Erfahrungen braucht man je 100 kg Zuladung beim Golf und Scirocco etwa 0,5 bis 0,8 Liter pro 100 km mehr.
- Dachgepäckträger steigern den Kraftstoffverbrauch durch erhöhten Luftwiderstand.
- Auch Wohnwagen oder Bootsanhänger am Zughaken erhöhen die Benzinrechnungen, was allerdings bei Einhaltung der erlaubten und verbrauchsgünstigen 80 km/h wieder einigermaßen ausgeglichen wird, falls man nicht über ein (benzinfressendes) Gebirge muß.
- Am Fahrwerk verlangen schleifende Bremsen und schwergängige Räder (Radlager) mehr Kraftstoff, ebenso defekte Stoßdämpfer und falsch eingestellte Spur (was außerdem Reifen kostet).
- Zu niedriger Reifendruck erhöht den Rollwiderstand und damit den Benzinverbrauch. Dagegen helfen 0,2 bar Überdruck (wie sowieso für Autobahnfahrt empfohlen) Benzin sparen.
- Unterschiedlichen Benzinverbrauch bewirken auch die unterschiedlichen Reifenarten: Stahlgürtelreifen mit Sommerprofil (siehe Reifen-Kapitel) sind verbrauchsgünstig, grobstollige Winterreifen bewirken durch größeren Rollwiderstand höheren Benzindurst.

**Fahrzeugursachen**

- Während der Einlaufzeit bis zu 5000 km braucht der neue Motor in der Regel mehr Kraftstoff.
- Ständig ansteigender Durchschnittsverbrauch nach längerer Motorlebensdauer läßt auf nachlassende Kompression (siehe Motor-Kapitel) in den Zylindern schließen.
- Klebende Kolbenringe, verkrustete Ventilsitze oder falsches Ventilspiel können den Verbrauch steigern.
- Durch Bodenberührung zusammengequetschte Auspuffrohre hemmen durch schmaler gewordenen Rohrquerschnitt den Abgasfluß, drücken damit die Motorleistung und heben den Benzinverbrauch an.
- Zu hoch eingestellter Leerlauf des Vergasers — er soll bei 950/min bei warmem Motor liegen — frißt Benzin (und setzt auch die Bremswirkung des Motors bei Bergabfahrt herab).
- Störungen am Vergaser: Defekte Startautomatik (Seite 86), falsch eingestellte Einspritzmengen oder verschmutztes Luftfilter (behindert das Ansaugen der Luft) steigern den Kraftstoffverbrauch. Ebenso natürlich ein Vergaser, dessen plombierte Justierschrauben verstellt wurden.
- Abgenutzte Unterbrecherkontakte verschieben den Zündzeitpunkt ungünstig, der Kraftstoff wird nicht mehr voll ausgenutzt. Das geschieht auch durch Verschmutzung oder Verschleiß in der automatischen Zündzeitpunktverstellung (siehe Seite 161).

**Motorursachen**

■ Zu dickes Motoröl — etwa »30er«-Öl im Winter — hemmt den Motor und erhöht damit den Benzinverbrauch, vor allem, bis der Motor betriebswarm ist.

**Fahrerursachen**

Die größte Benzinersparnis erreicht man nie mit »Benzinspargeräten«, aber sicher in den meisten Fällen, wenn man mit kühlem Kopf und beherrschtem Gasfuß fährt. Deshalb müssen Sie aber nicht zu einem Verkehrshindernis werden, denn Bummelfahrt ist nur scheinbar sparsam. Was sich dabei an Benzin sparen läßt, muß man an zusätzlichem Motorverschleiß in Kauf nehmen (der Motor bleibt zu lange kalt, er wird gequält, in den Verbrennungsräumen bilden sich Rückstände und die Motorleistung sinkt).
■ Wirklich günstig ist der Kraftstoffverbrauch im Bereich des höchsten Drehmoments (höchste Durchzugskraft bei bester Zylinderfüllung), das bei den Golf- und Scirocco-Motoren zwischen 3000/min und 3200/min liegt. Die 50-PS-Modelle laufen dann rund 70 km/h, die stärkeren mit 70/75 PS rund 85 km/h und der 85-PS-Scirocco etwa 90 km/h. Nach unseren Erfahrungen liegt der Verbrauch zwischen 80 und 120 km/h recht günstig, ohne daß man andere behindert.
■ Bei jedem längeren Halt vor geschlossener Bahnschranke (nicht vor Verkehrsampeln!) oder im Verkehrsstau Motor abstellen. Das sind pro Minute fast 0,1 Liter! Bei weniger als 3 Minuten Halt frißt allerdings der Motorstart die ersparte Benzinmenge wieder auf.
■ Kleine Benzinersparnisse bringt auch das Ausrollen des Wagens vor Stop-Stellen und Verkehrsampeln (aber nicht übrigen Verkehr behindern!), während »Ampelsportler«, die mit Kavalierstart und quietschenden Bremsen von Ampel zu Ampel spurten, fantastische Benzinmengen durch den Vergaser jagen.
■ Nervosität im Gasfuß erhöht den Kraftstoffverbrauch, denn bei jedem hastigen Treten auf das Gaspedal wird eine unnötige Menge Kraftstoff von der Beschleunigungspumpe in den Vergaser zusätzlich eingespritzt.
■ Wer zu viel bremsen muß, ist vorher zu stark aufs Gaspedal getreten. Und das hat Benzin gekostet.
■ Das »Warmlaufenlassen« des Motors im Winter vor der Abfahrt kostet nicht nur unnötig Benzin (für 6 Minuten »Warmlaufen« braucht der VW etwa ½ Liter Kraftstoff!), sondern schadet auch dem Motor (Ausnahme: Start bei Temperaturen unter −10° C; siehe Seite 85). Denn der im Leerlauf nicht weiter belastete Motor wird zu langsam warm, das bedeutet zusätzlichen Verschleiß. Statt dessen mit mittleren Drehzahlen und ohne kräftige Beschleunigung losfahren.

**Die Höchstgeschwindigkeit**

Noch vor einigen Jahren spielte die Höchstgeschwindigkeit bei Autofahrergesprächen eine bedeutende Rolle. Durch mannigfache Geschwindigkeitsbegrenzungen und die 130 km/h-Empfehlung für Autobahnen ist es darum wesentlich ruhiger geworden und so kennen viele Autofahrer nur die entsprechende Höchstgeschwindigkeitsangabe aus Prospekten oder der Betriebsanleitung (siehe auch Kapitel »Technische Daten«). Aber die meisten Autofahrer, welche die Spitzengeschwindigkeit ihres VW selbst ausgefahren haben, sind der festen Überzeugung, daß speziell ihr eigener Wagen um einige km/h schneller als die Prospektangabe sei.
Das kommt zwar vor, aber selten. In Wirklichkeit hat das optimistische Tachometer etliche km/h hinzu geschwindelt. Der Gesetzgeber erlaubt dies sogar: Weil ein Massenprodukt wie ein serienmäßiges Tachometer so haar-

genau nicht immer anzeigen kann, ist der in solchen Fällen übliche Toleranzbereich in Richtung »zu hohe Anzeige« gelegt. Nach diesen gesetzlichen Bestimmungen darf das Tachometer in den oberen beiden Dritteln des Anzeigebereiches bis zu 7% des Skalenendwertes (!) zu viel anzeigen. Zu wenig anzeigen darf es niemals. Demnach rollt Ihr VW auf freier Landstraße (100 km/h Geschwindigkeitsbegrenzung) niemals in Wirklichkeit 105 km/h, wenn die Tachonadel auf »100« zeigt, sondern es sind eher echte 95, 92 oder gar nur 88 km/h.

Um bei Geschwindigkeitsbegrenzungen dadurch nicht zu langsam trödeln zu müssen, empfiehlt sich eine »Tacho-Eichung« für die wichtigen Geschwindigkeiten 50, 60, 70, 80, 100, 120 und 130 km/h und vielleicht auch noch die Berechnung der echten Spitzengeschwindigkeit. Sie brauchen dazu eine zufällig nur mäßig befahrene, ebene Autobahnstrecke, Beifahrer(in) mit Stoppuhr oder Armbanduhr mit Sekundenzeiger. Rechts am Autobahnrand stehen alle 500 Meter kleine Täfelchen mit Kilometerangabe. Die Tachonachprüfung geht dann so:

»Anlauf« nehmen, bis die Tachonadel ruhig und stetig auf die zu messende Geschwindigkeit zeigt. Beim Passieren der nächsten km-Tafel, die z. B. haargenau über einen Fenstersteg angepeilt wird, drückt Beifahrer(in) die Stoppuhr. Nach einem Kilometer Fahrt (die Tachonadel darf sich während der Messung nicht bewegen) bei gleicher Anpeilung der km-Tafel wieder die Stoppuhr drücken. Ergebnis notieren. Messung mindestens zweimal, besser dreimal wiederholen, da kleine Ungenauigkeiten bei der km-Tafel-Aufstellung oder Tachonadelschwankungen möglich sind. Durchschnittswert aus den Sekundenmessungen ermitteln.

Die echte Geschwindigkeit in Kilometer pro Stunde (= 3600 Sekunden) ergibt sich, wenn Sie 3600 durch die gestoppte Zeit (in Sekunden) teilen. Beispiel: Tachonadel zeigte auf 80; 1 km wurde in 48,5 Sekunden zurückgelegt; 3600 : 48,5 = 74,23; Ergebnis: Bei Tachoanzeige 80 wurden echte 74 km/h gefahren. Auf diese Weise können Sie auch die tatsächliche Spitzengeschwindigkeit Ihres VW (auf ebener Autobahn bei Windstille in beiden Richtungen gefahren) ermitteln.

Nicht nur die Tachonadeln, sondern auch die Kilometerzähler zeigen im allgemeinen zu viel an. Auch das kann man einmal gelegentlich einer längeren Autobahnfahrt messen: Zu Beginn der Fahrt Kilometermarkierung der Autobahn und den Stand des Kilometerzählers notieren. Bevor man die Autobahn verläßt, wiederum beides notieren und vergleichen. Eine Mehranzeige des eigenen Kilometerzählers täuscht natürlich einen günstigeren Benzinverbrauch vor.

Schließlich spielen auch noch die Reifen bei der Tachoanzeige eine Rolle. Wenn das Profil auf den Reifen immer dünner wird, wird auch der pro Radumdrehung zurückgelegte Weg des Reifens ein wenig kürzer. Da das Tachometer, genau besehen, nur die Radumdrehungen zählen kann, wird der Wagen bei abgefahrenen Reifen laut Tacho scheinbar etwas schneller, aber nur scheinbar!

Werkstatt, TÜV und Garantie

# Der Gang zum Onkel Doktor

Auch wenn Sie sich eine umfangreiche Werkzeugausrüstung angeschafft haben, kann an Ihrem VW doch eines Tages etwas zu reparieren sein, wozu spezielles VW-Werkzeug notwendig ist, das man leider nicht im Handel kaufen kann. Oder Sie brauchen Ihr Auto möglichst schnell wieder und haben deshalb keine Zeit zum Selbermachen. Vielleicht sind auch an Bremsen oder Lenkung Reparaturen erforderlich, wobei wir aus Gründen der Verkehrssicherheit von der Selbsthilfe abraten. Da wird also ein Werkstattbesuch fällig.
Zwei Fragen stellen sich gleich: Wer repariert das gut und preiswert? Und was wird das wohl kosten?

**Die Vertragswerkstatt**

Als Fahrer eines VW Golf oder Scirocco fühlen Sie sich natürlich zuerst zu jenen Werkstätten hingezogen, die das weiße VW-Zeichen auf blauem Grund im Schilde führen. Dafür spricht, daß man dort mit dem Golf und Scirocco besonders gut vertraut ist und alle wichtigen Ersatzteile am Lager hat, so daß die Reparatur bald erledigt sein kann.

**Der Spezialist macht manches möglich**

Es muß aber gar nicht immer die Vertragswerkstatt sein. Es gibt zahlreiche Spezialwerkstätten, die sich mit einem Sondergebiet der Autoreparatur befassen und meist nicht so überlaufen wie die Vertragswerkstätten sind. Auf ihrem Spezialgebiet sind solche Werkstätten mit jedem Automodell vertraut und Spezialwünsche lassen sich dort zumeist leichter erfüllen. Schließlich schicken auch viele Vertragswerkstätten die Wagen ihrer Kunden ohne viel Aufhebens in solche Spezialbetriebe — diesen Weg können Sie abkürzen und gleich selbst hinfahren, was zudem meist den Rechnungsbetrag deutlich senkt.

**Autoelektrik, Vergaser und Instrumente**

An der Spitze der Spezialwerkstätten stehen die Autoelektrik-Werkstätten, von denen die meisten die Firma Bosch vertreten, die wesentliche Elektroteile Ihres VW zu seinem Entstehen beigetragen hat. Man beschränkt sich in gut ausgestatteten Bosch-Werkstätten aber keineswegs auf Zündanlage und Scheinwerfer, sondern besitzt außerdem moderne Motortestgeräte, die beispielsweise auch zur Prüfung des Zündverteilers, der Vergasereinstellung und dergleichen geeignet sind. Von der Kundendienstabteilung der Robert Bosch GmbH, 7016 Gerlingen-Schillerhöhe, Robert-Bosch-Platz 1, erhält man auf Anforderung ein Verzeichnis aller Bosch-Dienste im In- und Ausland.
Vergaser-Spezialwerkstätten sind hierzulande zumeist mit der auch für die Golf- und Scirocco-Vergaser zuständigen Firma Solex vertraglich verbunden. Demgemäß erhält man deren Anschriften von der Kundendienstabteilung der Pierburg GmbH & Co KG, 4040 Neuss 13, Postfach 838.

Auf die Instrumente und Hilfsgeräte des Autos haben sich VDO-Tachometerdienste spezialisiert, deren Anschriften man von der Kundendienstabteilung der VDO Adolf Schindling AG, Postfach 6140, 6231 Schwalbach, bekommen kann. Bei diesen VDO-Diensten kann man sich beispielsweise auch das Tachometer eichen lassen, es läuft ja immer etwas vor, auch weiß man dort von der Scheibenwascherpumpe bis zur Zeituhr im Armaturenbrett Rat.

**Reifen, Karosserie, Lack und Innenausstattung**

Daß sich um die Reifen spezielle Reifendienste bemühen, dürfte allgemein bekannt sein. Man hat dort in der Regel mehr Auswahl als bei der Vertragswerkstatt und da der Umgang mit Reifen dort einzige Beschäftigung ist, kann man damit rechnen, daß das Reifenauswuchten sorgfältiger (und auf besseren Maschinen) vorgenommen wird.

Schäden an Lack und Karosserie kann man auch selbst wieder ausbügeln (das ist z. B. ganz ausführlich im Sonderband Nr. 45 dieser Buchreihe beschrieben), wenn aber an der Karosserie geschweißt werden muß oder eine große Fläche einwandfrei lackiert werden soll, geht es kaum ohne Spezialwerkstatt. Karosserieblechnerei und Lackiererei sind oft unter einem Dach vereint; die Anschriften finden Sie im (Branchen-)Telefonbuch. Karosserie- und Lackarbeiten sind nahezu die letzten handwerklichen Kunstfertigkeiten bei der Autoreparatur und es lohnt sich daher, einmal umherzufragen, in welcher Karosseriewerkstatt oder Lackiererei ein in Fachkreisen besonders anerkannter Mann arbeitet (selten ist das der Werkstattinhaber) und im Bedarfsfall diesen Mann aufzusuchen.

Auto-Polstereien sind heutzutage eine Rarität geworden. Wenn Sie aber eine finden, werden Sie erstaunt sein, daß die Reparatur eines verschlissenen Sitzpolsters zumeist billiger als ein neuer Sitz aus der Vertragswerkstatt ist. Dazu haben Sie eine interessante Polsterstoffauswahl oder können den Polsterstoff gleich mitbringen (schick und preiswert: Hosen-Cordsamt aus dem Resteladen). Ebenso ist die Innenraumverkleidung Spezialsache der Autopolsterei, vor allem die Deckenbespannung (siehe Seite 206).

**Auch Tankstellen können helfen**

Suchen Sie sich eine gut geführte Stammtankstelle, die nicht nur auf Selbstbedienung spezialisiert ist. Denn an SB-Tankstellen darf Ihnen, entsprechend den gesetzlichen Vorschriften, nicht geholfen werden und dementsprechend ist dort auch zumeist nur jemand zum Kassieren da. An anderen Tankstellen, die (vielleicht neben einigen Selbstbedienungs-Zapfsäulen) auch Tankstellen-Service leisten, sind Sie mit kleineren autotechnischen Nöten besser aufgehoben, denn diese Tankstellen bieten in der Regel mehr als nur Benzin und Öl.

Einige Aral- und Esso-Tankstellen haben auch Motor-Prüfstände, mit denen Vergaser- und Zündeinstellung von geschulten Leuten geprüft und eingestellt werden können; auch Unterbrecherkontakte kann man sich dort beispielsweise austauschen lassen. Regelrechte Reparaturen übernimmt man allerdings nicht.

Und andere Tankstellen, die sich für Instandsetzungsarbeiten an Ihrem VW anbieten, sind mit Vorsicht zu genießen. Denn wenn der Chef kein Kraftfahrzeugmeister und mit seinem Betrieb demgemäß auch nicht in die Handwerksrolle eingetragen ist, reicht seine Betriebs- und Haftpflichtversicherung nicht für Reparaturen an Motor, Bremse, Lenkung, Achsen usw. Das kann böse ins Auge gehen und ein vernünftiger Tankstellenhalter wird darum von sich aus solche Reparaturen ablehnen.

## Umgang mit der Werkstatt

Oft sind gute Werkstätten überlastet und trotz aller Hilfsbereitschaft kann man Ihnen dort nicht immer so schnell helfen, wie Sie sich das erhoffen. Es geht aber reibungsloser, wenn man einige Punkte beachtet:
- Kündigen Sie vorhersehbare Reparaturen oder Wartungsarbeiten möglichst frühzeitig persönlich oder telefonisch an und vereinbaren Sie einen festen Termin mit Uhrzeit.
- Entweder das Fahrzeug am Vorabend kurz vor Arbeitsschluß hinbringen, damit am nächsten Morgen gleich damit begonnen werden kann, oder morgens zwischen 7 und 8 Uhr vorfahren, denn um diese Zeit werden die Arbeiten eingeteilt.
- Mit einer zu Hause vorbereiteten Liste der Mängel können Sie einen ganz genauen Reparaturauftrag geben. Lassen Sie auf dem Auftragszettel vermerken, wenn das Öl oder die Zündkerzen nicht gewechselt werden sollen.
- Lassen Sie die Telefonnummer, unter der Sie tagsüber zu erreichen sind, auf den Reparaturauftrag schreiben mit der Anweisung, daß man Sie anrufen muß, wenn sich zusätzliche Reparaturen empfehlen.
- Ausgetauschte Teile lassen Sie sich (Vermerk auf dem Reparaturauftrag!) auf eine Zeitung in den Kofferraum legen. Damit haben Sie eine gewisse Kontrolle der Werkstattarbeit und es bremst leicht einen zu großzügigen Einbau neuer Teile. Diese Teile-Hinterlegung ist allerdings bei Rückgabe-Austauschteilen nicht möglich.
- Genau wie beim Neuwagen haben Sie auch bei Reparaturarbeiten gewisse Garantieansprüche, wenn die Arbeit unsachgemäß erledigt wurde oder sich ein Materialfehler herausstellt. Branchenüblich ist für Werkstätten eine Reparatur-Garantie von 6 Monaten ohne Kilometerbegrenzung. Wußten Sie das? Bei der Nachreparatur haben Sie in diesem Fall allenfalls das zu bezahlen, was sich als zusätzlich erforderliche Instandsetzung herausstellt.
- Bei grober Fahrlässigkeit der Werkstatt haben Sie sogar Anspruch auf Schadenersatz, falls Ihnen etwa kurz nach Verlassen der Werkstatt ein nachlässig montiertes Rad verloren geht und dadurch ein Unfall passiert.
- Den reparierten Wagen sollten Sie möglichst während der Geschäftszeit abholen, damit Sie noch vor »Ladenschluß« auf dem Werkstatthof möglichst viele Funktionen Ihres Wagens prüfen und erforderlichenfalls notwendige Beanstandungen unverzüglich anbringen können. An einem der folgenden Tage kann sich der Werkstattmann auf den Standpunkt stellen, der Grund Ihrer Unzufriedenheit sei erst nach Verlassen der Werkstatt eingetreten.
- Führen Sie die Mechaniker nicht durch wertvollen oder verlockenden Inhalt des unverschlossenen Handschuhkastens oder Kofferraumes in Versuchung. Das sind auch nur Menschen.
- Wenn Sie einmal anderer Meinung als die Leute von der Werkstatt sind, hilft ein sachliches Gespräch mit dem Werkstattleiter mehr als Schimpfen an der Kasse. Lassen Sie sich seine Gründe so erklären, daß Sie sie auch als Laie verstehen können. Und wenn die Meinungsverschiedenheiten über Arbeitsausführung oder Höhe des Rechnungsbetrages unüberwindbar sind, kann man sich — kostenlos — an die nächstgelegene Schiedsstelle wenden. Deren Sitz erfährt man von der Kfz-Innung, den Handwerkskammern oder Automobilclubs oder vom TÜV. Die Schiedsstellen sind aber nur für Reklamationen bei Fahrzeug-Reparaturen zuständig.
- Unterwegs sollten Sie immer einen kleinen Block und Schreibzeug mit sich führen, damit Sie notieren können, was Sie der Werkstatt mitteilen wollen.

## Die Frage nach den Kosten

Viele Autofahrer scheuen sich, den Kundendienstberater nach den Kosten einer Reparatur zu fragen; das haben wir immer wieder beobachtet. Meist wollen sie ihre Unkenntnis nicht eingestehen. Dabei kann man von einem Laien unmöglich erwarten, daß er z. B. die Kosten für den Einbau einer Kupplung kennt. Lassen Sie sich bei der Auftragserteilung nichts Unverständliches erklären, um dann einen Blankoauftrag mit den Worten »alles Nötige reparieren« zu geben. Es gibt »geschäftstüchtige« Werkstätten, die dann den halben Wagen erneuern. Weisen Sie auch ruhig eifrig angebotene Arbeiten ab, die Sie gut selbst erledigen wollen und können — so sparen Sie manche Mark.

Vor größeren Reparaturen sollten Sie sich unbedingt einen schriftlichen Kostenvoranschlag geben lassen, denn der Betrag, den der Meister über den Daumen gepeilt hat, kann auf der Rechnung wesentlich höher ausfallen. Es genügt beispielsweise schon, wenn neben die Arbeiten im Auftragszettel die entsprechenden Preise eingesetzt werden. Das ist bei Montagearbeiten kein Problem. Dabei darf nach Brauch der Branche ein solcher Kostenvoranschlag bis 500 DM um höchstens 20% und ab 500 DM um höchstens 15% überschritten werden (wohlgemerkt plus Mehrwertsteuer!), ohne daß vorher Ihre Zustimmung eingeholt zu werden braucht. Was darüber liegt, darf nur nach Rückfrage bei Ihnen ausgeführt werden und hinterher auf der Rechnung stehen. Deshalb ist die Angabe Ihrer Telefonnummer so wichtig.

Wurde der VW jedoch mit zerknautschtem Blech zur Werkstatt gebracht, ist ein Kostenvoranschlag schwerer anzufertigen, denn die Karosserie kann durch den Unfall verzogen sein, was sich meist erst beim Zerlegen und Vermessen herausstellt. In diesem Fall werden beispielsweise zusätzliche Reparaturen erforderlich, die Sie aus Gründen der Verkehrssicherheit nicht ablehnen können. (Sie müssen trotzdem vorher gefragt werden.) Verweigern Sie jedoch solche Instandsetzungen, müßte die Werkstatt eigentlich der Polizei Ihren Wagen als verkehrsunsicher melden. Bevor es dazu kommt, findet bisweilen erst ein gepflegter Krach zwischen Autobesitzer und Werkstattchef statt.

## Handwerk will bezahlt sein

Für die VW-Werkstatt ist es kein Problem, den Preis für eine Arbeitsleistung herauszusuchen, denn sie besitzt ein umfangreiches Buch, in dem die Kosten für alle vorkommenden Reparatur- und Wartungsarbeiten verzeichnet sind. Diese Endpreise wurden aber nicht vom Volkswagenwerk festgelegt, sondern in Wolfsburg hat man zu allen Arbeiten nur den notwendigen Zeitaufwand ermittelt, den eine mittelgroße, gut ausgestattete VW-Werkstatt dazu benötigt. Der Zeitaufwand wurde in sogenannte Zeiteinheiten (ZE) festgelegt, wobei 100 Zeiteinheiten einer Stunde entsprechen. Daran sind alle VW-Werkstätten gebunden, aber den Preis, den sie für je 100 Zeiteinheiten fordern, müssen sie selbst kalkulieren.

Dieser Stundenarbeitspreis enthält aber nicht nur den Stundenlohn für den an Ihrem Wagen beschäftigten Monteur, sondern auch einen entsprechenden Anteil der Unkosten des Werkstattinhabers, z. B. Angestelltengehälter, Gebäude- und Geräteabschreibung, Steuern, Versicherung, sonstige allgemeine Kosten und nicht zuletzt auch noch etwas Unternehmergewinn. So kann ein Werkstattbesitzer auf ererbtem Boden in der Kleinstadt mit wenig Personal seinen Stundenarbeitspreis niedriger ansetzen als der Inhaber einer modernst eingerichteten Großstadt-Werkstatt mit großem Personalstab.

Diesen selbst kalkulierten Stundenarbeitspreis hat nun jede VW-Werkstatt je 100 Zeiteinheiten gleichgesetzt und alle Preise des Buches entsprechend ausgerechnet und vom Volkswagenwerk überprüfen lassen. Für jede Arbeit hat eine Werkstatt ihre eigenen Festpreise, von denen vierzig in der Reparaturannahme ausgehängt sind (oder es zumindest sein sollen). Sie können somit die Kosten für die gleiche Arbeit (z. B. Motor-Aus- und -Einbau) in den verschiedenen VW-Werkstätten miteinander vergleichen und die günstigste aussuchen. Das lohnt sich besonders bei größeren Instandsetzungen. Allerdings sagt der Preis nichts über die Qualität der Arbeit aus. Das muß man selbst herausfinden.

**Fingerzeig:** *Für dringende Reparaturen am Wochenende stehen im Bundesgebiet und in Westberlin VW-Notdienste bereit. Über die Wolfsburger Rufnummer (0 53 61) 22 50 50 erfährt man samstags, sonntags und an Feiertagen von 8 bis 18 Uhr die nächste einsatzbereite VW-Werkstatt.*

### Keine Angst vor dem TÜV

Wie Sie wissen, muß man nach § 29 der Straßenverkehrs- und Zulassungsordnung alle 2 Jahre beim Technischen Überwachungsverein (TÜV) vorfahren, um seinen Wagen auf Verkehrssicherheit überprüfen zu lassen. Da gibt es nun zwei Methoden, diese Prüfung hinter sich zu bringen:
Man bringt seinen Wagen zur Werkstatt und erklärt: »Ich muß zum TÜV, bitte schauen Sie doch nach, ob alles in Ordnung ist!« Das ist ein Freibrief für die Werkstatt, der manchmal übel ausgenutzt wird, wenn man beim Autobesitzer gänzliche Unerfahrenheit vermutet. Das geht zumeist in die Hunderte und der halbe Wagen wird erneuert. Mancher Autobesitzer mußte dann außerdem noch erleben, daß er mit diesem teuren Fahrzeug zu weiteren Reparaturen vom TÜV wieder nach Hause geschickt wurde. Es gibt sogar noch eine Steigerung dieser Teuer-Methode: Die Werkstatt gleich mit der Vorführung beim TÜV beauftragen. Das ist möglich, denn der Fahrzeugbesitzer muß nicht selbst kommen, nur sein Wagen wird verlangt. Dann lieber einen Bekannten oder jemand aus der Familie mit dem Wagen zum TÜV schicken, wenn Sie selbst keine Zeit haben.
Als erfahrener Heimwerker überprüfen Sie selbst alle Funktionen und Teile Ihres Fahrzeugs, soweit sie für die Verkehrssicherheit von Bedeutung sind. Dabei kann Ihnen das Kapitel »Prüfen ohne Werkzeug« aus diesem Buche besonders nützlich sein. Fehler, die Sie dabei entdecken und nicht selbst reparieren können, lassen Sie von der Werkstatt beheben — mehr nicht!
Vor der Fahrt zum TÜV wird der VW noch ordentlich gewaschen — vor allem die Fahrzeugunterseite — denn nur ungern stochert der Prüfer mit seinem kleinen Schraubenzieher im Dreck herum, um die Teile des Fahrwerks zu finden. Hüten Sie sich aber, kurz vor der TÜV-Prüfung noch schnell pechschwarzen Unterbodenschutz auf die Fahrzeugunterseite zu kleistern. Das erweckt in der Regel sofort den heftigen Verdacht, daß da etwas schamhaft übertüncht werden soll, was das Licht anscheinend scheut.
Lassen Sie es nun ruhig darauf ankommen, daß der TÜV-Prüfer doch noch etwas Beanstandenswertes findet, was Ihnen nicht ohne weiteres aufgefallen war. Das ist kein Unglück; der Prüfer kreuzt das auf seinem Berichtsbogen an und genau diese Punkte läßt man dann in der Werkstatt gezielt beheben (oder behebt sie selbst) und fährt halt nochmal zum TÜV. Solch eine Nachkontrolle kostet nur noch einen Bruchteil der ersten Nachschaugebühr (je nach Umfang der Nachprüfung).

### Jede TÜV-Stelle ist zuständig

Bei manchen TÜV-Stellen herrscht, vor allem im Frühjahr, großes Gedränge; viel los ist dort auch am Monatsende, vor den Schulferien und kurz vor und nach Feiertagen. Langfristige Voranmeldungen oder stundenlange Wartezeiten sind keine reine Freude. Aber Sie brauchen ja nicht unbedingt zur nächstgelegenen TÜV-Stelle zu fahren, sondern können beispielsweise unterwegs in der Bundesrepublik bei einer Reise einen durch irgendwelche Umstände »verlorenen« Vormittag zur Fahrt zu einer beliebigen TÜV-Stelle ausnützen. Dort erhalten Sie die neue Plakette genauso wie zu Hause, wenn das Fahrzeug in Ordnung ist.

**Neuwagen-Garantie**

Wenn Sie einen nagelneuen Golf oder Scirocco gekauft haben, gewährt das Werk auf diesen Wagen ein Jahr lang Garantie. Das heißt, daß fehlerhafte Teile in dieser Zeit kostenlos ersetzt werden. Nicht unter die Einjahres-Garantie (sie gilt übrigens auch bei Besitzerwechsel) fallen jedoch alle Verschleißteile, wie Bremsbeläge, Zündkerzen oder Unterbrecherkontakte. Auf Glühlampen und Wischerblätter gibt es nur ein halbes Jahr Garantie und für Batterien oder Reifen haftet nicht VW/Audi, sondern der jeweilige Hersteller.

**Garantie-Ausschlüsse**

Werden innerhalb des ersten Lebensjahres des VW die vorgeschriebenen Wartungsarbeiten ausgelassen oder andere als Original-VW/Audi-Teile eingebaut, ist es um den Garantieanspruch geschehen. Eingriffe am Fahrzeug ziehen in jedem Fall den Garantieverlust nach sich, etwa Frisierarbeiten am Motor zur Leistungssteigerung.

**Garantie-Praxis**

In der Gewährleistungszeit müssen Garantieansprüche rechtzeitig und schriftlich gestellt werden. Klare Verhältnisse schaffen bestätigte Reparaturaufträge der VW/Audi-Werkstatt. Wenn man sich schriftlich an das nächstgelegene Vertriebszentrum oder ans Werk wendet, dann sollte dies mit Durchschlag oder Kopie und per Einschreiben geschehen. Bei Garantiefällen entscheidet in erster Linie der betreffende VW/Audi-Händler und bei schwierigen Fällen das Vertriebszentrum oder das Werk.
Falls der VW übrigens wegen eines gewährleistungspflichtigen Schadens unterwegs liegenbleibt, muß der Autofahrer die nächstgelegene VW/Audi-Werkstatt informieren. Sie entscheidet dann, ob der Schaden an Ort und Stelle behoben oder das Fahrzeug abgeschleppt wird. Im letzteren Fall übernimmt der VW/Audi-Betrieb die Schleppkosten. Der Haken an dieser Regelung ist lediglich, daß man als Laie nicht immer deutlich erkennen kann, ob der Schaden unter die Gewährleistung fällt.

**Kulanz — die Zeit nach der Garantie**

Zu Zeiten, als die Autowerke hierzulande nur ein halbes Jahr Garantie auf ihre Autos gaben, hatte man — als Trostpflaster sozusagen — anschließend eine gewisse Kulanz bei auftretenden Schäden gezeigt. Seit der Einführung der Jahresgarantie kann man nur noch bei einem frühen Motor- oder Getriebeschaden (etwa durch Materialfehler) oder Rostschäden (durch schlechte Karosserie-Vorbehandlung) mit Kulanzbereitschaft des Werkes rechnen und auch, wenn das Auto im ersten Jahr nur vielleicht 5000 km gefahren wurde. Ungewöhnliche Geräusche aus Motor oder Getriebe, die während der Garantiezeit nicht behoben werden konnten, hält man sicherheitshalber schon in der Gewährleistungszeit schriftlich fest (hier ist wieder der Werkstattauftrag das beste Schriftstück). Durch einen eingeschriebenen Brief an Werkstatt, Vertriebszentrum oder Werk meldet man mögliche spätere Ansprüche bereits an. Dann fällt die Anerkennung leichter, wenn sich ein »harmloses« Geräusch doch etwa als Getriebeschaden herausstellt.

**Werkzeug und andere Hilfen**

# Gedanken zur Aussteuer

In jeder Automobilfabrik überlegen einige Leute nur, was man alles noch einsparen könnte, um ein Auto billiger herzustellen. Diese Kalkulatoren — die Leute mit dem Rotstift — haben wohl einmal festgestellt, daß Autofahrer das Bordwerkzeug oft ein ganzes Autoleben unbenutzt lassen, und so wurden einst umfangreiche Werkzeugsätze auf den im Bild unten gezeigten Umfang verringert. Da Bordwerkzeug aber ohnehin selten von überragender Qualität gefertigt ist, lohnt es sich, gleich gutes Werkzeug für Arbeiten am Golf oder Scirocco zu kaufen.

**Empfehlenswerte Grundausrüstung**

Wenn Sie sich Werkzeug kaufen wollen, sollten Sie weder an der falschen Stelle sparen, noch Ihr Geld unnötig ausgeben. Statt eines aufs Geratewohl erworbenen Werkzeugsatzes aus dem Supermarkt kauft man besser nur die Werkzeuge, die man an seinem VW braucht, aber dafür von einem namhaften Qualitätshersteller (z. B. Belzer oder Hazet). Aus der nachfolgenden Liste können Sie erkennen, was schon als vielseitig verwendbare Grundausstattung empfehlenswert erscheint. Davon brauchen Sie nicht gleich alles zu kaufen, was hier aufgeführt ist; bei den Arbeitsbeschreibungen in diesem Handbuch ist vielfach erwähnt, welches Werkzeug dabei benötigt wird, und nur, wenn Sie diese oder jene Arbeit auch selbst ausführen wollen, sollten Sie dieses oder jenes Werkzeug kaufen.

1 Satz Doppel-Gabelschlüssel 5 x 6, 7 x 8, 9 x 10, 13 x 15, 17 x 19
1 Gabel-Ringschlüssel SW 13 beidseitig, kurz
2 Ringschlüssel, 10 x 13 und 17 x 19, gekröpft
2 Rohrsteckschlüssel, 8 x 10 und 13 x 17
3 Inbus-Steckschlüssel, 6 mm, 7 mm und 8 oder 10 mm
1 Innenvielzahnschlüssel SW 12 (Zylinderkopfschrauben seit Juli 77)
1 Zündkerzenschlüssel SW 21, verstellbar

Das ist alles, was man dem VW an Bordwerkzeug gegönnt hat: ein Steckschlüssel(chen) zum Radwechseln, ein rostfreudiger Schraubenschlüssel, ein umsteckbarer Schraubenzieher und eine Stahlstange als Hebel für den Steckschlüssel. Wenn Sie sich intensiver mit Ihrem Auto befassen wollen, werden Sie nicht umhin kommen, diese sparsame Ausstattung durch Qualitätswerkzeug zu ersetzen.

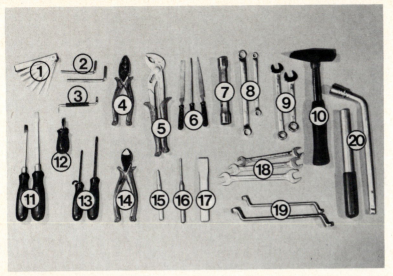

Mit der folgenden Werkzeugausrüstung kann man an seinem VW Golf oder Scirocco schon allerhand montieren: 1 - Fühlerblattlehre; 2 - Innensechskantschlüssel; 3 - Winkelschraubenzieher; 4 - Kombizange; 5 - Rohrzange; 6 - Schlüsselfeilen; 7 - Rohrsteckschlüssel; 8 - Ringschraubenschlüssel, flach gekröpft; 9 - Gabel-Ringschlüssel; 10 - Hammer; 11 - Querschlitzschraubenzieher; 12 - Querschlitzschraubenzieher, kurz; 13 - Kreuzschlitzschraubenzieher; 14 - Seitenschneider; 15 - Körner; 16 - Durchschläger; 17 - Flachmeißel; 18 - Gabelschlüssel; 19 - Ringschlüssel, hoch gekröpft; 20 - Radschraubenschlüssel, ausziehbar - Vertrieb Karadium-Werkzeuge, Postfach 1351, 5632 Wermelskirchen.

1 Radmutternschlüssel SW 17
3 Schraubenzieher für Querschlitzschrauben, Breite 3, 6 und 8 mm
2 Schraubenzieher für Kreuzschlitzschrauben
1 Schraubenzieher für Querschlitzschrauben, kurz mit kräftigem Griff
1 Rohrzange, 240 mm lang
1 Spezialquetschzange (von Hella, siehe nächste Seite)
1 Seitenschneider
1 Kombizange
1 Schlosserhammer, 300 Gramm
1 Fühlerblattlehre, 0,05 bis 0,70 mm
1 Flachmeißel, kurze Ausführung
1 Körner und 1 Durchschläger, Durchmesser 3 mm
1 Satz Schlüsselfeilen, flach, dreikant, rund

## Bedeutung der Größenangaben

Werkzeuge und Maschinenteile werden in vielen Ländern nach dem metrischen Maßsystem gemessen, die Größenangaben sind dementsprechend in Millimeter oder Zentimeter angegeben. Daneben gibt es noch das amerikanische oder englische Maßsystem in Zoll; ein Zoll (1″) entspricht 25,4 mm. Zumeist kann man schon an den Zahlen selbst erkennen, welchem Maßsystem sie zuzuordnen sind, denn Zollangaben werden in der Regel mit Bruchstrichen gemacht, also 1/2″ (= 12,7 mm), oder etwa 3/8″ (= 9,53 mm), während metrische Angaben entweder ein Komma haben oder vollständig in Millimetern geschrieben werden.
Bei Schraubenmuttern mißt man den Abstand der einander gegenüberliegenden Flanken in Millimeter oder Zoll und schreibt auf den jeweils dafür passenden Schraubenschlüssel die entsprechende Schlüsselweite (Kurzbezeichnung: SW). Ein Doppelgabelschlüssel (man nennt den Gabelschlüssel vielfach auch Maulschlüssel) mit der Bezeichnung 10 x 13 hat also auf der einen Seite eine Gabel oder ein Maul für einen 13 mm breiten und auf der anderen Seite für einen 10 mm breiten Schraubenkopf. Wer noch Schraubenschlüssel mit Zoll-Angaben besitzt, sollte damit seinem Golf oder Scirocco nicht zuleibe rücken, denn ihre Größen passen um Bruchteile von Millimetern nicht und beschädigen nur die Flanken der Schrauben oder Muttern.

## Welches Werkzeug für welchen Zweck?

Besonders oft werden aus dem Gabelschlüsselsatz zu Anfang der Liste die Schlüsselweiten 10, 13 und 17 gebraucht. Deshalb benötigt man von diesen jeweils ein zweites Stück zum Gegenhalten bei Kontermuttern (das sind fest gegeneinander verschraubte Muttern auf einem Gewinde zum Schutz gegen selbständiges Lockern). Wir haben dazu Ringschraubenschlüssel gewählt, die sich intensiver als Gabelschlüssel handhaben lassen. Am besten kauft man sie in der hochgekröpften Form, weil man dadurch mit den Fingerknöcheln ein wenig Respektabstand vom Werkstück hat und auch versteckt sitzende Schrauben fassen kann.

Seltener benötigt werden SW 5 zum Kupplungseinstellen am 1100er-Motor und SW 7 zum Bremsenentlüften, SW 8 findet man oft an der Elektrik, SW 10 und vor allem SW 13 sind weit verbreitet. SW 15, 17 und 19 werden hauptsächlich am Fahrwerk gebraucht. Mit den Rohrsteckschlüsseln lassen sich auch tief sitzende Schrauben erreichen. Den Inbus-Schlüssel SW 7 braucht man zum Ventileinstellen am 1100er-Motor.

## Weitere Werkzeuge

Unser Sortiment nennt 5 verschiedene Schraubenzieher. Sie können sich statt dessen auch einen Einsteckwerkzeugsatz mit entsprechend verschiedenen Einsteckklingen für Querschlitz- und Kreuzschlitzschrauben kaufen.

Rohrzange, Kombizange und der Seitenschneider zum Abschneiden von Kabeln dienen als allgemeine Hilfswerkzeuge, ebenso Hammer, Meißel, Körner, Durchschläger und die feinen Feilen in verschiedenen Ausführungen. Wer sich an seinem VW besonders der Elektrik widmet und dieses oder jenes Zusatzgerät einbauen möchte, ist mit der Spezialquetschzange von Hella (kostet mit 60 Verbindungsteilen rund 30 DM) gut bedient.

Die Fühlerblattlehre wird zum Ventilspielmessen, zum Messen des Unterbrecher-Kontaktabstandes und des Elektrodenabstandes der Zündkerzen gebraucht. Zum Montieren der Zündkerzen empfiehlt sich der zwar teure, aber sehr praktische verstellbare Hazet-Zündkerzenschlüssel. Und der auf unserem Werkzeugbild gezeigte ausziehbare Radschraubenschlüssel (SW 17) ist wesentlich zuverlässiger und besser zu handhaben als der dürftige Bordwerkzeug-Rohrsteckschlüssel.

Weitere Schlüsselweiten sind gefragt, wenn Sie diese oder jene besondere Arbeit ausführen wollen (z. B. SW 24 für das Lösen des Lenkrades). Weil dies aber selten vorkommt, sind die entsprechenden Schlüsselweiten oder Spezialwerkzeuge nur bei der Beschreibung der speziellen Arbeit aufgeführt, aber nicht in dieser Liste eines erweiterten »Bordwerkzeugs«.

Zum eigentlichen Werkzeug der Grundausrüstung gehören auch noch einige Hilfsgeräte, die man sich als angehender Auto-Heimwerker bald anschaffen sollte. Wir nennen davon:
- Reifendruckprüfer
- Waschpinsel
- Elektrik-Prüflampe
- Profiltiefenmesser

## Ergänzung nach Bedarf

Wer seine Werkzeugausrüstung weiter ergänzen will, sollte sich in erster Linie Ringschlüssel und auch Steckschlüssel mit Sechskant-Einsätzen anschaffen. Ring- und Steckschlüssel haben nämlich vor den Gabelschlüsseln erhebliche Vorteile: Sie fassen eine Schraube an allen sechs Kanten, während ein Gabelschlüssel nur an zwei gegenüberliegenden Flanken angreift. Man kann also Ring- oder Steckschlüssel wesentlich kräftiger handhaben, während bei gleichem Druck ein Gabelschlüssel einfach die beiden anliegenden Kanten abwürgt oder sich, wenn er minderer Qualität ist, auseinanderbiegt und abgleitet. Je nachdem, wo diese Ringschlüssel gebraucht

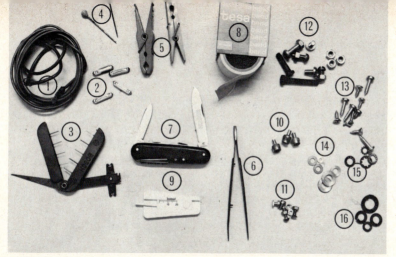

Unscheinbare, aber äußerst nützliche Kleinigkeiten, die unterwegs bei Pannen oder bei der Wartung manchmal sozusagen nicht mit Gold aufzuwiegen sind:
1 - isoliertes Kabel, 2 - Sicherungen verschiedener Stärke 3 - Zündkerzen-Lehre zum Messen und Einstellen des Elektrodenabstandes, 4 - Nadeln mit Kunststoffköpfen (Dekorationsnadeln), 5 - Kunststoff-Wäscheklammern, 6 - schlanke Pinzette, 7 - kräftiges Taschenmesser, 8 - wetterfestes breites Klebeband, 9 - Reifen-Profiltiefenmesser, 10 - Reifenventilkappen. 11, 12 - Schrauben und Muttern, 13 - Blechschrauben, 14 - Beilegscheibchen, 15 - Zahnkranz-Unterlegscheiben, 16 - Sprengring-Unterlegscheiben (15 und 16 nur einmal verwenden, sie werden nach der Demontage wirkungslos).

werden, wählt man sie in der ganz flachen Form (sie passen auch in schmale Schlitze), flach- oder hochgekröpft.
Sehr viel müheloser und schneller kann man in vielen Fällen mit den eben erwähnten Sechskant-Steckschlüsseln (auch »Nüsse« genannt) arbeiten. Wir ziehen die Sechskant- den Zwölfkantausführungen vor, da zwölfkantige Nüsse leichter auf einer beschädigten Schraube weiterrutschen können. Zum Einstecken des Betätigungswerkzeugs haben die Steckeinsätze ein Vierkantloch mit 1/2" oder 3/8" Kantenlänge. Günstiger finden wir die 3/8"-Ausführung, die handlicher beim Autobasteln und trotzdem stabil ist. Für Stecknüsse ab SW 24, die es nur mit 1/2"-Vierkant gibt, kann man ein Adapterstück kaufen, das den 3/8"-Vierkant auf 1/2" vergrößert.
Nur vor einer Werkzeugsorte wollen wir warnen: Vor sogenanntem Universal-Werkzeug, wie es besonders gern in »Hobby«-Katalogen angeboten wird, und mit dem man angeblich hunderterlei verschiedene Arbeiten bewerkstelligen können soll. Solches »Universal-Werkzeug« ist nur teuer, taugt aber für keinen seiner Zwecke wirklich.

## Umgang mit Werkzeug

Wenn Sie es zusammenrechnen, kostet ordentliches Werkzeug eine hübsche Stange Geld. Dieses Kapital sollten Sie zweckdienlich ausnutzen und sorgsam pflegen. Das bedeutet, daß grundsätzlich das Werkzeug nur zu jenem Zweck verwendet wird, für den es entwickelt ist. Einen Schraubenzieher etwa als Meißel zu benutzen, ist genauso schädlich wie etwa das Lösen oder Anziehen einer Schraubenmutter mit der Zange.
An den Schraubenziehern soll die Klingenspitze immer sauber gerade geschliffen sein, aber sie darf keine scharfe Schneide bilden, sondern muß flach wie ein Messerrücken sein. Eine scharf zugeschliffene Klingenspitze dreht sich nämlich leicht aus dem Schraubenschlitz, da ihre Flanken schräg sind.
Zum Aufbewahren des Werkzeuges genügen zu Anfang Holzkiste oder Tischschubladen, die am besten durch einige eingebaute Brettchen aufgeteilt werden, damit der ganze Inhalt nicht durcheinanderfällt und umgerührt werden muß, bis das gesuchte Stück endlich gefunden ist. Für unterwegs ist eine Werkzeugtasche (aus starkem Leinen oder Kunstleder selbst nähen) praktisch.
Später kann man sich einen Werkzeugkasten aus Blech kaufen, wobei der fünfteilige mit Tragegriff, wie ihn die Schlosser haben, besonders praktisch zum schnellen Greifen der einzelnen Werkzeuge ist.

## Flüssige Hilfen

An Tankstellen und in Zubehörgeschäften gibt es eine Vielzahl von Sprühdosen und Flaschen mit Flüssigkeiten, die dem Auto-Bastler die Arbeit wesentlich erleichtern.

### Rostlöser und Isoliersprays

Als Rostlöser für festgerostete Schrauben haben sich beispielsweise »Caramba Super«, »Multigliss« von Molykote, »LM Liqui Multi« von Liqui Moly sehr bewährt. Man muß nur ein wenig Geduld haben und die Flüssigkeiten lange genug einwirken lassen.

Mit diesen Rostlösern verwandt durch ihre außerordentliche Kriechfähigkeit in engste Ritzen und feinste Poren sind die sogenannten »Isolier-Sprays«. Vielfach sind die Rostlöser (z. B. alle oben genannten) zugleich solche Isoliersprays, die bei Feuchtigkeit in der Auto-Elektrik (vor allem in der Verteilerkappe; siehe Seite 164) den feinen Wasserfilm unterwandern, vom blanken Metall »abheben« und dadurch verhindern, daß Batterie- oder Zündstrom über den leitenden Wasserfilm als Kurzschluß oder »Kriechstrom« abgeleitet wird. Zu den bereits genannten Rostlösern wären als Spezial-Isoliersprays beispielsweise zu nennen »Aral Intact«, »4 X Silikon-Spray« von Molykote, »Zündspray« von Pingo oder »mo« von Teroson.

Die Vielseitigkeit dieser Sprays erweist sich auch an den Türschlössern der Autos: Sie halten das Schloß als Schmiermittel leichtgängig und verhindern im Winter durch ihre Feuchtigkeitsverdrängung das Einfrieren. Außerdem sind manche (Gebrauchsanweisung beachten) auch noch als Pflegemittel für die Türdichtungen (Schutz gegen Einfrieren) geeignet.

### Kaltreiniger und Motorschutzlack

Der Motorraum des VW ist leider schon nach kurzer Zeit vom Straßendreck gezeichnet. Auch können die Motorteile im Laufe der Zeit ölverschmiert sein. Dagegen helfen sogenannte Kaltreiniger (etwa der »Spezialreiniger« von Aral). Damit werden die Teile eingesprüht, und nach einigen Minuten kann man mit einem Pinsel den Schmutz abwaschen und anschließend mit Wasser abspritzen. Selbst dicke Fettkrusten lassen sich so lösen.

Seit Modelljahr 1978 ist der Motorraum des VW zum Schutz gegen Korrosion mit einem Konservierungswachs eingesprüht (auf den ersten Kilometern mit dem neuen Wagen riechen die Fahrzeuginsassen deutlich, wenn dieses Wachs etwa am Auspuffkrümmer verbrennt). Nach einer Motorwäsche ist das Konservierungsmittel allerdings auch abgewaschen. Damit es im Motorraum trotzdem nicht zu Korrosionserscheinungen kommt, sollten anschließend sowohl der Motorraum als auch die Aggregate mit einem Motorschutzlack (z. B. »Plastglanz« von Teroson) eingesprüht werden. Damit ein wirklich ausreichender Schutz erreicht wird, empfiehlt VW hierzu mindestens 600 g Sprühmaterial (gewöhnlich 2 Sprühdosen). Solcher Motorschutzlack übersteht auch mehrere Motorwäschen.

### Spezial-Schmierstoffe

Hier sprechen wir nicht von Motoröl, Getriebeöl und Radlagerfett, die ja die wichtigsten Schmiermittel am Auto sind, sondern von speziellen Schmierstoffen, die man bei der Autobastelei meist nur in geringsten Mengen braucht, die sich aber an besonderen Schmierstellen sehr bewähren.

■ Haushaltöl gibt es in kleinen Spritzkännchen an Tankstellen verschiedener Marken und im Zubehörhandel. Es ist dünnflüssiges Universalöl, das man überall verwenden kann, wo keine besonderen Schmieransprüche gestellt werden, aber es hält die Motorwärme aus, ist also beispielsweise zur Schmierung der Verteilerwelle geeignet.

■ Graphitöl enthält den »Festschmierstoff« Graphit, der die Schmierkraft des

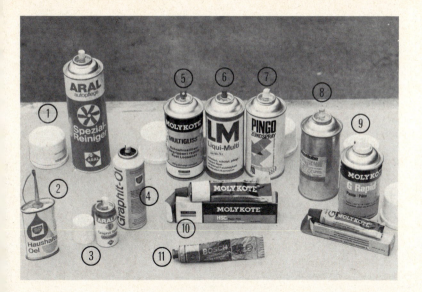

Flüssige und fettige Spezialisten für die Fahrzeugpflege, die vor allem als Sprühdosen sehr praktisch und sparsam zu handhaben sind: 1 - Motor-Reiniger zum Anlösen schmutziger Fettkrusten, 2 - vielseitig verwendbares Haushaltöl im Spritzkännchen, 3 - Graphitpuder als Trockenschmierstoff, schmiert, bindet aber keinen Staub, 4 - Graphit-Öl mit nadelfeinem meterweitem Sprühstrahl für versteckte Schmierstellen, 5 - Lösemittel für festgerostete Schrauben, 6 - Rost- und Fettlöse-Schmiermittel mit vielfältigen Anwendungsmöglichkeiten (bringt auch alte verharzte Wanduhren wieder in Gang!), 7 - feuchtigkeitsverdrängendes Isolierspray, 8 - feuchtigkeitsfestes Weichfett, 9 - Festschmierstoff-Montagepaste (als Spray oder in der Tube), wichtig bei Motor- oder Getriebemontagen und dergleichen, 10 - Heißschrauben-Compound, verhindert Festrosten von Schrauben über Jahre, 11 - Batterie-Polschutzfett Bosch Ft 40 v 1, säurefest.

Öles erhöht. Besonders gut ist die Graphitöl-Sprühdose von BP, die einen meterweiten nadelfeinen Ölstrahl versprüht und dadurch vor allem für schwer erreichbare Schmierstellen sehr geeignet ist.

■ Schmierstoff-Suspensionen liegen an der Grenze zwischen Öl und Fett und sind für seltener beanspruchte Gleitflächen (z. B. Sitzschienen, Türschließkeile, Heizungshebel) sehr vorteilhaft. Nach dem Aufsprühen bilden sie auf der behandelten Gleitfläche einen wachsähnlichen Schmierfilm, der auch gegen Rost schützt und erst bei Druckbeanspruchung flüssig wird. Besonders gleitfähig und feuchtigkeitsfest fanden wir »Plastilube 0« (bei Spielwarengeschäften in der Modellbauabteilung erhältlich) und »Schmierfix« von Liqui Moly.

■ Gleit-Pasten sind Fette mit sehr hohem Festschmierstoffanteil, in diesem Falle Molybdändisulfid, die vor allem beim Zusammenbau mit hohem Druck aufeinander gleitender Teile auf die Gleitflächen aufgetragen werden. Vor allem bei Motorbasteleien sind solche Gleit-Pasten wichtig und jede Werkstatt kennt dafür »Paste G« von Molykote (Tube oder Spraydose).

■ Heiß-Schrauben-Compound ist eigentlich für Verschraubungen an Dampfmaschinen und Turbinen gedacht, aber es ist auch einer der segensreichsten Sonderschmierstoffe für den Autobastler. Wir möchten es nicht mehr missen, denn eine einmal damit eingeriebene Verschraubung rostet nie mehr und läßt sich auch nach Jahren wieder ohne weiteres lösen. Das gilt vor allem für Zündkerzengewinde, Auspuffrohr-Verschraubungen und Stoßdämpferhalterungen, mit denen man andernfalls so viel Ärger hat. Diese kupferfarbene Spezialpaste gibt es in kleinen Tuben als »HSC-Paste« von Molykote und als »ASC-Paste« von Liqui Moly. Die Paste ist hitzefest bis über 1000° C!

■ Säureschutzfett, auch Polfett genannt, ist ein gegen elektrische Ströme, Säure und Feuchtigkeit isolierender Spezialschmierstoff, der vor allem die Batteriepole sauber hält. Konkurrenzlos ist hierbei das Säureschutzfett »Ft 40 v 1« von Bosch, das es in kleinen Tuben gibt. Anwendung siehe Seite 136.

Es gibt Autofahrer, die so sorglos drauflosfahren, daß in ihrem Wagen weder ein Reservekanister noch ein Abschleppseil zu finden ist, und im Er-

**Hilfsmittel unterwegs**

satzreifen ist auch keine Luft. Andere dagegen führen aus Furcht vor Pannen ein ganzes Arsenal von Werkzeugen und Ersatzteilen mit sich. Hier ist, wie zumeist, der Mittelweg richtig. Wir wollen aufführen, was man mitführen sollte, auch wenn es nur dazu dient, anderen hilflosen und zu sorglosen Autofahrern unterwegs damit auszuhelfen. Wir nennen davon besonders:

- Abschleppseil (Seite 213)
- Alleskleber (Uhu-plus)
- 2 m Elektrokabel
- Ersatzglühlampen (Seite 171)
- Ersatz-Keilriemen
- Klebeband
- Reservekanister
- Rolle Draht
- Sicherungen (Seite 153)
- Starthilfekabel
- Taschenlampe
- Zündkerzen (Seite 170)

**Reisen in ferne Länder**

Falls eine längere Reise in ferne Länder geplant ist, wird es beruhigend sein, wenn im Kofferraum, in Lappen eingewickelt, nicht nur eine bewährte Auswahl des heimischen Werkzeugs mitreist, sondern auch einige Ersatzteile zur Hand sind, deren Fehlen die Weiterfahrt empfindlich hemmen kann, wenn das entsprechende eingebaute Teil unvermutet den Geist aufgibt. Neben den bereits oben erwähnten Stücken denken wir vor allem an:

- Benzin-Feinfilter (Mann WK 31/3)
- Benzinpumpe
- 2 m benzinfesten dünnen Schlauch
- Schwimmer für Vergaser
- Scheibenwischerblätter
- Motoröl (nicht in EG-Länder, dort ist Motoröl durchweg billiger)
- Plastikflasche mit destilliertem Wasser (im Ostblock eine Rarität)
- Dichtungen für Zylinderkopf, Zylinderkopfdeckel und Vergaser
- Reifenflickzeug
- Reifenventilsätze
- Kondensator (an Verteiler)
- Verteilerfinger
- Unterbrecherkontakte
- Zündspule mit Vorwiderstand
- 2 Reifen-Montierhebel
- kräftige Fuß-Luftpumpe

Die Ersatzteile braucht man nun nicht unbedingt zu kaufen, um sie dann das ganze VW-Leben lang herumliegen zu haben. Die VW-Händler stellen solche Päckchen nach Wunsch und Erfahrung individuell zusammen. In der Regel braucht man dann nur den Gesamtpreis für die Ersatzteile zu hinterlegen, der nach Rückkehr und Rückgabe des Päckchens mit den gebrauchten Teilen verrechnet und im Rest wieder gutgeschrieben wird. Oder bei einem guten Stammkunden wird das ganze vom Händler auf Lieferschein zur Verfügung gestellt und erst nach Rückkehr abgerechnet. Was man nicht braucht, kostet dann kein Geld.

Motorraum-Bildseite

# Wo sitzt was?

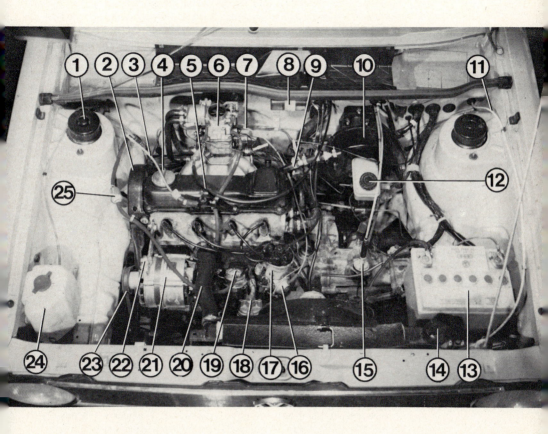

Was unter der Motorhaube eines 70-PS-Golf (Baujahr März 1978) alles zu finden ist, sehen Sie auf diesem Bild. Im Stichwortverzeichnis auf den Seiten 222 und 223 finden Sie am schnellsten heraus, wo die hier bezifferten Teile genauer beschrieben sind. Die Zahlen bedeuten: 1 – oberer Befestigungspunkt des rechten vorderen Federbeins; 2 – Zahnriemen-Schutzhaube; 3 – Benzin-Rücklaufleitung zum Tank; 4 – Öleinfülldeckel; 5 – Gaszug; 6 – Vergaser; 7 – Unterdruckschlauch vom Vergaser zur Unterdruckdose (16) am Zündverteiler (17); 8 – Zündspule; 9 – Unterdruckschlauch vom Ansaugkrümmer zum Bremskraftverstärker (10); 11 – Zug für die Motorhaubenentriegelung; 12 – Vorratsbehälter für die Bremsflüssigkeit; 13 – Batterie; 14 – Verschlußdeckel auf dem Kühler; 15 – Kupplungszug; 18 – Ölfilterstutzen; 19 – Benzinpumpe; 20 – Kühlwasserschlauch vom Zylinderkopf zum Kühler; 21 – Drehstrom-Lichtmaschine; 22 – Spannschraube des Generators; 23 – Keilriemen; 24 – Vorratsbehälter für das Scheibenwaschwasser; 25 – Kraftstoffilter in der Benzinleitung vom Tank zur Kraftstoffpumpe.

Wartung wann und wo

# Geplante Pflege

Bevor der Arzt Sie mit Tabletten, Spritzen oder ähnlichem behandelt, wird er Sie erst einmal untersuchen. Genau dasselbe muß auch beim Auto geschehen, ehe demontiert und wieder zusammengebaut wird. Der VW-Kundendienst hat deshalb ein Diagnose-System entwickelt, anhand dessen das Auto durchkontrolliert wird. Außerdem gab es einen Rechner kombiniert mit Meßinstrumenten und einem Drucker (»Diagnose-Computer«), der anhand eingegebener Daten die gemessenen Werte mit Sollwerten verglich und das Ergebnis einschließlich Beurteilung (»+« für »in Ordnung«, »–«, wenn etwas nicht stimmt) gleich ausdruckte. Diese Computer-Diagnose erfüllte aber nicht die in sie gesetzten Erwartungen (die Gefahr von Fehlmessungen war relativ groß), so daß man wieder davon abkam. Seit August 1977 haben die VW Golf und Scirocco keine eingebauten Prüfleitungen und keine Diagnose-Steckdose mehr.

**»Regel-Service« und Wartungspakete**

Zum Herbst 1978 hat sich das Werk ein neues Service-System ausgedacht: Die bisherigen Wartungsintervalle bleiben erhalten, und die Arbeiten werden in den neuen Service-Plänen, die der Wagen beim Kauf mit auf den Weg bekommt, mit dem Namen »Regel-Service« benannt. Zusätzlich zu diesen Wartungs- und Kontrollarbeiten wurde eine Reihe von Einzelleistungs-Paketen geschaffen, die nur bei Bedarf in Anspruch genommen werden. So bieten die VW-Werkstätten als Instandhaltungspakete einen Unterboden-Service, einen Hohlraum-, einen Winter-, einen Frühjahrs-, einen Urlaubs-, einen Motortest- und einen Plus-Service an. An Instandsetzungspaketen gibt es je einen Service für Bremsen, Auspuff, Stoßdämpfer, Reifen, Zündung und Vergaser, Motor und Getriebe, Karosserie, Lack, Fahrwerk, Zubehör und TÜV. Mit dieser doch etwas verwirrenden Vielzahl von Dienstleistungspaketen wollen die Werkstätten preislich konkurrenzfähig bleiben.

Allen diesen Arbeiten soll eine Diagnose nach einem neu entwickelten System vorausgehen. Es werden nicht mehr wie früher alle Fahrzeugfunktionen diagnostiziert, sondern nur noch die Funktionen innerhalb des betreffenden Wartungspakets. Der Mechaniker hat das nötige Diagnosegerät an seinem Arbeitsplatz und soll nach erfolgter Prüfung nur diejenigen Arbeiten durchführen, die sich bei der Diagnose als erforderlich herausgestellt haben.

Der VW-Fahrer kann nun leider nicht mehr den Wagen zur Volldiagnose in die Werkstatt bringen und sich anschließend überlegen, welche Arbeiten er selbst durchführen will und welche er der Werkstatt überlassen möchte.

**Wartungsplan für den Heimwerker**

Am Anfang steht der vom Werk empfohlene »Regel-Service«, der alle 6 Monate oder spätestens 7 500 km nach der letzten 15 000 km-Wartung durchgeführt werden soll. Weiter haben wir noch jene Wartungsarbeiten eingefügt, die ohnehin öfter als nur einmal im Jahr vorgenommen werden sollten.

## Wartung alle 7 500 km oder halbjährlich        Nähere Hinweise Seite

| | | |
|---|---|---|
| S | 1. Stand der Kühlflüssigkeit prüfen | 64 |
| S | 2. Scheibenwaschwasser auffüllen | 194 |
| S | 3. Bremsflüssigkeitsstand prüfen | 113 |
| S | 4. Batteriesäurestand kontrollieren | 136 |
| S | 5. Türfeststeller schmieren | 45 |
| S/T | 6. Motorölwechsel (ohne Filterwechsel) | 35 |
| S | 7. Sichtprüfung des Getriebes und des Motors | 41, 52 |
| S | 8. Aufhängung und Zustand der Auspuffanlage kontrollieren | 62 |
| S/W | 9. Belagstärke der Scheibenbremsen prüfen | 114 |
| S/T | 10. Reifendruck prüfen | 127 |
| S | 11. Beleuchtungsanlage prüfen | 171 |
| S | 12. Bremslicht prüfen | 180 |
| S | 13. Warnblink- und Blinkanlage kontrollieren | 181 |
| S | 14. Kontrollampen und -instrumente prüfen | 189 |
| S | 15. Signalhorn auf Funktion prüfen | 182 |
| S | 16. Kupplungsgängigkeit prüfen | 99 |
| S | 17. Schaltung auf Leichtgängigkeit kontrollieren | 10 |
| S/W | 18. Wirkung der Fußbremse prüfen | 10 |
| S/W | 19. Wirkung der Handbremse prüfen | 10 |
| S | 20. Lenkungsspiel prüfen | 10, 111 |
| S | 21. Scheibenwischer und -wascher prüfen | 194 |
| S | 22. Heizung, Belüftung und Gebläsemotor prüfen | 71 |
| S | 23. Kickdownschalter kontrollieren | 104 |

## Zusätzlich alle 15 000 km oder jährlich

| | | |
|---|---|---|
| S | 24. Keilriemenspannung prüfen | 69, 143 |
| S/W | 25. Kühlsystem auf Dichtheit prüfen | 65 |
| S/W | 26. Überdruckventil im Kühlerverschlußdeckel prüfen | 67 |
| S | 27. Zündkerzen kontrollieren | 168 |
| S | 28. Zündverteiler kontrollieren | 164 |
| S/W | 29. Unterbrecherkontakte prüfen | 162 |
| S | 30. Zündverteiler schmieren | 44 |
| W | 31. Unterbrecher-Schließwinkel einstellen | 162 |
| W | 32. Zündzeitpunkt prüfen | 165 |
| S/T | 33. Luftfiltereinsatz ausblasen | 93 |
| S | 34. Filtersieb der Kraftstoffpumpe reinigen | 75 |
| S/W | 35. Vergaser-Leerlauf kontrollieren | 10, 87 |
| S/W | 36. Ventilspiel kontrollieren (1,1-Liter-Motor) | 56 |
| S/W | 37. Kompressionsdruck prüfen | 55 |
| S/T/W | 38. Ladezustand der Batterie prüfen | 137 |
| S/W | 39. ATF-Stand im automatischen Getriebe kontrollieren | 42 |
| S/T | 40. Ölfilter wechseln (beim Motorölwechsel) | 36 |
| S/W | 41. Bremsanlage auf Dichtheit und Beschädigungen prüfen | 113 |
| S/W | 42. Belagstärke der Trommelbremsen prüfen | 118 |
| S | 43. Manschetten der Antriebsgelenke auf Dichtheit prüfen | 105 |
| S | 44. Manschetten der Lenkzahnstange auf Dichtheit prüfen | 111 |
| S | 45. Spiel der Spurstangenköpfe und Staubkappen prüfen | 111 |
| S | 46. Staubkappen der Achsgelenke kontrollieren | 107 |
| S | 47. Bremskraftregler prüfen | 121 |
| S | 48. Wasserablauflöcher kontrollieren | 200 |
| S/W | 49. Kupplungsspiel prüfen | 100 |
| S/W | 50. Bremspedalweg prüfen | 117 |
| S | 51. Bremskraftverstärker prüfen | 121 |
| S | 52. Leerweg des Handbremshebels kontrollieren | 119 |
| S | 53. Heizbare Heckscheibe kontrollieren | 193 |
| S/T | 54. Reifenzustand prüfen | 127 |
| S | 55. Radschrauben auf festen Sitz kontrollieren | 128 |
| S/W | 56. Radlagerspiel prüfen | 110 |
| W | 57. Spur und Sturz messen | 107 |
| W | 58. Regler prüfen | 143 |
| W | 59. Abgastest | 89 |
| S/W | 60. Scheinwerfereinstellung prüfen | 174 |

## Zusätzlich alle 30 000 km

| | | |
|---|---|---|
| S | 61. Luftfiltereinsatz wechseln | 93 |
| S | 62. Kraftstoffilter ersetzen | 76 |
| S/W | 63. Ventilspiel kontrollieren (1,5-/1,6-Liter-Motor) | 56 |

Hier haben wir unseren Golf hinten auf einen stabilen Sockel aus einem großen Hohlblockstein gesetzt. Ein gleich hoher Stapel aus Ziegelsteinen wäre dagegen viel zu unstabil und wackelig. Bei dieser Aufbockmethode muß man darauf achten, daß das Wagengewicht den senkrecht nach unten stehenden Blechfalz unter dem Türschweller (so nennt sich der Längsholm unter der Tür) nicht wegdrückt, deshalb den Stein besser am Wagenboden ansetzen. Um den Auflagedruck zu verteilen, haben wir noch ein Brett zwischengelegt (Pfeile links), denn Stein und Blech vertragen sich nicht gut. Der Pfeil rechts zeigt auf den verstärkten Blechfalz, wo der Wagenheber angesetzt werden soll. Darüber sehen Sie eine Markierungskerbe im Karosserieblech, die auf diese Verstärkung hinweist.

**Zusätzlich alle 45 000 km**                                    Nähere Hinweise Seite
W      64. ATF im automatischen Getriebe wechseln      43
S/W    65. Fettfüllung der hinteren Radlager ergänzen      44

**Zusätzlich alle 2 Jahre**
W      66. Warneinrichtung der Bremse prüfen      192
W      67. Druckprüfung des Bremskraftreglers      121
W      68. Bremsflüssigkeit wechseln      121

Die verschiedenen Kennbuchstaben links in der Tabelle bedeuten:

S = Selbstmachen ohne besonderes Werkzeug und ohne spezielle Fachkenntnisse möglich, wenn man den erläuternden Abschnitt auf der jeweils ganz rechts in der Tabelle angegebenen Seite gelesen hat.

S/T = Selbstmachen oder Tankstelle, ebenfalls ohne spezielle Fachkenntnisse, aber vielleicht fehlt es am notwendigen Gerät und die Tankstelle hat es.

S/W = Selbstmachen oder Werkstatt. Erfahrung und gute Fachkenntnisse, die aber auch dieses Buch vermittelt, sind Voraussetzung, andernfalls überläßt man die Arbeit besser der Werkstatt.

W = Werkstatt. Diese Arbeiten erfordern spezielle Fachkenntnisse, aufwendige Meß- und Arbeitsgeräte, die nur die Fachwerkstatt besitzt. Nur in Notfällen und bei besonderer Sachkenntnis sollte man sich selbst damit befassen.

## Der Pflegeplatz

Falls Sie glücklicher Besitzer einer Garage sind, die ausreichend breit und gut beleuchtet ist, läßt sich dort natürlich gut arbeiten, oft ist aber ein freier Platz mit Zement- oder Asphaltboden günstiger, wo auch ohne Hand- oder Taschenlampe die Fahrzeugunterseite gut einzusehen ist.

Zum Hinlegen, etwa bei Arbeiten in den Radkästen oder an den Stoßstangen, empfiehlt sich als Unterlage eine alte Decke (dann ist es bequemer) oder eine Plastikfolie (sie ist unempfindlich gegen Öl und Feuchtigkeit).

Eine gute, aber auch noch nicht vollkommene Abstützung ist solch ein verstellbarer Dreibock, wie er in Kauf- und Versandhäusern für rund 30 DM zu haben ist. So stabil wie ein Hohlblockstein ist er jedoch nicht, und bei ungeschickter Handhabung kann er von dem auf der anderen Wagenseite angesetzten Wagenheber umgeschoben werden. Damit der Dreibock keine Dellen in den Türschweller drückt, muß ein lastverteilendes Vierkantholz zwischengelegt werden (schwarzer Pfeil). Der weiße Pfeil zeigt auf den Aufnahmetopf vorn, wo der Tankstellen- oder ein Rangier-Wagenheber angesetzt werden muß, hinten wird der Golf und Scirocco dort angehoben, wo auch der Bordwagenheber anzusetzen ist (die Markierung im Blech sehen Sie im Bild links unten). Wird der VW an anderen Stellen angehoben, kann es entweder Beulen im Längsholm geben oder falls ein Rangierwagenheber falsch angesetzt wird — etwa an der Motorölwanne, am Getriebe oder an der Hinterachse — kann das kostspielige Schäden nach sich ziehen.

**Hochgebockten Wagen sichern**

Wenn Sie an der Unterseite Ihres VW arbeiten wollen und keine Hebebühne zur Verfügung steht, muß das Fahrzeug stabil und sicher aufgebockt werden. Hüten Sie sich, unter ein Auto zu kriechen, das nur vom Wagenheber einseitig hochgehalten wird und dessen Räder nicht gegen Abrollen gesichert sind. Beim Rütteln am Wagen, etwa beim Lösen einer Schraube, kann der Wagenheber leicht abgleiten oder verrutschen. Das ist also lebensgefährlich, vor allem, weil ein vom Heber kippendes Fahrzeug zusätzlich noch tief durchfedert!

Es ist auch nicht zu empfehlen, sich aus Brettern und Backsteinen eine Art Auffahrrampe zu basteln. Das wackelt ohne Stabilität und nützt auch nicht viel, weil bei vielen Arbeiten die Räder abgenommen werden oder frei hängen müssen.

Schmieren aller Teile

# Fettpölsterchen

Wenn Metall auf Metall reibt, klingt das nicht nur unschön, sondern wird auch heiß und nutzt sich ab. Das zu verhindern ist die Aufgabe von Fett und Öl, das die beiden metallenen Partner trennen soll. Aber ein Schmiermittel muß auch noch andere Pflichten erfüllen: es hat heißwerdende Teile zu kühlen, gegen Gase, Wasser und Staub abzudichten und Abriebteilchen und Verbrennungsrückstände aufzufangen und wegzuführen.

Für diese unterschiedlichen Anforderungen sind jeweils bestimmte Öle oder Fette (letztere sind nichts anderes als eingedicktes Öl) geeignet, die den auftretenden Temperaturen oder Drücken sowie Wasser oder Schmutz gewachsen sind. Ein x-beliebiges Schmiermittel nutzt dem Motor also nichts, es muß schon Motoröl sein (Ihnen werden in Getriebeöl gebackene pommes frites auch nicht bekommen).

**Motorölstand prüfen**

Zum Ölpeilstab im Motor — beim 1100er hinten rechts und bei den stärkeren Motoren vorn in der Mitte, jeweils in Fahrtrichtung — sollten Sie etwa alle 600 km greifen. Am einfachsten geht es vor dem ersten Start am Morgen. Dann wird der Ölstand ganz genau angezeigt und Sie müssen nicht einmal den Peilstab abwischen, da über Nacht alles Öl in die Ölwanne zurückgesickert ist. Weniger günstig ist die Ölstandsmessung beim Tanken, weil sich der Stand des schmierigen Saftes erst nach etwa 10 Minuten Motorstillstand genau ermitteln läßt.

Wer zu kurz wartet, kann das Öl, das sich im Schmierkreislauf befindet und noch nicht zurückgelaufen ist, nicht mitmessen — der Ölstand erscheint zu niedrig. Da wird der Motor von einem verkaufsfreudigen Tankwart (der Ölverkauf wird von den Mineralölgesellschaften gern etwas angekurbelt) sehr schnell mit Öl überfüllt, was weder dem Motor noch Ihrem Geldbeutel bekommt.

Die Mengendifferenz zwischen der unteren und der oberen Peilstabmarke beträgt 1 Liter. Deshalb empfiehlt sich das Nachfüllen nur einer Halb-Liter-Dose, wenn sich der Ölstand der Minimum-Marke nähert. Wird statt dessen ein ganzer Liter nachgefüllt, ist zu viel Öl im Motor, was diesem gar nicht gut bekommt. Denn über die obere Peilstabmarke eingefülltes Öl wird durch die Kurbelgehäuse-Entlüftung wieder ausgeworfen, gerät dadurch über den Vergaser, den der Öldunst zusätzlich verschmutzt, in die Zylinder und hinterläßt dort nachteilige Verbrennungsrückstände.

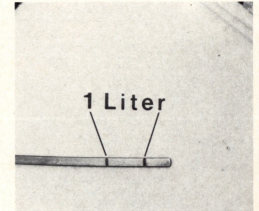

## Wie oft Ölwechsel?

Entgegen vielfacher Meinung wird das Motoröl nicht durch rasante Autobahnfahrt besonders stark strapaziert, sondern vor allem macht der Kurzstreckenverkehr dem Motoröl im wahrsten Sinne das Leben sauer. Der tägliche kurze Weg zur Arbeitsstelle, die Benutzung des Wagens als Botenfahrzeug oder Arztwagen in der Großstadt, häufiger Kaltstart — vor allem im Winter — lassen den Motor nicht ausreichend warm werden, so daß durch Kraftstoffkondensat und säurehaltige Verbrennungsrückstände das Motoröl stark verschmutzt und in seiner Wirkung beeinträchtigt wird. Dann ist — vor allem nach dem Winter — ein halbjährlicher Ölwechsel ratsam, auch wenn erst 5000 km Fahrstrecke seit dem letzten Ölwechsel zurückgelegt wurden. Sparen kann man sich in diesem Fall den Austausch des Ölfilters.

Wird der VW aber vorwiegend auf langen Strecken in flotter Fahrt bewegt und kommen im Jahr etwa 25 000, 30 000 oder noch mehr Kilometer zusammen, dann brauchen Sie auf keinen Fall nach genau 7 500 km ruckartig zur nächsten Tankstelle oder VW-Werkstatt einzubiegen, denn zügig gefahrene Langstrecken mit zumeist betriebswarmem Motor strapazieren das Motoröl nur verhältnismäßig wenig. Es kommt in diesem günstigen Falle auf 1000 km mehr oder weniger bis zum nächsten Ölwechsel nicht an, denn auch durch den laufenden Nachfüllbedarf kommt ja immer etwas frisches Öl mit unverbrauchten Leistungseigenschaften in den Motor.

Der »jahreszeitliche« Ölwechsel — am besten vor und nach den Wintermonaten — hat vor allem für jene Autofahrer Bedeutung, die ein preiswertes Einbereichs-Öl (siehe Seite 38) im Motor haben, das für die bevorstehende Jahreszeit in seiner Zähflüssigkeit nicht paßt.

## Motoröl wechseln
Wartungspunkt Nr. 6

Den Motorölwechsel kann man in der VW-Werkstatt und an der Tankstelle machen lassen oder zu Hause das Öl selbst wechseln. Wir ziehen für den Ölwechsel die Tankstelle vor, denn

■ das Motoröl soll warm gewechselt werden, damit aller Schmutz gut ausläuft. In Werkstätten muß der Wagen oft lange warten, bis er drankommt. An Tankstellen hat man dagegen oft schon nach wenigen Minuten Zeit.

■ Wenn Sie Motoröl nicht im Discount-Laden, Kaufhaus oder durch gute Beziehungen billiger kaufen können, sondern es von der Tankstelle beziehen, ist in deren Verkaufspreis die Ölwechselarbeit durch den Tankwart eingeschlossen. Ausnahme: »Öle zum Mitnehmen«.

■ Beim Ölwechsel fällt Altöl an. Wohin damit? In die Kanalisation schütten oder im Garten vergraben darf man es nicht. Das kostet wegen des Grundwasserschutzes Strafe. An der Tankstelle ist das Altöl besser aufgehoben. Sie können das verbrauchte Öl allerdings auch kostenlos bei einer Altölsammelstelle abgeben. Die Adresse erfahren Sie von der Gemeindeverwaltung, der örtlichen Polizei oder vom ADAC.

■ Wirbt Ihre Stammtankstelle mit Ölwechsel zur Selbstbedienung mit einem Ölabsauggerät und verkauft sie dazu preisgünstiges »Öl zum Mitnehmen«, so ist das eine preiswerte Ölwechselmöglichkeit. Den Ölwechsel beim »Pflegedienst« können Sie unbesorgt so ausführen. Wenn jedoch alle 15 000 km auch das Ölfilter gewechselt werden muß, darf nur dann das verbrauchte Öl abgesaugt werden, wenn gleichzeitig auch das Ölfilter im Motorraum von oben her gewechselt wird. Das ist durchaus möglich. Keinesfalls dürfen Sie den Ölfilterwechsel »vergessen«.

## Öl selbst wechseln

Wer dennoch den Ehrgeiz zum Selbermachen besitzt, benötigt:

■ Für den 50-PS-Motor bis etwa Oktober 1975 2,8 Liter und für die übrigen

Die Ölablaßschraube sitzt beim 1100er und bei den 1,5-/1,6-Liter-Motoren — in Fahrtrichtung gesehen — hinten unten an der Motorölwanne und kann mit einem Schraubenschlüssel SW 19 heraus- und hineingedreht werden. Wenn Sie die Schraube wieder festdrehen, sollten Sie dies gefühlvoll tun, sonst kann das konische Gewinde der Ablaßschraube und ihre Führung beschädigt werden.

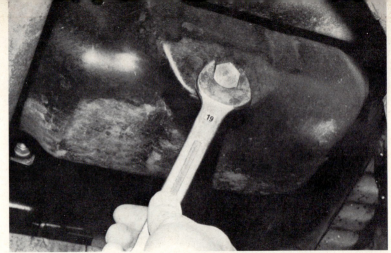

Motoren 3 Liter Motoröl (wenn das Ölfilter auch gewechselt wird 3,25 bzw. 3,5 Liter).
■ Ölfilter (nur alle 15 000 km; siehe nächsten Abschnitt).
■ Schraubenschlüssel SW 19 (am besten gekröpften Ringschlüssel).
■ Gefäß zum Auffangen des Altöls.

Nachdem der Motor warmgefahren wurde, wechselt man das Öl so:
■ Den Wagen standfest waagrecht aufbocken oder über eine Grube fahren, Gefäß für das Altöl unterstellen.
■ Ölablaßschraube herausdrehen (Bild oben) und Öl auslaufen lassen.
■ Wenn auch ein Ölfilterwechsel fällig ist, das Filter losdrehen (Bild rechts oben) und wegwerfen.
■ Ölfilterflansch sauberreiben, eventuell angeklebten Dichtring abziehen und ebenfalls wegwerfen.
■ Neues Ölfilter einschrauben (nur mit der Hand).
■ Ölablaßschraube wieder einsetzen, aber nicht zu kraftvoll festdrehen (vorgeschrieben sind 30 Nm/3 kpm), sonst wird das konische Gewinde der Schraube und ihre Führung beschädigt.
■ Motoröl in den Einfüllstutzen oben auf dem Zylinderkopfdeckel hineingießen (beim älteren 1100er genügen auch 2,5 bzw. 3 Liter).

## Ölfilterwechsel
Wartungspunkt Nr. 40

Das Ölfilter kann seinen Zweck nur erfüllen, wenn die Poren des Einsatzes nicht verstopft sind. Das Öl (schwarze Pfeile) fließt durch den Filtereinsatz und wird dabei von groberen Schmutzteilchen gereinigt (linke Abbildung). Bei verstopftem Filter sorgt ein Kurzschlußventil (im rechten Bild geöffnet) dafür, daß der Motor trotzdem Schmieröl erhält. Dieses ungefilterte Öl erhöht aber den Verschleiß an den Motorlagern.

Alle 15 000 km ist zusammen mit dem Motorölwechsel auch der Wechsel des Ölfilters vorgesehen. Das ist ein sogenanntes Wegwerffilter, das sich nur einmal verwenden und nicht reinigen läßt. Durch dieses Filter wird das gesamte Motoröl bei seinem Kreislauf ständig hindurchgepreßt. Das Ölfilter

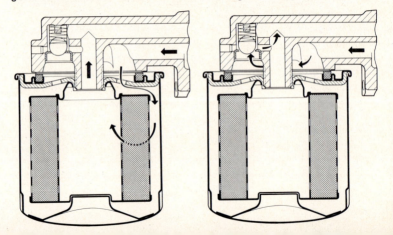

Das abschraubbare Ölfilter sitzt beim 1,1-Liter-Motor und bei den 1500/1600ern vorn unten am Motorblock. Unser Bild zeigt schematisch, wie ein festsitzendes Ölfilter mit Hilfe einer Rohrzange und eines um das Filter gelegten Riemens (alter Keilriemen) gelöst werden kann. Die Hand drückt die Rohrzange in Drehrichtung links herum, so daß sich das Filtergewinde löst. Ist das alte Ölfilter so nicht zu lösen, hilft folgende rauhe Methode: Mit einem kräftigen Schraubenzieher die Blechwände des Ölfilters durchstoßen. Jetzt haben Sie einen ausreichenden Hebelarm zum Losdrehen des Filters. Danach den eventuell noch am Ölfilterflansch haftenden Dichtring abziehen, denn er darf nicht wieder verwendet werden. Das neue Filter darf nur mit der Hand festgedreht werden und nicht mit einem Werkzeug, da es sich sonst im späteren Betrieb so festsetzt, daß es kaum oder gar nicht mehr vom Flansch zu lösen ist. Nachdem man den Motor ein paar Minuten laufen ließ, kann man das Filter meist noch ein klein wenig weiter von Hand festdrehen.

sitzt vorn unten, beim 50-PS-Motor zwischen Lichtmaschine und Auspuff, bei den 1,5-/1,6-Liter-Motoren unterhalb der Kraftstoffpumpe und des Zündverteilers. Wie es abgenommen wird, zeigt das Bild oben.
Bevor das neue Ölfilter angesetzt wird, reibt man den Ölfilterflansch mit einem Lappen sauber. Die neue Filterdichtung wird leicht mit Abschmierfett eingestrichen. Man könnte statt dessen den Dichtring auch einölen, dann kann man bei der anschließenden Sichtprüfung am laufenden Motor aber abtropfendes Öl fälschlicherweise leicht für austretendes Öl halten, um dann das Filter mit einem Werkzeug zu fest anzudrehen. Das Filtergehäuse darf jedoch nur von Hand festgedreht werden; nach der Sichtkontrolle bei laufendem Motor läßt es sich dann meist noch einen Ruck weiterdrehen.
Folgende Wechselfilter, die bei einer VW-Werkstatt oder im Autozubehörgeschäft erhältlich sind, passen für den VW Golf und Scirocco:
- Bosch 0 451 103 013
- Fram PH 2870
- Knecht AW 29
- Mann W 719/5

Filter mit gleichen Markennamen, aber anderen Kennziffern sind nicht verwendbar, es sei denn, die Kennziffern haben sich durch technische Weiterentwicklung verändert. Dann müssen Sie jedoch sorgsam den Verpackungsaufdruck oder die neueste Filterliste der betreffenden Marke beachten.

## Die richtige Ölsorte

Die Kraftfahrzeughersteller schreiben durchweg die sogenannten »Marken-HD-Motoröle« vor. An sich ist diese Bezeichnung »HD-Öl« eine veraltete Qualitäts-Klassifizierung, die international nicht mehr allgemein verwendet wird. Aber hierzulande gehört sie (leider) noch zum gängigen »Auto-Deutsch«, auch wenn »HD« in Wirklichkeit gut amerikanisch »Heavy Duty« (= schwere Beanspruchung) bedeutet, heutzutage aber keine echte Garantie mehr dafür gibt, ob das betreffende Motoröl auch wirklich den Anforderungen des Motors und der Fahrweise seines Besitzers gerecht wird.
Deshalb gibt es heute neuere Leistungsnormen für Motorenöle, die vom »Amerikanischen Petroleum-Institut« (API) festgelegt sind, international anerkannt werden und in vielen Ländern allgemein gebräuchlich sind, bei uns jedoch nur bei Agip, Shell und einigen Kaufhausölen. Ein hochwertiges Öl haben Sie auf jeden Fall dann, wenn außer dem einfachen »HD« die Spezifikationen »API-Service SE« oder »API-Service CC« (an sich für Dieselmotoren bestimmt, kann aber problemlos im VW-Motor gefahren werden) bzw. »MIL-L-2104 B« (US-Militär-Klassifikation, entspricht API CC) oder »MIL-L-46 152« (noch höhere Qualitätsmerkmale als API SE) angegeben sind.

Motoröl, das keine dieser Bezeichnungen trägt oder nur mit den geringwertigeren Normen »API-Service SA, SB, SC, SD, CA, CB« oder den Industrie-Diesel-Normen »API-Service CD« oder »Serie-3-Öl« gekennzeichnet ist, eignet sich nicht für Ihren VW.

**Zähflüssigkeit des Öls**

Die Eignung des Motoröls ist jedoch nicht nur von Markennamen, HD oder API-Normen abhängig, sondern auch von seiner Viskosität, der Zähflüssigkeit, d. h. durch Zahlenwerte wird erläutert, ob ein Motoröl dick- oder dünnflüssig ist. Diese Eigenschaft ist international von der amerikanischen »Society of Automotive Engineers« genormt und ihr zu Ehren wird diese Viskosität mit SAE und einer Zahl dahinter bezeichnet. Je kleiner die Zahl der SAE-Klasse ist, um so dünnflüssiger ist das Öl, z. B. SAE 10 W. Das »W« bedeutet zusätzlich, daß es sich hierbei um ein sogenanntes »Winteröl« handelt. Etwas dickflüssigeres Öl ist für den Sommer bestimmt, deshalb SAE 30 und SAE 20 W/20. Die letzte »gemischte« Bezeichnung deutet durch »20 W« an, daß diese Ölviskosität in verschiedenen Motoren als »Winteröl« und, entsprechend der einfachen »20«, in anderen Motoren als »Sommeröl« verwendet wird.

**Einbereichs- und Mehrbereichsöle**

Motorenöle, die nur eine Viskositätsbezeichnung haben, also beispielsweise SAE 10 W oder SAE 20 W/20, nennt man »Einbereichsöle«. Sind mehrere SAE-Klassen angegeben, wie SAE 10 W — 30 oder SAE 20 W — 50, spricht man von »Mehrbereichsölen«, denn sie können immer dann verwendet werden, wenn Öle von SAE 10 W, 20 W/20, 30, 40 oder 50 vorgeschrieben sind, denn sie decken alle diese Zähflüssigkeitsbereiche ab.
Bei diesen Mehrbereichsölen handelt es sich zumeist um dünnflüssige Öle der Klasse 10 W, die besondere chemische Zusätze enthalten. Diese »quellen« bei höheren Temperaturen, halten also das Öl in heißem Zustand zähflüssiger, wie es etwa ein Öl SAE 20 W/20 oder SAE 30 bei gleicher Temperatur wäre. Dadurch ist auch bei sehr hohen Öltemperaturen noch immer eine gute Schmierfähigkeit gegeben. Und umgekehrt ist es bereits beim Motorstart nicht zu zähe und dickflüssig, so daß hierdurch bereits beim Start eine zufriedenstellende Schmierung aller Teile sichergestellt ist.
Mehrbereichsöle können immer eingesetzt werden, wenn sie den gerade für die Jahreszeit vorgeschriebenen SAE-Bereich überdecken. Da für den VW im Sommer SAE 30 und im Winter SAE 20 W/20 vorgeschrieben ist, paßt auch Mehrbereichsöl, das mit SAE 20 W anfängt, sommers wie winters.

**Welches Öl ist das beste?**

Folgende Ölsorten können Sie in den Motor Ihres VW Golf oder Scirocco gießen:

| Bezeichnung | Viskosität bei Temperaturen zwischen + 25° C und + 5° C | Viskosität bei Temperaturen zwischen + 5° C und − 10° C |
|---|---|---|
| Einbereichs-HD-Öle | SAE 30 | SAE 20 W/20 |
| Mehrbereichs-HD-Öle | SAE 15 W — 40 | SAE 20 W — 30 |
|  | SAE 15 W — 50 | SAE 10 W — 40 |
|  | SAE 20 W — 40 | SAE 15 W — 40 |
|  | SAE 20 W — 50 | SAE 15 W — 50 |
| HD = »API-Service SE oder CC« |  | SAE 20 W — 40 |
|  |  | SAE 20 W — 50 |

In tropischen Gebieten mit Temperaturen über +25° C sind Einbereichsöle SAE 40 vorgeschrieben. Bei langanhaltenden Temperaturen unter −10° C soll Motoröl SAE 10 verwendet werden und für arktische Gebiete mit Temperaturen unter −20° C empfiehlt das Volkswagenwerk Mehrbereichsöl SAE 5 W — 20.

Welches Öl ist nun das beste für Ihren VW Golf oder Scirocco? Dazu ist vor allem zu sagen, daß die ganz teuren Öle nicht wesentlich besser sind. Manche Ölfirmen lassen sich auch ihren guten Namen noch bezahlen. Ein besserer Anhaltspunkt ist da der aufgedruckte Hinweis »API-Service SE oder CC«.

Die Frage, ob man das teurere Mehrbereichsöl nehmen müsse oder auch mit dem preiswerteren Einbereichsöl auskommen kann, läßt sich nach unseren Erfahrungen so beantworten: Wer seinen VW im Sommerhalbjahr zügig, aber ohne sportliche Ambitionen fährt, kommt ohne weiteres mit dem überall erhältlichen HD-Öl SAE 30 aus. Es ist beim Start durch die Außentemperatur nicht zu zähe und bei der richtigen Betriebstemperatur besteht auch kein Grund zur Sorge. Mehrbereichsöl ist dagegen bei starken Temperaturdifferenzen besser, also im Winter. Da fängt es bei tiefem Frost an, die Betriebstemperatur ist aber durch die thermostatgeregelte Kühlung praktisch genau so hoch. Kurzum, Einbereichsöl reicht im Sommer durchaus, im Winter ist Mehrbereichsöl besser. Allerdings soll kein Mehrbereichsöl SAE 10 W – 50 verwendet werden; es enthält einen sehr hohen Additivanteil, was zu Rückstandsbildung an den Ventilen führen kann.

**Fingerzeig:** *In Supermärkten, Kaufhäusern und Discountläden gibt es oft erstaunlich billige Motorenöle zu kaufen. Wenn auf der Verpackung aber nur »HD« zu lesen ist, würden wir noch nicht gleich zugreifen, denn das ist ja keine anerkannte Norm mehr. Falls Sie aber eine der bereits erwähnten API- oder MIL-Klassifikationen darauf finden, können Sie ruhig zugreifen. Kein Hersteller wird es wagen, minderwertiges Öl mit guten Qualitäts-Klassifizierungen an den Mann zu bringen – die Konkurrenz überwacht sich gegenseitig sehr sorgfältig. Dagegen sind Hinweise wie »Erfüllt alle Anforderungen der Motorenhersteller« oder »Von allen großen Autowerken anerkannt« allein kein Qualitätsbeweis.*

**Zusätze ins Motoröl?**

Von etlichen Firmen werden Zusatzmittel zum Motoröl angeboten, die man als Autofahrer beim Ölwechsel einfach zum frischen Öl in den Motor kippen soll. Was hat es damit auf sich? Vor allem muß man zwei grundsätzlich verschiedene Zusatzmittelsorten unterscheiden:

■ Öllösliche Chemikalien    ■ Ölunlösliche »Festschmierstoffe«.

Vor den löslichen Mitteln kann man nur warnen! Denn sie können das vom Ölhersteller für seine verschiedenen Aufgaben fein abgestimmte Öl durcheinander bringen, da sie chemisch in die sogenannte »Öl-Legierung« eingreifen.

Anders ist es mit den ölunlöslichen Zusätzen, dem »Festschmierstoff« Molybdändisulfid (Liqui Moly und Molykote). Das fein pulverisierte $MoS_2$ kann die Ölzusammensetzung nicht stören, legt aber einen Festschmierstoff-Film an besonders kritische Schmierstellen des Motors und senkt nach unseren Erprobungen auch tatsächlich den Ölverbrauch. Allerdings können wir uns für das eigene Beimischen des Konzentrats nicht erwärmen; besser ist da schon die bereits werksseitig vorgenommene Mischung, wie bei »Liqui Moly Super Motor Oil $MoS_2$« oder »Molykote Super Motor Oil«.

**Ölverbrauch**

Falls Sie freudig festgestellt haben, daß Ihr Motor überhaupt kein Öl verbraucht, müssen wir Ihre Begeisterung dämpfen – kein offensichtlicher Ölverbrauch bedeutet nämlich, daß nicht nur der schmierfähige Saft in der Ölwanne plätschert, sondern auch Kondensate aus Wasser und Kraftstoff. Das kommt in der kalten Jahreszeit vor, wenn der Wagen nur kurze Strecken gefahren und nie richtig warm wird. Hier ist meist ein vorzeitiger Ölwechsel angebracht.

Da bei der Schmiertätigkeit ein Teil des Öls verbrannt wird, ist Ölverbrauch normal. Wieviel es bei Ihrem VW ist, hängt von folgenden Umständen ab:

■ Dünnflüssiges Öl hat einen höheren Verbrauch als dickflüssiges (deshalb ist bei überwiegend flotter Fahrweise der Ölverbrauch mit Mehrbereichsöl geringer). Da heißes Einbereichsöl dünnflüssiger wird, ergibt das Mehrverbrauch.

■ Wer immer bis zur oberen Peilstabmarke nachfüllt (oder gar darüber), wenn nur wenig fehlt, hat mehr Ölverbrauch.

■ Motoröl (vor allem Mehrbereichsöl), das zu lange im Motor bleibt, hat einen höheren Nachfüllbedarf.

■ Scharfe Fahrweise treibt nicht nur den Benzinkonsum in die Höhe. Nach unseren Erfahrungen hängt der Ölverbrauch bei unseren VW-Modellen besonders stark von der Fahrweise ab. Wer die Motorleistung gleich zu Anfang voll ausgenutzt hat, sollte sich später nicht über sein öldurstiges Auto wundern; darauf reagieren die Motoren recht empfindlich. Im VW-Werk hält man einen Ölverbrauch von 1,5 Litern auf 1000 km für die Alarmgrenze, gut eingefahrene Motoren kommen dagegen mit 0,2 Litern aus.

■ Weitere Ursachen für erhöhten Ölverbrauch: Einlaufvorgang noch nicht abgeschlossen (mindestens 5000 km); Abdichtkappen für Ventilschäfte schadhaft (ein relativ häufiger Schaden bei den wassergekühlten VW-Motoren); Kolbenfresser; Kolbenringe falsch eingebaut, verschlissen oder gebrochen; Laufspiel zwischen Ventilschaft und Ventilführung zu groß. Bei zunehmendem Öldurst also den Kompressionsdruck der Zylinder messen lassen (siehe Seite 51). Wenn der Druck auf allen Zylindern gleichmäßig ist, kann man sich den Austauschmotor noch sparen — Nachfüllöl ist billiger. Erst bei einem größeren Schaden wird man als sparsamer Autofahrer eine Reparatur oder den Austausch in Betracht ziehen.

**Öl nachfüllen**

Wenn Sie unterwegs Motoröl nachfüllen müssen, nehmen Sie am besten das Öl jener Marke, die Sie zum Ölwechsel gewählt haben. Sie haben dann das beruhigende Gefühl, bei einem überraschenden Motorschaden bei der treu beanspruchten Ölfirma anklopfen zu können, um feststellen zu lassen, ob vielleicht mit der Motorschmierung oder gar dem Öl irgend etwas nicht stimmte. Das ist allerdings nur wirklich sehr selten der Fall, und in diesen seltenen Fällen zeigen die Mineralölfirmen auch zweifellos Kulanz. Diese Vorsorge für den Ausnahmefall ist aber auch der einzige Grund, weshalb VW empfiehlt, man solle eine Mischung verschiedener Ölsorten vermeiden.

**Darf man Öle mischen?**

Werkstätten und Tankstellen erklären gelegentlich, verschiedene Ölsorten würden sich nicht miteinander vertragen und es könne sogar Schäden geben, wenn man ihrem Öl nicht treu bleibe. An diesem Gerede ist aber kein Wort wahr, denn die HD-Ölsorten aller Marken lassen sich fröhlich durcheinandermischen. Diese Mischbarkeit ohne schädliche chemische oder sonstige Folgen ist nämlich eine Grundforderung der internationalen Öl-Normen. So bremst man zwar die Mehrbereichsfähigkeit eines Mehrbereichs-HD-Öles, wenn man Einbereichs-HD-Öl zufüllt, aber die überwiegende Viskosität ist immer noch gegeben. Das ist eine kleine Sparmöglichkeit, wenn in Kürze ein Ölwechsel fällig ist, aber noch mal Öl nachgefüllt werden muß. Dann kann man natürlich auch vom billigen nehmen.

Die Kontrollschraube Inbus SW 17 am Schaltgetriebe der 1,5-/1,6-Liter-Motoren sitzt in Fahrtrichtung links vor der Achswelle (weißer Pfeil). Unten am Getriebe sehen Sie die Ablaßschraube (schwarzer Pfeil), ebenfalls Innensechskant SW 17, die aber normalerweise nicht geöffnet zu werden braucht, da der VW eine Getriebeöl-Dauerfüllung besitzt.

Das Nachfüllen mit einer anderen Ölsorte ist sogar zu empfehlen, wenn bei Frost noch »Sommeröl« SAE 30 im Motor ist, aber eigentlich schon SAE 20 W/20 am Platze wäre. Dann wird am besten kein SAE 30, sondern entweder Einbereichsöl SAE 20 W/20 oder ein mit SAE 20 W beginnendes Mehrbereichsöl nachgefüllt. Und im Sommer kann man umgekehrt verfahren. Mehrbereichsöl erhält man dadurch zwar nicht, aber die Ölfüllung ist doch besser den Start-Temperaturen angepaßt.

**Sichtprüfung des Getriebes**
Teil des Wartungspunktes Nr. 7

Beim Getriebeöl treten keine solch hohen Temperaturen auf, daß sich das Schmiermittel verbrauchen könnte — eine regelmäßige Ölstandskontrolle ist daher auch nicht vorgesehen. Man soll nur nachsehen, ob das Getriebegehäuse keine öldurchtränkte Schmutzkruste zeigt. Wenn nicht, ist dieser Wartungspunkt schon erledigt. Andernfalls muß jedoch der Ölstand geprüft werden, um festzustellen, wieviel Öl verloren ging. Dazu die Kontrollschraube herausdrehen: Läuft ein wenig Getriebeöl an der Verschraubung heraus oder spürt man am hineingesteckten Finger, daß das Öl bis dicht unter die Öffnung reicht (der VW muß natürlich ganz waagrecht stehen), ist alles in Ordnung.

Fehlt mehr Getriebeöl, darf nur die vorgeschriebene Ölsorte (siehe nächsten Abschnitt) nachgefüllt werden, nachdem die Ursache für den Ölverlust behoben wurde. Hier kommen etwa eine schadhafte Dichtung oder eine ungleichmäßige Verschraubung des Getriebegehäuses in Frage; da muß die Werkstatt helfen. Außerdem läßt sich das Öl für das Getriebe mit der Getriebeölpumpe der Werkstatt wesentlich leichter einfüllen.

Ein Wechsel des Getriebeöls ist für unsere VW-Modelle nicht mehr erforderlich, sie erhielten bereits bei der 1000-km-Wartung oder ab Werk eine Ölfüllung, die das ganze Autoleben übersteht.

**Vorgeschriebene Getriebeölsorte genau beachten**

Für das Schaltgetriebe des VW Golf und Scirocco ist ein Getriebeöl der Viskosität SAE 80 oder SAE 80/90 vorgeschrieben, das der (international anerkannten amerikanischen Militär-) Spezifikation MIL-L-2105 entspricht — manche Mineralölfirmen setzen noch ein »A« dahinter, also MIL-L-2105 A. Diese Sorte ist ein Hypoid-Getriebeöl (also für schrägverzahnte Getriebe)

Beim 1,1-Liter-Motor befindet sich die Getriebeöl-Kontrollschraube (Inbus SW 17) ebenfalls links – in Fahrtrichtung – hinter der Achswelle. Falls beim Herausschrauben bereits etwas Öl herausläuft, ist diese Kontrolle bereits erledigt, andernfalls muß man mit einem hineingesteckten Finger fühlen, ob der Getriebeölstand bis an die Einfüllöffnung reicht. Ziemlich sicher hat das Getriebe Öl verloren, wenn sich außen bereits eine dicke Öl-Schmutz-Schicht gebildet hat.

mit 4% Schwefelphosphor-Zusatz, das man aber unter der Bezeichnung MIL-L-2105 nicht kaufen kann. Da auch derzeit die Begriffe für Hypoid-Getriebeöle bei den Ölfirmen verwirrend durcheinander laufen, finden sich nicht mal alle Werkstätten und Tankstellen damit zurecht, denn die gleichartige Ölsorte wird hier als »Hypoid-Getriebeöl«, dort als »Mehrzweck-Getriebeöl« oder als »Getriebeöl EP« (EP = extreme pressure = Hochdruck) verkauft. Da ein falsches Getriebeöl zu schweren Schäden führen kann, wurde vom bereits erwähnten Amerikanischen Petroleuminstitut noch eine zusätzliche, einheitliche Kennzeichnung geschaffen. Das Öl für das Schaltgetriebe von VW Golf und Scirocco wird dabei mit »GL 4« bezeichnet.

In unserer nachstehenden Sortenliste finden Sie einige der MIL-L-2105 (A)- bzw. API-GL 4-Getriebeöle:

- Agip F 1 Rotra Hypoid SAE 80
- Aral-Getriebeöl EP SAE 80
- Esso GP 80
- Shell Hypoid-Getriebeöl Spirax EP 80
- Texaco Universal Gear Lubricant EP 80
- Veedol Multigear SAE 80

## ATF-Stand im automatischen Getriebe kontrollieren
**Wartungspunkt Nr. 39**

Wenn die Getriebeautomatik auch das Schalten erspart, um eine gelegentliche Kontrolle ihres Schmiermittels kommt man nicht herum. Wir sprechen hier bewußt nicht von Getriebeöl, denn der Saft für das automatische Getriebe ist eine synthetische Flüssigkeit, die vor allem bei allen Temperaturbereichen gleich dünnflüssig bleibt. Das nennt sich »Automatic Transmission Fluid« (abgekürzt ATF = Flüssigkeit für Automatik-Getriebe) und muß den Prüfbedingungen »Dexron B« (mit nachfolgender Kontrollzahl) entsprechen.

Bei der Kontrolle des ATF-Stands ist äußerste Sauberkeit oberstes Gebot, da schon winzige Schmutzteilchen, die mit dem Peilstab in die Automatik gelangen, zu Schaltstörungen führen können. Zur Prüfung muß der Wagen etwa 5 bis 10 Minuten warmgefahren werden, denn bei kalter oder heißer ATF wird ein falscher Flüssigkeitsstand angezeigt. Den VW auf einer ebenen Fläche abstellen, Handbremse anziehen, Wählhebel in Stellung »N« schieben und Motor im Leerlauf drehen lassen. Peilstab (an seiner Ringöse erkennbar) im Motorraum vorn links ziehen, mit faserfreiem, sauberen Tuch abwischen, nochmals ins Peilstabrohr stecken und wieder herausziehen: Der Flüssigkeitsstand muß zwischen den beiden Peilstabmarken liegen (Mengendifferenz zwischen oberer und unterer Marke 0,4 Liter ATF). Die ATF am Peilstab darf keine Schmutzspuren aufweisen; falls die Getriebeflüssigkeit verbrannt riecht, sind die Bremsbänder im Planetengetriebe verbrannt (kann bei zu viel eingefüllter ATF passieren, siehe Seite 104).

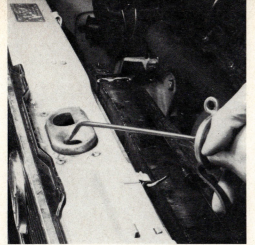

Es gibt am VW Golf und Scirocco eine ganze Anzahl kleinerer Schmierstellen, wie hier das Haubenschloß, die bald quietschen, schwergängig werden oder klemmen, wenn sie nicht gelegentlich gepflegt werden. VW empfiehlt dazu ein dickflüssiges Motoröl SAE 30. Aber es kommt nicht so genau darauf an, denn das sind anspruchslose Schmierstellen, die man schnell mit dem versorgen kann, was gerade da ist: Man kann — ganz sparsam — einen vom Ölpeilstab abtropfenden Motoröltropfen drauf geben, ein kleines Spritzkännchen mit Haushaltöl dazu benutzen, eine mit sauberen Ölresten gefüllte Handölkanne, wie hier, nehmen oder ein weiches Schmierfett aufstreichen, wobei es allerdings kein Wälzlagerfett sein darf, denn dies ist normalerweise nicht wasserfest. Wichtig ist an diesen Schmierstellen jedoch, daß vorher mit einem kleinen Lappen die anhaftende Schmutzkruste weggeputzt wird, bevor man frischen Schmierstoff zugibt.

Bei Bedarf muß ATF Typ Dexron B nachgefüllt werden, wozu ein absolut sauberer Trichter und Einfüllschlauch gebraucht werden. Steht die ATF über die obere Peilstabmarke hinaus, hat sich wahrscheinlich Hypoid-Getriebeöl vom Achsantrieb in das Planetengetriebe durchgedrückt. Fehlt im Achsantrieb tatsächlich Öl, muß die ATF vorzeitig gewechselt werden.
Zu viel eingefüllte ATF darf auf keinen Fall im Getriebe bleiben, sondern muß abgelassen oder abgesaugt werden, sonst kann es Getriebe-Totalschaden geben.

**Achsantrieb des automatischen Getriebes**

Im Achsantrieb der Getriebeautomatik wird ein anderes Öl gebraucht als im Schaltgetriebe: Hier muß es ein Hypoid-Getriebeöl SAE 90 mit der Spezifikation MIL-L-2105 B sein bzw. mit der Kennzeichnung »GL 5«. Dieses Getriebeöl hat einen höheren Schwefelphosphat-Zusatz (6,5 %) und ist außerdem dickflüssiger; es muß ebenfalls nicht gewechselt werden.
Auch eine regelmäßige Ölstandkontrolle ist nicht vorgesehen. Sie wird fällig, wenn das Getriebegehäuse undicht zu sein scheint. In diesem Fall muß, ähnlich wie beim normalen Schaltgetriebe, eine Kontrollschraube (Innen-Sechskant SW 17) herausgedreht werden. Es kann nicht nur vorkommen, daß das Getriebeöl im Achsantrieb unterhalb der Kontrollöffnung steht (dann nachfüllen lassen), sondern es ist auch ein höherer Ölstand möglich. Dann hat sich ATF vom Planetengetriebe durch die Dichtungen in den Achsantrieb gedrückt. Diese unbrauchbare Ölmischung muß unbedingt gewechselt werden. Das ist aber Werkstattsache, weil zugleich neue Dichtungen eingebaut werden müssen.

**ATF im automatischen Getriebe wechseln**
Wartungspunkt Nr. 64

Bei normalem Fahrbetrieb sieht der Wartungsplan alle 45 000 km den Wechsel der ATF vor, wenn der VW hauptsächlich im Kurzstreckenverkehr oder viel mit Anhänger oder im Gebirge gefahren wird, soll schon nach 30 000 km neue ATF in die Getriebeautomatik gefüllt werden. Bei diesem Wartungspunkt wird nicht nur die ATF gewechselt, sondern auch die Ölwanne abgeschraubt und Wanne und Ölsieb müssen gereinigt werden. Seit Oktober 1976 ist die Ablaßschraube an der Getriebeölwanne nicht mehr vorhanden, die verbrauchte ATF muß mit einer speziellen Sonde abgesaugt werden. Es geht zwar auch ohne Ölabsauggerät, wenn man zuerst die beiden vorderen Schrauben der Ölwanne vorsichtig löst und die auslaufende ATF auffängt. Der ganze Aufwand lohnt sich für den Eigenpfleger nicht, zumal er die ATF kaum in Literdosen kaufen kann — also Werkstattsache.

Die vierkantige Nockenbahn auf der Zünderverteilerwelle und der vordere kleine Winkel zwischen dem Gleitstück des Unterbrecherhebels und dem Hebel werden leicht eingefettet. Dafür ist Motoröl oder „irgendwelches" Fett nicht geeignet, sondern es muß ein hitzebeständiges Spezialfett sein, wie etwa Plastilube O, das man am besten mit einem kleinen Pinselchen (von einer Autolack-Sprühdose) aufstreicht. Ebenfalls etwas Schmierung braucht die Lagerwelle des Unterbrecherhammers (weißer Pfeil); hierzu genügt ein Tropfen Motoröl. Aber Vorsicht beim Schmieren, falls etwas Fett oder Öl zwischen die Unterbrecherkontakte gerät, kann das zu schwer erkennbaren Zündstörungen führen. Die Verteiler der 1,5-/1,6-Liter-Motoren haben in ihrer hohl gebohrten Verteilerwelle noch einen Schmierfilz, der etwa alle 15 000 km nach einem Tropfen Motoröl verlangt.

**Zündverteiler schmieren**
Wartungspunkt Nr. 30

Einmal im Jahr braucht auch der Zündverteiler ein wenig Schmierung, und zwar an der Nockenbahn und der Lagerwelle des Unterbrecherhebels (Bild oben) sowie beim 1,5-/1,6-Liter-Motor an der Bohrung der Verteilerwelle (siehe Bild Seite 163). Beim 50-PS-Motor wird die Verteilerwelle durch Spritzöl aus dem Motorölkreislauf mitgeschmiert.

**Fettfüllung der hinteren Radlager ergänzen**
Wartungspunkt Nr. 65

Nur alle 45 000 km ist dieser Wartungspunkt vorgesehen. Wenn aber die Abdeckkappen der Hinterradlager schon einmal vorher abgenommen werden mußten, wird man natürlich gleich bei dieser Gelegenheit den Fettvorrat ergänzen. Als Fettmenge sind 10 g Mehrzweckfett vorgeschrieben. Ehe Sie nun lange Wiegeexperimente machen: das bedeutet, daß die Fettkappen bis gut halb hoch mit Mehrzweckfett gefüllt werden sollen. Was zum Abnehmen und Wiederaufsetzen der Fettkappen zu sagen ist, finden Sie im Bildtext unten beschrieben.

**Kupplungsseilzug ölen**

Damit der Kupplungsseilzug gut leichtgängig bleibt, soll er ab und zu geschmiert werden. Kupplungshebel von Hand etwas anziehen, so daß das Endstück des Seilzugs locker an der Hebelnase hängt. In den Zwischenraum etwas Öl tropfen oder Fett eindrücken.
Um den Seilzug direkt unter der Seilzugumhüllung etwas Fett streichen und durch Kupplungs-Fußhebelbetätigung in die Seilzugumhüllung ziehen. Wenn eine Öl-Spraydose mit dünnem Sprühschlauch zur Hand ist, kann man auch etwas dünnflüssiges Öl von unten in die Seilzugumhüllung sprühen.

Zum Ergänzen der Fettfüllung im Hinterradlager muß das Rad von der Bremstrommel genommen und die Fettkappe von der Achsnabe gezogen werden. Das ist aber nicht so einfach, weil sie bis zu einem Abdichtwulst in die Bremstrommel gepreßt ist. Deshalb muß zuerst mit behutsamen Hammerschlägen und nicht zu scharfen Meißel rundum die Fettkappe ein wenig nach außen getrieben werden, bis sich beidseitig je ein kräftiger Schraubenzieher hinter den Fettkappenwulst klemmen und die Fettkappe gleichmäßig abheben läßt. Nach der Befüllung die Fettkappe wieder aufsetzen und zuerst mit Handballenschlägen eintreiben, bis sie gerade angesetzt ist. Dann legt man einen dicken Lappen auf die Fettkappe und klopft mit der Breitseite des Hammers die Fettkappe wieder ein. Kräftige Hammerschläge sind also nicht ratsam, denn sie verbeulen die dünnwandige Blechkappe hoffnungslos. Der gleiche Aus- und Einbau der Fettkappe wird notwendig, wenn das Radlagerspiel nachgestellt werden muß.

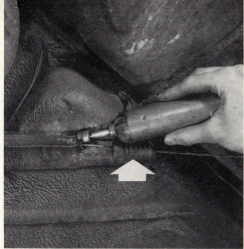

Die Handbremsseile laufen vom Innenraum zu den Hinterrädern erst in Führungshüllen, die mit einer Gummimanschette (weißer Pfeil) hinten verschlossen sind, damit Schmutz und Feuchtigkeit nicht eindringen können. Ob diese Manschetten noch festsitzen, sollte man bei einem Motorölwechsel kontrollieren. Dabei schadet es auch nicht, wenn in die Führungsrohre etwas Fett eingepreßt wird, Öl ist weniger geeignet, da es gleich wieder zum Rohr herausläuft. Ungeschmierte Handbremsseile können unter dem Wagen ein »Vogelgezwitscher« anstimmen.

**Türfeststeller schmieren**
Wartungspunkt Nr. 5

Die Türhaltebänder, bei VW Türfeststeller genannt, bleiben quietschfrei, wenn man eine dünne Fettschicht aufstreicht.
Die Türscharniere sind beim Golf und Scirocco eigentlich wartungsfrei, aber einen gelegentlichen Sprüher Öl werden Sie doch von Zeit zu Zeit dankbar entgegennehmen.

**Motorhauben-Bowdenzug, Klappenschlösser und -scharniere schmieren**

Der Seilzug zum Entriegeln der Motorraumhaube wird von einem Helfer durch den Zughebel seitlich links im Fußraum des Fahrers bewegt, während man überall, wo der Seilzug aus der Umhüllung austritt, etwas Öl oder weiches Fett anstreicht und durch Hebelbewegung in die Hülle zieht.
Die Schnappschlösser an Motor- und Heckklappe erhalten an den Gleitstellen ihrer Einzelteile beliebiges Öl oder etwas Fett.
Zum Schmieren der versteckt liegenden Klappenscharniere eignet sich am besten eine Öl-Sprühdose.

**Türschlösser und -scharniere pflegen**

Die Türschlösser und den Schließzylinder der Heckklappe schmiert man nicht mit dickflüssigem Öl und erst recht nicht mit Graphitöl oder Fett. In allen Fällen, vor allem bei Graphitöl oder molybdändisulfidhaltigen (Moly-)Ölen, kann man sich unangenehm die Kleidung verschmieren. Zur Schmierung dieser Schlösser ist nur ein feines farbloses Öl, ein spezieller Türschloß-Spray, ein wenig Frostschutzmittel (z. B. Glysantin) geeignet, das man entweder an einem feinen Draht in das Schloß laufen läßt oder mit einer ausgebrauchten Injektionsspritze in den Schlitz des Schließzylinders spritzt.

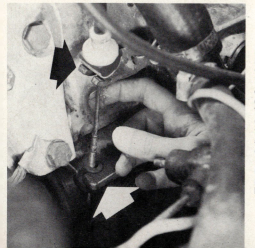

Der Kupplungszug ist auch für eine Fettration dankbar. Hier wird gerade das freiliegende Ende des Seilzugs zwischen dem Kupplungshebel (weißer Pfeil) und dem Widerlager am Getriebe (schwarzer Pfeil) mit wasserfestem Mehrzweckfett eingestrichen. Besonders wichtig ist ein kleiner „Fettkragen" oben am Widerlager, der dann beim Tritt auf das Kupplungspedal in die Seilzugumhüllung hineingezogen wird.

**Der Motor und sein Innenleben**

# Kraft nach Wahl

Die VW-Modelle Golf und Scirocco werden mit einem 1100 cm³-Motor angeboten oder mit einem stärkeren 1,5- oder 1,6-Liter-Aggregat. Der größere Motor entstand bei Audi NSU in Ingolstadt ursprünglich für den Audi 80. Später wurde er auch in den VW Passat übernommen.
Der 1100er ist nicht etwa nur ein verkleinerter 1,5-/1,6-Liter-Motor, sondern eine eigenständige Konstruktion, die einige bemerkenswerte Unterschiede aufweist. Die Grundkonzeption wurde wieder bei Audi NSU erdacht, während die VW-Techniker in Wolfsburg dieses Triebwerk zur Serienreife weiterentwickelten. Im folgenden Kapitel finden Sie bei Unterschieden zwischen den Aggregaten jeweils zuerst den 1,1-Liter-Motor beschrieben und anschließend die weitgehend identischen 1500/1600.

**Steckbrief**

Die wichtigsten technischen Daten wollen wir gleich zu Anfang angeben:
■ 1100/50 PS (37 kW) bei einer Nenndrehzahl von 6000/min (bei dieser Drehzahl gibt der Motor seine Höchstleistung ab). Der Zylinderdurchmesser (Bohrung) beträgt 69,5 mm; die Kolben legen beim Weg aus ihrer untersten in die höchste Stellung einen Weg von 72 mm zurück (Hub). Für die Gemischaufbereitung sorgt ein Solex-Einfachvergaser 31 bzw. 34 PICT-5, die verbrannten Gase verlassen die Brennräume durch einen Einrohr-Auspuffkrümmer. Für einige Exportländer wird der 1100er mit einer Leistung von 52 PS (37 kW) geliefert. Dieser Kraftzuwachs wurde allein durch den Einbau eines anderen Zündverteilers erzielt. Beide Versionen können mit Normalbenzin gefahren werden.
■ 1500/70 PS (51 kW) bei 5800/min (gebaut bis August 1975). Die Bohrung beträgt 76,5 mm, der Hub 80 mm.
■ 1600/75 PS (55 kW) bei 5600/min (gebaut von September 1975 bis Juli

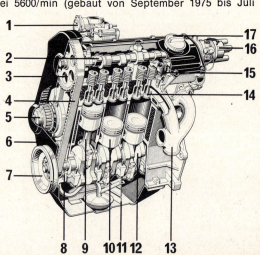

Auf dieser Abbildung hat der Zeichner sozusagen die Vorderseite des Motors weggelassen, damit Sie einen Blick in das Innenleben des 1,1-Liter-Motors werfen können. Die Zahlen bedeuten: 1 – Vergaser, 2 – Nockenwelle, 3 – Nockenwellenrad, 4 – Zahnriemen, 5 – Wasserpumpe, 6 – Zahnriemenschutzhaube, 7 – Kurbelwellen-Keilriemenscheibe, 8 – Ölpumpe, 9 – Pleuel, 10 – Kolben, 11 – Ölwanne mit Schlingerblech, 12 – Kurbelwelle mit Gegengewichten, 13 – Auspuffkrümmer, 14 – Auslaßventil des 3. Zylinders, 15 – Schlepphebel mit Haltefeder, 16 – Zündverteiler, 17 – Öleinfüllstutzen.

46

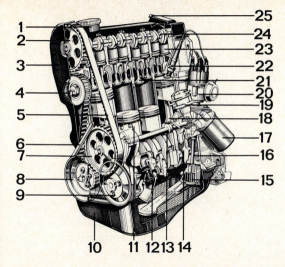

Die aufgeschnittene Vorderseite des 1,5-Liter-Motors zeigt: 1 — Öleinfüllstutzen, 2 — Nockenwellenrad, 3 — Zahnriemen-Schutzhaube, 4 — Zahnriemenspanner, 5 — Zahnriemen, 6 — Keilriemen, 7 — Zwischenwellenrad, 8 — Kurbelwellen-Keilriemenscheibe, 9 — Wasserpumpen-Keilriemenscheibe, 10 — Ölwanne, 11 — Kolben, 12 — Thermostat, 13 — Zwischenwelle, 14 — Kurbelwelle mit Gegengewichten, 15 — Ölpumpe, 16 — Antriebswelle der Ölpumpe (nach unten) und des Verteilers (nach oben), 17 — Ölfilter, 18 — Pleuel, 19 — Kraftstoffpumpe, 20 — Verteiler mit Unterdruckdose (rechts), 21 — Einlaßventil des 3. Zylinders, 22 — Zündkerze, 23 — Tassenstößel mit Ventilfedern, 24 — Nockenwelle, 25 — Kurbelgehäuse-Entlüftung.

1977). Die Bohrung wurde — bei gleichgebliebenem Hub — auf 79,5 mm vergrößert. Die Zielsetzung für den großvolumigeren Motor war eine Verringerung der schädlichen Abgase.

■ 1500/70 PS (51 kW) bei 5600/min (gebaut ab August 1977). Dieser Motor ist nicht identisch mit dem früher gebauten 1500er. Die Bohrung blieb mit 79,5 mm gleich wie beim 1,6-Liter, der Hub wurde dagegen auf 73,5 mm reduziert. Durch den kürzeren Hub läuft dieser Motor leiser als die bisherigen 1500er und 1600er.
Diese drei genannten Normalkraftstoff-Motoren besitzen den Solex-Einfachvergaser 34 PICT-5 und einen Doppelrohr-Auspuffkrümmer.

■ 1500/85 PS (63 kW) bei 5800/min (gebaut bis August 1975). Superkraftstoff-Motor mit 76,5 mm Bohrung und 80 mm Hub.

■ 1600/85 PS (63 kW) bei 5600/min (gebaut ab September 1975). Normalkraftstoff-Motor mit 79,5 mm Bohrung und 80 mm Hub.
Diese nur im Scirocco eingebauten Motoren besitzen für die »Nahrungsversorgung« einen Zenith-Registervergaser 32/32 2 B 2.

**Fingerzeig:** *Die allerersten VW Scirocco wurden noch mit dem 75-PS-Motor des VW Passat ausgeliefert. Diese Motoren mit Flachkolben und Kennbuchstaben FB müssen unbedingt mit Superbenzin gefüttert werden.*

**Blick unter die Motorhaube**

Beim VW Golf und Scirocco sind die Motoren quer zur Fahrtrichtung eingebaut. Durch diese Anordnung wird der Platzbedarf des Antriebsaggregates kleiner gehalten, außerdem lassen sich größere »Knautschzonen« verwirklichen. Beim Blick in den Motorraum werden Sie feststellen, daß dort noch freier Raum vorhanden ist. An diesen Stellen soll sich die Karosserie bei einem eventuellen Frontalaufprall zusammenfalten, ohne dabei den Motor in den Innenraum zu drücken.
Der leichtere 1,1-Liter-Motor ist um 15° nach vorn geneigt eingebaut, um eine genügende Belastung der Vorderachse zu erzielen. Anders beim Golf bzw. Scirocco 1500/1600: dieser Motor liegt um 15 bzw. 20° nach hinten geneigt, um das Fahrzeug nicht kopflastig werden zu lassen.
Der aus Motor und dem daran angeflanschten Getriebe bestehende Triebwerksblock ist durch vier Lagerpunkte an der Karosserie befestigt: Vorn in

Der Finger zeigt auf das rechte Motorlager (in Fahrtrichtung) des 1,1-Liter-Motors, das neben der Lichtmaschine sitzt. Obwohl im Wartungsplan keine Kontrolle der Motorlagerpunkte vorgesehen ist, sollte der feste Sitz der Halteschrauben vor allem bei einem älteren Fahrzeug mit einem Drehmomentschlüssel kontrolliert werden. An der vorderen Drehmomentstütze des Motors sind 55 Nm (5,5 kpm) vorgeschrieben, die übrigen Lagerpunkte müssen mit 40 Nm (4 kpm) festgezogen sein. Falls die Karosserie des VW bei bestimmten Drehzahlen dröhnt, kann der Triebwerksblock verspannt in seinen Gummilagern sitzen. Das läßt sich beheben, wenn alle Triebwerkslager gelöst werden, der Motor im Leerlauf dreht und die Schrauben bei laufendem Motor wieder mit dem vorgeschriebenen Drehmoment angezogen werden. Manchmal ist auch eine verspannt in ihren Gummischlaufen hängende Auspuffanlage an den Dröhngeräuschen schuld.

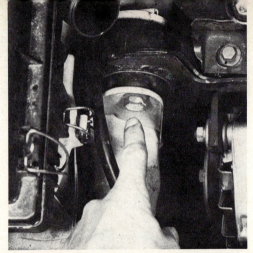

der Mitte über die sogenannte Drehmomentstütze, in Fahrtrichtung rechts sitzt ein Motorlager, links und in Höhe des Schalthebels finden wir zwei weitere Gummi-Metall-Lager für das Getriebe.

Zur Unterscheidung sind alle Motoren mit Kennbuchstaben versehen, und zwar 1100/50 PS: FA; 1100/52 PS: FJ; 1500/70 PS: FH; 1600/75 PS: FP; 1500/85 PS: FD; 1600/85 PS: FR. Die Kennbuchstaben finden Sie beim 1,1-Liter-Motor vorn auf der waagerechten Fläche unterhalb des Auspuffkrümmers am Zylinder 1 und beim 1,5-/1,6-Liter-Motor auf der Vorderseite oberhalb der Kraftstoffpumpe eingeschlagen.

**Der Kurbeltrieb**

Die Kolben laufen in den Zylindern auf und ab, zum Antrieb der Vorderräder wird jedoch eine Drehbewegung notwendig, welche durch die mit der Kurbelwelle verbundenen Pleuel erzielt wird. Die Kurbelwelle mit Pleueln und Kolben trägt die Bezeichnung Kurbeltrieb. Der 1100er besitzt eine gegossene Kurbelwelle, beim 1,5-/1,6-Liter-Motor ist sie geschmiedet. Damit die Welle bei hohen Drehzahlen nicht ins Schwingen und Brummen gerät — dadurch würde auch ihre Lebensdauer verkürzt — ist sie für alle Motorversionen mit acht Gegengewichten versehen. Die Kurbelwelle läuft in fünf Lagern, das bedeutet, daß zwischen zwei Lagern jeweils nur das Pleuel eines Kolbens auf die Kurbelwelle drückt. Die Welle biegt sich dadurch weniger durch und kann ohne Gefährdung der Lager schneller rotieren.

Die geschmiedeten Stahlpleuel haben einen I-förmigen Schaftquerschnitt.

Beim Öffnen eines Ventils (4) drückt beim 50-PS-Motor der Nocken auf der Nockenwelle (5) auf den Schlepphebel (6), wodurch das Ventil betätigt wird. Nachdem der Nocken über den Schlepphebel weggelaufen ist, drückt die Ventilfeder (3) das Ventil wieder zu. Im Zylinderkopf ist der Schlepphebel mit einer Haltefeder (7) und einer Kugelschraube (8) befestigt, die ihrerseits in einer Hülsenschraube (9) sitzt. Zum Einstellen des Ventilspiels, das übrigens zwischen Nockenbahn und Schlepphebel gemessen werden muß, verdreht man die Kugelschraube Inbus SW 7.
Der Exzenter (2) auf der Nockenwelle treibt die Benzinpumpe (1) über deren Stößel an.

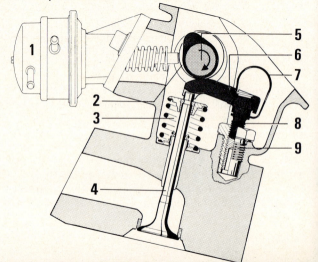

**Kolben und Zylinder**

Alle VW Golf- und Scirocco-Motoren haben Leichtmetallkolben mit einer Stahleinlage, die verhindert, daß sich die Kolben bei Erwärmung übermäßig dehnen und so eventuell klemmen. Jeder Kolben ist mit drei Kolbenringen versehen, die im oberen Drittel elastisch eingebettet sind und federnd gegen die Zylinderwand drücken. Die beiden oberen Verdichtungsringe (Minutenring und Nasenring) verwehren dem Gasgemisch den Weg aus dem Verbrennungsraum nach unten ins Kurbelgehäuse, der untere Ölabstreifring läßt das Schmieröl nicht nach oben steigen.

Die Kolben der verschiedenen Motoren unterscheiden sich je nach Hubraum durch ihre Maße und die Form ihrer Böden. Im 1500/85 PS sind die Kolbenböden eben, der 1100er hat Kolben mit kleinen Mulden und im 1500/70 PS sowie 1600/75 und 85 PS sind diese Mulden etwas größer ausgeformt. Durch die Mulden vergrößert sich das Volumen des Verbrennungsraumes und damit sinkt das Verdichtungsverhältnis (mit der Verdichtung befassen wir uns auf Seite 76 noch näher).

Als Material für den Zylinderblock wird stabiler Grauguß verwendet.

**Zylinderkopf und Nockenwelle**

Die Ventile werden sowohl im 1100er wie im 1,5-/1,6-Liter-Motor von einer oben im Zylinderkopf liegenden Nockenwelle betätigt. Im Englischen nennt man das »over head camshaft« (OHC), diese Bezeichnung findet man auch bisweilen. Eine derartige Bauweise blieb in früheren Jahren fast ausschließlich Sportmotoren vorbehalten, die auf hohe Drehzahlen ausgelegt waren. Durch die obenliegende Nockenwelle werden die Ventile auf kürzestem Übertragungsweg direkt gesteuert, drehzahlempfindliche Teile des Ventiltriebs, wie Stößelstangen oder Kipphebel, sind nicht vorhanden. In den übrigen Konstruktionsmerkmalen unterscheidet sich der 1100/50-PS-Motor erheblich von den hubraumstärkeren Triebwerken, daher wollen wir sie auch getrennt beschreiben.

Im 1,1-Liter-Motor drücken die oval geformten Nocken der Nockenwelle auf Schlepphebel, die den Druck an die Ventile weiterleiten und dadurch öffnen; geschlossen werden sie wieder durch die Kraft der Ventilfeder. In Fahrtrichtung vorn sitzen die Schlepphebel im Zylinderkopf auf Kugelschrauben und werden von Federklammern gehalten. Vom Nockenwellenrad aus gesehen hängen die Einlaß- und Auslaßventile abwechselnd nebeneinander im Zylinderkopf.

Das Benzin-Luft-Gemisch gelangt von der Rückseite in die Verbrennungsräume und verläßt sie nach der Zündung über den Auspuffkrümmer an der Motorvorderseite. Einlaß- und Auslaßseite liegen sich also gegenüber, man spricht in diesem Fall von einem »Querstromkopf«. Der Gasstrom wird im Brennraum am wenigsten umgelenkt, das ergibt eine bessere Zylinderfüllung und als Folge eine größere Leistungsausbeute.

Der Antrieb der Nockenwelle erfolgt von der Kurbelwelle über einen Zahnriemen, der gleichzeitig die Wasserpumpe noch in Bewegung setzt. Auf einen zusätzlichen Riemenspanner konnte verzichtet werden, da sich die richtige Zahnriemenspannung durch Schwenken der Wasserpumpe einstellen läßt. Den Zündverteiler treibt die Nockenwelle über einen Mitnehmer direkt an, die Benzinpumpe wird durch einen zusätzlichen Nocken an der Welle betätigt.

Bei den 1500/1600-Motoren wirkt die Nockenwelle über Tassenstößel auf die Ventile. Der Tassenstößel wird (wie eine auf den Kopf gestellte Kaffeetasse) über das Ventil mit seinen beiden Ventilfedern gestülpt. Die Nocken berühren die Tassenstößel nicht genau in der Mitte, sondern leicht versetzt. Sinn

Da bei direkter Einwirkung des oval geformten Nockens der Nockenwelle (2) auf das Ventil (11) der Ventilschaft verbiegen würde, wurde über das Ventil mit seinen beiden Ventilfedern (7 und 8) ein Tassenstößel (4; wie eine auf den Kopf gestellte Kaffeetasse) gestülpt. Das Ventilspiel wird durch Einlegen von Distanzplättchen (3) in die Aussparung im Boden des Tassenstößels eingestellt. Die übrigen Zahlen bedeuten: 1 — Zylinderkopfhaube, 5 — Ventilkegelstück, 6 — oberer Ventilfederteller, 9 — Ventilschaftabdichtung, 10 — unterer Ventilfederteller.

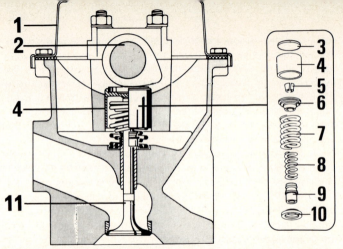

dieser Anordnung ist es, bei laufendem Motor die Ventile in ihren Sitzen in eine langsame Drehbewegung zu versetzen. Damit wird verhindert, daß sich die Ventile einschlagen und undicht werden.

Aus Gründen der Wärmeverteilung liegen die zusätzlich mit einer Stellit-Hartmetallauflage »gepanzerten« Auslaßventile jeweils an den Motoraußenseiten. Die Reihenfolge der Auslaß- und Einlaßventile lautet also A-E--A--E--E-A--A-E. Der 1500/1600 besitzt keinen Querstromkopf, Einlaß- und Auslaßkanäle liegen in Fahrtrichtung hinten.

Den Nockenwellenantrieb besorgt wieder die Kurbelwelle über einen Zahnriemen, der aber noch über einen mechanischen Spanner an der Motorrückseite läuft und außerdem eine Zwischenwelle bewegt. Diese treibt über einen Nocken die Kraftstoffpumpe und über ein Zahnrad den Zündverteiler und die Ölpumpe an.

**Fingerzeig:** *Manche 50-PS-Motoren stimmen nach dem Kaltstart ein recht aufdringliches Pfeifgeräusch an. Schuld daran ist der Zahnriemen, der bei tiefen Temperaturen verhärten kann. Nach etwa 5 Minuten Motorlauf ist der Riemen wieder völlig elastisch und das Geräusch verschwunden. Auf die Lebensdauer hat das Zahnriemenpfeifen keinen Einfluß.*

### Das Schmiersystem

Was zur praktischen Seite der Ölversorgung zu sagen war, haben Sie sicher bereits ab Seite 34 gelesen. In diesem Absatz wollen wir noch auf einige andere Zusammenhänge bei der Motorschmierung eingehen.

Eine ganze Anzahl von Schmierstellen muß im Motor mit Öl versorgt werden. Die Förderung übernimmt die Ölpumpe, die aus zwei ineinander kämmenden Zahnrädern besteht. Der 1100er hat als Besonderheit eine sogenannte Sichelzahnradpumpe, deren Arbeitsweise das Bild rechts zeigt. Bei diesem Motor treibt die Kurbelwelle die Pumpe direkt an, während im 1,5-/1,6-Liter-Motor die bereits erwähnte Zwischenwelle über die nach unten verlängerte Zündverteilerwelle den Antrieb liefert. Die Ölwanne dient als Sammeltank und Kühler und erhielt beim 1100er innen ein Blech eingesetzt, das bei Kurvenfahrt verhindert, daß das Öl sich seitlich in eine Ecke drängt und der Saugrüssel der Ölpumpe Luft ansaugt. So hat man auch bei scharfer Fahrweise die Gewißheit, daß die Schmierreserven der Lager nicht überbeansprucht werden. Die Ölfördermenge hängt von der Umdrehungszahl der Kurbelwelle bzw. von der davon angetriebenen Zwischenwelle ab; bei Vollgas fördert die Pumpe 30 Liter Öl in der Minute. Das bedeutet, daß das

Schmierpolster in den Lagern um so kräftiger ist, je schneller sich die Kurbelwelle dreht, und schaltfaule Fahrweise schadet dementsprechend den Motorlagern.

Die Pumpe drückt das Öl ins Hauptstromölfilter. In dieser Leitung sitzt ein Überdruckventil, das bei zu hohem Öldruck durch kaltes, zähflüssiges Öl einen Teil gleich wieder in die Ölwanne zurückleitet, um den Ölpumpenantrieb nicht zu überlasten und um Schäden an Ölfilter- und Motordichtungen zu verhindern. Das gefilterte Öl (es sei denn, das Kurzschlußventil hätte sich wegen zu stark verschmutzter Filterporen geöffnet) wird nun über Bohrungen im Zylinderblock zu den Schmierstellen der Kurbelwelle, der Zwischenwelle (nur 1,5-/1,6-Liter) und des Zylinderkopfes mit der Nockenwelle gedrückt. In die Leitung zu den Nockenwellenlagern ist der Öldruckschalter eingeschraubt. Zu niedriger Öldruck wird so am schnellsten erkannt, denn diese Leitung stellt das Ende des Drucksystems dar. Anschließend läuft das Schmieröl über Bohrungen in die Ölwanne zurück.

Bei 2000/min soll der Öldruck bei Betriebstemperatur (= 80° C) etwa 4 bis 8 bar Überdruck (kp/cm$^2$) betragen. Liegt der gemessene Wert bei 2 bar Überdruck, ist der Motor reif zur Erneuerung. Die Meßwerte beziehen sich auf die Ölviskosität SAE 20 W/20.

## Die Kurbelgehäuse-Entlüftung

Auch die besten Kolbenringe können zwischen Kolben und Zylinderwand gegen die unter hohem Druck stehenden Brenngase nicht vollkommen abdichten. Etwa ein Prozent der verbrannten Gase dringen bei einem gesunden Motor am Kolben vorbei ins Kurbelgehäuse. Bei Höchstleistung sind das rund 35 Liter Gas in der Minute. Diese heißen Brenngase vermischen sich im Kurbelgehäuse noch mit Öldämpfen, wodurch ein solch hoher Druck entsteht, daß die Motordichtungen in Mitleidenschaft gezogen würden, wenn die Motoren nicht eine Kurbelgehäuse-Entlüftung hätten.

In Fahrtrichtung rechts unten sitzt am 1100er-Motor ein Blechrohrstutzen, der über einen Gummischlauch an das Luftfilter angeschlossen ist. Am 1500/70 PS bis Mai 1975 läuft der Schlauch der Kurbelgehäuse-Entlüftung vorn links vom Zylinderkopfdeckel zum Luftfilterrüssel. In den Schlauch ist ein Rückschlagventil eingesetzt; es soll verhindern, daß bei Fehlzündungen die Flamme aus dem Vergaser bis ins Kurbelgehäuse schlägt. Bei den neueren 1,5-/1,6-Liter-Motoren führt die Kurbelgehäuse-Entlüftung direkt ins

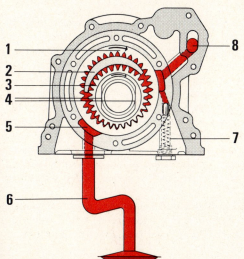

Beim 1,1-Liter-Motor bringt eine Sichelzahnradpumpe den Ölkreislauf in Schwung. Diese Pumpe — übrigens besitzt auch der Zwölfzylinder-Jaguar solch eine Ölpumpe — wurde gewissermaßen um die Kurbelwelle gewickelt. Ein kleineres Zahnrad (3) sitzt direkt auf der Kurbelwelle und wird von einem größeren innenverzahnten Rad (1) umhüllt. Zwischen beiden finden wir ein halbmondförmiges Trennstück, die Sichel (2), die Kammern veränderlicher Größe entstehen läßt. Beim Umlauf der miteinander kämmenden Zahnräder kann dadurch das Öl unter Druck gesetzt werden. Die übrigen Zahlen in der Abbildung bedeuten: 4 — Mitnehmerflächen für die Kurbelwelle, 5 — Saugseite der Pumpe, 6 — Ansaugrohr, 7 — Ölüberdruckventil, 8 — Druckseite.

Luftfilter. Die aus der Kurbelgehäuse-Entlüftung austretenden Gase saugt der Vergaser an und leitet sie zur Verbrennung noch einmal in den Motor. Gelegentlich sollte man kontrollieren, ob sich Ölrückstände im Schlauch der Kurbelgehäuse-Entlüftung gebildet haben; diese lassen sich mit Benzin auswaschen. Beim 1,1-Liter-Motor bis Juli 1978 ist das allerdings kaum nötig, denn er besitzt einen Ölabscheider, in dem sich die Öldämpfe niederschlagen und als Öl wieder ins Kurbelgehäuse zurückfließen.

## Sichtprüfung des Motors
Teil des Wartungspunktes Nr. 7

Sehr scharfe Fahrweise kann dem Motor den »Ölschweiß« austreiben, dann zeigen sich da und dort Ölspuren — das hat weiter keine Bedeutung. Werden jedoch »Öltränen« sichtbar (durch angeklebten Staub besonders deutlich), ist eine Dichtung nicht mehr in Ordnung. Besonders anfällig ist beim 1,1-Liter-Motor die Zylinderkopfdichtung gegen Ölaustritt. Zur verbesserten Zylinderkopfanpressung wurde mehrmals die Kopfdichtung verbessert, und die Zylinderkopfschrauben wurden ebenfalls verstärkt. Die leider häufigen Ölverluste sind jedoch immer noch nicht endgültig behoben. Auch der Ventildeckel kann Undichtigkeiten verursachen — entweder ist die Dichtung bei der Montage verrutscht oder der Deckel ist verzogen.

Finden Sie morgens am Standplatz neben dem rechten Vorderrad frische Öltropfen, ist nach unseren Erfahrungen meist die Abdichtung der Kurbelwelle, der Zwischenwelle (1500/1600) oder der Nockenwelle defekt. Dann verliert der Motor merklich Öl; vor allem während der Fahrt, wenn das heiße Schmieröl dünnflüssig ist. Eine undichte Stelle kann man selbst suchen: Dazu wäscht man den Motor mit einem Motorreiniger ab und kontrolliert ihn nach einigen Kilometern Fahrt wieder. Die Suche ist allerdings nicht ganz einfach, da austretendes heißes Öl schnell am Motor entlangkriecht.

Öl kann bei den 1500/1600ern am Öldruckschalter austreten (wenn er konisches Gewinde hat sowie keinen Dichtring, muß er mit Dichtungsmittel eingeschraubt werden). Der Deckel am Öleinfüllstutzen kann undicht werden — neuen Deckel besorgen (erkennbar am VW- und Audi-Markenzeichen). Weitere »Ölquellen«: Verschlußstopfen im Zylinderkopf (sogenannte Halbrunddichtung) oder die Dichtung für den Zündverteilerfuß. Eine verölte Kupplung kann von diesen Undichtigkeiten herrühren (Öl wurde vom Fahrtwind verteilt), seltener liegt es an den Dichtungen zwischen Motor und Getriebe.

## Richtiges Einfahren

Wenn Sie Ihren VW Golf oder Scirocco neu, also gewissermaßen jungfräulich, erworben haben, sind Ihnen vielleicht die verhältnismäßig strengen Einfahrvorschriften aufgefallen. Sie sind beim Fahren zwar etwas lästig, aber für den Motor von lebensverlängernder Bedeutung. Zwar lassen sich Gleit- und Wälzlager, Nocken, Kolbenbolzen, Ventilschäfte oder Zahnradflanken mit solch hochwertigen Oberflächen herstellen, daß durch das Einlaufen kaum noch eine zusätzliche Glättung möglich ist. Anders jedoch bei Kolben, Kolbenringen und den dazugehörenden Zylinderwänden. Deren Oberflächen weisen eine gewisse (mikroskopische) Rauhigkeit auf, die durch den Einlaufprozeß allmählich geglättet werden müssen und dann für die gewünschte Abdichtung sorgen. Zu forsches Tempo in der Anfangszeit kann zu winzigen Freßstellen führen, die unter Umständen zu einem fatalen Kolbenfresser ausarten.

Das bedeutet in der Praxis: Der Motor darf keineswegs gleich von Anfang an voll ausgedreht werden. Andererseits schadet es ihm auch, wenn Sie mit viel Gas bei niedrigen Drehzahlen fahren. Deshalb zum Beschleunigen

nicht einfach das Gaspedal durchtreten, sondern besser in den nächstniederen Gang schalten. Die zulässigen Geschwindigkeiten sollten Sie während den ersten 500 km genau einhalten. Das sind im 3. und 4. Gang etwa 1/4 Gas (ca. 15 mm Gaspedalweg).
Günstig ist, wenn Sie die Einlaufzeit (oder wenigstens die ersten paar hundert Kilometer) auf längeren Strecken »abspulen« können und zwar am besten auf der Landstraße, wo immer mit wechselnden Geschwindigkeiten gefahren wird. Kurzstreckenverkehr gleich zu Anfang bringt den Motor nie auf volle Betriebstemperatur und verlängert die Einlaufzeit. Einfahren auf der Autobahn birgt die Gefahr in sich, daß der Motor überfordert wird.

**Fingerzeig:** *Für Austauschmotoren wie für generalüberholte Maschinen gelten die Einfahrvorschriften natürlich genauso. Überholte Triebwerke sind sogar meist empfindlicher als neue.*

## Die Motor-Lebensdauer

Der Motor Ihres VW Golf oder Scirocco wird seine volle Kraft entfalten, wenn Sie die eben erwähnten Gesichtspunkte berücksichtigt haben. Nach etwa 4000 km können Sie mit der vollen Motorleistung rechnen, bei vorwiegendem Stadtverkehr oder im Winter können es aber leicht 2000 oder 3000 km mehr werden.
Unabhängig von der etwas unterschiedlichen Konstruktion erreichen die Motoren mit kleinerem Hubraum meist nicht ganz das Lebensalter größerer Motoren, sofern sie unter vergleichbaren Bedingungen eingesetzt werden. Um im Verkehrsfluß mitzuhalten, wird der kleinere Motor öfter bis an seine Leistungsgrenze beansprucht. Die nachstehenden Kilometerleistungen stellen Durchschnittswerte dar, die je nach Fahrweise und Pflege über- oder unterschritten werden können. In Verbindung mit Getriebeautomatik erreichen die 1,5-/1,6-Liter Motoren in der Regel eine um 10 000 km höhere Laufleistung.

- 1,1-Liter    90 000 bis 110 000 km
- 1,6-Liter    110 000 bis 130 000 km
- 1,5-Liter    100 000 bis 120 000 km

Nachstehend sollen hier einige Punkte genannt werden, die für eine lange Lebensdauer von ausschlaggebender Bedeutung sind:
- Erst wenn die richtige Betriebstemperatur erreicht ist (Thermometernadel in der Mitte der Anzeige; Behelfskontrolle im Golf mit Normalausstattung: Heizung muß Warmluft liefern) soll voll Gas gegeben werden. Grund: kaltes, zähflüssiges Öl ist weniger schmierfähig.
- Nach Kurzstreckenbetrieb (Stadtverkehr) auf langer Strecke nicht gleich das Gaspedal voll durchtreten. Grund: Verbrennungsrückstände sollen bei voller Betriebstemperatur langsam abgebrannt werden.
- Nach Gebirgspaß- oder scharfer Autobahnfahrt nicht sofort den Motor abstellen, sondern noch zwei oder drei Minuten im Leerlauf drehen lassen. Grund: der stark erhitzte Motor soll durch die Kühlwasserpumpe noch weiter Kühlflüssigkeit zugeführt bekommen, um gleichmäßiger abzukühlen. Die Auslaßventile könnten sonst Schaden nehmen.
- Ventilspiel regelmäßig prüfen und einstellen (siehe Seite 56).
- Ölfilter und Luftfilter regelmäßig wechseln (siehe Seite 36 und 93).
- Kühlmittel immer mit Korrosionsschutz verwenden, reines Wasser führt im Kühlkreislauf zu Korrosion und Rückstandsbildung.

## Lagerschäden

Ölmangel, Überbeanspruchung oder hohes Motoralter können Lagerschäden zur Folge haben. Dabei ist schaltfaules Fahren (viel Gas bei niedrigen Drehzahlen) ebenso von Übel wie langanhaltendes Vollgasfahren oder dauerndes scharfes Ausdrehen der Gänge.

Werden Lagerschäden früh genug erkannt, kann man noch einiges Geld sparen; andernfalls muß bei der Motorüberholung auch die Kurbelwelle ersetzt werden. Bei Laufleistungen über 70 000 km ist der Einbau eines Austauschmotors voraussichtlich jedoch im Endeffekt billiger.

Lagerschäden kündigen sich mit wärmer werdendem Motor — wobei das Öl dünnflüssiger wird — durch Klopfen an, das immer lauter wird. Ob überhaupt ein Lager (meist ist es ein Pleuellager) ausgelaufen ist und um welches es sich handelt, stellt man folgendermaßen fest: Im Leerlauf nacheinander die Zündkerzenstecker abziehen und wieder aufstecken. Läßt das Klopfen bei einem der abgezogenen Stecker nach, liegt an diesem Zylinder der Lagerschaden vor.

Auch mit einem ausgelaufenen Lager kann man bei äußerst schonender Fahrweise noch die rettende Werkstatt oder sogar den weiter entfernten Heimathafen anlaufen. Vorsorglich wird die Zündkerze des betreffenden Zylinders herausgeschraubt, damit er nicht mehr mitarbeiten muß und auch die weitere Beanspruchung durch Kompression fortfällt. Ölstand kontrollieren; falls Wasser im Öl (milchiges Aussehen): Öl wechseln. Die Leistung der verbleibenden drei Zylinder darf natürlich nicht voll ausgeschöpft werden, mehr als 60 bis 70 km/h im vierten Gang sind »nicht drin«.

Zu einem Lagerschaden kann es auch kommen, wenn durch eine defekte Zylinderkopfdichtung Wasser in den Ölkreislauf gelangt; z. B. weil sie ein zweites Mal verwendet wurde (das sollte nur in äußersten Notfällen und in Verbindung mit hitzebeständiger Dichtmasse geschehen). Auch wenn die Zylinderkopfschrauben nicht richtig festgezogen wurden, kann das Schmieröl »verwässert« werden.

**Überdrehzahlen**

Bei den Motoren des VW Golf und Scirocco werden die Ventile über die Schlepphebel bzw. die Tassenstößel direkt durch die obenliegende Nockenwelle betätigt. Diese Anordnung hat den Vorteil, daß zum Antrieb der Ventile nur geringe Massen in Bewegung gesetzt werden, was hohe Drehzahlen ohne Gefahr für den Motor gestattet.

Seine höchste Leistung erreicht ein Motor bei einer bestimmten Nenndrehzahl. Beim 1,1-Liter sind es 6000/min, bei den 1500ern 5800/min und bei den 1600ern 5600/min. Über diese Werte hinauszudrehen bringt keine höhere Leistung, wohl aber durch die höhere Motordrehzahl über Getriebe und Achsantrieb eine höhere Geschwindigkeit.

In manchen Betriebsanleitungen finden Sie die höchstzulässige Drehzahl mit 6300/min angegeben. Hierbei handelt es sich um die sogenannte Betriebsdrehzahl, die selbst über eine längere Strecke für den Motor ungefährlich ist. Was darüber liegt, bezeichnet man als Überdrehzahlen, der Motor brummt dann auch unüberhörbar. Die absolute Höchstgrenze liegt bei etwa 7200/min, denn dann beginnen die Ventilfedern zu flattern, ein geregeltes Öffnen und Schließen ist nicht mehr möglich, der normale Ablauf des Gaswechsels (Ansaugen, Verdichten, Verbrennen, Ausstoßen des Abgases) findet nicht mehr statt. In ungünstigen Fällen können die Ventilfedern brechen, die Ventile abreißen und auf den betreffenden Kolben fallen, was einen beträchtlichen Motorschaden nach sich zieht.

Auf ebener Strecke und im größten Gang kann der Motor nicht überdreht werden, wohl aber in den kleineren Gängen und im Gefälle. Als Warngerät gibt es dafür den Drehzahlmesser, den bestimmte Ausstattungs-Variationen serienmäßig enthalten, bei den anderen Modellen gibt es ihn auf Wunsch. Diese Instrumente haben allerdings — wie das Tachometer — eine gewisse Voreilung: Bei 6000/min bis zu 5%, die angezeigten 6000/min sind also oft nur tatsächliche 5700/min. Die Warnbereiche im Drehzahlmesser müssen daher nicht zu ängstlich beachtet werden. In den rotgestrichelten Bereich darf man mit warmgefahrenem Motor beim Überholen ohne weiteres kommen, in den roten Warnsektor jedoch nur kurzzeitig.

## Kompressionsdruck prüfen
Wartungspunkt Nr. 37

Diese Prüfung soll vorbeugend oder im Bedarfsfall zeigen, ob Kolbenringe und Ventile gut abdichten, ob also die Kompression in den Zylindern noch genügend hoch ist. Dazu muß das Ventilspiel richtig eingestellt sein.
Bei der althergebrachten Methode wird ein Kompressions-Druckmesser verwendet. Die Zündkerzen werden herausgeschraubt und der Gummikonus des Druckprüfers nacheinander dicht auf jedes Kerzenloch gedrückt. Zur Messung muß der Motor betriebswarm sein.
Ein Helfer drückt das Gaspedal ganz durch, damit die Zylinder ihre größte Füllung erhalten, und dreht den Motor mit dem Anlasser einige Male durch. Druckschreiber mit eingelegten Meßkärtchen zeichnen für jeden Zylinder nach Weiterschalten eine flache Kurve auf das gewachste Papier, deren Endpunkt den höchsten Druck anzeigt. Für einen gesunden Motor ist nicht etwa die absolute Höhe des Druckes wichtig, sondern dessen Gleichmäßigkeit bei allen Zylindern. Unterschiede bis zu 1 bar Überdruck sind unerheblich, mehr als 2 bar sollen sie aber nicht betragen. Bei warmem Motor ergibt sich der höhere Kompressionsdruck durch die bessere Abdichtung von Kolbenringen und Öl. Zu niederer Druck kann bedeuten: Schäden an den Ventilen, z. B. ein verbranntes Auslaßventil durch zu knappes Ventilspiel oder ein durch Rückstandsbildung an Schaft und Ventilführung klebendes (»hängendes«) Ventil, ferner Kolben- und Kolbenringverschleiß oder festsitzende Kolbenringe, unrunde Zylinder — Folgeerscheinungen von Kolbenklemmern. In den überwiegenden Fällen sind indessen undichte Ventile die Ursache für mangelnden Kompressionsdruck und damit verringerte Motorleistung. Abhilfe bringt ein Einschleifen der Ventile, wenn nicht eine hohe Laufstrecke die baldige Erneuerung des Motors ratsam erscheinen läßt.
Zusätzliche Kontrolle: Ist nach Einträufeln von Öl ins Kerzenloch der Druck nach nochmaligem Motordurchdrehen immer noch mangelhaft, sind die Kolbenringe undicht (das Öl dichtet Kolben und Zylinderwände besser ab). Vergleichbar sind nur Messungen, die mit demselben Prüfgerät durchgeführt wurden, da diese immer voneinander geringfügig abweichen. Wenn Sie Meß-

Wenn Sie selbst den Kompressionsdruck Ihres Motors messen wollen, brauchen Sie nicht das teure Werkstattgerät für einlegbare Meßkärtchen zu kaufen. Von VDO gibt es einen handlichen Kompressionsdruckprüfer für rund 35 DM. Die absolute Höhe des gemessenen Drucks ist weniger wichtig, es kommt hauptsächlich auf gleichmäßige Werte bei allen Zylindern an.

Im 1,1-Liter-Motor hängen die Ventile nebeneinander senkrecht zu den Zylinderachsen im Zylinderkopf. Die Buchstaben E und A kennzeichnen die Lage der Ein- und Auslaßventile. Die Zylinder erhalten ihr Frischgas von der Motorrückseite, die Abgase strömen in Fahrtrichtung vorn (weißer Pfeil) aus. Wir haben hier also einen sogenannten Querstrom-Zylinderkopf vor uns, in dem das Gas nicht umgelenkt werden muß — der Motor kann besser „ein- und ausatmen".

kärtchen bekommen, sollten sie — mit Datum und Kilometerstand versehen — zu Vergleichszwecken aufgehoben werden.
Für den 1,1-Liter-Motor sollen die Druckwerte zwischen 8 und 10 bar Überdruck liegen, für die stärkeren Motoren zwischen 10 und 13 bar. Werte um 6 bar (1100er) bzw. 7,5 bar lassen auf starken Motorverschleiß schließen.

### Das Ventilspiel

Der Zylinderblock aus Grauguß und der Leichtmetallzylinderkopf dehnen sich bei Erwärmung unterschiedlich aus. Deshalb muß zwischen den Teilen des Ventiltriebs — also Nockenwelle und Schlepphebel bzw. Tassenstößel — etwas »Luft« oder »Spiel« vorhanden sein. Zu den wichtigsten Wartungsarbeiten am Motor gehört demzufolge die Kontrolle auf richtiges Ventilspiel. Dabei sollte man sich keinesfalls darauf verlassen, daß man das klappernde Geräusch bei zu großem Ventilspiel sicher hört. Wesentlich gefährlicher, da es dem Ohr verborgen bleibt, ist zu kleines Ventilspiel. Es bewirken:
**Zu kleines Ventilspiel:** Gefahr, daß die Ventile nicht satt auf den Ventil-Sitzringen aufliegen, wodurch sie ihre Wärme nicht mehr an die Sitzringe abgeben können. Dann verbrennen die Ventile und ihre Sitze, weil an den Ventilsitzen laufend heiße Verbrennungsgase vorbeistreichen. In leichteren Fällen verziehen sich die Ventile, darunter leidet die Abdichtung und in der Folge brennt auch bald der Sitz ab. Die Kompression sinkt und der Motor leidet unter Leistungsverlust.
**Zu großes Ventilspiel:** Die Ventile öffnen etwas später, die Zylinder werden schlechter gefüllt, dadurch fällt die Motorleistung ab. Außerdem wird der Verschleiß an der Nockenwelle und an den Schlepphebeln bzw. an den oben in die Tassenstößel eingelegten Einstellplättchen größer. Das macht sich durch lauteres Ventilgeräusch bemerkbar.

### Ventilspiel kontrollieren
Wartungspunkte Nr. 36 und 63

Wie Sie dem Wartungsplan auf Seite 31/32 entnehmen konnten, wird das Ventilspiel am 1,1-Liter-Motor alle 15 000 km geprüft, beim 1500/1600 jedoch nur alle 30 000 km. Auch die Arbeitsweise ist für die beiden Motorversionen unterschiedlich.
Am 1100er stellt man das Ventilspiel an der Kugelschraube ein, auf welcher der Schlepphebel sitzt (diese Kugelschraube sitzt ihrerseits auf einer im Zylinderkopf befestigten Hülsenschraube — siehe Zeichnung Seite 48). Zum Einstellen wird die Kugelschraube — sie ist selbstsichernd und dadurch relativ schwergängig — mit einem Inbusschlüssel SW 7 verstellt. Durch Drehen im Uhrzeigersinn wird das Spiel größer, im Gegenuhrzeigersinn gedreht ver-

kleinert sich das Ventilspiel. Am besten eignet sich zum Einstellen ein Steckeinsatz Inbus SW 7 mit Gelenkschlüssel. Haben Sie nur einen abgewinkelten Inbusschlüssel zur Hand, so sollten Sie ihn mit einem passenden Stück Rohr verlängern. Dann läßt sich die selbstsichernde Schraube durch den längeren Hebel gefühlvoller verstellen.

Bei den 1,5-/1,6-Liter-Motoren besitzen die Tassenstößel oben Aussparungen, in die Distanzplättchen eingelegt werden. Das Ventilspiel wird durch Einlegen von entsprechenden Distanzplättchen eingestellt. Dazu stehen der VW-Werkstatt 26 verschieden starke Plättchen, ein Niederhalter für die Tassenstößel und eine Spezialzange zum Ausheben der Einstellplättchen zur Verfügung. Ohne dieses Spezialwerkzeug (von Schumacher & Kissling, 5630 Remscheid erhältlich) ist die Einstellung eine arge Fummelei, außerdem braucht man unbedingt die passenden Distanzplättchen (die gibt es von 3,00 bis 4,25 mm mit je 0,05 mm Dickenunterschied). Da am 1500/1600 das Ventilspiel nur alle 30 000 km eingestellt zu werden braucht, würden wir diese Arbeit der Werkstatt überlassen. Die Kontrolle des Ventilspiels kann man allerdings ohne Schwierigkeiten selbst ausführen.

Die Ventilspiel-Kontrolle können wir für beide Motoren gemeinsam behandeln. An Werkzeug brauchen Sie eine Fühlerblattlehre, einen Steckschlüssel SW 8 (1100er) bzw. SW 10 (1500/1600) und zum Drehen der Kurbelwelle einen Gabelschlüssel SW 19, außerdem soll anschließend eine neue Zylinderhaubendichtung eingebaut werden. Der Gabelschlüssel wird an der Kurbelwellen-Keilriemenscheibe angesetzt (vorher Räder nach rechts einschlagen), keinesfalls darf an der Befestigungsschraube für das Nockenwellenrad gedreht werden, sonst kann der Zahnriemen Schaden nehmen. Man kann aber auch bei Fahrzeugen mit Schaltgetriebe den 4. Gang einlegen und den Golf oder Scirocco hin- und herschieben, dann dreht sich die Kurbelwelle und damit die Nockenwelle auch. Zur Kontrolle muß der Motor mindestens handwarm sein, das entspricht etwa 5 Minuten Leerlauf des kalten Motors. Luftfilter beim 1100 (seit Mai 1975) und beim 1600er abbauen.

Das Ventilspiel soll für die Einlaßventile des 1,1-Liters 0,20 mm, beim 1500/1600 0,25 ± 0,05 mm und für die Auslaßventile des 1100/50 PS 0,30 mm, beim 1500/1600 dagegen 0,45 ± 0,05 mm betragen. Da die Auslaßventile nicht vom Frischgas abgekühlt werden, brauchen sie mehr Spiel.

Zum Abnehmen der Zylinderkopfhaube Luftfiltergehäuse evtl. abnehmen, dann die Befestigungsschrauben und -muttern SW 8 oder SW 10 lösen. Achten Sie bei der Demontage darauf, daß die Unterlegbleche nicht verloren gehen (sie sorgen für gleichmäßigen Anpreßdruck und somit gegen Undichtig-

Auch bei den 1,5-/1,6-Liter-Motoren hängen die Ventile nebeneinander. Allerdings liegen bei diesen Motoren die Ein- und Auslaßkanäle auf derselben Motorseite (hinten), wodurch das Gas nicht quer durchströmen kann, sondern im Zylinder umgelenkt werden muß. Zylinder 1 ist der in Fahrtrichtung (weißer Pfeil) ganz rechte, auf unserem Bild hier — weil wir von vorn in den Motorraum sehen — gehören demnach die Aus- und Einlaßventile ganz links zum 1. Zylinder.

Die beiden Bilder zeigen die am 1. Zylinder eingesteckte Fühlerblattlehre zum Messen des Ventilspiels. Auf dem linken Bild wird am 1,1-Liter-Motor gemessen, dessen Einlaßventile 0,20 mm aufweisen sollen, während die wärmemäßig stärker belasteten Auslaßventile 0,30 mm Spiel benötigen. Wenn das Ventilspiel am 50-PS-Motor verändert werden muß, dreht man die Kugelschraube innerhalb der Haltefeder hinein (Spiel wird größer) oder heraus (Spiel wird kleiner). Bei den 1,5-/1,6-Liter-Motoren soll das Ventilspiel zwischen 0,40 und 0,50 mm an den Auslaßventilen und 0,20 bis 0,30 mm an den Einlaßventilen betragen. Wenn die gemessenen Werte noch innerhalb der zulässigen Maße liegen, brauchen keine neuen Einstellplättchen in die Tassenstößel eingelegt werden. Bei der Messung müssen die beiden Nocken der Nockenwelle für den jeweiligen Zylinder spiegelbildlich zueinander in gleicher Höhe stehen.

keiten). Beim 1500/1600 sollte man noch den Schlauch der Kurbelgehäuse-Entlüftung nach Lösen der Schlauchschelle abziehen, ebenso den Benzinschlauch am Vergaser. Damit kein Kraftstoff ausläuft, verschließt man den Schlauch mit einer Schraube der Zylinderkopfhaube. Nun wird die Haube vorsichtig abgehoben. Eine festsitzende Zylinderkopfhaube läßt sich lockern, wenn man mit einem Hammerstiel am Rand entlangklopft.

Bei abgenommenem Verteilerdeckel (siehe Seite 164) wird die Kurbelwelle so weit gedreht, bis der Verteilerfinger auf die Einkerbung im Verteilergehäuserand deutet. Jetzt steht der Zylinder 1 (der in Fahrtrichtung ganz rechts liegende) auf Zündzeitpunkt. Damit sind beide Ventile geschlossen und man kann das Ventilspiel messen. In dieser Stellung muß sich die entsprechende Fühlerblattlehre zwischen Nocken und Schlepphebel bzw. Distanzplättchen oben im Tassenstößel durchschieben lassen. Gewöhnlich wird das Ventilspiel durch Setzen und Einschlagen der Ventile und Sitze kleiner — dann muß die Kugelschraube im Uhrzeigersinn gedreht werden bzw. bei den 1,5-/1,6-Liter-Motoren ein dünneres Einstellplättchen eingesetzt werden. Liegen beim 1500/1600 die gemessenen Werte, die man am besten auf ein bereitgelegtes Blatt Papier schreibt, innerhalb der Toleranz von 0,20 bis 0,30 mm für die Einlaßventile und 0,40 bis 0,50 mm für die Auslaßventile, brauchen die Einstellplättchen nicht ersetzt zu werden. Anhand der selbst ermittelten Meßwerte kann man der Werkstatt einen genauen Arbeitsauftrag geben.

Achten Sie beim 1,1-Liter-Motor darauf, daß das Fühlerblatt beim Nachstellen nicht eingesteckt bleibt. Es wird bei häufigem Einspannen wellig und dadurch ungenau. Nach jedem Nachstellen muß natürlich nochmals kontrolliert werden.

Um den Motor nicht unnötig drehen zu müssen, geht man in der Zündfolge der Zylinder (1 — 3 — 4 — 2) vor, hierbei wird der Motor jeweils eine halbe Umdrehung weitergedreht.

Zum Schluß müssen die neue Korkdichtung und die Zylinderkopfhaube sehr sorgfältig aufgesetzt werden, andernfalls könnte Motoröl herausdrücken.

## Zahnriemen prüfen

Die Nockenwelle wird von der Kurbelwelle über einen Zahnriemen angetrieben. Dieser besitzt eine Stahleinlage, die verhindert, daß der Riemen im Lauf der Zeit sich längt. Man kann mit einer Lebensdauer von rund 100 000 km für den Riemen rechnen, wenn er nicht durch äußere Einflüsse beschädigt wird. Aber selbst für den ziemlich unwahrscheinlichen Fall, daß der

Zahnriemen reißt, ist vorgesorgt: Auch in seiner höchsten Stellung kann ein Kolben nicht gegen ein geöffnetes Ventil stoßen.

Normalerweise braucht der Riemen nicht nachgespannt zu werden. Wer vorsorglich die Spannung kontrollieren will, findet nachstehend eine kurze Arbeitsbeschreibung: Luftfiltergehäuse evtl. abnehmen, Keilriemenspannschraube der Lichtmaschine lösen und Keilriemen abnehmen, Zahnriemen-Schutzhaube abschrauben. Wenn Sie von vorn rechts in den Motorraum sehen, erkennen Sie beim 1100er oben das Nockenwellenrad, links darunter die zum Spannen des Zahnriemens schwenkbare Wasserpumpe und unter ihr das Kurbelwellenrad mit der davorgeschraubten Keilriemenscheibe. Die 1,5-/1,6-Liter-Motoren haben links unter dem Nockenwellenrad eine Spannrolle und rechts über dem Kurbelwellenrad mit Keilriemenscheibe das Rad der Zwischenwelle.

Wenn die Riemenspannung stimmt, muß sich der Zahnriemen in der Mitte zwischen Nockenwellenrad und Kurbelwellenrad (1100) bzw. zwischen Nockenwellen- und Zwischenwellenrad (1500/1600) nur mit Daumen und Zeigefinger gerade noch um 90° (= rechter Winkel) verdrehen lassen. Zur Korrektur werden beim 1,1-Liter die drei Befestigungsschrauben SW 13 der Wasserpumpe gelockert. Die Pumpe besitzt an ihrem Außenrand bogenförmige Langlöcher, innerhalb derer sie gedreht werden kann; Drehen im Uhrzeigersinn lockert den Zahnriemen, durch Drehung im Gegenuhrzeigersinn wird er gespannt (Drehmoment für die Befestigungsschrauben: 10 Nm bzw. 1 kpm). Am 1500/1600 hält man die große Sechskantschraube der Spannrolle mit einem Gabelschlüssel gegen, während mit einem Schraubenschlüssel SW 11 der Zahnriemen durch Drehen im Uhrzeigersinn gespannt und durch gegenläufige Drehrichtung entspannt wird.

Soll der Zahnriemen abgenommen werden, löst man die Wasserpumpe und den hinteren Zahnriemenschutz bzw. den Riemenspanner. Beim Wiedereinbau sind dann unbedingt die Steuerzeiten des Motors zu überprüfen und eventuell neu einzustellen (siehe folgenden Absatz).

**Steuerzeiten einstellen**

Wurde der Zahnriemen ersetzt oder der Zylinderkopf aus- und wieder eingebaut, so müssen die Steuerzeiten – das Öffnen und Schließen der Ventile bei der entsprechenden Kolbenstellung – neu eingestellt werden. Zu dieser Arbeit ist äußerste Sorgfalt notwendig, da bei falscher Einstellung die Ventilöffnungs- und -schließzeiten nicht stimmen und der Motor nicht mehr auf seine volle Leistung kommt.

Der 1,1-Liter-Motor wird folgendermaßen eingestellt: Das Nockenwellenrad so drehen, daß die Körnermarkierung an seiner Vorderseite mit dem Markierungsblech unterhalb des Nockenwellenrades übereinstimmt. Die Kurbelwellen-Keilriemenscheibe muß so weit gedreht werden, daß ihre Kerbe im V-förmigen Einschnitt des Zündzeitpunkt-Markierungsbleches steht (Stellung 0, siehe Seite 165).

Zur Einstellung des 1,5-/1,6-Liter-Motors muß die Körnermarkierung an der Rückseite des Nockenwellenrades mit der Dichtung der Zylinderkopfhaube (in Fahrtrichtung vorn) auf gleicher Höhe stehen. Die Kurbelwellen-Keilriemenscheibe und die Zwischenwelle werden so gedreht, daß die Kerbe auf der Keilriemenscheibe mit der Körnermarkierung auf dem Zwischenwellenrad fluchtet. In dieser Stellung muß der Zündverteilerfinger auf die Kerbe im Gehäuserand zeigen (Zündstellung Zylinder 1). Man kann sich die Montage am 1500/1600 erleichtern, wenn man vorher die Keilriemenscheibe der Kühlmittelpumpe abschraubt.

Damit der Zylinderkopf absolut plan und gleichmäßig aufliegt, müssen die 10 Zylinderkopfschrauben in der Zahlenfolge am besten stufenweise angezogen werden.
Die Reihenfolge beim Anziehen gilt für alle Motoren, der schwarze Pfeil unten deutet die Fahrtrichtung an.

Bei beiden Motorversionen ist es äußerst wichtig, daß die Stellung von Kurbelwelle, Zwischenwelle (1500/1600) und Nockenwelle beim Auflegen des Zahnriemens nicht mehr verändert wird, sonst stimmen die Steuerzeiten anschließend bestimmt nicht. Zum Schluß wird noch der Zahnriemen gespannt, wie im vorigen Absatz beschrieben.

**Fingerzeig:** *Durch den nach unten völlig offenen Motorraum besteht unter ungünstigen Umständen die Möglichkeit, daß der Zahnriemen einen oder mehrere Zähne überspringt. Abseits befestigter Straßen oder im tiefen Schnee kann Schmutz oder Schnee den Zahnriemen kurzfristig vom Keilriemenrad abheben, so daß der Riemen überspringt. Durch die so veränderten Steuerzeiten kommt der Motor dann selbst bei sorgfältigster Einstellung nicht mehr auf seine volle Leistung. Eventuell läßt er sich sogar überhaupt nicht mehr zum Leben erwecken. Vorbeugung: Eine nachträglich zu montierende Abdeckung für den Zahnriemen (im Ersatzteillager erhältlich).*

**Zylinderkopf ausbauen**

Bevor man voller Tatendrang dem Zylinderkopf zuleibe rückt, sollte man bedenken, daß zu dieser Arbeit sehr viel Erfahrung im Umgang mit Motoren und das richtige Werkzeug vonnöten sind, wenn der Golf bzw. der Scirocco nicht wegen eines »Kunstfehlers« dann doch in der Werkstatt landen soll. Der Ausbau des Zylinderkopfes wird erforderlich, wenn Ventile oder Federn ausgewechselt, die Ventile eingeschliffen, die Gaskanäle und der Verbrennungsraum gereinigt (oder zur Verbesserung der Zylinderfüllung geglättet) werden sollen oder die Zylinderkopfdichtung ausgetauscht werden muß. Da letzteres auch einmal fern der Heimat oder der nächsten VW-Werkstatt nötig werden könnte, sei hier kurz das Wichtigste aufgeführt:
Minuskabel an der Batterie abklemmen, Kühlmittel ablassen, Keilriemen abnehmen (siehe entsprechende Kapitel). Wasserschläuche am Zylinderkopf abnehmen, Hauptzündkabel am Verteiler (1100) bzw. Zündkerzenstecker (1500/1600) abziehen, Gaszug abklemmen, elektrische Anschlüsse und Benzinschlauch am Vergaser abziehen, evtl. Unterdruckschlauch des Bremskraftverstärkers am Ansaugstutzen lösen, Auspuffrohr vom Auspuffkrümmer losschrauben, Zahnriemenschutz abbauen, Zahnriemen entspannen und abnehmen. Zylinderkopfhaube losschrauben und die 10 Zylinderkopfschrauben in der umgekehrten Reihenfolge wie im Bild oben gezeigt bei abgekühltem Motor lösen. Zylinderkopf mit dem Ansaug- und Auspuffkrümmer und dem

Verteiler beim 1100) abheben. Alte Kopfdichtung ebenfalls abnehmen, an Zylinderkopf und -block verbliebene Reste entfernen.

Zur Verbesserung der Zylinderkopfanpressung (Abhilfe gegen Ölaustritt) wurden die Zylinderkopfdichtungen und die Halteschrauben mehrfach geändert. Bis etwa Juli 1977 gebaute Motoren besitzen Zylinderkopfschrauben M 10 (Schlüsselweite Innensechskant SW 8 oder SW 10 bzw. Innenvielzahn SW 10). Diese Schrauben müssen grundsätzlich bei jeder Abnahme des Zylinderkopfes erneuert werden. Im Gegensatz dazu dürfen die Schrauben M 11 mit Innenvielzahnkopf SW 12 wiederverwendet werden.

Die neue Zylinderkopfdichtung — sie muß grundsätzlich ersetzt werden — so auf den Motorblock legen, daß keine Bohrungen verdeckt werden. Am 1,5-/1,6-Liter-Motor ist dann die Aufschrift »oben« auf der Dichtung vor dem 3. Zylinder sichtbar. Nachdem der Zylinderkopf aufgesetzt wurde, werden zuerst die Schrauben Nr. 8 und 10 zur Zentrierung des Zylinderkopfes eingedreht, aber noch nicht festgezogen. Übrige Schrauben eindrehen und in der gezeigten Reihenfolge stufenweise mit einem Drehmomentschlüssel festziehen (Motor kalt). Zylinderkopfschrauben M 10 mit Innenvielzahnkopf SW 10: 20 Nm/2 kpm, 40 Nm/4 kpm, 65 Nm/6,5 kpm plus eine viertel Umdrehung (= 90°). Schrauben M 11 mit Innenvielzahnkopf SW 12: 20 Nm/2 kpm, 40 Nm/4 kpm, 60 Nm/6 kpm, 75 Nm/7,5 kpm plus eine viertel Umdrehung. Die Zylinderkopfschrauben mit Innenvielzahnkopf sind damit endgültig festgezogen, sie dürfen keinesfalls nachgezogen werden!

Als nächstes Steuerzeiten einstellen und Zahnriemen auflegen, wie bereits beschrieben. Der weitere Zusammenbau erfolgt umgekehrt wie der Ausbau.

**Fingerzeig:** *Sind die Zylinderkopfschrauben nicht mit einem Drehmomentschlüssel oder mit falschem Drehmoment angezogen worden, kann sich der Zylinderkopf verziehen.*

## Die Auspuffanlage

Zum Motor gehören auch die Auspuffrohre und Schalldämpfer, die aber praktisch nie ein ganzes Motorleben aushalten. Von außen nagen Spritzwasser und Streusalz am Blech, während Kondenswasser, das bei Kurzstreckenbetrieb entsteht, die innere Korrosion fördert. Steinschlag oder Aufsetzer auf Steinen sowie starke Motorschwingungen (durch schadhafte Motorlagerung) wirken ebenso lebensverkürzend auf die Auspuffanlage.

Verfolgen wir kurz den Weg der Abgase: Sie werden beim 1100er in einem Auspuffkrümmer mit einem Anschlußrohr gesammelt, die 1,5-/1,6-Liter haben Doppelrohr-Auspuffkrümmer und daran anschließend ein Y-förmiges »Hosenrohr«. Im Zwillings-Auspuffkrümmer können die verbrannten Gase schneller ausströmen — durch den besseren »Gaswechsel« erhält man eine höhere Motorleistung. Wer bereits einen Blick auf den Bauch des Golf bzw. des Scirocco geworfen hat, wird sich vielleicht über das bei manchen Modellen vorhandene gewellte Rohrstück im Auspuffsystem gewundert haben. Es soll verhindern, daß die Schwingungen des ziemlich elastisch gelagerten Motors auf das übrige Auspuffsystem übertragen werden.

Dieses Wellrohr verursacht allerdings häufig störende Brummtöne. Das verhindert als Ersatz ein sogenanntes Flexrohr. Der gewebte Metallschlauch mit Asbesteinlage ist flexibler, doch hundertprozentige Abhilfe bietet auch er nicht. Die Brummfrequenzen werden in der Regel in einen anderen Drehzahlbereich verschoben, wo sie weniger stören. Das wesentlich teurer herzustellende Flexrohr wird nicht an Neuwagen eingebaut, sondern ist nur auf Wunsch als Ersatz lieferbar.

**Aufhängung und Zustand der Auspuffanlage**
Wartungspunkt Nr. 8

Auch hinter dem gewellten Schwingungsdämpfer ist die Auspuffanlage nicht starr mit der Karosserie verschraubt, sondern elastisch in Gummischlaufen eingehängt. Diese müssen auf Brüchigkeit, Einrisse oder sonstige Alterungserscheinungen überprüft und gegebenenfalls ersetzt werden. Draht kann man allenfalls für kurze Zeit als Notbehelf nehmen, da er bald bricht und im übrigen auch zu starr ist.

Ob die Anlage dicht ist, läßt sich leicht prüfen: Mit einem Lappen bei laufendem Motor das Auspuffendrohr zuhalten — nach kurzer Zeit muß der Motor stehenbleiben. Läuft er jedoch weiter, läßt sich die undichte Stelle an zischenden Geräuschen meist unschwer ermitteln.

**Auspuffanlage erneuern**

Flickarbeiten am Auspuff mit Abdichtmasse oder Bandagen ist meist nur kurzzeitiger Erfolg beschieden, da nach einiger Zeit daneben das hauchdünn zusammengerostete Blech wegfällt. Beim TÜV lösen derartige Reparaturen keine zustimmende Begeisterung aus, sondern man läßt Sie nochmals vorfahren, um einen erneuerten Auspuff besichtigen zu können. Schweißarbeiten an der Auspuffanlage sind nur sinnvoll, wenn ein sonst noch gut erhaltener Schalldämpfer etwa durch Steinschlag beschädigt wurde. In den meisten Fällen müssen aber neue Teile eingebaut werden. Beim Ersatzteilkauf sollten Sie unbedingt den Motortyp und das Baujahr angeben, um auch wirklich die richtigen Teile zu erhalten.

Die Rohre und Schraubverbindungen haben die unschöne Eigenschaft, schon nach ziemlich kurzer Zeit fest zusammenzurosten. Sie müssen also vor dem Auseinandernehmen kräftig mit Rostlöser eingesprüht werden. Aber noch wichtiger: Der Golf bzw. der Scirocco muß absolut rüttelsicher aufgebockt sein, sonst wird die Arbeit lebensgefährlich! Beim Zusammenbau hat sich HSC-Paste von Molykote oder ASC-Paste von Liqui-Moly sehr bewährt; sie verhindert, daß die Schrauben wieder bombenfest zusammenrosten. Die Teile werden so zusammengesteckt, daß die Gummischlaufen ohne Spannung eingehängt werden können. Erst dann alle Schrauben festziehen, aber am Auspuffkrümmer die Schrauben nicht mit roher Gewalt »anknallen«, sonst könnte es Bruch geben.

**Fingerzeig:** *Die Farbe der Auspuffgase kann Hinweise auf den Motorzustand geben:*

■ *Schwärzliche Gase: Unvollständige Verbrennung durch Luftmangel oder Kraftstoffüberschuß. Auch der Leerlauf kann zu fett eingestellt sein.*

■ *Bläuliche Gase: Verbranntes Öl durch undichte Kolben bzw. Kolbenringe oder verschlissene Ventilführungen. Oder das Kurbelgehäuse wurde mit Öl überfüllt.*

■ *Weiße Gase: Das ist Wasserdampf als Verbrennungsprodukt, der bei Kälte kondensiert (unbedenklich). Bei warmgefahrenem Motor und normalen Außentemperaturen kann dies jedoch auf eine durchgebrannte Zylinderkopfdichtung deuten (siehe auch Seite 61).*

■ *Gase, die man nicht sieht: Giftiges Kohlenmonoxid. Deshalb nie in geschlossener Garage den Motor laufen lassen.*

Bei Kurzstreckenverkehr wird der Auspuff innen schwarz gefärbt sein. Der Motor kommt — was sich freilich kaum vermeiden läßt — nicht auf die nötige Betriebstemperatur und durch viel Leerlauf liegt Kraftstoffüberschuß vor. Nach Überlandfahrten soll das Auspuffrohr innen hellgrau bis hellbraun gefärbt sein.

Kühlung und Heizung

# Zylinder im Wasser

Wer an einem kalten Novembertag den Garten umgräbt, friert trotzdem nicht, denn Arbeit wärmt. Auch dem Motor im Golf bzw. Scirocco wird es bei seiner Arbeit warm und er würde unweigerlich den Hitzetod erleiden, wenn nicht kühlendes Wasser seine Zylinderwände umspülte. Im Sommer bringt der Kühler das aufgeheizte Wasser wieder auf niedrigere Temperaturen, in der kalten Jahreszeit benutzt man es auch noch zur Beheizung des fahrbaren Zimmers. Was es an Wissenswertem über dieses wässrige Thema zu sagen gibt, haben wir auf den folgenden Seiten zusammengestellt.

**So wird gekühlt**

Was wir eben schlicht mit Wasser bezeichnet haben, ist in Wirklichkeit eine Mischung von Korrosions- und Frostschutz und Wasser. Man spricht daher besser von Kühlflüssigkeit oder Kühlmittel. Dieses kühlende Naß durchfließt ständig einen Kreislauf. Die Verbrennungsräume (Zylinder und Zylinderkopf) sind von einem Wassermantel umgeben. Die Kühlflüssigkeit nimmt hier Wärme auf und fließt weiter in den Kühler. Dort sinkt sie in vielen dünnen Röhrchen nach unten, wobei sie vom Fahrtwind abgekühlt wird. Steht der VW in der Kolonne, so schaltet sich ab einer bestimmten Kühlwassertemperatur der Elektroventilator ein, um den kühlenden Luftstrom zu verstärken. Die Wasserpumpe saugt das Kühlmittel aus dem Kühler wieder an und drückt es in den Motor.
Eine Kühlwasser-Schlauchleitung führt zum Ansaugrohr; durch dessen Beheizung wird verhindert, daß Kraftstoff im Saugrohr sich niederschlägt und so Leerlauf und Abgaswerte durcheinandergeraten. Bei geöffnetem Heizventil fließt außerdem heißes Wasser durch den Wärmetauscher und heizt die Frischluft für den Innenraum auf.
Die Golf- und Scirocco-Motoren besitzen ein Überdruck-Kühlsystem, wie man es allgemein bei modernen Triebwerken findet. Neben dem Vorzug, daß ein kleinerer Kühler verwendet werden kann, läßt sich der Siedepunkt der Kühlflüssigkeit auf über 100° C erhöhen. Das ergibt eine bessere Ausnutzung des Kraftstoffes, der bei höheren Temperaturen wirtschaftlicher verbrennt. Dem Motor schaden nicht etwa die hohen Temperaturen, sondern die niedrigen unter ca. 70° C.
Verantwortlich für ein gutes »Arbeitsklima« des Motors sind zwei wichtige Teile des Kühlsystems: Der Verschlußdeckel am Kühler bzw. Ausgleichsbehälter, der den Druck reguliert, und der Thermostat, der nach dem Kaltstart schnell für eine ausreichend hohe Betriebstemperatur sorgt.

**Frostschutz**

Die Kühlanlage ist bereits ab Werk mit einer Dauerfüllung versehen, die aus kalkarmem Wasser und einem Gemisch von Frostschutzmittel und Korrosionsschutz besteht. Als Frostschutz dient Äthylenglykol, eine Flüssigkeit auf Alkoholbasis, die nicht verdunstet oder verdampft. Die Beimischung reicht für Temperaturen bis − 25° C − also für mitteleuropäische Winterverhältnisse − vorausgesetzt, man hat den Frostschutz nicht durch nachgefülltes Wasser verdünnt. Vor Beginn der ersten Frostnächte sollte daher die Konzentration des Gefrierschutzes überprüft (»gespindelt«) werden, wie im Bild unten gezeigt.

Ebenso wichtig wie der Frostschutz ist im Kühlmittel der Korrosionsschutz, der verhindert, daß Anfressungen, Rost und Kesselstein entstehen. Darum ist es auch nicht sinnvoll, wenn im Frühjahr die Kühlflüssigkeit abgelassen und durch reines Wasser ersetzt wird. Das werksseitig eingefüllte Kühlmittel erhöht zusätzlich den Siedepunkt, so daß Sie selbst bei Gebirgsfahrt keine Angst vor einem kochenden Kühler haben müssen.

Jeder Bäcker lobt seine Brötchen, deshalb empfiehlt auch VW sein eigenes Gefrierschutzmittel G 10. Man kann aber ohne weiteres auch andere Frostschutzmittel verwenden − sie bestehen im Prinzip alle aus denselben Grundstoffen. Die verschiedenen Fabrikate lassen sich ohne Gefahr mischen.

## Stand der Kühlflüssigkeit prüfen
Wartungspunkt Nr. 1

Diese Kontrolle ist bei den bis August 1975 gebauten Modellen einfach: Bei kaltem Motor soll das − bei Originalbefüllung rötliche − Kühlmittel bis zum unteren Markierungsstrich am weiß durchscheinenden Ausgleichsbehälter reichen, bei warmer Maschine entsprechend höher. Selbst bei heißgefahrenem Motor ist die Kontrolle des Kühlflüssigkeitsstandes also völlig ungefährlich.

Auch die seit August 1978 gebauten Modelle haben eine einfache Kontrollmöglichkeit. Im Verschlußdeckel sitzt oben ein kleines Sichtfenster und darunter ein 90 mm langer Glasstab. Reicht nun dieser Stab bis in die Kühlflüssigkeit hinein, erscheint das Fensterchen oben dunkel − alles ist in Ordnung. Bei hellem Sichtfenster muß dagegen Kühlflüssigkeit nachgefüllt werden.

Bei den zwischen September 1975 und Juli 1978 gebauten Fahrzeugen ist bei der Kontrolle des Kühlmittelstands Vorsicht angebracht. Dazu muß man nämlich den Verschlußdeckel auf dem Kühler abschrauben. Bei warmgefahrenem Motor steht das Kühlsystem unter Überdruck. Deshalb zuerst den Deckel langsam eine Umdrehung aufschrauben, damit der Überdruck entweichen kann. Danach können Sie den Verschlußdeckel vollends losdrehen.

Hat der Motor erhebliche Wassermengen verloren, soll bei heißer Maschine kein kaltes Wasser nachgegossen werden: der Zylinderkopf könnte Spannungsrisse bekommen. Kleinere Wassermengen kann man aber auch bei warmem Motor vorsichtig nachfüllen.

Zur Nachprüfung der Kühlmittel-Frostfestigkeit genügt jeder Hebe-Messer, denn es kommt nur auf das spezifische Gewicht der Flüssigkeit an. Die Werkstatt-Prüfspindeln sind meist auch temperaturabhängig. Der hier gezeigte einfache „Glysantester" mißt unabhängig von der Kühlmitteltemperatur. Er zeigt nur an, ob die Frostfestigkeit bis mindestens −25° ausreicht: Die Kugel (Pfeil) muß an der Oberfläche der Flüssigkeit schwimmen. Da der Frostschutz bis zu dieser Temperatur mindestens reichen muß, genügt diese Prüfmethode völlig.

## Kühlsystem auf Dichtheit prüfen
Wartungspunkt Nr. 25

Nachfüllen allein genügt nicht, wenn dauernder Kühlmittelverlust auf eine Leckstelle im System schließen läßt. Bei der Kontrolle erwarten nicht nur die dicken Kühlerschläuche einen prüfenden Blick, sondern auch die dünneren zur Heizanlage und zum Ansaugrohr. Zunächst muß man bei Wasserverlust feststellen, ob die Schlauchenden nicht zu knapp sitzen und ob die Spannschrauben der Schlauchbinder richtig festgezogen sind.

Auch Wasserschläuche haben nicht das ewige Leben; sie können im Lauf der Zeit hart und spröde werden. Gewöhnlich platzen sie dann, wenn im Kühlsystem der volle Betriebsdruck erreicht wird, also im stockenden Feierabendverkehr oder bei schärferer Fahrt überland — jedenfalls zu einem völlig ungeeigneten Zeitpunkt. Eine »grundlos« dampfende Motorhaube ist oft das einzige Warnzeichen vor ernstlichen Motorschäden, da die Temperaturanzeige nur Wasser- aber keine Lufttemperaturen anzeigt.

Durch leichtes Kneten sollte man zwischendurch kontrollieren, ob die Kühlerschläuche verhärtet sind. Der eigenhändige Austausch bereitet keine Schwierigkeiten (dabei Kühlflüssigkeit auffangen und wieder verwenden), wenn man sich Originalschläuche besorgt, die auch die richtige Form aufweisen.

Zum Prüfen des Kühlsystems benutzt die Werkstatt ein spezielles Gerät mit einer Handluftpumpe und einem Druckmesser, das auf die Öffnung im Kühler bzw. Ausgleichsbehälter aufgesetzt wird. Nun wird ein Überdruck von 1 bar aufgepumpt: Fällt der Skalenzeiger jetzt langsam, ist die Kühlanlage irgendwo undicht, was meist auch an austretender Flüssigkeit erkennbar wird. Mit diesem Druckprüfer kann man sogar eine durchgebrannte Zylinderkopfdichtung feststellen — der Druck steigt bei laufendem Motor.

**Fingerzeig:** *Unterwegs wird man kaum Ersatz für einen gerissenen Wasserschlauch dabeihaben. In diesem Fall hilft festes Klebeband weiter, das man mehrfach stramm um das gesäuberte und trockene Schlauchstück wickelt. Besser sind spezielle Klebebänder für die Kühlerschläuche, wie das »Pannenband« von Weyer, Düsseldorf oder von Holt die »Hoseweld Bandage«. Sie kleben auch auf den Gummischläuchen gut und halten den Betriebsüberdruck des Kühlsystems aus.*

## Der Kühler

Bei der Konstruktion des VW Golf/Scirocco wurde großer Wert darauf gelegt, daß das Auto kein Schwergewicht wird. Deshalb sind auch die seitlichen Wasserkästen des Kühlers aus Kunststoff und die verbindenden Röhrchen aus Leichtmetall gefertigt (statt Blech). Zwischen den Röhrchen sitzen zur Vergrößerung der Kühlfläche noch senkrechte Rippen.

Seit September 1975 ist der Ausgleichsbehälter für das Kühlsystem entfallen, statt dessen wurde der Kühler verbreitert, um mehr Kühlmittel zu fassen. Seitlich links in Fahrtrichtung besitzt der Wasserkasten des Kühlers zwei Einprägungen, die den Mindest- (MIN) und den Höchststand (MAX) anzeigen. Bei kaltem Motor muß die Kühlflüssigkeit mindestens bis zur unteren Markierung reichen, bei warmem Motor entsprechend höher, aber nicht über die obere Markierung hinaus. Wenn die Kühlflüssigkeit aufgefüllt wird, genügt dies bis zur unteren Markierung; zuviel Kühlmittel – über die obere Markierung hinaus – entweicht bei warmem Motor. Falls Sie bei normalem Kühlmittelstand am Einfüllstutzen Spuren von ausgetretener Kühlflüssigkeit finden, kann es am nicht mehr ausreichend abdichtenden Verschlußdeckel (1) liegen. Seine Druckwerte kann die Werkstatt mit einem Druckprüfer messen. Der Thermoschalter (2) für den Kühlerventilator (siehe Seite 69) sitzt bei den neueren Kühlern in Fahrtrichtung hinten.

Im Sommer sollten Sie kontrollieren, ob die Kühlerlamellen von Insektenleichen zugesetzt sind, was der Kühlwirkung natürlich abträglich wäre. Abhilfe schafft Ausspritzen mit einem scharfen Wasserstrahl von der Motorseite her. Zuvor muß der Elektroventilator zusammen mit dem Luftführungsring ausgebaut werden (Kabel abziehen, 4 Schrauben SW 10 am Kühler).

**Kühlflüssigkeit ablassen**

Wir haben bereits darauf hingewiesen, daß der Frostschutz auch im Sommer im Kühlsystem verbleiben soll. Nach etwa 3 Jahren sollte das Kühlmittel aber einmal gewechselt werden.

Auch zu manchen Arbeiten am Motor oder bei einer Kühlerreparatur muß die Kühlflüssigkeit abgelassen werden.

Dazu den Verschlußdeckel am Ausgleichsbehälter abdrehen und die Schlauchschelle des unteren Wasserschlauches am Kühler lösen und den Schlauch abziehen. Festsitzende Schlauchenden lassen sich bei vorsichtiger Handhabung mit einem Schraubenzieher lösen, den man zwischen Schlauch und Stutzen steckt. Soll das Kühlsystem vollständig geleert werden, muß auch der Heizungshebel im Innenraum ganz geöffnet werden und die Ablaßschraube vorn am Motor unterhalb des Auspuffkrümmers (1100) bzw. hinten links (1500/1600) — in Fahrtrichtung — herausgedreht werden. Diese Schraube kann durch Kalkansatz manchmal etwas festbacken, deshalb mit Gefühl herausschrauben, damit das Gewinde nicht ausreißt.

**Kühler ausbauen**

Wenn der Verdacht besteht, daß der Kühler undicht ist, sollte der nächste Weg in die Werkstatt führen, wo die bereits beschriebene Druckprüfung durchgeführt wird. Bei einem offensichtlichen Defekt kann man den Kühler auch selbst ausbauen und zur Reparatur (am besten gleich zu einer speziellen Kühlerwerkstatt) bringen oder austauschen. Zum Ausbau läßt man die Kühlflüssigkeit ab, löst die Schlauchanschlüsse am Kühler, baut den Elektroventilator mit dem Luftführungsring aus (Kabel abziehen, 4 Schrauben SW 10) und zieht die Kabelstecker vom Thermoschalter ab. Der Kühler wird oben von einer Halteklammer (herausziehen) und rechts und links unten von zwei Schrauben SW 10 (mit Steckschlüssel lösen) in Gummi-Metall-Lagern gehalten. Wird der Kühler ersetzt, schraubt man noch den Thermoschalter (SW 30) heraus.

**Kühlsystem neu befüllen**

Im allgemeinen ist es nicht erforderlich, die Kühlanlage vor der Neubefüllung durchzuspülen, da das werksseitig eingefüllte Kühlmittel ja Rückstandsbildung verhindert. Wer es trotzdem machen will: Wasser einfüllen, Motor kurz laufen lassen, Wasser wieder ablassen und das ganze Spiel zwei- oder dreimal wiederholen.

Das Kühlsystem mit Ausgleichsbehälter faßt 6,5 Liter; 3 Liter VW-Frostschutz G 10 und 3,5 Liter Wasser reichen bis − 30° C. Beim 1100er ab September 1975 sind es 4,2 Liter und bei den 1600ern 4,7 Liter Kühlmittelinhalt. Hier empfiehlt sich ein Mischungsverhältnis von 1,5 Liter Frostschutz und 2,7 bzw. 3,2 Liter Wasser für Frostfestigkeit bis − 27° bzw. − 25° C. Andere Gefrierschutzmittel — meist in 1- oder 1,5-Liter-Dosen oder (billiger) aus dem Faß — ergeben eine ähnliche Kältebeständigkeit.

Sind alle Schlauchbinder und die Verschlußschraube am Motor festgezogen, gießt man zuerst den Gefrierschutz und dann — möglichst kalkarmes — Wasser bis zum unteren Markierungsstrich in den Kühler bzw. Ausgleichsbehälter. Dazu muß der Heizungs-Regulierhebel wieder in Stellung »Auf« stehen. Nun den Motor mit aufgeschraubtem Verschlußdeckel laufen lassen (da-

her werden auch Wasser und Frostschutzmittel vermischt), bis der Thermostat öffnet — er ist ganz sicher offen, wenn der Elektroventilator einschaltet.
Beim Laufenlassen des Motors wird das Kühlsystem automatisch entlüftet. Zum Schluß wird der Flüssigkeitsstand nochmals kontrolliert.

**Überdruckventil im Kühlerverschlußdeckel prüfen**
Wartungspunkt Nr. 26

Üblicherweise sind Kühlerverschlußdeckel aus Blech und sitzen mit einem Bajonettverschluß auf dem Kühler. Anders bei unserem Golf/Scirocco: Der Verschlußdeckel für das Kühlsystem ist auf den Kühler bzw. Ausgleichsbehälter aufgeschraubt und besteht aus Kunststoff. Eine Dichtplatte wird von einer Feder auf den Einfüllstutzen gedrückt. Die Kühlflüssigkeit steht bei Erwärmung immer unter Druck (bis 7/78: 0,9–1,15 bar; seit 8/78: 1,2–1,35 bar), so daß das Kühlmittel erst ab etwa 119° C siedet. Bei höherem Druck öffnet das Überdruckventil im Deckel und läßt Wasserdampf ins Freie entweichen. Die Flüssigkeit zieht sich beim Abkühlen wieder zusammen und würde auch die Kühlwasserschläuche zusammenziehen (gibt Brüche), wenn nicht ein Unterdruckventil im Verschlußdeckel wäre. Dieses öffnet bei einem Unterdruck von 0,06 bis 0,1 bar und läßt Luft ins Kühlsystem zurückströmen. Seit August 1978 wird ein Kühlerverschlußdeckel mit höherem Öffnungsdruck verwendet (1,2–1,35 bar). Als Ersatzteil ist nur noch dieser neue Deckel lieferbar.

Ob das Überdruckventil bei den vorgeschriebenen Werten öffnet, soll alle 15 000 km mit dem bereits erwähnten Werkstatt-Prüfgerät kontrolliert werden. Falls Sie eines Morgens feststellen sollten, daß die Kühlerschläuche flach zusammengepreßt sind und beim Öffnen des Verschlußdeckels sich erst wieder runden, ist das Unterdruckventil des Deckels defekt.

**Der Thermostat**

Je früher der Motor seine Betriebstemperatur erreicht, desto schneller wird der Kraftstoff optimal ausgenutzt und erreicht das Öl seine volle Schmierfähigkeit. Und im Winter kann die Heizung rasch Warmluft liefern. Für den Wärmehaushalt des Motors ist der Thermostat verantwortlich. Bei kaltem Motor zirkuliert die Kühlflüssigkeit nur im sogenannten Kleinen Kreislauf: von der Wasserpumpe zum Zylinderblock in den Zylinderkopf und wieder zur Wasserpumpe; beim 1100er mit einem Abzweig zur Saugrohrbeheizung und Heizanlage, beim 1,5-/1,6-Liter läuft die Leitung zur Beheizung des Saugrohres und für den Wärmetauscher der Heizung vom Zylinderkopf zurück zum Wasserpumpengehäuse. Erreicht die Kühlflüssigkeit eine bestimmte Temperatur (siehe Technische Daten), öffnet der Thermostat und kaltes Wasser aus dem Kühler wird langsam zu dem schon erwärmten zugemischt. Solange die Temperatur steigt, wird vom Thermostat der Zufluß aus dem Kühler zunehmend geöffnet und gleichzeitig der »Kleine Kreislauf« geschlossen. Zwischen 94 und 108° C ist der volle Öffnungshub (7 mm) des Thermostaten erreicht und der Kühler ganz in den »Großen Kreislauf« eingeschaltet. Am 1,1-Liter sitzt der Thermostat in Fahrtrichtung links unterhalb des Zündverteilers, beim 1500/1600 finden Sie den Thermostaten rechts unten am Gehäuse der Wasserpumpe.

Zur Verbesserung der Heizwirkung werden seit August 1978 Thermostaten eingebaut, die den Weg in den Kühler erst bei höheren Temperaturen freigeben: Beim 1100er bei 90 statt 85° C, bei den 1,5- und 1,6-Liter-Motoren bei 85 statt 80° C. Diese neueren Thermostaten können nicht in ältere Motoren eingebaut werden, da der Thermoschalter für den Kühlerventilator (siehe Seite 69), der Geber für die Temperaturanzeige und die Kühlwasseranzeige nicht auf die höhere Kühlmitteltemperatur abgestimmt sind.

Gegenüber früheren Jahren sind Thermostate zwar wesentlich zuverlässiger geworden, aber im Fall eines Defektes öffnen sie manchmal nicht mehr, dann bleibt der Kühler trotz kochendem Motor kalt. Zwischen dem Ventil und seinem Sitz kann auch ein Fremdkörper (etwa ein Sandkörnchen) hängenbleiben. Der Thermostat schließt dann nicht mehr ganz und Motor und Heizung werden langsamer warm. Ist das Thermostatgehäuse bzw. das Wasserpumpengehäuse und der obere Schlauchbogen am Kühler etwa gleich warm, bevor die Kühlwasseranzeige anspricht, strömt das Kühlmittel zu früh durch den Thermostat. Da der VW Golf in der Standardausstattung nur eine Warnleuchte für zu hohe Temperatur der Kühlflüssigkeit besitzt, kann bei ihm nur eine langsam ansprechende Heizung auf diesen Defekt am Thermostaten hinweisen.

Wenn der Thermostat nicht mehr öffnet, sollte er schnellstens ausgebaut werden, damit der Motor nicht durch Überhitzung sein Leben vorzeitig aushaucht. Man kann ohne Thermostat weiterfahren, nur wird dann das Kühlwasser eben langsamer warm. Der Ausbau ist unterwegs allerdings schwierig, denn zumindest ein Teil des Kühlmittels muß abgelassen werden (der Thermostat liegt beim 1500/1600 besonders tief). Man braucht also ein Gefäß zum Auffangen der Flüssigkeit, die ja wieder verwendet werden soll; außerdem ist beim Ablassen des kochendheißen Wassers Vorsicht geboten, damit man sich nicht verbrüht.

Der Deckel des Thermostatgehäuses (am Schlauch zum Kühler) läßt sich beim 1100er mit einem Steckschlüssel SW 10 losschrauben. Falls gleich ein neuer Thermostat eingesetzt wird: sein Steg muß ins Gehäuse und quer zur Fahrtrichtung zeigen. Am 1,5-/1,6-Liter sitzt der Thermostat im Gehäuse der Wasserpumpe unter dem Deckel, an den der untere Kühlerschlauch angeschlossen ist. Dieser Deckel wird ebenfalls von 2 Schrauben SW 10 gehalten. Beim Einbau des Thermostaten muß die kleinere Abdichtplatte nach oben zeigen. Achten Sie beim Zusammenbau auch darauf, daß der Dichtring wieder richtig eingesetzt wird.

## **Die Wasserpumpe**

Das Kühlmittel wird von der Wasserpumpe im Kreislauf gehalten. Sie sitzt beim 1,1-Liter in Fahrtrichtung rechts an der Motorrückseite unterhalb des Nockenwellenrades. Am 1500/1600 finden wir die Wasserpumpe rechts vorn am Motor, und hier treibt sie der Keilriemen an. Grundsätzlich benötigt die Pumpe keinerlei Wartung, außer beim 1,5-/1,6-Liter die Kontrolle auf richtige Keilriemenspannung (siehe nächsten Absatz). Die Wasserpumpe kann aber undicht werden oder durch mahlende oder heulende Geräusche auf defekte

Beim 50-PS-Motor kommt man an das Thermostatgehäuse vorn am Motor recht gut heran, aber vor dem Ausbau muß ein Teil der Kühlflüssigkeit abgelassen werden und aufgefangen werden. Bei den 1,5-/1,6-Liter Motoren liegt der Thermostat recht tief am Motor im Gehäuse der Wasserpumpe. Da zum Ausbau des Thermostaten eine erhebliche Menge Kühlmittel abgelassen werden muß, kann man ihn kaum unterwegs selbst ausbauen, weil kein ausreichend großes Gefäß zum Auffangen der Kühlflüssigkeit greifbar sein wird. Außerdem muß man erst abwarten, bis Motor und Kühlerinhalt abgekühlt ist.

Lager hinweisen. Bevor man jedoch der Wasserpumpe die Schuld an Undichtigkeiten gibt, sollte man erst die nächsten Schlauchanschlüsse und auch den Dichtring der Pumpe kontrollieren.

Beim 1100er wird zum Ausbau der Wasserpumpe die Kühlflüssigkeit abgelassen und der Zahnriemen abgenommen (siehe Seite 66 und 59). Nachdem die 3 Halteschrauben SW 13 der Wasserpumpe gelöst wurden, kann man das hintere Zahnriemen-Schutzblech und die Pumpe abnehmen. Den Abdichtring zum Motorblock sollte man sicherheitshalber ersetzen, wenn man die Pumpe ohnehin schon ausgebaut hat. Wasserpumpen gibt es im VW-Ersatzteillager im Austausch. Zum Einbau neue Pumpe mit Dichtung ansetzen, hinteren Zahnriemenschutz auflegen und Schrauben eindrehen. Anschließend Zahnriemen auflegen und einstellen (siehe Seite 59).

Am 1,5-/1,6-Liter-Motor wird ebenfalls die Kühlflüssigkeit abgelassen und außerdem der Keilriemen abgenommen (siehe Seite 144). Nun die Schlauchschellen am Wasserpumpengehäuse lösen, Schläuche abziehen, 4 Sechskantschrauben SW 13 und die »Hammerschraube« lösen. Keilriemenscheibe losschrauben (SW 13) und die Sechskantschrauben SW 10 lösen, die das Lagergehäuse mit dem Pumpenrad halten. Letzteres wird komplett ersetzt. Die Dichtungen zwischen Lagergehäuse und Wasserpumpengehäuse und zum Motorblock werden ebenfalls erneuert. Beim Zusammenbau gilt für die Befestigungsschrauben des Lagergehäuses ein Drehmoment von 10 Nm (1 kpm) und für die Halteschrauben der Keilriemenscheibe 20 Nm (2 kpm).

**Keilriemenspannung prüfen**
Wartungspunkt Nr. 24

Nur beim 1,5-/1,6-Liter wird die Wasserpumpe vom Keilriemen angetrieben, zur Wartung der Kühlanlage gehört bei den stärkeren Modellen also auch die Kontrolle der Keilriemenspannung. Ein rutschender Keilriemen (erkennbar) an Quietschgeräuschen, wenn man aus dem Leerlauf kurz kräftig Gas gibt) kann die Kühlung erheblich beeinträchtigen. Bei richter Spannung läßt sich der Riemen in der Mitte zwischen Kurbelwellen-Keilriemenscheibe und Drehstrom-Lichtmaschine mit kräftigem Daumendruck etwa 10 bis 15 mm durchdrücken. Nachspannen ist auf Seite 144 beschrieben.

**Gerissener Keilriemen**

Vor vielen Jahren enthielt das Bordwerkzeug der VW Käfer noch einen Ersatzkeilriemen. Den haben die Kalkulatoren im Werk längst gestrichen und so wird kaum ein Fahrer einen Ersatzriemen an Bord haben. Ohne Antrieb der Wasserpumpe darf man aber nicht weiterfahren, sonst riskiert man eine durchgebrannte Zylinderkopfdichtung. Im Notfall helfen kurzzeitig Nylonstrümpfe oder starke Schnur (siehe Seite 145), wobei man allerdings die Kühlwasseranzeige im Auge behalten muß.

**Der Elektroventilator**

Beim quer eingebauten Motor des VW Golf und Scirocco ließe sich ein vom Motor angetriebener Kühlventilator nur durch mehrfache Umlenkung des Keilriemens verwirklichen. Das wird aber reichlich kompliziert und außerdem braucht man den Ventilator ohnehin erst, wenn die Wassertemperatur in kritische Bereiche klettert. Der Golf und der Scirocco erhielten deshalb einen elektrisch angetriebenen Kühlventilator, der bei Bedarf über einen Thermoschalter automatisch ein- und ausgeschaltet wird. Dieses Ein- und Ausschalten ist jedoch auf 5 verschiedene Arten möglich. Wichtig ist zu wissen, daß der Elektroventilator auch bei ausgeschalteter Zündung Strom erhält.

**Das Kühlsystem kocht**

Der Thermoschalter soll den Kühlerventilator bei einer Kühlmitteltemperatur von 90—95° C (seit 8/78: 93—98° C) einschalten und zwischen 85—90° C (seit

8/78: 88–93° C) wieder ausschalten. Leuchtet während der Fahrt im Kombiinstrument plötzlich die rote Warnlampe für die Kühlflüssigkeit auf oder klettert die Anzeigenadel in den roten Bereich, sollten Sie sofort anhalten. Nun muß nicht unbedingt der Kühler am Kochen sein, oft ist lediglich der Motor in Hitzewallung geraten (etwa durch einen klemmenden Thermostaten oder beim 1500/1600 durch einen gerissenen Keilriemen – siehe die Seiten 68 und 69). Was man bei einem streikenden Kühlerventilator tun kann, haben wir im folgenden Absatz zusammengestellt.

■ Ist der Kühler sehr heiß und dreht sich der Ventilator nicht, liegt die Schuld wahrscheinlich am Thermoschalter (bei der Schaltung ohne Relais fließt über ihn der »Arbeitsstrom« – Erklärung auf Seite 185 – für den Elektroventilator und der Schalter kann wegen einer durch Elektrolyse entstandenen Korrosionsschicht ausfallen) oder dem eventuell eingebauten Schaltrelais des Ventilatormotors.

■ Scheint die Ursache in der Ventilatorschaltung zu liegen, lassen Sie die Apparatur erst einmal ein wenig abkühlen, bis Sie – in Fahrtrichtung links – am Kühler die große Gummitülle am Thermoschalter und die beiden darunter geschützten Kabel abgezogen haben. Die beiden Kabelklemmen werden jetzt, wie im Bild gezeigt, einfach zusammengesteckt. Damit wird der Thermoschalter aus dem Stromkreislauf genommen und der Elektroventilator muß sofort losbrausen, wenn überhaupt Strom vorhanden war.

■ Fehlt es am Strom (Prüflampe!), kontrolliert man erst, ob die Sicherung Nr. 15 nicht durchgebrannt ist oder wegen einer Oxidationsschicht keinen Kontakt zu den Klemmzungen hat (siehe Seite 153). Falls es nicht an der Sicherung liegt, muß man ein Behelfskabel von einer stets stromführenden Klemme 30 der Zentralelektrik (H 1–4; siehe Abbildung auf Seite 153) zum roten oder rot-braunen »Eingangskabel« des Ventilatormotors ziehen. Dazu das Kabel am Kabelstecker neben dem Elektroventilator durchtrennen und mit der neuen Leitung verbinden. Eventuell muß auch noch das braune »Masse«-Kabel zu einer anderen braunen Leitung hin verlängert werden. Jetzt muß der Ventilatormotor aber losdrehen, wenn er nicht durchgeschmort ist. Das müßte jedoch auch noch nicht das Ende der Reise bedeuten, denn nach Abkühlen des Kühlsystems kann man mit mittleren Drehzahlen und einigermaßen zügigem Tempo die nächste Werkstatt anlaufen (dabei die Temperaturanzeige im Auge behalten). Leerlauf und Schleichfahrt sind dagegen für den Motor gefährlich, dann strömt nämlich kein kühlender Lufthauch durch die Kühlerlamellen. Selbstverständlich müssen Thermostat und

Wenn der Thermoschalter (1) links am Kühler ausfällt, wird der Kühlventilator nicht mehr eingeschaltet und bei langsamer Fahrt steigt die Kühlanzeige sofort in den roten Bereich bzw. das rote Kontrollicht leuchtet auf. Kontrollieren Sie sofort, ob der Elektroventilator läuft. Falls nicht, kann man ihn unter Umgehung des Thermoschalters trotzdem zum Laufen bringen. Gummitülle (2) am Thermoschalter zurückschieben und die beiden dort angesteckten Kabel (3) miteinander verbinden. Am besten eignet sich dazu ein sogenannter Verteilerstecker, in den die beiden Kabelschuhe eingesteckt werden können, solche Stecker werden vielfach auch zum Einbau von Zubehör gebraucht. Ein intakter Elektroventilator wird jetzt sofort losbrausen. Damit die locker hängenden Kabel keinen Unfug stiften können, klebt man sie mit etwas Klebeband oder Heftpflaster kurzschlußsicher fest (z. B. an den Hauptscheinwerferkabeln links).

beim 1500/1600 auch der Keilriemen in Ordnung sein, sonst könnte es die letzte Fahrt mit diesem Motor werden.

■ Sitzt in der Ventilatorschaltung auch noch ein Schaltrelais (Nr. 3 im Bild auf Seite 185), so kann auch dieses defekt sein, aber es ist leicht zu überlisten: Ziehen und zerren Sie es zwar behutsam aber kräftig aus seinen Steckkontakten und spannen Sie zwischen den Klemmenzungen, neben denen die Zahlen 30 und 87 eingeprägt sind, blanken Kupferdraht. Damit ist die defekte Schaltung überbrückt und wenn Sie nun das Relais wieder so weit in seine Steckkontakte drücken, daß es gerade metallischen Kontakt hat, wird der Elektroventilator sofort losbrausen.

■ Bei einigen Bauserien wird der Kühlerventilator über eine Sicherung geschaltet, die entweder direkt im Sicherungskasten sitzt (bei dieser Schaltung ist weder ein Relais, noch eine Kabelbrücke dort eingebaut, wo bei unserem Bild auf Seite 185 das Relais Nr. 3 sitzt) oder die Sicherung steckt in einer schwarzen Hülse außerhalb des Sicherungskastens. In diesen beiden Fällen kann natürlich eine durchgebrannte Sicherung die Ursache für die Arbeitsunlust des Elektroventilators sein.

■ Bei allen diesen Notschaltungen für den Ventilatormotor muß nach Beendigung der Fahrt die Verbindung wieder getrennt werden, sonst rast der Ventilator unermüdlich weiter. Bis die Batterie leer ist.

Zum Ausbau eines defekten Ventilatormotors den Luftführungsring abschrauben (4 Schrauben SW 10) und die Kabelstecker trennen. Elektromotor vom Luftführungsring abnehmen.

Beim Zusammenbau dürfen die Kabelstecker nicht verwechselt werden, sonst läuft der Ventilator rückwärts und kann seine Aufgabe nicht erfüllen.

## Die Heizung
**Wartungspunkt Nr. 22**

Bei eingeschalteter Heizung tritt die Frischluft an der hinteren Kante der Motorhaube ein und wird vom Fahrtwind oder zusätzlich vom Gebläse durch die Lamellen des Heizkörpers gedrückt und dabei aufgewärmt. Der obere Heizungshebel am Armaturenbrett ist über einen Drahtzug mit dem Heizventil vorn im Motorraum verbunden. Je nach dessen Stellung gelangt mehr oder weniger aufgeheiztes Kühlwasser in den Wärmetauscher.

Auch wenn Sie die Heizung in der warmen Jahreszeit nicht benötigen, sollten Sie hin und wieder den Heizungshebel nach rechts schieben, damit das Heizventil gängig bleibt. Es kann unter Umständen festgehen, wenn es sehr lange nicht bewegt wurde. Bei dieser Gelegenheit kann man auch kontrollieren, ob aus allen Öffnungen Warm- oder Kaltluft austritt. Kommt aus einem Luftaustritt kein Hauch, ist wahrscheinlich der Luftführungsschlauch abgefallen. Nach Abnahme der unteren Armaturenbrett-Verkleidung kommt man an diese Teile heran.

Falls bei einem Golf oder Scirocco ab August 1977 das Heizgebläse nicht arbeitet und gleichzeitig auch der Scheibenwischer nicht läuft, liegt der Fehler vermutlich am Entlastungsrelais (die Störungssuche ist auf Seite 186 beschrieben).

**Heizungsventil ausbauen**

Ohne großen Aufwand kann man ein schwergängiges oder festgegangenes Heizventil ersetzen. Der Drahtzug wird nach Lösen der Klemmfeder ausgehängt, die Schlauchschellen am Ventil werden gelöst und die Schläuche abgezogen und zugestopft (die Kühlflüssigkeit braucht nicht abgelassen zu werden); damit hat man das Heizventil bereits in der Hand.

Vom Tank zur Kraftstoffpumpe

# Lange Leitung

In der Anfangszeit des Automobilismus setzte man den Tank einfach etwas höher als den Motor und schon lief der kraftspendende Saft in den Vergaser. So kam man ohne Benzinpumpe aus, allerdings war diese Anordnung auch recht feuergefährlich. In späteren Jahren verlegte man daher den Tank bei Fahrzeugen mit Frontmotor an die Rückseite des Autos, wo er für einen Gewichtsausgleich sorgte. Andererseits konnte der Kraftstoffbehälter bei einem Aufprall von hinten zerstört werden und auslaufen – also wieder Feuergefahr. Beim VW Golf und Scirocco liegt der Tank ganz sicher, nämlich vor der Hinterachse. Damit das Benzin zum Motor gelangt, braucht man noch eine Pumpe.

**Fingerzeig:** *Bevor Sie irgendwelche Arbeiten an der Kraftstoffanlage in Angriff nehmen, sollten Sie unbedingt das Batterie-Massekabel abklemmen. Unbeabsichtigte elektrische Verbindungen könnten zu gefährlicher Funkenbildung führen.*

**Der Tank**

Während der VW Passat Variant bereits einen Kunststofftank besitzt, wird in den VW Golf/Scirocco noch ein Kraftstoffbehälter aus Blech eingebaut. Der Tank sollte vor allem bei längeren Standzeiten immer gefüllt sein, da sich an seinen Innenwänden sonst Kondenswasser bilden kann. Das führt zu Rostansatz im Tank und die Rostpartikelchen verstopfen dann die Ventile der Benzinpumpe und die Düsen im Vergaser. Außerdem kann das Wasser – es ist schwerer als Benzin – sich am Tankboden sammeln und mit angesaugt werden, was im Gehäuse der Kraftstoffpumpe und des Vergasers »Zinkblühen« (Absonderungen des Zinkgusses) hervorruft und wieder Verstopfungen verursacht.

Der Ausbau des Tanks ist für Heimwerker nicht zu empfehlen, da nicht nur das Halteband gelöst werden muß, sondern auch die Bremsschläuche rechts und links hinten sowie die Hinterachse loszuschrauben sind.

Vorbeugend kann man bei älteren Modellen die Ablaßschraube unten am Tank lösen. Dadurch wird mit dem Benzin auch eventuell angesammeltes Wasser und Rost herausgespült (diesen Kraftstoff dann nur zum Reinigen verwenden, damit das Kondenswasser nicht wieder in den Tank gerät).

**Geber für die Benzinuhr**

Der Golf/Scirocco-Tank faßt etwa 40 Liter Kraftstoff, wovon rund 5 Liter als Reservemenge dienen – der Zeiger der Tankuhr steht dann im roten Feld. Über den Benzinverbrauch haben wir uns bereits im Kapitel »Prüfen ohne Werkzeug« unterhalten. Unterschiedliche Motoren, persönliche Fahrweise und Betriebsumstände spielen eine Rolle dabei, wie weit eine Tankfüllung reicht. Nach folgender Formel läßt sich die Reichweite errechnen: Tankinhalt mal 100, geteilt durch den Durchschnittsverbrauch. Beispiel:

40 x 100 = 4000 : 10,25 = 390 km. Dann ist aber auch die Reservemenge weg. Damit man nicht bis zum letzten Tropfen fährt, wird man in diesem Fall spätestens nach 350 km nach einer Benzinquelle Ausschau halten.
Die Tankanzeige wird nur selten ganz exakt den richtigen Benzinstand angeben. Einen falsch anzeigenden Tankgeber kann man ausbauen und durch Nachbiegen des Schwimmerarms korrigieren. Zeigt die Tankuhr zu viel an, muß der Schwimmerarm nach oben gebogen werden, wenn ein zu niedriger Benzinstand aus dem Tank gemeldet wird, biegt man den Arm nach unten. Der Tankgeber sitzt bis etwa Februar 1976 in der rechten Seitenwand des Tanks, seither in der oberen Tankwandung. Im ersteren Fall erreicht man den Geber bei rechts aufgebocktem Wagen, bei neueren Modellen muß man den Rücksitz ausbauen und einen darunterliegenden Blechdeckel losschrauben. Vor dem weiteren Ausbau erst das Massekabel der Batterie abnehmen. Beim rechts seitlich sitzenden Tankgeber muß auch noch der Kraftstoff aus dem Tank abgelassen werden: benzinfestes Gefäß unterstellen und Ablaßschraube Innensechskant SW 6 lösen. Benzinschläuche und Kabel am Geber abziehen. Eine Rohrzange so in die Aussparungen im Kranz des Geberdeckels einsetzen, daß der Geber losgedreht werden kann, dann vorsichtig herausziehen. Am Deckel des Tankgebers sitzt ein langes Kraftstoffansaugrohr und ist der Schwimmerarm angelenkt (bei älteren Modellen zur Tankmitte am Ansaugrohr).
Die Dichtung des Tankgebers soll beim Wiedereinbau mit Graphitpulver bestrichen werden, damit sich der Dichtring beim Festdrehen des Gebers mitdrehen kann. Der Deckel des Tankgebers muß gleichmäßig angedrückt werden, bevor man die Rohrzange zum Festziehen ansetzt. Die Klemm-Schlauchschellen der Kraftstoffschläuche sollten Sie beim Wiedereinbau des Tankgebers durch Schraubschellen ersetzen.

**Tankentlüftung**

Das aus dem Tank abfließende Naß würde im Vorratsbehälter einen Unterdruck erzeugen, wenn nicht eine Leitung die Verbindung zur Außenluft herstellen würde. Über sie kann Luft bei allmählich sich leerendem Tank nachströmen bzw. austreten, wenn der Kraftstoffbehälter aufgefüllt wird. Außerdem ist bis etwa Januar 1978 der Tankdeckel noch mit Entlüftungslöchern versehen.
In der Praxis gab es häufiger Schwierigkeiten beim Betanken (Benzin sprudelt zurück), weil die Entlüftungsleitung abknickte und so den Druckausgleich erschwerte. Daher ist seit Februar 1978 in die Entlüftungsleitung eine Spiralfeder eingesetzt an jener Stelle, wo die Leitung unter dem Wagen aus dem Längsträger herausgeführt ist. So wird ein Abknicken der Leitung verhindert. Als Ersatzteil gibt es nur noch diese neue Entlüftungsleitung. Gleichzeitig entfiel der Tankdeckel mit Belüftung. Bei Fahrzeugen bis Januar 1978 muß beim Tankdeckelersatz darauf geachtet werden, daß der neue Deckel ebenfalls mit Lüftung ist — beim Original-VW-Deckel steht das im Deckel auf der Innenseite eingeprägt.
Mit einem falschen Deckel kann die Benzinversorgung bei gleichzeitig abgeknickter Entlüftungsleitung ins Stocken geraten.

**Fingerzeige:** *Ein Reservekanister ist in jedem Fall nützlich, denn einerseits kann die Tankanzeige einmal ausfallen und zum anderen verkauft eine zielstrebig angesteuerte Zapfstation vielleicht sehr teures Benzin oder hat gerade geschlossen, wenn im Kraftstoffbehälter nur noch ein kümmerlicher Rest plätschert, der nicht mehr zur nächsten Tankstelle reicht.*

Bis Baujahr Februar 1976 muß zum Ausbau des Gebers der Kraftstoffanzeige (1) erst der Tank durch Öffnen der Ablaßschraube entleert werden. Das stromführende Pluskabel (3) und das Massekabel (4) werden abgezogen, ebenso die Kraftstoffleitung (2) zur Benzinpumpe. Mit einer Wasserpumpenzange, die man in die Aussparungen im Rand des Gebers einsetzt — wie hier gezeigt —, wird der Geber nach links gedreht und kann dann herausgezogen werden.

Mit Doppelklebestreifen (z. B. von Tesa) kann man den Reservekanister rutschfest am Kofferraumboden festkleben.

Länger als ein Jahr sollte der Kraftstoff nicht im Reservekanister lagern, da im Benzin leichtflüchtige Bestandteile mit der Zeit entweichen und die Oktanzahl absinkt.

Da übergelaufener Kraftstoff die Lackierung angreifen kann, sollte man gleich mit Wasser abspülen. Besonders gefährdet sind Metalleffektlackierungen, deren Überzugs-Klarlack sich dauerhaft verfärbt.

## Die Kraftstoffleitung

Am Geber der Kraftstoffanzeige sind bei den 1,1- und 1,6-Liter-Motoren zwei Schläuche, bei den 1500ern nur ein Schlauch angeschlossen. Durch die zweite Leitung wird zu viel gefördertes Benzin in den Tank zurückgepumpt. Die Schläuche laufen unten entlang des Längsholms nach vorn zur Kraftstoffpumpe. Soll ein beschädigter oder undichter Schlauch ersetzt werden, fährt man mit einem feinen Schraubenzieher in die Klemmschelle und lockert sie. Sitzt der Schlauch noch fest, kann man ihn vorsichtig mit einem Gabelschlüssel abdrücken, den man hinter dem Schlauchende ansetzt. Beim Einbau sollten statt der Klemmschellen besser Schraubschellen verwendet werden.

## Die Kraftstoffpumpe

Rechts in Fahrtrichtung sitzt in Höhe des 1. Zylinders die Kraftstoffpumpe hinten am 1100er-Motor. Angetrieben wird sie von einem Exzenter der Nockenwelle zwischen den Ventilbetätigungsnocken des 1. Zylinders (siehe Zeichnung Seite 48). Beim 1,5-/1,6-Liter finden wir die Benzinpumpe an der Motorvorderseite in Höhe des 3. Zylinders; den Antrieb liefert die Zwischenwelle mit einem Exzenter. Damit sind die Unterschiede bereits aufgezählt. Im Oberteil der Pumpe ist das Saug- und Druckventil eingebaut, im Unterteil sitzt der Steuermechanismus. Die Membrane zwischen dem oberen und unteren Pumpenteil dient gleichzeitig als Dichtung. Eine Feder am Pumpenstößel zieht diesen und damit die daran befestigte Membrane nach unten, das Saugventil öffnet und aus dem Tank wird Benzin angesaugt. Der Exzenter drückt den Pumpenstößel mit der Membrane zurück, das Druckventil öffnet und Kraftstoff wird in den Vergaser gefördert. Damit der Druck auf das Schwimmernadelventil im Vergaser nicht zu groß wird, wenn der Motor nur im Teillastbereich läuft, wird zu viel geförderter Kraftstoff durch eine weitere Leitung zurück in den Tank gepumpt. Dieser Kreislauf hält den Kraftstoff kühler und verhindert Dampfblasenbildung.

Im VW Golf und Scirocco wird eine Benzinpumpe eingebaut, deren Oberteil durch Umbördeln des Bleches verschlossen ist (nur der Deckel läßt sich abnehmen). Man kann diese Pumpe nicht zerlegen – etwa zum Auswechseln einer defekten Membrane – sondern muß sie komplett ersetzen. Das bedeutet aber nicht, daß eine solche »Kraftstoffpumpe mit Blechoberteil« sich durch entsprechend lange Lebensdauer auszeichnet, leider trifft genau das Gegenteil zu: Wir haben schon Fälle erlebt, wo bereits nach 10 000 km eine neue Pumpe fällig war. Die Ventile sind in die Pumpe lediglich eingepreßt; sie können sich lösen und dann stockt der Benzinstrom. Manchmal hängt zwar nur ein Ventil, was sich durch kräftiges Klopfen auf das Pumpengehäuse beheben läßt, aber meist ist eine neue Pumpe fällig. Ganz Vorsichtige packen daher eine Ersatzpumpe zum Bordwerkzeug.

Bevor Sie allerdings das Werkzeug schwingen, sollten Sie zuerst prüfen, ob wirklich kein Benzin kommt, wenn der Schlauch zum Vergaser abgezogen wurde und ein Helfer den Motor kurz startet. Es gibt noch eine einfache Prüfungsmöglichkeit (mit dem Ersatzbenzinschlauch): Am Anschluß vom Tank muß Einblasen mit dem Mund möglich sein, aber kein Absaugen; am Vergaseranschluß muß man ansaugen, jedoch nicht einblasen können. Der Pumpendeckel muß bei der Prüfung aufgeschraubt sein.

Den Benzinschlauch vom Tank verschließt man zum Pumpenausbau mit einer Schraube, die in die Schlauchöffnung hineingedreht wird. Die Kraftstoffpumpe kann man nach Lösen der beiden Halteschrauben Inbus SW 6 oder 8 mit dem Zwischenflansch (nur beim 1500/1600) abnehmen.

**Störungen an der Kraftstoffpumpe**

Ein Sieb unter dem Deckel der Benzinpumpe soll Verschmutzungen aus dem Tank von den Pumpenventilen und Vergaserdüsen fernhalten. Alle 15 000 km soll das Kunststoffilter gesäubert werden. Dazu löst man die Querschlitzschraube am Pumpendeckel und nimmt ihn samt Dichtring und Filter ab. Das Filtersieb bläst man aus oder pinselt es in Kraftstoff sauber; das Pumpeninnere wird mit einem nicht fasernden Lappen ausgewischt. Die Nasen am Sieb müssen beim Zusammenbau nach oben zeigen und die Kerbe im Deckel ist genau in die Aussparung des Pumpengehäuses einzusetzen. Vergessen Sie den Dichtring nicht.

**Filtersieb der Kraftstoffpumpe reinigen**
Wartungspunkt Nr. 34

Zum Reinigen des Kraftstoffsiebs (4) in der Benzinpumpe (2) den Pumpendeckel (1) nach Lösen der Querschlitzschraube abnehmen. Die Deckeldichtung (3) bleibt meist im Deckel kleben, vor dem Zusammenbau soll sie aber auf Einrisse kontrolliert werden, es könnte sonst zu Schwierigkeiten bei der Kraftstoffversorgung kommen. Das Filtersieb wird in sauberem Kraftstoff ausgewaschen und dann ausgeblasen. Den Kraftstoff vom Tank liefert der Schlauch (5) zum Deckel der Benzinpumpe, die das energiespendende Naß in einem Schlauch (6) zum Vergaser weiterpumpt und falls beim 1,1- oder 1,6-Liter-Motor nicht viel Kraftstoff benötigt wird, gelangt das Benzin über den Rücklaufschlauch (7) wieder in den Tank. Am Motorblock ist die Kraftstoffpumpe mit zwei Inbusschrauben (8) befestigt.

**Fingerzeig:** *Ein undichter Gummiring unter dem Benzinpumpendeckel kann bei höheren Drehzahlen zu scheinbar unerklärlichen Aussetzern und zu Leistungsverlust führen. Da die Saugseite der Pumpe im Oberteil liegt, tritt bei defekter Dichtung kein Kraftstoff aus, sondern die Benzinpumpe saugt Luft an.*

## Kraftstoffilter ersetzen
Wartungspunkt Nr. 62

Schmutzteilchen im Benzin können aus dem eigenen Tank stammen oder aber aus dem Behälter einer Zapfstation. Letzteres ist möglich, wenn Sie irgendwo gefüllt haben, als ein Tankwagen eben frisches Benzin in die Erdtanks pumpte. Dadurch können Verunreinigungen aufgewirbelt werden und über den Zapfhahn in Ihren Tank gelangen. Deshalb an frisch belieferten Tankstellen möglichst nicht auftanken.

Ein Teil der VW Golf/Scirocco-Modelle erhielt vorsichtshalber bereits ab Werk ein Kraftstoffilter zwischen Tank und Benzinpumpe, das alle 30 000 km durch ein neues ersetzt wird (z. B. Mann WK 31/3).

## Normal- oder Superkraftstoff?

Nur mit dem VW Scirocco mit 1500/85-PS-Motor müssen Sie an der Tanksäule für Superbenzin vorfahren, alle anderen Golf- und Scirocco-Motoren kommen mit Normalkraftstoff aus. Welchen Sprit ein Motor benötigt, hängt hauptsächlich von seinem Verdichtungsverhältnis ab, das beim 50-PS-Motor 8,0:1 beträgt, beim 1500/70-, 1600/75- und 1600/85-PS-Motor 8,2:1 und beim 85 PS starken 1500er 9,7:1.

Diese Zahlen besagen, daß das Gemisch aus Kraftstoff und Luft im Zylinder z. B. um das 8fache während des Verdichtungstaktes zusammengepreßt wird. Je höher das Kompressionsverhältnis ist, um so stärker erwärmt sich das Gemisch, was zur Selbstentzündung im Verbrennungsraum führen kann, sofern der getankte Kraftstoff nicht klopffest genug ist. Die Klopffestigkeit eines Kraftstoffes kennzeichnet die sogenannte Oktanzahl (kurz: OZ). Dabei handelt es sich nicht etwa um eine Beimischung zum Benzin, sondern das »Oktan« ist lediglich eine Vergleichsgröße, die in einem speziellen Prüfmotor mit Meßkraftstoffen ermittelt wird. Diese Meßkraftstoffe bestehen aus Mischungen von Normal-Heptan mit der Klopffestigkeit 0 und Iso-Oktan mit der Klopffestigkeit 100. Beginnt der zu prüfende Kraftstoff z. B. bei exakt der gleichen Prüfmotoreneinstellung zu klopfen, bei der ein Meßkraftstoff mit 89 Prozent Anteil Iso-Oktan zu klopfen beginnt, hat der geprüfte Kraftstoff ganz einfach 89 OZ. Die bekannteste Oktanzahl-Meßweise ist die »Research«-Methode und die entsprechend ermittelte OZ heißt Research-Oktanzahl (kurz: ROZ). Normalbenzin hat in der Bundesrepublik zwischen 90 und 92 ROZ und Superkraftstoff 97 bis 99 ROZ.

Der 1100er, der 1500/70-PS-Motor und die beiden 1600er verlangen mindestens 91 ROZ, der 1,5-Liter-85-PS-Motor will mit 98-ROZ-Kraftstoff gefüttert sein. Reicht die Oktanzahl des getankten Krafstoffes nicht ganz aus, macht sich das gefürchtete Klingeln oder Klopfen bemerkbar. Nach bisherigen Untersuchungen gibt es bei den Golf- und Scirocco-Motoren auch mit dem noch bleiärmeren Benzin seit 1976 keine Schwierigkeiten. Allenfalls könnte der 1500/85-PS-Motor unter ungünstigen Bedingungen zum Hochdrehzahlklopfen neigen.

## Klingeln und Klopfen

Das bekanntere Beschleunigungsklingeln wird mit nicht genügend klopffesten Kraftstoffen einerseits bei scharfem Gasgeben aus niedrigen Drehzahlen hörbar, wenn Sie beispielsweise im dritten Gang aus 15 bis 25 km/h heraus scharf beschleunigen oder an einer Steigung schaltfaul fahren.

Wesentlich gefährlicher ist aber das Hochdrehzahlklopfen, das bei Vollgasfahrten auftreten kann und durch die starken Fahrgeräusche fast stets überdeckt wird. Es tritt übrigens eher bei Superkraftstoff-Motoren auf. Dieses Hochdrehzahlklopfen hängt von einer anderen Oktanzahl ab, die nach der sogenannten Motor-Methode ermittelt und demzufolge mit MOZ bezeichnet wird. Für die Normalkraftstoff-Motoren im VW Golf und Scirocco werden 80 MOZ verlangt und für den 1500/85-PS 86 MOZ. Allerdings wird man Ihnen an einer Tankstelle kaum sagen können, wieviel MOZ der dort verkaufte Kraftstoff hat, allenfalls sind die ROZ-Werte bekannt.

Mit dem Klingeln und Klopfen hat es folgendes auf sich: Das Kraftstoff-Luft-Gemisch verbrennt normalerweise auf »Befehl« der Zündkerze im Zylinder. Wenn an ihren Elektroden der Funke überspringt, entflammt das Gemisch. Ein »klingelfreudiger« Kraftstoff kann es aber nicht erwarten, bis ihn der Zündfunke restlos entflammt hat, sondern er detoniert schon zum Teil in einer Ecke des Verbrennungsraumes durch den hohen Druck und die große Hitze von selbst und knallt der von der Zündkerze her auf ihn zueilenden Flammenfront entgegen. Das gibt einen gewaltigen Druckanstieg im Zylinder, der Kolben erhält einen schmetternden Schlag auf den Kopf und der Motor wird bis ins letzte Kurbelwellenlager erschüttert. Es hört sich an, wie wenn von innen mit einem kleinen Hammer gegen die Zylinderwände geklopft würde. Eine trotz intakter Kühlanlage scheinbar grundlos ansteigende Temperaturanzeige kann oft das einzige Warnsignal sein, denn das Hochdrehzahlklopfen bewirkt eine beträchtliche Motorüberhitzung. Erste Maßnahme: Fuß vom Gaspedal, nur noch behutsam Gas geben und alsbald klopffesteren Kraftstoff tanken, falls möglich.

Der »Oktanzahlanspruch« eines vorwiegend im Kurzstreckenbetrieb gefahrenen Wagens wird übrigens durch stärkere Rückstandsbildung im Verbrennungsraum höher (der Brennraum »wächst zu«, die Verdichtung erhöht sich). Dagegen hilft eine gelegentliche flotte Autobahnfahrt. Da die Rückstände langsam abgebrannt werden sollen, nicht gleich das Gaspedal bis zum Anschlag durchtreten.

**Fahrten ins Ausland**

Vor 1972 zählten die Kraftstoffe in der Bundesrepublik zu den klopffestesten. Inzwischen wurde jedoch die Zumischung von Bleitetraäthyl, womit Kraftstoffe klopffester gemacht werden, vom Gesetzgeber herabgesetzt. Im Gegensatz zu früher sind daher in den meisten europäischen Ländern durch die Erlaubnis höherer »Bleibeimischung« zumindest genauso klopffest wie bei uns. Nicht ganz ausreichend für die Normalkraftstoffmotoren ist das Normalbenzin in Griechenland, Italien, Jugoslawien, Österreich, Portugal, Spanien sowie in den Ostblockländern. In diesen Ländern empfiehlt sich zumindest eine Mischung von 50 : 50 aus Normal und Super.

Im Ostblock und teilweise auch in Griechenland, Österreich, Portugal und Spanien ist die dort gebotene Super-Qualität für den 9,7 : 1 verdichteten 1500/85-PS-Scirocco nur knapp ausreichend; es kann zu beträchtlichen Klingelerscheinungen kommen. In diesem Fall kann man den Zündzeitpunkt bis 5° in Richtung »spät« verstellen. Die alten Tricks mit Benzolbeimischung oder Unterlegen einer dickeren Zylinderkopfdichtung (bei Motoren mit obenliegender Nockenwelle ohnehin von zweifelhaftem Wert) gehören in die Mottenkiste.

**Vergaser-Beschreibung**

# Die Futterküche

In den folgenden beiden Kapiteln wollen wir die Vergaser im Golf und Scirocco unter die Lupe nehmen. Vorerst lassen wir aber noch das Werkzeug beiseite, um stattdessen etwas über den Aufbau und die Funktion der Vergaser zu sagen.

Die im Golf und Scirocco eingebauten Solex- und Zenith-Vergaser werden von der Pierburg GmbH & Co KG, 4040 Neuss 13, Postfach 838, hergestellt. Wenn Sie sich noch eingehender mit dem Thema »Vergaser« befassen wollen, können Sie dort entsprechende Unterlagen anfordern.

**Was geschieht im Vergaser?**

Die Aufgabe des Vergasers besteht darin, Benzin und Luft so zu mischen, daß dieses »Gemisch« von den Zündkerzen entflammt werden kann. Das Mischungsverhältnis darf dabei nicht zu fett (zu viel Benzin) oder zu mager sein. Außerdem wird im Vergaser — mit der Drosselklappe, die direkt auf den Tritt auf das Gaspedal anspricht — die Benzin-Luft-Menge reichlicher oder sparsamer dosiert. Zu den wichtigsten Vergaserteilen zählen:

**Schwimmerkammer:** In diesem »Behälter« wird die Höhe des Kraftstoffs reguliert, um jederzeit den erforderlichen Vorrat bereit zu halten. Der darin befindliche Schwimmer öffnet oder schließt bei wechselndem Niveau ein Nadelventil und regelt dadurch den Zufluß des von der Benzinpumpe geförderten Kraftstoffes.

**Hauptdüse:** Sie sitzt direkt in der Schwimmerkammer und sorgt mit einer genau bemessenen Bohrung für gleichbleibenden Abfluß des Benzins aus der Schwimmerkammer.

**Leerlaufdüse:** Sie führt dem Leerlaufsystem eine stets gleichbleibende Kraftstoffmenge zu zur Aufbereitung des Leerlaufgemisches.

**Luftkorrekturdüse:** Sie mischt den von der Hauptdüse kommenden Kraftstoff mit Luft vor.

**Mischrohr:** Es nimmt Kraftstoff von der Hauptdüse und durch Bohrungen Luft von der Luftkorrekturdüse entgegen und führt beides vermischt in den Austrittsarm im Saugkanal weiter. Bei höheren Drehzahlen wird das Gemisch durch freiwerdende Bohrungen zusätzlich mit Luft versorgt, um das sonst fetter werdende Mischungsverhältnis konstant zu halten.

**Lufttrichter:** Im Saugkanal (Vergaserdurchlaß) sitzt der Lufttrichter. Charakteristisch ist seine Einschnürung im Innendurchmesser, wodurch die angesaugte Luft beschleunigt und das Gemisch aus dem Austrittsarm stärker abgesaugt wird.

**Beschleunigungspumpe:** Beim Durchtreten des Gaspedals spritzt sie zusätzlich Benzin in den Saugkanal ein.

**Anreicherung:** Bei Vollgas — wobei der Unterdruck im Vergaserdurchlaß am stärksten ist — öffnet das Anreicherungsventil und über das Anreicherungsrohr wird Benzin angesaugt, damit die Höchstleistung erreicht wird.

## Abgas-Gesetzgebung

Bei der Verbrennung von Kraftstoff im Motor entstehen als Abgase hauptsächlich Wasser ($H_2O$) — bei kühlen Temperaturen als weiße Kondensfahne sichtbar — und Kohlendioxid ($CO_2$). Bei unvollständiger Verbrennung durch zu fettes Gemisch bildet sich giftiges Kohlenmonoxid (CO), bei unverbranntem Gemisch durch zu fette oder zu magere Einstellung werden mit dem Abgas giftige Kohlenwasserstoff-Verbindungen ausgestoßen. Seit Oktober 1971 ist in der Bundesrepublik der Giftanteil im Abgas gesetzlich festgelegt, was eine besonders exakte Vergasereinstellung erfordert.

Die VW Golf und Scirocco sind mit Zusatzgemischvergasern ausgerüstet, um eine optimale Einstellung über möglichst lange Zeit zu gewährleisten. Bei diesen Vergasern legt der sogenannte Grundleerlauf den CO-Gehalt im Abgas fest, dessen Schrauben und Düsen sollen daher nicht verändert werden. In einem zweiten Kanal fließt das Zusatzgemisch, das für die Feinregulierung des Leerlaufs sorgt. Die Einstellung der Leerlaufdrehzahl nimmt man mit der Zusatzgemisch-Regulierschraube vor; diese bestimmt die Durchflußmenge des ebenfalls festgelegten Zusatzgemisches. Es wird also nicht mehr wie früher bei der Leerlaufeinstellung der Anteil von Luft und Kraftstoff reguliert.

So wird einerseits die Leerlaufkorrektur vereinfacht, andererseits ist es aber nicht sinnvoll, den Vergaser komplett in seine Einzelteile zu zerlegen oder nach eigenen Vorstellungen zu bestücken, da hierdurch die Grundeinstellung durcheinandergerät und die Abgaswerte nicht mehr eingehalten werden. Beim Vergaserhersteller Solex werden alle Vergaser auf dem Prüfstand einreguliert — der Fachmann sagt hierzu »der Vergaser wird geflossen«. Teile, deren Einstellung nicht mehr verändert werden soll, erhalten als Versiegelung einen Farbklecks, der eine Garantie für die optimale Einstellung darstellt.

## Welcher Vergaser ist eingebaut?

Die VW Golf und Scirocco mit 50-PS-Motoren erhalten seit Juni 1975 den Solex-Einfachvergaser (er hat nur eine Mischkammer) 31 PICT-5, die 70- und 75-PS- Motoren und vor Juni 1975 auch die 50-PS-Triebwerke sind mit dem Solex 34 PICT-5 ausgerüstet, der Scirocco mit 85 PS verfügt über den Zenith-Stufenvergaser (mit zwei Mischkammern) 2 B 2. In beiden Fällen haben wir Fallstrom-Vergaser vor uns: Das Gemisch strömt durch den senkrechten Vergaserdurchlaß — es »fällt« gewissermaßen hinunter. Die vorangestellte Zahl beim Einfachvergaser 34 PICT-5 gibt den Durchmesser des Saugrohres in Millimetern an (unten am Vergaserflansch gemessen), beim Stufenvergaser 2 B 2 ist der Saugrohrdurchmesser aus der Typenbezeichnung nicht erkennbar, er beträgt für beide Kanäle 32 mm.

## Solex-Vergaser 31 und 34 PICT-5

Diese in den VW Golf und Scirocco mit 50-, 70- und 75-PS-Motoren eingebauten Vergaser sind mit einer Startautomatik ausgerüstet und besitzen ein Leerlauf-Zusatzgemischsystem (siehe oben).

Der PICT-5-Vergaser besteht aus zwei Hauptteilen: Vergasergehäuse und Vergaserdeckel. Im Vergasergehäuse sind Schwimmerkammer und Mischkammer vereinigt. Der oben in der Schwimmerkammer angelenkte Schwimmer sorgt mit dem Schwimmernadelventil (im Vergaserdeckel) dafür, daß nicht zu viel Benzin in den Vergaser fließen kann. Am Boden der Schwimmerkammer ist die Hauptdüse eingeschraubt und daneben sitzt ein Kugelventil, das zur Anreicherung des Kraftstoff-Luft-Gemischs bei Vollast und hohen Drehzahlen einen Kanal zur Mischkammer freigibt. Die Beschleunigungspumpe ist von außen an der Schwimmerkammer angeschraubt. Damit

Auf dieser Abbildung des Solex-Vergasers 31 PICT-5 sind die wichtigsten Teile zu erkennen. Links sehen Sie die Schwimmerkammer, in der Mitte die Leerlauf-Einstellschrauben und das Leerlauf-Abschaltventil (siehe Seite 86). Auf der gegenüberliegenden Seite sitzt das Gehäuse der Startautomatik. Den Anschlaghebel rechts am Vergaser haben wir im Text „Leerlaufhebel" genannt und was in diesem Bild mit „Hebel (Wide-open-kick)" bezeichnet wird, heißt bei uns Schlepphebel.

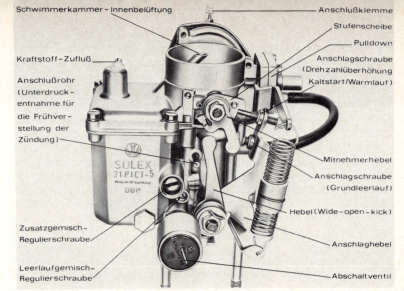

die Pumpe arbeiten kann, ist ihr Hebel über eine Verbindungsstange mit dem Übertragungshebel auf der Drosselklappenwelle verbunden.

Unten in der Mischkammer sitzt im Durchgang beweglich die Drosselklappe, die Sie direkt über das Gaspedal und den Gaszug öffnen und schließen. Die Drosselklappe ist an der Drosselklappenwelle befestigt. Am einen Ende dieser Welle finden wir den Übertragungshebel für die Beschleunigungspumpe und davor den Drosselhebel, in den der Gaszug eingehängt ist. Auf der anderen Seite sitzt der Leerlaufhebel — mit der Drosselklappen-Anschlagschraube und seit November 1974 mit der Einstellschraube für den Kaltleerlauf — und davor der Schlepphebel (was diese Hebel bewirken, steht im nächsten Abschnitt »Startautomatik«). Weiter sehen Sie auf dieser Vergaserseite das Abschaltventil, die Zusatzgemisch-Regulierschraube, die mit einem Farbklecks verplombte Leerlaufgemisch-Regulierschraube sowie das Anschlußrohr für die Unterdruck-Zündverstellung. Auf der Vergaserseite mit der Beschleunigungspumpe sind die Leerlaufdüse und die Zusatzkraftstoffdüse eingeschraubt. In der Wand zwischen Schwimmerkammer und Mischkammer findet man eingepreßt die Leerlaufluftbohrungen und das Einspritzrohr der Beschleunigerpumpe. Von oben ist die fest mit dem Mischrohr verbundene Luftkorrekturdüse eingeschraubt.

Aus der schematischen Darstellung des PICT-Vergasers läßt sich sein Innenleben leichter verstehen: Ganz links finden wir die Beschleunigungspumpe, daneben die Schwimmerkammer mit dem Kraftstoffanschluß oben und dem innen aufgehängten Schwimmer. In der Mitte ist der Vergaserdurchlaß mit der Starterklappe oben und der Drosselklappe dargestellt, rechts oben sitzt das Pulldown-Gehäuse der Startautomatik (Erklärung im Text rechts).

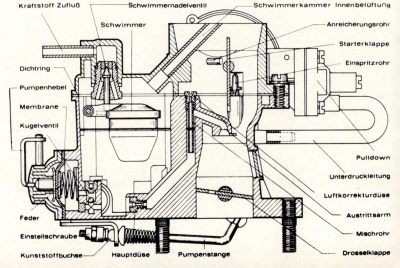

Den Vergaserdeckel halten 5 Querschlitzschrauben auf dem Vergasergehäuse. Von unten ist in den Deckel das Schwimmernadelventil eingeschraubt. Im Mischkammerteil des Deckels sind die beiden Anreicherungsrohre sowie das Belüftungsrohr der Schwimmerkammer zu finden; oben sitzt auf der Starterklappenwelle die Starterklappe. Außen am Vergaserdeckel sehen Sie das Anschlußrohr für die Benzinleitung und die gesamte Startautomatik.

**Die Startautomatik**

Zum sicheren Kaltstart des Motors muß die Starterklappe — auch Luftklappe genannt — im Vergaserdurchlaß je nach Außentemperatur mehr oder weniger geschlossen sein. Dafür sorgt die elektrisch und bei den 1600ern sowie den 1500ern ab August 1977 zusätzlich vom Kühlwasser beheizte Startautomatik. Die elektrische Beheizung ist bis etwa 25–30° C wirksam, darüber nur noch die Wasserbeheizung. Die Umschaltung steuern ein bzw. zwei Thermoschalter in der Schlauchleitung zur Startautomatik.

Die Starterklappenwelle steht unter der Spannung einer spiralförmigen Bimetallfeder, die auf Temperaturunterschiede anspricht. Bei kaltem Motor ist die Starterklappe geschlossen. Mit Erwärmung der Feder läßt ihre Spannkraft nach, die Starterklappe öffnet sich und bei Betriebstemperatur wird der Lufteinlaß ganz freigegeben.

Bei geschlossener Starterklappe wird die Drosselklappe etwas geöffnet. Das besorgt der mit der Starterklappenwelle fest verbundene Mitnehmerhebel, der die Stufenscheibe anhebt. Der Leerlaufhebel liegt dann mit seiner oberen Einstellschraube auf der höchsten Erhebung der Stufenscheibe und öffnet dadurch die Drosselklappe. Beim Anlassen des Motors entsteht jetzt ein starker Unterdruck, wodurch aus der Schwimmerkammer besonders viel Kraftstoff angesaugt werden kann und das so entstehende sehr fette Gemisch läßt auch bei tiefen Temperaturen den Motor sicher anspringen. Nach dem Anlassen springt die Einstellschraube auf dem Leerlaufhebel eine Stufe tiefer, der Motor läuft bei erhöhter Drehzahl. Mit zunehmender Erwärmung der Spiralfeder öffnet sich die Starterklappe allmählich und die Stufenscheibe dreht sich in Leerlaufstellung, die Einstellschraube für den Kaltleerlauf kann sie dann nicht mehr berühren.

Damit das Gemisch beim Gasgeben während der sogenannten Warmlaufphase — wenn also die Startautomatik noch eingeschaltet ist — nicht zu fett wird, drückt der Schlepphebel über den Mitnehmerhebel an der Starterklappenwelle die teilweise noch geschlossene Luftklappe weiter auf.

Die Startautomatik am PICT-Vergaser besteht aus folgenden Teilen: 1 — Schutzkappe, 2 — Haltering mit Befestigungsschrauben (3), 4 — Starterdeckel, in dem die Bimetallfeder (5) eingehängt ist. Öse (6) der Bimetallfeder muß in den Hebel (7) der Starterklappenwelle (8) eingehängt sein. Die Unterdruck-Membrane im Pulldown-Gehäuse zieht bei bestimmten Motordrehzahlen die Starterklappe weiter auf, damit das Gemisch nicht zu fett wird.
Die Markierungen am Starterdeckel und am Vergasergehäuse sollen auf gleicher Höhe stehen, damit befindet sich die Startautomatik in Grundstellung. Nur wenn dann die Startautomatik zu lange oder zu kurz eingeschaltet bleibt, sollte man diese Grundstellung verändern.

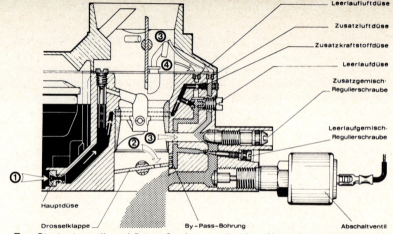

Durch welche Kanäle beim PICT-Vergaser Kraftstoff und Luft für die beiden Leerlaufsysteme fließen, geht aus dieser Darstellung hervor. Dabei bedeuten: 1 — Kraftstoff-Zufluß, 2 — Zustrom der Hauptluft, 3 — eintretende Zusatzluft, 4 — Zustrom der Leerlaufluft.

Zur Startautomatik gehört außerdem noch eine Unterdruckmembrane mit Zugstange, die mit der Starterklappe in Verbindung steht. Sie öffnet bei bestimmten Drehzahlen und Motorbelastungen während der Warmlaufphase ebenfalls die Luftklappe, um eine Gemischüberfettung zu verhindern.

**Leerlauf**

Oben sehen Sie eine schematische Darstellung, wie der Leerlauf beim Solex-Vergaser 31 und 34 PICT-5 funktioniert. Der sogenannte Grundleerlauf und der Zusatzleerlauf erhalten ihren Kraftstoff von der Hauptdüse (man spricht in diesem Fall von einem »abhängigen« Leerlauf). Für den Grundleerlauf wird der Kraftstoff von der Leerlaufdüse zugeteilt, die notwendige Luft strömt über die Leerlaufluftbohrung zu. Der Durchfluß der so entstandenen Emulsion kann mit der Leerlaufgemisch-Regulierschraube eingestellt werden. Das Zusatzgemisch bereiten die Zusatzluftbohrung und die Zusatzkraftstoffdüse auf, wozu noch Ausgleichsluft aus dem Saugkanal hinzutritt. Die Menge des Zusatzgemischs wird mit der Zusatzgemisch-Regulierschraube dosiert. Beide Leerlaufsysteme laufen vor dem Abschaltventil zusammen und treten gemeinsam unterhalb der Drosselklappe in den Vergaserdurchlaß, wo durch eine Bohrung in der Drosselklappe noch Luft hinzuströmt und so das endgültige Leerlaufgemisch sich bildet.

**Hauptdüsensystem**

Für den normalen Fahrbetrieb wird der Motor vom Hauptdüsensystem versorgt. Der Kraftstoff fließt aus der Schwimmerkammer durch die Hauptdüse in den Mischrohrschacht, über die Luftkorrekturdüse tritt Luft hinzu und wird zusammen mit dem Kraftstoff aus dem Austrittsarm abgesaugt. Mit zunehmendem Kraftstoffdurchfluß — bei höheren Drehzahlen — wird auch mehr Luft zugegeben, damit das Gemisch nicht zu fett wird.

**Beschleunigungspumpe**

Die Beschleunigungspumpe soll bei plötzlich geöffneter Drosselklappe genügend Kraftstoff liefern und den in solchem Fall zögernden Nachschub von dem Hauptdüsensystem überbrücken. Im Arbeitsraum der Beschleunigungspumpe befindet sich aus der Schwimmerkammer angesaugter Kraftstoff. Wird die Drosselklappe geöffnet, überträgt sich diese Bewegung auf den Pumpenhebel, der die Membrane der Pumpe nach innen drückt. Dadurch wird Kraftstoff durch das Einspritzrohr in die Mischkammer gespritzt; die Menge richtet sich nach dem Pumpenhub.
Ein Rückschlagventil verhindert, daß beim Einspritzen zugleich Benzin in die Schwimmerkammer zurückfließt. Ein weiteres Ventil am Pumpenauslaß verhindert beim Saughub das Einströmen von Luft aus der Mischkammer.

Um den Ausstoß von giftigen Abgasen möglichst gering zu halten, ist das Hauptgemisch ziemlich mager. Damit der Motor auch bei Vollast und hohen Drehzahlen auf seine volle Leistung kommt, hat der Vergaser PICT-5 deshalb noch zwei Anreicherungssysteme, die über ein Einspritzrohr und zwei Anreicherungsrohre zusätzlich Kraftstoff liefern. Beide Systeme sprechen auf den starken Unterdruck im Vergaserdurchlaß bei voll durchgetretenem Gaspedal an.

Für höhere Motorleistungen muß der Ansaugquerschnitt des Vergasers größer sein. Mit einem größeren Querschnitt allein kommt man da aber zu keinem guten Ergebnis, denn in niederen Drehzahlen ist die richtige Gemischbildung schwierig. Deshalb ist beim Stufenvergaser 2 B 2 der Querschnitt in zwei Ansaugwege aufgeteilt, wobei die zweite Stufe hauptsächlich für Vollast zuständig ist.

Die beiden Saugkanäle werden hintereinander durch je eine Drosselklappe geöffnet und münden gemeinsam ins Saugrohr. Die Drosselklappe der 1. Stufe öffnen Sie über das Gaspedal direkt; anders dagegen die 2. Drosselklappe: Der Drosselhebel für die 2. Stufe ist über eine Stange mit einer Unterdruckdose seitlich am Vergaser verbunden. Ab einem bestimmten Unterdruck im ersten Saugkanal zieht die Membrane die 2. Drosselklappe auf, wenn die Drosselklappe der 1. Stufe etwa 3/4 geöffnet ist und mit dem Anschlag an ihrem Drosselhebel die 2. Drosselklappe nicht mehr blockiert. Die Anschlagschraube für den Drosselhebel der 1. Stufe sitzt in einem Halter am Vergasergehäuse. Die Einstellschraube für den Kaltleerlauf finden Sie auf der gegenüberliegenden Seite am Leerlaufhebel versteckt unter dem Startautomatikgehäuse. Weitere Teile unten im Drosselklappenteil des Vergasers sind das Leerlauf-Abschaltventil und die Zusatzgemisch-Regulierschraube sowie gegenüber die Leerlaufgemisch-Regulierschraube, jeweils nur für die 1. Stufe.

Im Vergasergehäuse sind zwei Schwimmerkammern und die Mischkammern der 1. und 2. Stufe untergebracht, ebenso die Beschleunigungspumpe. Außen ist die Startautomatik am Gehäuse angeschraubt.

Den Vergaserdeckel halten 6 Querschlitzschrauben auf dem Gehäuse. In den Deckel sind die Schwimmer eingehängt und die Schwimmernadelventile eingepreßt. Weiter finden wir im Vergaserdeckel die beiden Hauptdüsen, die Luftkorrekturdüsen mit Mischrohren, die kombinierte Kraftstoff-Luftdüse für

**Anreicherung**

**Zenith-Vergaser 2 B 2**

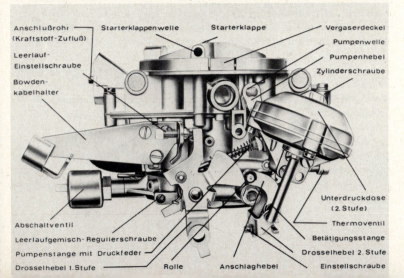

Beim Zenith-Vergaser 2 B 2 wird die erste Vergaserstufe (links in diesem Bild) direkt über den Gaszug geöffnet, während eine Unterdruckdose (rechts sichtbar) die 2. Stufe öffnet, sobald die 1. Stufe etwa 3/4 geöffnet ist. Am Drosselhebel der 1. Stufe sitzt ein Anschlag, der bis zur Dreiviertelstellung den Drosselhebel der 2. Stufe blockiert.

Nur in der 1. Stufe ist der Leerlauf beim Zenith-Vergaser 2 B 2 einstellbar, wobei wir wieder einen Grundleerlauf und einen Zusatzgemisch-Leerlauf finden. In der 2. Stufe fließt dauernd ein nicht einstellbarer Grundleerlauf, der auch dafür sorgt, daß der Übergang auf die 2. Stufe weich einsetzt. Die Zahlen bedeuten: 1 — Kraftstoff-Zufluß, 3 — zuströmende Korrekturluft für das Zusatzgemisch, 4 — Zustrom der Korrekturluft für das Leerlauf- und Bypass-System, 6 — Luftzustrom für das Zusatzgemisch.

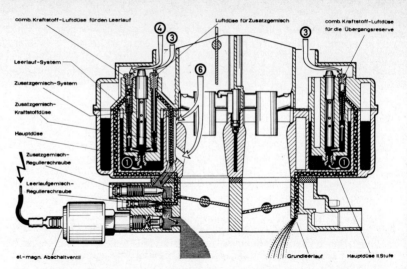

den Grundleerlauf und die Luftdüse für das Zusatzgemischsystem der 1. Stufe sowie die kombinierte Kraftstoff-Luftdüse für den Grundleerlauf der 2. Stufe und schließlich die beiden Anreicherungsrohre und außen den Anschlußstutzen für den Kraftstoffschlauch.

**Startautomatik**

Beim Stufenvergaser 2 B 2 funktioniert die Startautomatik im Prinzip wie beim PICT-Vergaser. Die Stufenscheibe sitzt zwischen dem Vergasergehäuse und dem Gehäuse der Startautomatik, der Leerlaufhebel mit der Einstellschraube für den Kaltleerlauf ist auf der Drosselklappenwelle der 1. Stufe befestigt. Der ebenfalls dort festgeschraubte Mitnehmerhebel drückt bei durchgetretenem Gaspedal während der Warmlaufphase die Luftklappe über die Stufenscheibe zur Gemischabmagerung weiter auf.

**Leerlauf**

In der ersten Stufe wird der Leerlauf ebenfalls aus dem Grund- und dem Zusatzleerlauf gebildet. Die Emulsion des Grundleerlaufs bildet die kombinierte Kraftstoff-Luftdüse, die Zusatzgemisch-Emulsion liefern die Zusatzkraftstoffdüse und die Zusatzluftdüse, zu der noch Luft hinzuströmt und so das Zusatzgemisch bildet. Beide Systeme münden mit einem gemeinsamen Kanal in den Vergaserdurchlaß unterhalb der Drosselklappe. Während jedoch der Leerlauf der 1. Stufe mit der Leerlaufgemisch- und der Zusatzgemisch-Regulierschraube reguliert werden kann, fließt in der zweiten Vergaserstufe unabhängig davon ein fest eingestelltes Leerlauf-Grundgemisch.

**Hauptdüsensystem**

Beim Übergang vom Leerlauf auf das Hauptdüsensystem sorgt der Grundleerlauf in der 2. Stufe für ein weiches Ansprechen beim Einsetzen der 2. Stufe. Ansonsten entspricht die Funktionsweise prinzipiell dem schon beschriebenen Vergaser.

**Beschleunigung und Anreicherung**

Die Wirkungsweise der Beschleunigungspumpe ist mit der des PICT-Vergasers vergleichbar, sie arbeitet übrigens nur in der 1. Stufe.
Damit der Motor seine Höchstleistung erreichen kann, verfügen beide Vergaserstufen über eine eigene Vollastanreicherung, die ein leicht überfettetes Gemisch liefert.

**Vergaser-Praxis**

# Kennen Sie den Dreh?

Falls Ihnen unsere Vergaser-Beschreibung die Scheu vor diesem »Mischgerät« noch nicht genommen hat, wollen wir gleich hier zu Anfang einen Ermunterungshandgriff empfehlen:
Lassen Sie den möglichst warmgefahrenen Motor im Leerlauf drehen, öffnen Sie die Motorhaube und legen Sie einen kurzen kräftigen Vergaser-Schraubenzieher bereit. Nachdem Sie den in Ihrem VW Golf oder Scirocco eingebauten Vergaser mit den Abbildungen auf diesen Seiten verglichen haben, wissen Sie, welches die (dicke) Zusatzgemisch-Regulierschraube ist. Setzen Sie dort den Schraubenzieher an und drehen Sie die Schraube nach links (entgegen dem Uhrzeigersinn) und merken Sie sich dabei, wie weit die Schraube verdreht wurde. Nun hören Sie, daß der Motor schneller läuft, je weiter Sie drehen. Danach die Regulierschraube wieder in die bisherige Stellung zurückdrehen — der Motor läuft wieder im ursprünglich eingestellten Leerlauf.
Man kann also auch an modernen Vergasern noch drehen, ohne gleich die Abgaswerte zu verändern.

Wie Ihr VW richtig angelassen werden muß, wissen Sie wahrscheinlich schon längst, wir wollen hier aber trotzdem einmal kurz festhalten, wie man mit der Startautomatik richtig umgeht.

**Richtig starten**

■ Bei Temperaturen unter + 10° C das Gaspedal zweimal langsam durchtreten und wieder loslassen, Motor ohne Gasgeben starten und gleich losfahren. Nur wenn das Thermometer unter — 10° C sinkt, soll der Motor nach dem Anlassen etwa eine halbe Minute (bei Automatik eine Minute) im Leerlauf drehen, um die Motorschmierung sicherzustellen. Sonst ist aber ein Warmlaufenlassen nicht sinnvoll.
■ Bei Temperaturen über + 10° C tritt man das Gaspedal einmal langsam durch und läßt es wieder los, um dann den Motor ohne Gas anzulassen. In beiden Fällen wird mit dem Durchtreten des Gaspedals die Startautomatik eingeschaltet und die Starterklappe geschlossen. Dreht der Motor anschließend im Leerlauf zu hoch, tippt man kurz das Gaspedal an, die Leerlaufdrehzahl sinkt dann ab.
■ Liegen die Außentemperaturen über + 20° C, kann der kalte Motor ohne Startautomatik angelassen werden. Dazu während des Startens das Gaspedal langsam durchtreten.
■ Zum Anlassen des warmgefahrenen Motors tritt man ebenfalls das Gaspedal langsam durch. Nach scharfer Autobahnfahrt wird der Motor mit Vollgas gestartet, aber nicht mit dem Pedal pumpen, sonst säuft der Motor durch Kraftstoffüberschuß ab.
Grundsätzlich soll beim Anlassen die Kupplung getreten werden, der Anlasser muß dann nicht auch noch das Getriebe durchdrehen.

**Startschwierig-
keiten**

Spätestens nach drei bis fünf Sekunden springt der VW normalerweise an. Muß man wesentlich länger »orgeln«, sollte zuerst die Zündanlage unter die Lupe genommen werden. Der Fehler kann aber auch an einer Störung der Startautomatik liegen. Springt der Motor schlecht an oder läuft er mit zu fettem Gemisch (schwärzliche Auspuffgase), kann es an einer hängenden Starterklappe liegen, die nicht mehr einwandfrei gängig ist und nicht ganz öffnet oder schließt. Zur Kontrolle nimmt man den Luftfilter-»Schnorchel« oder das komplette Luftfilter ab, drückt den Drosselhebel in halbe Öffnungsstellung und probiert vorsichtig von Hand, ob die Klappe gut beweglich ist. Möglicherweise haben sich an der Klappe bzw. an ihrer Welle Ablagerungen aus der ins Luftfilter führenden Kurbelgehäuse-Entlüftung gebildet; diese lassen sich mit Spiritus entfernen.

Am besten kann man die richtige Funktion der Luftklappe prüfen, wenn man vor dem Start des kalten Motors den Luftfilterschnorchel oder das Luftfilter abzieht. Wenn das Gaspedal noch nicht berührt wurde, wird die Starterklappe jetzt senkrecht stehen. Gaspedal ein- bzw. zweimal durchtreten — nun muß die Klappe den Vergasereinlaß teilweise (bei Sommerstart) oder ganz (bei Winterstart) geschlossen haben.

Der Starterdeckel mit der darin sitzenden Bimetallfeder ist mit 3 Querschlitzschrauben und einem Haltering am Gehäuse der Startautomatik befestigt. Das Startergehäuse trägt eine Kerbmarkierung, im Deckel ist eine Körneroder Farbmarkierung. Die Marken auf beiden Teilen sollen sich gegenüberstehen — das ist die Grundeinstellung der Startautomatik. Wenn die Startautomatik aber zu früh oder zu spät öffnet, läßt sich das durch Verdrehen des Starterdeckels regulieren. Drehen im Uhrzeigersinn öffnet die Starterklappe früher, gegen den Uhrzeigersinn gedreht wird die Klappe später geöffnet.

Wer glaubt, ohne Startautomatik weniger Benzin zu verbrauchen, kann durch Rechtsdrehung des Starterdeckels die Starterklappe in geöffneter Stellung blockieren. Dadurch wird die Startautomatik lahmgelegt. Diese Methode empfiehlt sich höchstens in der warmen Jahreszeit, wegen der mageren und damit giftgasarmen Einstellung hat man bei kaltem Motor Schwierigkeiten mit dem Leerlauf und der Motor verschluckt sich beim Beschleunigen.

**Das Leerlauf-
Abschaltventil**

Unsere VW Golf und Scirocco besitzen am Vergaser ein Leerlauf-Abschaltventil. Es verhindert, daß der Motor nach Abschalten der Zündung ohne Zündfunken weiterläuft (Nachdieseln, Nachlaufen, Glühzündungen), wobei sich das noch angesaugte Gemisch an heißen Stellen im Verbrennungs-

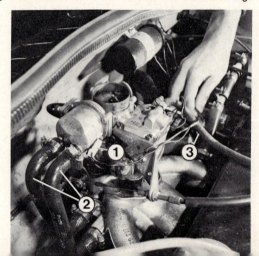

Nach dem Kaltstart wird bei den 1,6-Liter-Motoren und bei den 1500ern ab August 1977 zuerst die Elektroheizung der Startautomatik wirksam. Aber da die elektrische Beheizung keine Notiz von der jeweiligen Motortemperatur nimmt, wird zusätzlich das aufgeheizte Kühlwasser zur Steuerung der Startautomatik herangezogen (2 zeigt auf die Wasserschläuche). Bei einer Fahrtunterbrechung kühlt das elektrische Heizelement schnell ab, das Kühlwasser dagegen nicht. Damit wird in diesem Fall das Kühlwasser temperaturbestimmend — die Starterklappe bleibt geöffnet. Bei kaltem Motor sorgt die elektrische Beheizung für ein schnelles Öffnen der Luftklappe, die Aufheizung des Kühlmittels würde zu lange dauern. Das Umschalten zwischen elektrischer und Kühlwasser-Beheizung besorgt ein Thermoschalter (3).

raum — meist sind es die Auslaßventile — von selbst entzündet. Nachlaufen schadet vor allem den Motorlagern. Das Abschaltventil verschließt beim Ausschalten der Zündung den gemeinsamen Zugang des Leerlauf- und Zusatzgemisches in die Mischkammer unterhalb der Drosselklappe.

Läuft der Motor trotzdem nach, hängt das Ventil. Den nachlaufenden Motor muß man abwürgen, dazu Gang einlegen, Handbremse ziehen und Kupplung langsam kommen lassen oder — bei einem VW Golf oder Scirocco mit automatischem Getriebe — mit dem Gaspedal so lange pumpen, bis der Motor »abgesoffen« ist.

Wenn sich das Abschaltventil gelockert hat (Motor zieht »falsche Luft«), die Sicherung Nr. 9 defekt ist (Fahrzeuge ab August 1975), das elektrische Kabel zum Ventil unterbrochen ist oder wenn das Ventil hängt, springt der Motor nur bei durchgetretenem Gaspedal an. In Leerlaufstellung stirbt er sofort wieder ab. In diesem Fall erst festen Sitz des Abschaltventils prüfen, Sicherung Nr. 9 kontrollieren, Kabel mit Prüflampe bei eingeschalteter Zündung überprüfen und Gängigkeit des Ventilstöpsels kontrollieren. Das herausgeschraubte Abschaltventil wird hierzu mit angeschlossenem Elektrokabel gegen Masse gehalten, Zündung einschalten — der Ventilstöpsel muß zurückgezogen werden.

## Vergaser-Leerlauf kontrollieren
Wartungspunkt Nr. 35

Gewöhnlich besteht kein Anlaß, irgendwo an einer Vergaserschraube zu drehen. Das einzige, was hin und wieder Aufmerksamkeit verlangt, ist der Leerlauf. Vor einer Vergaserregulierung sollte aber die Zündung geprüft und eingestellt werden (siehe Kapitel »Die Zündanlage«).

Dieser Leerlauf ist wichtiger, als man meistens denkt. Die Leerlaufeinstellung ist nicht nur für den eigentlichen Leerlauf von Bedeutung, sondern auch für den Teillastverbrauch bis in mittlere Drehzahlen. Zu fetter Leerlauf kann einen recht erheblichen Mehrverbrauch an Benzin ergeben; bei den Zusatzgemischvergasern kann sich allerdings die Gemischzusammensetzung nicht von selbst verändern.

Grundsätzlich muß der Motor zum Vergasereinstellen warmgefahren und die Starterklappe völlig geöffnet sein. Das Luftfilter bleibt montiert.

Wichtig: Bei Automatik-Wagen Wählhebelstellung P einlegen.

Man unterscheidet eigentlich zwei getrennte Arbeitsvorgänge als Einstellen des Leerlaufs, und diese Arbeitsweisen müssen nicht unbedingt etwas miteinander zu tun haben. Übliche Drehzahlabweichungen treten im Laufe der Zeit bei jedem Auto auf und sind völlig normal. Wenn der Leerlauf auch richtig eingestellt wurde, bleibt er trotzdem selten konstant. Er ändert sich

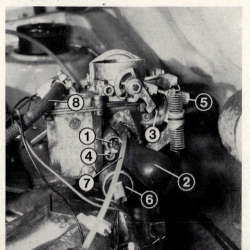

Zur Korrektur der Leerlaufdrehzahl wird am PICT-Vergaser nur die Zusatzgemisch-Regulierschraube (1) verdreht, an der wir hier den Schraubenzieher (2) angesetzt haben. Dabei darf das Luftfilter nicht, wie hier im Bild, abgenommen sein. Den sogenannten Grundleerlauf muß die Werkstatt mit einem exakten Drehzahlmesser und mit einem CO-Tester einstellen. Für die Einstellung werden die Drosselklappen-Anschlagschraube (3) und die Leerlaufgemisch-Regulierschraube (4) verdreht, während zur Einstellung der erhöhten Leerlaufdrehzahl nach dem Kaltstart die obere Einstellschraube (5) am Leerlaufhebel dient. Die drei letztgenannten Schrauben sitzen zum Schutz vor unsachgemäßem Verstellen unter Kunststoffabdeckungen (auf der Kaltleerlauf-Einstellschraube — 5 — deutlich sichtbar). Außerdem sind zu sehen: 6 — Leerlauf-Abschaltventil; 7 — Unterdruckschlauch vom Vergaser zum Zündverteiler für die automatische Zündverstellung; 8 — Benzinzufluß in die Schwimmerkammer.

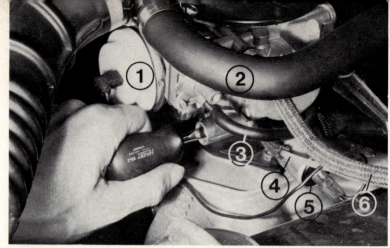

Zur Korrektur der Leerlaufdrehzahl am Stufenvergaser 2 B 2 wird die Zusatzgemisch-Regulierschraube vorn rechts in Fahrtrichtung verdreht. Weiter bedeuten: 1 – Gehäuse der Startautomatik, 2 – Schlauch der Kurbelgehäuse-Entlüftung, 3 – Unterdruckschlauch für die Pulldownmembrane der Startautomatik, 4 – Unterdruckschlauch zum Zündverteiler für die automatische Zündverstellung, 6 – Kraftstoffzufluß.

mit den Jahreszeiten, mit Außentemperatur und Luftfeuchtigkeit, er verstellt sich durch Vibrationen des Motors und durch mechanische Einflüsse am Vergaser. Diese Abweichungen vom Sollwert der Drehzahlen können grundsätzlich durch Verstellen der Zusatzgemisch-Regulierschraube ausgeglichen werden, wobei durch Linksdrehen die Drehzahl erhöht und durch Rechtsdrehen die Drehzahl verringert wird. Das gilt sowohl für den PICT-5- wie für den 2 B 2-Vergaser. Die Leerlaufdrehzahl soll 950 ± 50/min betragen.

### Grundleerlauf einstellen

Eine andere Art der Einstellung muß nach einer Vergaserüberholung erfolgen, wenn der Vergaser zerlegt und wieder zusammengebaut wurde oder in dem selteneren Fall, wenn durch die übliche Korrektur kein einwandfreier Leerlauf erreicht wurde. Die Leerlauf-Grundeinstellung ist nur mit einem exakten Drehzahlmesser (der im VW eventuell eingebaute ist zu ungenau) und mit einem CO-Tester möglich.

Die Einstellanweisung gilt hierbei ebenfalls für beide Vergasertypen. Der warmgefahrene Motor wird an den Drehzahlmesser und den CO-Tester angeschlossen. Die Leerlaufdrehzahl soll 900 bis 1000/min betragen, sonst an der Zusatzgemisch-Regulierschraube einstellen. Dann wird der CO-Tester eingeschaltet: der CO-Wert soll 1,0 bis 2,0 % (1600er: 0,8 bis 1,2 %) betragen. Falls der CO-Gehalt nicht den vorgegebenen Werten entspricht, wird er mit der Leerlaufgemisch-Regulierschraube entsprechend eingestellt. Nur wenn das Fahrzeug trotz einwandfreier Zündanlage beim Gasgeben stottert, kann der CO-Gehalt bis etwa 3,5 Prozent angehoben werden (das sollte nur die letzte Rettung sein, zumal dann auch der Benzinverbrauch ansteigt). Zum Schluß die Leerlaufdrehzahl kontrollieren und, falls erforderlich, nachregulieren.

### Grundeinstellung der Drosselklappe

Vielleicht erinnern Sie sich noch, daß bei Ihrem früheren Auto der Leerlauf mit der Gemischregulierschraube und der Drosselklappenanschlagschraube eingestellt wurde. Bei den Zusatzgemisch-Vergasern ist diese Anschlagschraube für Schraubendrehereien tabu, da hierbei der Übergang vom Leerlauf auf das Hauptdüsensystem durcheinandergerät. Beim Vergaser PICT-5 sitzt die Drosselklappenanschlagschraube am Leerlaufhebel unten (und darüber die Einstellschraube für den Kaltleerlauf, siehe nächsten Abschnitt), beim 2 B 2-Vergaser finden Sie die Anschlagschraube an der Gaszughalterung am Drosselhebel der 1. Stufe. Diese Schraube ist jeweils mit einer Kunststoffkappe zum Schutz vor »Drehfreudigen« verdeckt.

Falls versehentlich doch einmal dort gedreht wurde, erreicht man die Grund-

Beim Blick von oben auf den Stufenvergaser 2 B 2 sieht man: 1 — Unterdruckschlauch zur Pulldownmembrane der Startautomatik (7), 2 — Luftkorrekturdüse mit Mischrohr für das Zusatzgemischsystem, 3 — Luftkorrekturdüse mit Mischrohr für das Grundleerlaufsystem, 4 — kombinierte Kraftstoff-Luftdüse für das Grundleerlauf- und Bypaßsystem, 5 — 1. Vergaserstufe mit Starterklappe, 6 — 2. Vergaserstufe, 8 — Unterdruckschlauch zur Unterdruckdose (11) für die Betätigung der Drosselklappe der 2. Stufe, 9 — Luftkorrekturdüse 2. Stufe, 10 — kombinierte Kraftstoff-Luftdüse für den Grundleerlauf und Übergang der 2. Stufe.

einstellung der Drosselklappe folgendermaßen: Bei warmgefahrenem Motor (Luftklappe offen) die untere Drosselklappen-Anschlagschraube herausdrehen, bis zwischen Schraube und Anschlaghebel ein Spalt vorhanden ist. Anschlagschraube wieder vorsichtig hineindrehen, bis sie den Anschlag berührt, dann noch 1/4 Umdrehung weiter hineindrehen. Anschließend Leerlaufdrehzahl und CO-Wert einstellen, wie im vorigen Abschnitt beschrieben.

Beim PICT-5-Vergaser ab November 1974 kann die erhöhte Leerlaufdrehzahl während der Warmlaufphase separat eingestellt werden. Dazu sitzt oberhalb der Drosselklappenanschlagschraube eine zweite Einstellschraube auf dem Leerlaufhebel (ebenfalls unter einer Plastikkappe). Falls der kalte Motor laufend stehenbleibt, kann der sogenannte Kaltleerlauf höher gestellt werden. Dazu wird bei warmgefahrenem Motor die obere Einstellschraube auf die dritte Stufe der Stufenscheibe (von der Normalstellung bei warmem Motor aus gerechnet) gesetzt und mit einem exakten Drehzahlmesser eine Drehzahl von etwa 2400/min eingestellt. Kontrollieren Sie anschließend, ob diese obere Einstellschraube bei völlig geöffneter Starterklappe nicht mehr die Stufenscheibe berührt, sonst läuft der Motor mit einer zu hohen Leerlaufdrehzahl.

**Kaltleerlauf einstellen**

Die Werkstatt soll alle 15 000 km kontrollieren, ob der VW nicht in unmäßigen Mengen giftiges CO-Gas ausstößt (Richtwert 1,5±0,5 Volumenprozent; 1600er: 1,0±0,2 %). Das geschieht mit einem Abgastester, den man sich als Hobbybastler wegen des stolzen Preises kaum kaufen wird.
Aber auch der TÜV interessiert sich für die Auspuffgase Ihres Autos: Bei den regelmäßigen Überprüfungen wird der CO-Gehalt des Abgases gemessen, was kaum Schwierigkeiten bereitet, wenn folgendes beachtet wird:
■ Der Motor muß betriebswarm sein. Lassen Sie ihn beim TÜV nicht unnötig im Leerlauf tuckern, das verschlechtert den CO-Wert.
■ Wird der VW Golf oder Scirocco ausschließlich im Kurzstrecken-Stadtverkehr bewegt, sollten Sie ihn vor der Messung rund 100 km zügig bewegen. So werden Verbrennungsrückstände im Motor durch die Auslaßventile hinausgeblasen. Einen guten Anhaltspunkt liefert auch das Auspuffrohr: Ist es auch nach längerer zügiger Fahrt innen schwarz und rußig und kriecht diese Schwärze gar um das Rohr auf die Außenseite, so sollte man vor dem TÜV das Abgas messen lassen. Ist das Auspuffrohr dagegen innen grau, so ist alles in Ordnung.

**Abgastest**
Wartungspunkt Nr. 59

## Vergasereinstellung ändern?

Die in der Deutschen Vergaser-Gesellschaft festgelegten Vergasereinstellungen sind in Zusammenarbeit mit VW erst nach langwieriger Feinarbeit gefunden worden. Wie bei jedem anderen Vergaser galt es auch hier, den günstigsten Kompromiß zwischen bester Leistung und geringstem Verbrauch zu finden. Hinzu kommt, daß die geltenden Abgas-Bestimmungen berücksichtigt werden mußten. Leistung, Verbrauch und Abgas hängen eng miteinander zusammen, so daß einseitige Veränderungen zwar einen Wert verbessern können, aber sicher die beiden anderen verschlechtern.
Veränderte Düsenbestückungen, die sich durch Weiterentwicklung ergaben, finden Sie unter den Technischen Daten auf Seite 217 aufgeführt.

## Vergaser und Düsen reinigen

An sich braucht der Vergaser keine spezielle Pflege, es sei denn, es liegen Störungen vor. Aber er muß innen sauber sein, um Störungen vorzubeugen. Für den, der wenig Jahreskilometer fährt, ist die Rechnung nach Zeitintervallen günstiger: Alle ein bis zwei Jahre reinigen. In Düsen, Bohrungen und in der Schwimmerkammer können sich Fremdstoffe in feiner Form abgelagert haben. Wasser im Benzin setzt sich, weil es spezifisch schwerer ist, unten in der Schwimmerkammer ab. Da es sich nicht mit dem Zinkguß verträgt, entstehen Absonderungen (Zinkkarbonat). Ferner möglich: Das Schwimmernadelventil kann in seinem Sitz ausgeschlagen sein.
Möglich ist auch eine Verunreinigung des Vergasers durch Öldämpfe, die über die Kurbelgehäuseentlüftung in den Luftfilter und damit in den Vergaser geleitet werden, insbesondere, wenn man aus vermeintlichem Sicherheitsbedürfnis zu viel Öl in den Motor füllte.
Verengte Düsen (Hauptdüse) können sich als zu sehr abgemagertes Gemisch auswirken und den Motor zu heiß werden lassen. Aber dazu muß der Vergaser schon sehr alt und innen stark verschmutzt sein.
Es soll hier nicht dazu geraten werden, unbedingt einen Vergaser komplett zu zerlegen, um ihn zu reinigen. Schon die Demontage verlangt viel Aufmerksamkeit, und der Zusammenbau wäre dann eventuell nur noch mit Hilfe eines Fachmannes möglich (den man aber herbeiholen müßte, weil man ja ohne Vergaser nicht fahren kann). Auf den Bildern in diesem Kapitel ist zu sehen, welche Düsen verhältnismäßig leicht zugänglich sind und welche Vergaserteile daneben ohne Komplikationen gelöst werden können. Durch Farbkleckse gesicherte Verbindungen sollten Sie dabei jedoch unangetastet lassen. Beachten Sie eventuell vorhandene Dichtungen, die beim Zerlegen des Vergasers möglichst durch neue ersetzt werden sollen. Als Notbehelf kann man eine Dichtung aus dünnem Karton ausschneiden.

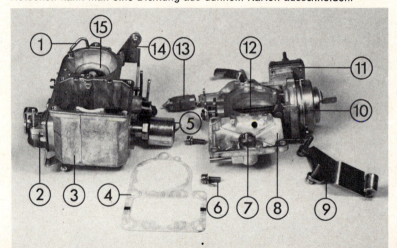

So sieht der PICT-Vergaser mit abgenommenem Vergaserdeckel aus: 1 — Einspritzrohr der Beschleunigungspumpe (2), 3 — Vergasergehäuse, 4 — Vergaserdeckeldichtung, 5 — Leerlauf-Abschaltventil, 6 — Befestigungsschraube für den Vergaserdeckel, 7 — Schwimmernadelventil, 8 — Vergaserdeckel, 9 — Gaszughalter, 10 — Gehäuse der Startautomatik, 11 — Pulldown-Gehäuse, 12 — Starterklappe, 13 — Gas-Rückzugfeder, 14 — Leerlaufhebel, 15 — Lufttrichter.

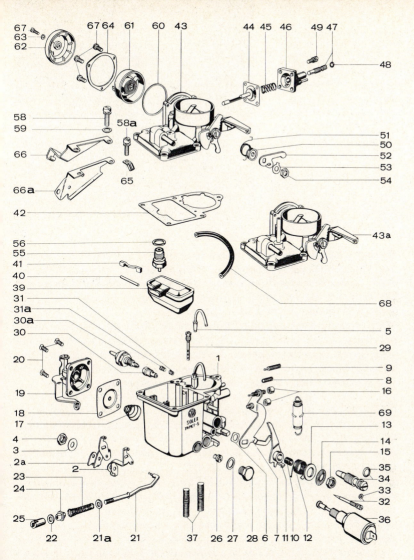

Das Explosionsbild des PICT-Vergasers zeigt folgende Teile: 1—4 — Vergasergehäuse mit Drosselhebel und Teilen, 5 — Einspritzrohr der Beschleunigungspumpe, 6—9 — Leerlaufhebel mit Teilen, 10—15 — Schlepphebel mit Teilen, 16 — Abdeckkappen für Drosselklappen- und Kaltleerlauf-Anschlagschraube, 17—20 — Pumpenmembranfeder, Membrane, Deckel und Schrauben, 21—25 — Pumpenstange mit Teilen, 26—28 — Hauptdüse, Dichtring und Verschlußschraube, 29 — Luftkorrekturdüse, 30 — Leerlaufdüse (30 a — pneumatisch umschaltend), 31 — Zusatzkraftstoffdüse, 32, 33 — Leerlaufgemisch-Regulierschraube mit Dichtring, 34, 35 — Zusatzgemisch-Regulierschraube mit Dichtring, 36 — Leerlauf-Abschaltventil, 37 — Stiftschrauben, 39—41 — Schwimmer, Schwimmerachse und Niederhalter, 42 — Vergaserdeckeldichtung, 43, 43 a — Vergaserdeckel, 44—49 — Pulldown mit Teilen, 50—54 — Mitnehmerhebel mit Teilen, 55, 56 — Schwimmernadelventil mit Dichtring, 58, 58 a, 59 — Befestigungsschrauben für Vergaserdeckel und Unterlegscheibe, 60, 61 — Starterdeckel mit Isolierdichtung, 62 — Schutzkappe, 63 — Federring, 64 — Haltering, 66, 66 a — Gaszughalter, 67 — Halteschrauben, 68 — Pulldown-Unterdruckleitung, 69 — Gas-Rückzugfeder.

Bei der Vergaserreinigung sind folgende Punkte von Bedeutung:

■ Ausgebaute Vergaserteile in Kraftstoff oder Spiritus reinigen. Die Teile auf sauberes Tuch legen. Genau merken, wohin sie und in welcher Reihenfolge sie zusammengehören. Besonders auf Dichtungen, Sicherungen und Federringe achten.

■ Düsen, Bohrungen und Schwimmerkammer mit mäßigem Preßluft-Druck ausblasen, auch Handluftpumpe ist geeignet. Düsen können notfalls auch mit dem Mund durchgeblasen werden (aber möglichst ohne Spucke). Auf keinen Fall mit hartem Draht reinigen, geeignet ist jedoch eine Borste aus einer Bürste. Düsen sind aus weichem Metall (Messing), daher nicht zu fest schrauben. Gut eignet sich zum Durchblasen einer verstopften Vergaserdüse das Ventil am (sauberen) Reserverad. Drückt man die herausgeschraubte Düse in das Ventil, pustet die aus dem Reifen entweichende Luft alle Fremdkörper fort.

Zur Prüfung, ob der Vergaser durch das Schwimmernadelventil (es könnte klemmen) Benzin erhält, löst man die Verschlußschraube (4) mit ihrem Dichtring (3) im Hauptdüsenträger. Sickert Benzin heraus, ist die Versorgung des Vergasers in Ordnung. Außerdem werden beim völligen Öffnen eventuelle Verschmutzungen und Wassertropfen, die sich am Boden der Schwimmerkammer (1) abgesetzt haben, mit herausgespült. Zum Herausschrauben der Hauptdüse (2, sie sitzt ziemlich weit innen im Vergaser) muß man einen Schraubenzieher mit breiter Klingenspitze haben, der nicht herausrutschen und den Querschlitz der Messingdüse beschädigen kann.

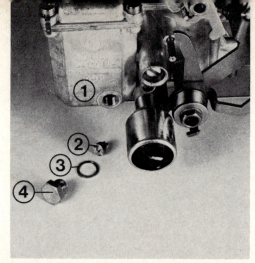

■ Drosselklappenwelle auf zu großes Spiel an den Lagerungen untersuchen. Dort könnte Nebenluft eindringen und Start und Leerlauf verschlechtern.
■ Den Schwimmer kontrolliert man, ob er dicht ist (schütteln und gegen das Ohr halten). Eventuell in heißes Wasser legen und auf Blasen achten. Auch muß die Schwimmerachse gut gängig sein.
■ Im Vergaserdeckel, von unten eingeschraubt, findet sich das Schwimmernadelventil. Ist es nicht locker? Die Ventilnadel muß einwandfrei beweglich sein. Gegen sie drückt von unten der Hebel des Schwimmers. Ein undichtes oder hängendes Schwimmernadelventil liefert dem Vergaser zu viel Kraftstoff: Erhöhter Verbrauch, Vergaser läuft über. Ventil austauschen.

**Fingerzeige:** *Zwar gibt es an unseren VW Golf und Scirocco einige Stellen, die nach Schmierung verlangen, der Vergaser zählt aber nicht hierzu. An Fett oder Öl bliebe Staub hängen, der an den Lagern der Starter- und Drosselklappenwelle wie Schmirgel wirkt. Also den Vergaser trocken und staubfrei halten.*

*Die Flanschdichtung beim Zenith 2 B 2-Vergaser ist zwischen Drosselklappenteil und Vergasergehäuse mehrschichtig. Diese Schichten können sich verschieben und dadurch Bohrungen zusetzen. Dieser Fehler führt zu schlechtem Leerlauf. Abhilfe bringt eine neue Flanschpackung.*

*Wenn Sie schon der Verzweiflung nahe sind, weil trotz richtiger Zünd- und Vergasereinstellung der Motor im Leerlauf immer noch unruhig läuft, sollten*

Während man bei einem VW Golf oder Scirocco mit Getriebeautomatik den Vergaserzug als Heimwerker nicht fachgerecht einstellen kann, gibt es bei Fahrzeugen mit Schaltgetriebe kaum Probleme. Zuerst müssen in Leerlaufstellung die Einstellmuttern EL am Ende des Gaszugs so verdreht werden, daß die Feder auf 20 mm zusammengepreßt wird (nur PICT-Vergaser), dann bei durchgetretenem Gaspedal die Einstellmuttern EV am Solex-Vergaser bzw. das Klemmstück am Zenith-Vergaser verstellen, bis die Vollgasstellung (Drosselklappe ganz geöffnet) knapp erreicht wird (höchstens 1 mm Spiel am Drosselklappenhebel).

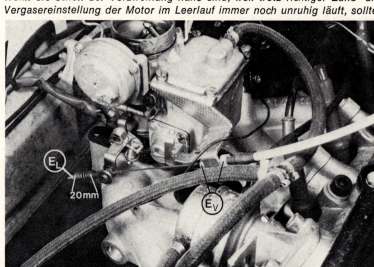

Sie einmal den Schlauch vom Ansaugrohr zum Bremskraftverstärker (siehe Bild Seite 87) kontrollieren. Falls dieser Schlauch undicht ist, erhält der Motor »falsche Luft«, die den Leerlauf durcheinanderbringt.

Einen gerissenen Gaspedalzug kann man bei Fahrzeugen mit Schaltgetriebe ohne großes Problem selbst ersetzen. Wenn ein neuer Zug eingebaut oder der Vergaser abgenommen wurde, muß der Gaszug richtig eingestellt sein, sonst wird entweder die Drosselklappe nicht vollständig geöffnet (der Motor kommt dann nicht auf volle Leistung) oder der zu stark gespannte Vergaserzug reißt. Wie der Gaszug bei einem Wagen mit Schaltgetriebe richtig eingestellt wird, ist im Bildtext links unten beschrieben.

**Vergaserzug einstellen**

Die in der Luft enthaltenen Schmutzteilchen müssen daran gehindert werden, zusammen mit der angesaugten Verbrennungsluft in den Motor zu gelangen. Straßenstaub wirkt in den Zylindern wie Schmirgel und verursacht frühzeitigen Verschleiß von Zylinderwänden und Kolben. Das Luftfilter sorgt für einen entsprechenden Schutz und dämpft gleichzeitig die Ansauggeräusche.
Der VW besitzt ein Trockenfilterelement, das nach 15 000 km oder einmal im Jahr gereinigt werden soll. Wer oft über staubige Landstraßen fahren muß, sollte diese Intervalle auf 7500 km oder ein halbes Jahr verkürzen.
Nach Lösen der vier Spannklammern — 70-/75-PS-Motoren seit 9/75: drei Spannklammern und zusätzlich zwei Federn am Zylinderkopfdeckel aushängen, siehe Bild nächste Seite oben — wird der Filtereinsatz herausgenommen und durch leichtes Klopfen auf einer harten Unterlage von gröberen Schmutzteilen befreit. Der feinere Staub muß mit Preßluft ausgeblasen werden, notfalls genügt auch eine Luftpumpe. Den Luftstrahl läßt man seitlich an den Filterlamellen vorbeistreichen; wird dagegen von innen nach außen geblasen, wird ein Teil des Staubs in die Filterporen gedrückt.

**Luftfiltereinsatz ausblasen**
Wartungspunkt Nr. 33

Durch ein verschmutztes Luftfilter erhält der Motor nicht mehr genügend Ansaugluft, das Gemisch wird fetter, wodurch der Verbrauch ansteigt und die Leistung sinkt. Man sollte daher auch den Ersatz des Papiereinsatzes nicht über die empfohlenen 30 000 km hinausschieben. Für den VW Golf und Scirocco mit 50-PS-Motoren sowie die 1500/70- und 85-PS-Motoren bis jeweils Mai 1975 gibt es im VW-Ersatzteillager unter der Teile-Nr. 113 129 620 oder im Zubehörhandel folgende Filtereinsätze:
- Knecht AG 51/1
- Mann C 3474

Für die 50-PS-Motoren mit rundem Luftfilter ab Juni 1975 lautet die VW-Teile-Nr. 036 129 620 und die Filtereinsätze haben die Bezeichnung:
- Knecht AG 29
- Mann C 2440

Die großen Motoren ab Mai 1975 besitzen ein geändertes Luftfiltergehäuse. Dessen Filtereinsatz trägt die VW-Nr. 055 129 620 A oder
- Knecht AG 144
- Mann C 2039

**Luftfiltereinsatz wechseln**
Wartungspunkt Nr. 61

Damit der Motor bei kühlem Wetter nicht den Husten bekommt, soll ihm die Ansaugluft vorgewärmt in den Vergaser getrichtert werden. Das geschieht bei den bis Mai 1975 gebauten 1100ern und 1500ern automatisch. Ab Mai 1975 wurde anfangs bei den Automatikmodellen und seit August 1977 auch bei den 1500ern mit Schaltgetriebe eine automatische Ansaugluft-Vorwärmung eingebaut, die nicht nur abhängig von der Außentemperatur Warm- und Frischluft mischt, sondern auch je nach Motorbelastung.

**Ansaugluft-Vorwärmung**

Bei den 70-/75-PS-Motoren seit 9/75 sitzt das Luftfiltergehäuse (5) direkt auf dem Vergaser. Soll der Filtereinsatz (7) gesäubert oder gewechselt werden, müssen die drei Spannklammern (2) gelöst und außerdem die beiden Haltefedern (1) am Zylinderkopfdeckel ausgehängt werden. Vorsicht, diese Federn fallen leicht herunter, da sie nur in Ösen im Luftfilterdeckel (3) eingehängt sind. Für das Foto haben wir den Filtergehäusedeckel gedreht. Sie sehen rechts den Luftansaugschlauch (4) mit der Schlauchschelle mit Kugelkopf (6). Mit diesem Kugelkopf wird bei Temperaturen über +15° C der Ansaugschlauch am rechten Radkasten in der Gummitülle befestigt, damit der Motor kühle Ansaugluft erhält.

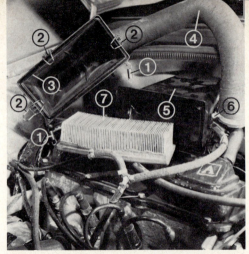

Bei den sonstigen Golf und Scirocco muß man selbst daran denken, daß der Motor die richtige Ansaugluft erhält. Unter 15° C (teilweise empfahl das Werk auch 20° C) soll der Ansaugschnorchel am 1100er nach unten zeigen und bei den 1600ern der Schlauch der Ansaugvorwärmung am Stutzen am Auspuffkrümmer stecken. Über 15° C dreht man den Schnorchel hoch (Klemmschelle lösen) oder steckt den Ansaugschlauch an die Gummitülle im Radkasten, so daß kalte Luft einströmt.

Bei kühlem Wetter vergast das Gemisch besser, wenn die Luft vorgewärmt zugeführt wird, außerdem beugt man der Vergaservereisung vor. Diese Vereisung entsteht durch den Druckabfall im Vergaser bei laufendem Motor, wobei ein Teil des Kraftstoffs verdunstet und sich dabei erheblich abkühlt. Davon wird auch das Vergasergehäuse abgekühlt und bei Temperaturen zwischen +3 und +8° C und hoher Luftfeuchtigkeit kann sich im Vergaser am Austrittsarm oder an der Drosselklappe eine dünne Eisschicht bilden, welche die einwandfreie Gemischbildung verhindert.

Andererseits soll der Motor bei höheren Außentemperaturen keine vorgewärmte Ansaugluft erhalten: Dieselbe Menge warmer Luft besitzt ein größeres Volumen als kalte Luft. Da der Motor nur eine bestimmte Luftmenge ansaugen kann, erhält er bei eingeschalteter Ansaugluft-Vorwärmung etwas weniger Luft, das Gemisch wird fetter. Bei kühlen Temperaturen ist dies für gleichmäßigen Motorlauf notwendig, aber nicht, wenn im Frühjahr das Thermometer steigt.

Wenn im Winter die Ansaugluft nicht vorgewärmt wird, bewirkt dies:
- Schlechter Leerlauf nach dem Kaltstart in der »Warmlaufphase«.
- Schlechter Übergang, Motor neigt zum Stottern.

Mangelhafte Frischluftzufuhr in der warmen Jahreszeit bewirkt:
- Mangelhafte Leistung, übliche Höchstgeschwindigkeit wird nicht erreicht.
- Höherer Kraftstoffverbrauch.

Die seit Mai 1975 eingebaute automatische Ansaugluft-Vorwärmung können Sie bei einer Störung kontrollieren. Zur Prüfung den kalten Motor im Leerlauf drehen lassen und den Unterdruckschlauch am Ansaugschnorchel des Luftfilters abwechselnd abziehen und aufstecken, die Klappe muß bei richtiger Funktion hörbar schließen bzw. öffnen.

Zusätzlich wird beim Golf und Scirocco das Ansaugrohr durch Kühlwasser aus dem »Kleinen Kreislauf« beheizt. Mit dieser Maßnahme wird auch bei kaltem Motor weitgehend verhindert, daß sich Kraftstoff im Saugrohr niederschlägt. Erfolg: Das Gemisch wird besser verbrannt.

## Störungsbeistand
**Vergaser**

In der folgenden Tabelle haben wir so ziemlich alle Möglichkeiten aufgeführt, die den Vergaser an der rechten Arbeitsweise hindern könnten. Bevor Sie aber dem Vergaser die Schuld zuschieben, sollte erst die Zündanlage geprüft werden, die (bei allen Autos) häufiger der Störenfried ist.

| Die Störung | – ihre Ursache | – ihre Abhilfe |
|---|---|---|
| A  Motor springt nicht an (siehe auch vordere (Buchklappe) | 1  Tank leer | Auftanken |
| | 2  Kraftstoffweg im Vergaser nicht in Ordnung. | Prüfung: Zuleitung am Vergaser abziehen und bei stromloser Zündung (Hauptzündkabel herausziehen) Motor starten. Tritt kein Kraftstoff aus, siehe unter Kraftstoffpumpe |
| | a) Leerlaufdüse verschmutzt | Herausschrauben, reinigen |
| | b) Bohrungen oder Kanäle im Vergaser verstopft | Vergaser zerlegen, reinigen |
| | c) Vergaser läuft über (Motor ersoffen durch zuviel Gasgeben oder Schwimmer klemmt oder undicht) | Gegen Schwimmergehäuse klopfen. Evtl. Vergaserdeckel abnehmen. Schwimmer überprüfen (schütteln). Beim Starten Vollgas geben |
| | 3  Startautomatik gestört | |
| | a) Luftklappe schließt nicht oder klemmt | Gängig machen. Evtl. Unterdruckmembrane undicht. Auswechseln lassen |
| | b) Bimetall-Feder ausgehängt oder gebrochen | Feder einhängen oder Starterdeckel ganz ersetzen |
| | 4  Leerlaufabschaltventil öffnet nicht | Kabelanschluß überprüfen, evtl. herausschrauben und Gängigkeit prüfen |
| B  Kraftstoffverbrauch zu hoch | 1  Fehlerhafte oder verspannte Flanschdichtungen | Nachprüfen Eventuell auswechseln |
| | 2  Undichter Schwimmer (Luftblasen nach Eintauchen in heißem Wasser?) | Auswechseln |
| | 3  Schwimmernadelventil schließt nicht (Fremdstoff aus Tank im Ventil? Beschädigt?) | Säubern Eventuell auswechseln |
| | 4  Düsen stimmen nicht | Herausschrauben, eingeschlagene Bezeichnungen mit Angaben in den Technischen Daten vergleichen. Eventuell korrigieren |
| | 5  Leerlaufgemisch zu fett | Leerlauf einstellen (CO-Messung) |
| | 6  Leerlaufdüse locker | Kontrollieren Eventuell anziehen |
| | 7  Leerlauf zu hoch | Einstellen |
| | 8  Starterklappe öffnet nicht bei warmem Motor | Luftfilter abnehmen, in Vergaser sehen |
| | a) Klappe geht nicht zurück oder klemmt | Gängig machen. Evtl. Unterdruckmembrane undicht. Auswechseln lassen |
| | b) Bimetallfeder ausgehängt oder gebrochen | Feder einhängen oder Starterdeckel ganz ersetzen |

| Die Störung | | – ihre Ursache | – ihre Abhilfe |
|---|---|---|---|
| B | Kraftstoffverbrauch zu hoch | c) Kabel zum Starterdeckel unterbrochen oder abgezogen | Kabel kontrollieren, muß bei eingeschalteter Zündung Strom führen (mit Prüflampe prüfen) |
| | | d) Heizschläuche zum Starterdeckel unterbrochen | Schläuche kontrollieren (sie müssen nach etwa 3 Minuten Motorlauf warm sein) |
| C | Leerlauf ungleichmäßig- Motor bleibt stehen | 1 Leerlauf zu fett oder zu mager | Leerlauf einstellen (CO-Messung) |
| | | 2 Leerlaufsystem verstopft | Leerlaufdüse herausnehmen, reinigen. Anschließend Leerlauf einstellen |
| D | Motor bleibt bei höheren Drehzahlen stehen, wenn langsam Gas gegeben wird | Hauptdüse verstopft | Herausschrauben, reinigen |
| E | Ungleichmäßiger Lauf und Auspuffrußen bei niedriger Leerlaufdrehzahl, stärkeres Rußen bei höherem Leerlauf, Kerzen verrußen, deswegen Zündaussetzer | 1 Zu hoher Druck auf Schwimmernadelventil | Kraftstoffpumpendruck prüfen lassen |
| | | 2 Schwimmernadelventil schließt nicht | Ventil prüfen eventuell erneuern |
| | | 3 Schwimmer undicht | Auswechseln |
| F | Ungleichmäßiger Lauf bei Vollgas Aussetzer, Patschen, Leistung fällt ab | Nicht ausreichende Kraftstoffzufuhr | Hauptdüse reinigen Kraftstoffpumpensieb und Schwimmernadelventil reinigen, Druck der Kraftstoffpumpe kontrollieren lassen |
| G | Schlechte Übergänge beim Gasgeben | 1 Beschleunigungssystem arbeitet nicht | Luftfilter abnehmen prüfen, ob eingespritzt wird, wenn Drosselhebel betätigt wird |
| | | a) Pumpenkanal oder Einspritzrohr verstopft | Reinigen, prüfen, ob Kugel hängt |
| | | b) Membrane defekt (Vergaser patscht bei plötzlichem Gasgeben) | Auswechseln |
| | | 2 Einspritzmenge falsch | Einstellen lassen |
| | | 3 Bypassbohrungen oder Kanäle verstopft | Reinigen |
| | | 4 Leerlauf falsch eingestellt | Richtig einstellen (CO-Messung) |
| | | 5 Thermostat der Ansaugluftvorwärmung defekt oder Luftfilter nicht umgestellt | Kontrollieren, ob Kaltluftkanal geschlossen ist oder Luftfilter umstellen |
| H | Vergaser patscht | 1 Leerlauf zu mager eingestellt | Richtig einstellen (CO-Messung) |
| | | 2 Saugrohr undicht | Kontrollieren, eventuell Dichtungen ersetzen |
| I | Motor nimmt aus dem Leerlauf ruckartig Gas an | Drosselklappe klemmt | Grundeinstellung der Drosselklappe kontrollieren |

Die Kupplung

# Zutritt erwünscht

Kaum ein Fahrer wird sich Gedanken machen, was alles in Bewegung gesetzt wird, wenn er das Kupplungspedal durchtritt. Doch bevor wir uns mit dem Innenleben der Kupplung befassen, sei kurz ihre Aufgabe erläutert: Sie verbindet den Motor mit dem Getriebe, dem Achsantrieb und den Antriebsrädern. Beim Anfahren muß sie die noch stehenden Teile der Kraftübertragung mit dem bereits laufenden Motor sanft verbinden. Zum Schalten des Getriebes muß sie den Motor abkuppeln — nur in unbelastetem Zustand läßt sich das Getriebe schalten — und die verschiedenen Drehzahlen von Motor und Kraftübertragung wieder angleichen.
Gleich noch ein paar Worte zur Lebensdauer der Kupplung: Da gibt es Fahrer, die bereits nach 15 000 km eine neue Kupplung brauchen und andere bringen es mit einer Kupplung auf 80 000 km. Eine hohe Laufzeit erreicht man, wenn der Wagen überwiegend auf Langstrecken gefahren und die Kupplung vernünftig behandelt wird. Und natürlich verlängert regelmäßige Pflege auch das Kupplungsleben. Wer mit seinem VW hauptsächlich im Stadtverkehr fahren muß — wobei auch die Kupplung viel öfter getreten wird — kann kaum so lange mit den ersten Kupplungsbelägen auskommen wie ein Langstreckenfahrer. Und dann gibt es noch zwei Fahrerangewohnheiten, die der Lebenserwartung der Kupplung abträglich sind. Sogenannte Kupplungsfahrer mogeln sich beim Einbiegen oder beim Kreuzen einer Straße um das Schalten herum, indem sie die Kupplung so lange treten, bis sie wieder Gas geben. Genau so schädlich ist Anfahren im 2. Gang oder mit zu hoher Motordrehzahl (Kavalierstart). In beiden Fällen schleift die Kupplung, das heißt, die Kupplungsflächen reiben unter Hitzeentwicklung aufeinander und werden vorzeitig abgenutzt.

**Wie die Kupplung arbeitet**

Zwischen Motor und Getriebe sitzt die Kupplung. Sie besteht aus der Mitnehmerscheibe, der Kupplungsdruckplatte und einem Ausrücklager. Beim Tritt auf das Kupplungspedal wird beim 1100er der Ausrückhebel auf der Ausrückwelle angezogen, wodurch das Ausrücklager gegen die (tortenförmig eingeschnittene) Tellerfeder der Druckplatte gedrückt wird. Das Ausrücklager übernimmt die Federkraft, die Kupplungsplatte wird entlastet und bei völlig durchgetretenem Pedal zurückgezogen, so daß die Mitnehmerscheibe im Raum dazwischen frei umlaufen kann.
Prinzipiell gleich funktioniert das bei den größeren Motoren, wo das Ausrücklager jedoch nicht an der Kupplung sitzt, sondern außen im Getriebe und über eine durch das Getriebe laufende Betätigungsstange die Kupplung ein- und ausrückt.
Die Kupplung arbeitet einwandfrei, wenn die Reibung so groß ist, daß das Drehmoment des Motors stets vollkommen übertragen wird und außerdem beim Auskuppeln die Mitnehmerscheibe nicht mehr mitläuft.

**Rutschende Kupplung**

Wenn die Kupplung durchrutscht, bedeutet dies, daß sie nicht mehr die volle Motorkraft übertragen kann, also nicht mehr einwandfrei verbindet. Die Ursache kann Motor- oder Getriebeöl sein, das auf die Kupplungsflächen geraten ist oder der Belag ist durch übermäßige Hitzeentwicklung – z. B. durch häufige Rennstarts – verbrannt. Dann vermag selbst die größte Anpreßkraft nicht genügend Reibung zum Übertragen des Drehmoments erzeugen. Aber auch eine sorgsam behandelte Kupplung magert durch allmählichen Verschleiß so ab, daß die Reibpartner einfach nichts mehr zu fassen bekommen – wo keine Anpreßkraft hinkommt, kann auch keine Reibungskraft erzeugt werden. Eine durchrutschende Kupplung merkt man meist erst beim Fahren im 4. Gang (wobei die vom Motor geforderte Leistung am größten ist), wenn bei Belastung der Motor »durchgeht«, also auffallend schneller dreht, als es der Fahrgeschwindigkeit entspricht. Beim Anfahren fällt das Nachlassen der Kupplung weniger auf, weil man sich daran gewöhnt.

Durch diese Gewöhnung kann größerer Schaden entstehen (die Schwungscheibe und die Druckplatte können durch die Hitzeentwicklung Wärmerisse bekommen und müssen dann ausgetauscht werden), weshalb man von Zeit zu Zeit die Kupplung prüfen sollte. Eine tadellose Kupplung übersteht folgende rauhe Prüfmethode:

Handbremse anziehen, 3. Gang einlegen, langsam einkuppeln und Gas geben. Jetzt müßte (bei einwandfreier Handbremse) der Motor abgewürgt werden. Besteht die Kupplung diese Prüfung nicht, hilft in einfacheren Fällen die Einstellung des zu gering gewordenen Kupplungsspiels (siehe Seite 100). Mehr als zweimal hintereinander darf man diesen Test nicht machen (und natürlich auch nicht alle 14 Tage); sonst wird die Kupplung heiß, wobei sie ohnehin durchrutscht.

**Kupplung trennt nicht**

Wenn der Schaltvorgang durch kratzende oder krachende Geräusche »untermalt« wird, trennt die Kupplung nicht mehr richtig. Um sicher zu gehen, daß es nicht am Getriebe liegt, macht man die Probe mit einem nicht synchronisierten Gang, nämlich dem Rückwärtsgang. Bei Motorleerlauf kuppeln Sie ganz aus, warten etwa eine Sekunde lang und legen dann den Rückwärtsgang ein. Kratzt es, dann trennt die Kupplung nicht mehr sauber. Ernste Ursachen wären eine durch Hitze verzogene Mitnehmerscheibe oder ein an Schwungscheibe oder Druckplatte klebender Kupplungsbelag.

Den Aufbau der Kupplung zeigen wir hier anhand des 1,1-Liter-Motors, die verschiedenen Kupplungsseile haben wir für beide Motoren abgebildet. Es bedeuten: 1 – Schwungscheibe, 2 – Motorkurbelwelle, 3 – Mitnehmerscheibe, 4 – Ausrückhebel, 5 – Kupplungshebel, 6 – Einstellmutter mit Kontermutter (7) am 50-PS-Motor, 8 – Druckplatte, 9 – Tellerfeder, 10 – Ausrücklager, 11 – Kupplungszug, 12 – Widerlager am Getriebe 13 – Einstellhülse des 1,5-/1,6-Liter-Motors, 14 – Öse des Kupplungszugs am Pedal bei 1,5-/1,6-Liter-Motoren, 15 – Haltebolzen des Kupplungszugs beim 50-PS-Motor.

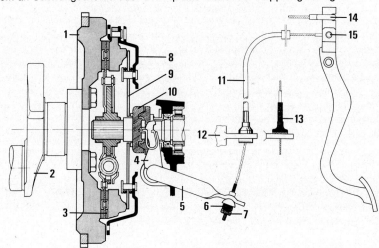

Übrigens können zusätzlich eingelegte Fußmatten, Teppiche oder Isolierpappe den Weg des Kupplungspedals verkürzen. Das hat den gleichen Effekt wie ein nicht völlig durchgetretenes Pedal: die Mitnehmerscheibe läuft nicht völlig frei.

**Bei Halten Auskuppeln?**

Manche Fahrer haben die Angewohnheit, mit eingelegtem 1. Gang und durchgetretenem Kupplungspedal an der roten Ampel zu warten, weil sie fürchten, den Gang bei »grün« nicht gleich einschalten zu können. Dadurch entsteht zwar kein direkter oder sofort meßbarer Schaden, aber Auskuppeln beansprucht das Ausrücklager und ruft so wieder Verschleiß hervor. Je länger und öfter vor den vielen Ampeln ausgekuppelt wird, desto früher ist dieses Lager abgenutzt.
Außerdem wird das Axial-Drucklager der Kurbelwelle, das den Druck der Kupplung in Motorlängsrichtung aufnimmt (etwa 120 kp) verschlissen, was das Axialspiel der Kurbelwelle allmählich vergrößert. Da im Stadtverkehr die Kupplung ohnehin stark beansprucht wird, sollte man sie zumindest bei stehendem Wagen entlasten.

**Kupplungsgängigkeit prüfen**
Wartungspunkt Nr. 16

Der Ausrückhebel der Kupplung wird von einem Seilzug betätigt, der von der Karosseriestirnwand bis zum Hebel stark gebogen ist. Damit die Reibung des Seilzugs in der Hülle nicht zu groß wird, soll der Bowdenzug alle 7500 km mit Motoröl oder Fett geschmiert werden. Dazu tritt ein Helfer das Pedal während des Abschmierens mehrmals durch.
Kontrollieren Sie anschließend noch, ob sich das Kupplungspedal leicht durchtreten läßt.

**Fingerzeige:** *Sollte der Kupplungszug während der Fahrt reißen, so muß das noch nicht das Ende der Reise bedeuten. Zumindest ein nahes Ziel oder die nächste Werkstatt kann man auch ohne Kupplung erreichen. Das Herausnehmen eines Ganges ohne zu kuppeln ist leicht. Gas wegnehmen und bei langsam werdender Fahrt oder bei abgebremstem Wagen kurz vor dem Halt den Gang herausdrücken. Natürlich wird man bei einem Kupplungsdefekt versuchen, möglichst lang in dem gerade eingelegten Gang zu bleiben.*
*Will man ohne Kupplung anfahren, muß der 1. Gang eingelegt und der Anlasser betätigt werden. Das Auto ruckt an und setzt sich in Bewegung (allerdings nur bei warmgelaufenem Motor). Wer während der Fahrt nicht schalten will, fährt auf diese Weise im 2. Gang an. An einer Steigung wird der Anlasser den VW Golf/Scirocco indessen kaum von der Stelle bringen. Gangwechsel ohne Kupplung ist auch möglich, aber nicht ganz einfach: Nach Gaswegnehmen und verlangsamter Fahrt Gang herausnehmen und dann etwas Gas geben, damit die Motordrehzahl erhöht wird. Nun drückt man den Schalthebel in Richtung des nächsten Ganges. Ist die Motordrehzahl richtig dosiert, rutscht der Gang hinein. Man darf aber nicht zu schnell sein.*

**Kupplungszug ersetzen**

Ein gerissener Kupplungszug läßt sich in Eigenregie ersetzen. Er ist am Ausrückhebel und am Kupplungspedal entweder mit Kunststoffösen oder mit Haltebolzen eingehängt. Zum Ausbau des Seilzugs die Einstellschrauben (siehe nächsten Abschnitt) lösen und den alten Zug aushängen. Bei der Bolzenbefestigung müssen hierzu die Sprengringe gelöst werden. Das zum Kupplungspedal führende Seilstück wird, nachdem es vom Pedal gelöst

Der Kupplungszug stützt sich beim 1,1-Liter-Motor oben am Getriebe-Widerlager (1; im Motorraum vorn links in Fahrtrichtung) ab.
Zum Einstellen des Kupplungsspiels muß erst die Kontermutter gelöst werden, dann kann man die Einstellmutter (3) mit einem Gabelschlüssel SW 10 unten am Kupplungshebel (2) verdrehen. Damit sich der Kupplungszug nicht mitdreht, hält man ihn an seiner Hülse oben (2) mit einem Gabelschlüssel SW 5 gegen.

wurde, zum Motorraum hin herausgezogen; vorher muß noch der Gummistopfen in der Karosseriestirnwand durchgedrückt werden. Neuen Zug in umgekehrter Reihenfolge einbauen und das Kupplungsspiel einstellen.

**Kupplungsspiel prüfen**
Wartungspunkt Nr. 49

Bevor wir uns mit dem Nachstellen der Kupplung beschäftigen, sei dieses »Spiel« kurz erläutert. In diesem Zusammenhang bedeutet Spiel soviel wie Abstand innerhalb der Teile der Kupplungsübertragung bei nicht durchgetretenem Pedal. Dieses Spiel muß so groß sein, daß das Ausrücklager nicht unter verschleißförderndem Druck steht. Je stärker das Ausrücklager durch die Kraft der Tellerfeder belastet wird, um so geringer wird die Anpreßkraft an der Kupplungsscheibe. Es besteht also die Gefahr, daß die Kupplung durchrutscht. Andererseits geht etwas vom normalen Kupplungsweg verloren, wenn das Spiel zu groß ist, dann wird die Kupplung beim Niederdrücken des Pedals nicht ganz getrennt. Das bedeutet Gefahr für das Getriebe und man hört ein häßliches »Zähneputzen«.
Die Kupplung ist so konstruiert, daß mit fortschreitender Abnutzung der Kupplungsbeläge das Spiel kleiner wird (umgekehrt wie bei der Bremse). Durch die verschleißende und dünner werdende Kupplungsscheibe wandert die federbelastete Druckplatte näher zum Schwungrad, wobei sie sich dem Ausrücklager nähert. Sobald sich die Federkraft auch über das Ausrücklager abstützt (also nicht mehr die volle Federkraft zum Anpressen der Kupplungsscheibe verfügbar ist), offenbart die durchrutschende Kupplung, daß sie nicht mehr arbeitsfähig ist.

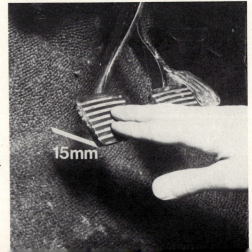

Das Kupplungsspiel (Leerweg am Kupplungspedal) soll 15 mm betragen. Dann erst darf größerer Widerstand spürbar werden. Zur Kontrolle nimmt man am besten einen Zollstock, der auf den Wagenboden gestellt und seitlich an die Trittplatte des Pedals gelehnt wird. Ein genaueres Ergebnis erhält man, wenn neben das Kupplungspedal ein Stück Karton gehalten wird, auf dem ein gegen das Pedal gedrückter Bleistift den Pedalweg aufzeichnet, wobei ein „Zitterer" den Anfang und das Ende des Pedalspiels markiert.

Ist das Spiel größer oder kleiner, muß die Kupplung nachgestellt werden. Bei den allerersten Scirocco bis Baujahr Juni 1974 geschieht dies an der Flügelschraube am Pedal oben (dazu untere Armaturenbrettverkleidung abbauen), beim 1100er-Motor an der Nachstellmutter SW 10 unterhalb des Widerlagers am Getriebe (zuerst die Kontermutter lösen, zum Einstellen die Hülse des Kupplungszugs mit einem Gabelschlüssel SW 5 gegenhalten) und am 1,5-/1,6-Liter-Motor oberhalb des Widerlagers an der Einstellhülse mit einem Gabelschlüssel SW 17 (dabei den Plastikzweikant unten am Widerlager mit einem Gabelschlüssel SW 15 gegenhalten).

**Kupplungsspiel einstellen**

Je nach Fahrweise — für »Kupplungsfahrer« recht bald — kommt der Zeitpunkt, daß die Kupplung wegen zu großer Abnutzung nicht mehr nachgestellt werden kann. Dann sind neue Beläge fällig. Sie sind, nebenbei bemerkt, aus ganz ähnlichem Material wie die Bremsbeläge gefertigt.
Die Kupplungsscheibe kann neu belegt werden; dabei werden neue Reibbeläge aufgenietet. In den meisten Fällen wird aber gleich die ganze Mitnehmerscheibe ausgetauscht, da ihre vier Dämpfungsfedern allmählich erlahmen. Diese um die Nabe gruppierten Federn sollen bei zu heftigem Einkuppeln Drehschwingungen der Kurbelwelle vom Getriebe fernhalten.
Da zum Wechsel der Kupplung das Getriebe ausgebaut werden muß, ist diese Arbeit Werkstattsache.
Neue Kupplungsbeläge liegen wegen ihrer rauhen Oberfläche nicht gleich auf der gesamten Reibfläche an. Sie müssen daher auch eingefahren werden, damit sich die Beläge den Gegenreibflächen anpassen. Das soll durch sanftes und nicht etwa hartes Einkuppeln oder Schleifenlassen geschehen, sonst wird die Lebensdauer der Beläge verkürzt.

**Neue Kupplungsbeläge**

| Die Störung | | — ihre Ursache | — ihre Abhilfe |
|---|---|---|---|
| A  Kupplung rupft | 1 | Druckplatte oder Schwungscheibe riefig oder rissig | Nachschleifen oder auswechseln |
| | 2 | Kupplungsscheibe hat Schlag | Auswechseln |
| | 3 | verschmierte Kupplungsscheibe | Auswechseln und Dichtungen überprüfen |
| B  Kupplung trennt nicht | 1 | zu großes Kupplungsspiel | Nachstellen |
| | 2 | Kupplungsscheibe hat Schlag | Auswechseln |
| | 3 | Beläge gerissen | Auswechseln |
| | 4 | Nabe auf Welle angerostet | Gängig machen oder auswechseln |
| | 5 | Kupplungsscheibe an Schwungrad angerostet | Gängig machen oder auswechseln |
| C  Kupplung rutscht | 1 | Kupplungsspiel zu klein | Nachstellen |
| | 2 | Beläge abgenutzt | Mitnehmerscheibe austauschen |
| | 3 | Kupplungsscheibe verschmiert | Scheibe auswechseln Dichtung kontrollieren |
| | 4 | Kupplungsseil geht nicht zurück | Gängig machen oder Zug austauschen |

**Störungsbeistand Kupplung**

**Getriebe und Achsantrieb**

# Wir zeigen die Zähne

In früheren Jahren ließ sich ein versierter Fahrer deutlich hörbar von einem ungeübten Fahrzeuglenker unterscheiden: Nur wer den Umgang von Gaspedal und Kupplung perfekt beherrschte, konnte an den damaligen unsynchronisierten Getrieben die Gänge ohne krachende »Begleitmusik« einlegen. Im VW Golf und Scirocco können Sie auf richtig dosiertes Zwischengas und doppeltes Kuppeln verzichten, denn er ist mit einem vollsynchronisierten Getriebe (Erklärung im nächsten Abschnitt) ausgestattet; auf Wunsch gibt es in Verbindung mit den 1,5-/1,6-Liter-Motoren auch eine Getriebeautomatik.

Doch wozu braucht das Auto überhaupt ein Getriebe? Für die unterschiedlichen Fahrbedingungen (Beschleunigen, Überlandfahrt, Bergfahrt) müssen die Drehzahlen des Motors und der Antriebsräder aufeinander abgestimmt werden. Außerdem ist die Durchzugskraft des Motors (sie wird durch das Drehmoment bestimmt) je nach Drehzahl verschieden und der Motor kann erst ab einer bestimmten Umdrehungszahl Leistung abgeben. Diese Eigenarten überbrückt das Getriebe mit der jeweils günstigsten Übersetzungsstufe, die der Fahrer beim Schaltgetriebe von Hand wählt, die Getriebeautomatik dagegen selbsttätig in Abhängigkeit von der Gaspedalstellung, wenn am Wählhebel nicht »geschaltet« wird.

**Das Schaltgetriebe**

Die Kraft des Motors (genauer: das abgegebene Drehmoment) wird von der Mitnehmerscheibe der Kupplung auf die Eingangswelle des Schaltgetriebes geleitet. Auf dieser Eingangs- oder Antriebswelle sitzen fünf Zahnräder (einschließlich Rückwärtsgang) und sind mit fünf dazu passenden Zahnrädern auf der Abtriebswelle, die frei umlaufen können, ständig im Eingriff. Beim Schalten eines bestimmten Ganges wird das bisher frei umlaufende Zahnrad mit der Antriebswelle gekuppelt. Das Verhältnis der Zähnezahl innerhalb der verschiedenen Zahnradpaare ergibt das Übersetzungsverhältnis in den Gängen.

Weiter wird die Motorkraft über das Kegelrad am motorseitigen Ende der Abtriebswelle auf das größere Tellerrad und das Ausgleichsgetriebe (Differential) untersetzt und von dort je zur Hälfte über die beiden Gelenkwellen zu den Vorderrädern weitergeleitet. Durch das Ausgleichsgetriebe kann man Kurven durchfahren (wobei das äußere Rad einen größeren Weg zurücklegt), ohne daß eines der Räder durchrutscht.

Die Vorwärtsgänge sind beim VW Golf und Scirocco vollsynchronisiert, das haben wir bereits kurz erwähnt. Vereinfacht ausgedrückt bedeutet Synchronisierung, daß ein Zahnradpaar erst dann miteinander läuft, wenn beide Zahnräder gleich schnell (synchron) drehen. Mit je einem Zahnrad des betreffenden Ganges ist seitlich eine kleine konusförmige Reibungskupplung verbunden. Beim Schalten wird über einen Synchronring durch diese Synchronisierung das eine Zahnrad abgebremst (beim Heraufschalten) oder beschleunigt (beim Herunterschalten), bis mit dem Zahnrad auf der anderen Getriebewelle Gleichlauf erreicht ist. Da die Synchronisation für diese Drehzahlanpassung einen Sekundenbruchteil braucht, soll man besonders bei kaltem Motor und noch steifem Getriebeöl den Schalthebel nicht gewaltsam »durchreißen«. Das würde die Synchronringe über Gebühr beanspruchen, was sich nach einiger Zeit durch Kratzgeräusche beim Schalten bemerkbar macht.

Der Ausbau des Getriebes — etwa zum Austausch der Kupplung — ist Werkstattarbeit. An Arbeiten für den Eigenpfleger bleiben nur die Kontrolle auf Dichtheit und des Ölstandes (siehe Seite 41).

**Fingerzeige:** *Zwischengas ist nur sinnvoll, wenn beim Herunterschalten hohe Drehzahlen zu erwarten sind (sportliches Fahren, Notfälle) oder wenn bei kaltem und steifem Getriebeöl geschaltet wird. Dazu gehört allerdings etwas Feingefühl, denn übertriebenes Zwischengas schadet mehr als gar keines.*

*Ölzusätze für das Getriebeöl, welche die Reibung herabsetzen, sind nicht angebracht, denn das Prinzip der Synchronisierung beruht auf dem Prinzip der Reibung. Ferner können durch Zusätze die Synchronringe verkleben, wodurch das Schalten ebenfalls behindert wird.*

## Die Getriebeautomatik

Wer im heutigen Kurzstreckenverkehr das ewige Kuppeln-Schalten-Kuppeln-Schalten-usw. leid ist, kann sich den VW Golf oder Scirocco 70 PS mit Getriebeautomatik kaufen. Der Mehrpreis von rund 900 DM für das automatische Getriebe ist übrigens leichter zu verschmerzen, wenn man bedenkt, daß durch das weichere Anfahren mit Automatik Motor, Achswellen und Reifen geschont werden.

Sollte der Automatik-Golf oder Scirocco allerdings einmal nicht anspringen wollen, so hilft Anschieben oder Anschleppen nicht; der Drehmomentwandler stellt bei stehendem Motor keine Verbindung zu den Antriebsrädern her. Daher ist die Batterie-Wartung für Automatik-Fahrer besonders wichtig. Und was beim Abschleppen eines VW mit Getriebeautomatik zu beachten ist, haben wir auf Seite 215 zusammengestellt.

Zur Funktion der Getriebeautomatik: Zwischen das Dreigang-Planetengetriebe und den Motor ist ein hydraulischer Drehmomentwandler (hydraulische Kupplung) geschaltet, in dem das Drehmoment des Motors auf Schaufelräder übertragen wird. Bei laufendem Motor versetzt das mit ihm gekuppelte Pumpenrad die Wandlerflüssigkeit (ATF) in eine Drehbewegung und schleudert sie nach außen gegen das Wandlergehäuse. Dabei trifft die Flüssigkeit auf das sogenannte Leitrad, das den Ölstrom in die vorgesehene Richtung lenkt. Dabei wird auch das mit dem Getriebe verbundene Turbinenrad in Drehung versetzt. Weil die Zahnräder des Planetengetriebes dauernd im Eingriff stehen und die Wandlerflüssigkeit bei laufendem Motor immer versucht — durch den Motor in Bewegung versetzt — das Getriebe und damit auch die Antriebsräder zu bewegen, »kriecht« der VW im Leerlauf, muß also mit der Fuß- oder Handbremse gehalten werden.

Die Übersetzungsänderung erfolgt beim automatischen Getriebe durch Zusammenschalten verschiedener Zahnräder unter Betätigung von Kupplungen und Bremsbändern durch das hydraulische Steuersystem. Das geschieht normalerweise je nach Gaspedalstellung. Damit das Getriebe etwa beim Beschleunigen, Überholen oder Bergfahren nicht zu früh hochschaltet, können

Sie die Fahrstufe D, in der alle Gänge automatisch geschaltet werden, begrenzen. In Fahrstufe 2 bzw. 1 wird nur im 1. und 2. bzw. nur im 1. Gang gefahren. In diesem Fall müssen Sie selbst aufpassen, daß Sie den Motor nicht überdrehen.

**Schaltpunkte prüfen**

Mit geeichtem Tachometer (siehe Seite 14) können Sie prüfen, ob die Getriebeautomatik Ihres VW Golf/Scirocco richtig hoch- und herunterschaltet. Einstellungsarbeiten am automatischen Getriebe müssen jedoch der Werkstatt überlassen bleiben.

| Gaspedalstellung | Schaltpunkte in km/h | | | |
| --- | --- | --- | --- | --- |
| | beim Hochschalten | | beim Zurückschalten | |
| | 1.–2. Gang | 2.–3. Gang | 3.–2. Gang | 2.–1. Gang |
| Vollgas | 32–37 | 82– 87 | 58– 50 | 27–24 |
| Kickdown | 58–63 | 109–111 | 105–103 | 56–52 |

**Kickdownschalter kontrollieren**
Wartungspunkt Nr. 23

Durch kräftiges Niedertreten des Gaspedals kann man beim automatischen Getriebe in den nächstniederen Gang zurückschalten, wenn man nicht schon die entsprechenden Schaltpunkte überschritten hat. Dabei gibt der Kickdownschalter unter dem Gaspedal der Getriebeautomatik einen Schaltimpuls. Ob dieser Schalter anspricht, wird in Fahrstellung D geprüft: Das Getriebe muß entsprechend den in obiger Tabelle angegebenen Geschwindigkeiten herauf- bzw. herunterschalten.

**Störungsbeistand**
**Getriebeautomatik**

Wir haben hier nur die Störungen zusammengestellt, die man selbst beseitigen kann. Daneben gibt es noch eine ganze Anzahl von Mängeln (z. B. falsche Einstellung des Wählhebelseilzugs), die von der Werkstatt behoben werden müssen.
Eine zu hohe Leerlaufdrehzahl verursacht:
■ Ruckartige Schaltübergänge beim Einlegen von D oder R aus Stellung N.
■ Starkes Kriechen bei eingelegtem Fahrbereich im Leerlauf.
Bei zu niedrigem ATF-Stand können folgende Störungen auftreten:
■ Kein Antrieb in allen Gangbereichen.
■ Unregelmäßiger Antrieb in allen Gangbereichen.
■ Zu langgezogene Hochschaltungen.
Gefährlich für das automatische Getriebe ist Überfüllung mit ATF. Der Getriebesatz läßt die Flüssigkeit schäumen; ein Teil entweicht über den Entlüfter. Die Getriebeölpumpe muß stärker arbeiten, um das aufschäumende Öl in die Kanäle der hydraulischen Steuerung zu drücken. Temperatur und Druck im Getriebe steigen, dadurch verschieben sich die Schaltpunkte. Dies wiederum bewirkt, daß die Bremsbänder länger schleifen als normal und verbrennen können.

**Fingerzeig:** *Steht das Thermometer unter –10° C, soll der Automatik-VW vor der Abfahrt mit eingelegter Fahrstufe D etwa eine Minute im Leerlauf drehen. Dadurch wird die Wandlerflüssigkeit angewärmt und die Automatik schaltet weicher.*

**Der Radantrieb**

Vom Ausgleichsgetriebe (Differential) zweigen die beiden Achsstummel mit den daran angeschraubten Antriebswellen der Vorderräder ab. Die inneren Gelenke dieser Wellen ermöglichen den Längenausgleich und das Beugen der Welle beim Einfedern des Wagens, die äußeren Gelenke machen das

Einschlagen der Vorderräder zum Lenken möglich. Durch eine spezielle Konstruktion der Gelenkwellen wurde erreicht, daß bei allen Rad- und Achsstellungen die Drehzahl der Antriebsräder genau gleich der Drehzahl der Achsstummel ist. So wird die Lenkung ruckelfrei.

Gewöhnlich bereiten die Antriebswellen bei unseren VW-Modellen keine Probleme. Allerdings hängt ihre Lebensdauer von der Fahrweise ab. Vollgasstarts mit eingeschlagenen Vorderrädern und Anfahren mit durchdrehenden Antriebsrädern lassen die Gelenke früh ausschlagen. Verschleiß kündigt sich durch Klack-Geräusche beim Lastwechsel (Gas geben und wegnehmen) und durch Vibrationen bei höheren Geschwindigkeiten an. Bei durchschnittlicher Beanspruchung kann man mit einer Lebensdauer der Antriebswellen von 80 000 km rechnen.

**Fingerzeig:** *Bevor man einer Gelenkwelle die Schuld an einer bei höheren Geschwindigkeiten auftretenden Unwucht gibt, sollte man die Vorderradeinstellung prüfen und die Räder nachwuchten lassen. Das gilt besonders bei geringer Laufleistung der »schadhaften« Antriebswelle.*

**Gelenkwelle ausbauen**

Nur fortgeschrittene Eigenpfleger werden diese Arbeit in Angriff nehmen, da auch ein Drehmomentschlüssel gebraucht wird. Gelenkwellen gibt es im Austausch vom VW-Ersatzteillager und von speziellen Reparaturwerken. Dabei ist zu beachten, daß die linken Antriebswellen bei den Fahrzeugen mit 1,1-Liter-Motor oder mit 1,5-/1,6-Liter-Motor und Getriebeautomatik 445,5 mm lang sind, bei den 1500/1600ern mit Schaltgetriebe dagegen 467,5 mm. Für alle Modelle sind die rechten Gelenkwellen einheitlich 658 mm lang. Die kürzere Welle ist übrigens massiv, während die längere zum Gewichtsausgleich innen hohl ist.

Zum Ausbau löst man die Sechskantmutter SW 26 in der Radnabe (dazu muß der Golf/Scirocco auf dem Boden stehen) und schraubt sie ab. Nun werden die Innensechskantschrauben SW 6 am inneren Gelenk gelöst (Blechunterlagen nicht verlieren!) und die Antriebswelle bei eingeschlagener Lenkung aus dem Radlagergehäuse herausgezogen. Der Einbau erfolgt sinngemäß umgekehrt, dabei die Innensechskantschrauben (mit den Unterlegblechen versehen) eindrehen und mit 45 Nm (4,5 kpm) festziehen, Wagen ablassen und neue Radnabenmutter mit 230 Nm (23 kpm) anziehen.

**Manschetten der Antriebsgelenke auf Dichtheit prüfen**
Wartungspunkt Nr. 43

Die Gelenke der Antriebswellen schützen Gummimanschetten vor Feuchtigkeit und Schmutz. Die Manschetten sind mit je 90 cm$^3$ MoS$_2$-Schmierfett gefüllt. Alle 15 000 km oder spätestens nach einem Jahr (sicherer ist die Kontrolle in kürzeren Abständen) müssen die Manschetten und die Schlauchbinder auf festen Sitz kontrolliert werden. Auf einer Hebebühne geht das am besten, wobei man die Vorderräder einschlagen und drehen kann, damit auch feinere Risse und Sprödstellen in den Manschetten sichtbar werden. Beim Fahren bauchen die Manschetten aus und durch Risse kann Schmiermittel verlorengehen. Äußerlich sichtbare Fettspuren sind ein wichtiges Warnsignal, denn ohne Schmierfett schlagen die Gelenke bald aus und eindringendes Wasser zerstört die glatten Gelenkoberflächen.

Schadhafte Gummimanschetten müssen umgehend ersetzt werden, wozu die Gelenkwelle ausgebaut und zerlegt wird. Dabei wird gleich geprüft, ob das betreffende Gelenk noch keinen Schaden gelitten hat, im Zweifelsfall muß es ebenfalls erneuert werden. Die Zerlegung der Antriebswelle sollte man der Werkstatt überlassen.

**Vorder- und Hinterachse, Lenkung**

# Ein Blick auf die Autobeine

Falls Sie vor dem Kauf Ihres VW Golf oder Scirocco einen Prospekt durchgeblättert oder einen Testbericht gelesen haben, fanden Sie sicher dort etwas über den »negativen Lenkrollradius« geschrieben. Was dieser Ausdruck bedeutet, zeigen die drei Zeichnungen unten. Der Sinn des negativen Lenkrollradius sei hier gleich zu Anfang kurz erklärt: Man erreicht dadurch eine selbsttätige Richtungsstabilisierung des Wagens z. B. beim Bremsen. Mit ungleich wirkenden Vorderbremsen zieht ein Fahrzeug normalerweise zur Seite des stärker gebremsten Rades. Anders beim Golf und Scirocco. Dem Zur-Seite-Ziehen wird durch den negativen Lenkrollradius automatisch gegengelenkt und Ihr Wagen macht keinerlei Anstalten, sich seitwärts in die Büsche zu schlagen, selbst wenn ein Vorderreifen geplatzt sein sollte.

## Die Vorderachse

Beim VW Golf und Scirocco ist es eigentlich nicht ganz richtig, von einer Vorderachse zu sprechen, denn jedes Vorderrad ist einzeln aufgehängt und gefedert. Wir können uns daher bei der Beschreibung auf eine Seite beschränken. Unten wird das Vorderrad von einem Dreieckslenker geführt, der mit Gummimetallagern (sie sollen Geräuschübertragung verhindern) an der Karosserie angeschraubt ist. Außen – zum Rad hin – ist am Achsgelenk des Dreieckslenkers das Federbein angeschraubt. Dieses Federbein besteht aus einem langen Stoßdämpfer, um den eine Schraubenfeder gewissermaßen herumgewickelt wurde.

Federbein-Vorderachsen sind bei den Autoherstellern sehr beliebt, da sie recht kostengünstig hergestellt werden können. Aber auch für den Autofahrer bringt die Vorderradaufhängung an Federbeinen Vorteile: Federung und Stoßdämpfung arbeiten in derselben Richtung, was dem Fahrkomfort zugute kommt. Allerdings braucht man zum Auswechseln der Stoßdämpfer Spezialwerkzeuge und die Vorderräder müssen sehr sorgfältig ausgewuchtet sein, sonst flattert und vibriert die Lenkung, wodurch die Radlager und die Achsgelenke früh verschleißen.

Am Gehäuse des Federbeins ist auch der Achsschenkel festgeschraubt, in den die Spurstange eingehängt wird (siehe auch »Die Lenkung« auf Seite 110).

Beim Einschlagen läuft das Vorderrad in einem Kreisbogen um den Punkt „a" (dort trifft die Verlängerung der Schwenkachse – in der mittleren und rechten Abbildung eingezeichnet – auf die Fahrbahn auf). Punkt „b" bezeichnet die Mitte der Radauflagefläche; der Radius „a–b" des Kreisbogens ist der Lenkrollradius. Dieser Lenkrollradius ist von der Lage der Schwenkachse abhängig: trifft die Schwenkachse innerhalb der Wagenspurweite (= Abstand von Reifenmitte zu Reifenmitte) auf die Fahrbahn, ist der Lenkrollradius positiv, und er ist negativ, wenn die Schwenkachse außerhalb der Spurweite auf den Boden trifft.

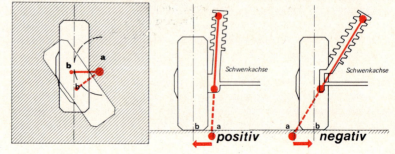

Fortschrittlich, wie unser Golf und Scirocco gebaut wurde, hat man an der Vorderachse auch keine Schmierstellen mehr vorgesehen. Die stählernen Kugelköpfe der Achsgelenke sind nicht nur in eine Fettdauerfüllung gebettet, sondern sitzen zusätzlich in umhüllenden Kunststoffschalen. Zum Schutz vor Nässe und Schmutz sind die Gelenke mit Staubkappen verschlossen, deren Dichtheit alle 15 000 km geprüft werden soll. Eingedrungener Schmutz wirkt wie Schmirgelsand im Gelenk und Feuchtigkeit läßt es mit der Zeit festrosten. Ein verschlissener Kugelbolzen macht sich meist durch Quietschgeräusche bemerkbar — er muß ausgetauscht werden.

Der kleine Glatteisrutscher vom letzten Winterurlaub gegen ein hochstehendes Straßenbankett, häufige Bordsteinkletterpartien beim Einparken oder tagtägliche Fahrten über die Krater einer Schlaglochstrecke sind Belastungen, die dem Fahrwerk eines Autos an Mark und Knochen gehen. Deshalb ist es durchaus möglich, daß die einst gesunde Achsgeometrie erkrankt. Im Gefolge zeigen sich dann weitere Leiden, nämlich überdurchschnittlicher Reifenverschleiß und unsicherer Geradeauslauf.

Falls Sie aus dem 4. Stock eines Hauses auf einen direkt unten stehenden Golf oder Scirocco mit durchsichtiger Plexiglaskarosserie blicken würden, könnten Sie erkennen, daß die Vorderräder hinten näher zusammenstehen als vorn. Mit dieser Einstellung der »Spur« wird erreicht, daß die Vorderräder ganz genau geradeaus laufen, obwohl die Antriebskräfte bestrebt sind, die Räder vorn zusammenzudrücken.

Mit Sturz bezeichnet man eine leichte Schrägstellung der Vorderräder; sie stehen unten näher zusammen als oben (also »O-Beine«, vom Fachmann als positiver Sturz bezeichnet). Diese Einstellung bewirkt, daß die Räder nicht die Tendenz bekommen, von den Radzapfen der Achsschenkel abzulaufen. Spur und Sturz werden bei der Computer-Diagnose gemessen, zur Einstellung der Spur wird die rechte Spurstange verdreht, der Radsturz wird an einer Exzenterschraube unten am Federbeingehäuse eingestellt. Wenn Sie feststellen, daß an Ihrem Wagen ein oder beide Vorderreifen schräg abgefahren sind oder der VW bei losgelassener Lenkung seitlich wegzieht (ebene Straße vorausgesetzt), sollten Sie die Vorderradeinstellung schon vor den fälligen 15 000 km überprüfen lassen.

## Staubkappen der Achsgelenke kontrollieren
Wartungspunkt Nr. 46

## Spur und Sturz messen
Wartungspunkt Nr. 57

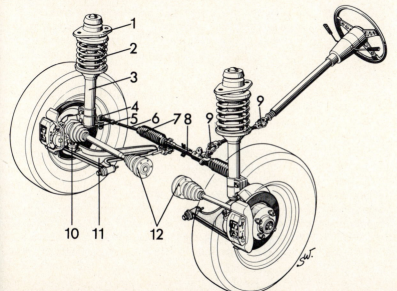

Die Teile der Golf- und Scirocco-Vorderachse: 1 — oberer Befestigungspunkt des Federbeins an der Karosserie, 2 — Schraubenfeder, 3 — Stoßdämpfer, 4 — Spurstangenkopf, 5 — Lenkhebel, 6 — Spurstange, 7 — Lenkzahnstangen-Manschette, 8 — Lenkgetriebe, 9 — Gelenke der Lenksäule, 10 — Achsgelenk, 11 — Dreieckslenker, 12 — Antriebsgelenke.

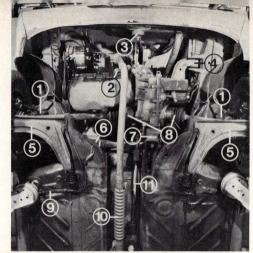

Der Blick von unten auf die Vorderachse zeigt: 1 — Federbein, 2 — Auspuffhaltebügel am Getriebe, 3 — vorderes Motorlager, die sogenannte Drehmomentstütze, 4 — linkes Triebwerkslager, 5 — Dreieckslenker, 6 — Manschette der Lenkzahnstange, 7 — hinteres Triebwerkslager, 8 — innere Gleichlaufgelenke der Antriebswellen, 9 — Kraftstoff-Zu- und Rückleitung (Vorsicht beim Aufbocken und Anheben des Wagens, damit diese Leitungen nicht plattgequetscht werden), 10 — Wellrohr in der Auspuffleitung (es soll Schwingungen dämpfen), 11 — Schaltstange.

**Die Hinterachse**

Geradezu genial einfach und dennoch äußerst wirkungsvoll ist die Hinterachse bei unseren VW-Modellen: An einen T-förmigen Querträger aus Federstahl sind rechts und links rohrförmige Längslenker angeschweißt. Am Längslenker ist hinten (in Fahrtrichtung) eine Blechkonsole angeschweißt, die das Federbein trägt. Der Querträger wirkt gleichzeitig als Stabilisator und verringert bei verschieden stark eingefederten Hinterrädern (bei Kurvenfahrt) die Karosserieneigung und baut die Untersteuerungstendenz des frontgetriebenen Golf oder Scirocco ab. Was bedeutet denn dieses Untersteuern nun? Wer mit seinem flott gefahrenen VW Golf oder Scirocco eine enge Kurve durchfahren will, muß das Lenkrad stärker einschlagen, als dies eigentlich der Kurve entspricht, der VW will mit der Nase nämlich weiterhin geradeaus, man muß ihn also in die Kurve »zwingen«. Wer nun in einer scharfen Kurve plötzlich vom Gas geht oder gar bremst, erlebt — vor allem bei vollgeladenem Wagen — das andere Extrem: das Auto übersteuert. Dann schwenkt das Heck herum und man muß weniger stark einschlagen, als dies sonst für jene Kurve notwendig wäre.
Auch hinten sind beim VW Golf und Scirocco Federbeine für Stoßdämpfung und Federung zuständig.

**Fingerzeige:** *An manchen Fahrzeugen können Klappergeräusche an der Vorder- oder Hinterachse auftreten — meist sind daran die Schraubenfedern schuld, deren Windungen sich berühren. Als Abhilfe kann die Werkstatt auf die ausgebaute Feder an deren Enden einen Dämpfungsschlauch aufziehen, womit die Klapperei ein Ende hat.*
Seit August 1977 werden in den Golf und Scirocco vorn und hinten geänderte Federbeinlager eingebaut. Sie sollen die Übertragung von Geräuschen auf die Karosserie verringern. Im Fall einer Reparatur an den Federbeinen können in Fahrzeuge bis Juli 1977 auch die neueren Gummilager eingesetzt werden.
Das ebenfalls seit Modelljahr 1978 eingebaute gummigelagerte Lenkgetriebe kann dagegen nicht nachgerüstet werden.

**Die Stoßdämpfer**

Gewissermaßen im Untergrund müssen die Stoßdämpfer ihre Arbeit verrichten. Dabei dämpfen sie eigentlich keine Stöße, sondern Schwingungen, die beim Einfedern und selbst beim Fahren auf einer ebenen Straße entstehen. Ohne Dämpfung würden die Räder dauernd auf- und abhüpfen. Wenn sie aber nicht ständig Kontakt zur Fahrbahn haben, schwankt der Wa-

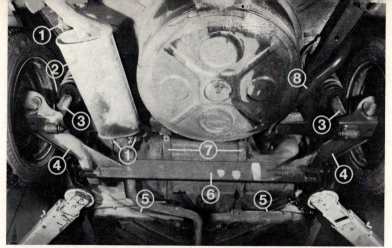

Die Hinterachse des VW Golf und Scirocco aus der Froschperspektive: 1 – Gummihalteschlaufen der Auspuffanlage, 2 – Nachschalldämpfer, 3 – hinteres Federbein, 4 – Längslenker, 5 – Bremsseile zu den Hinterrädern, 6 – T-förmiger Querträger der Hinterachse, 7 – Tankhaltebänder, 8 – Tankeinfüllrohr.

gen auf der Straße wie ein Schiff im Sturm. Ohne intakte Stoßdämpfer geht es also nicht.

Leider ist diese Kontrolle nicht im VV-Diagnose- und Wartungsplan enthalten, aber sie ist äußerst wichtig, denn Stoßdämpfer fallen gewöhnlich nicht schlagartig aus, sondern ihre Wirkung läßt allmählich nach, woran man sich unbemerkt gewöhnt. Im Durchschnitt kann man mit einer Lebensdauer von 30 000 bis 40 000 km rechnen. Es gibt einige untrügliche Anzeichen für nachlassende Stoßdämpferwirkung.
Folgende Erscheinungen lassen auf defekte Stoßdämpfer schließen:
■ Flatternde Lenkung, weil die Räder keinen ständigen Fahrbahnkontakt haben.
■ Nach Unebenheiten schwingt die Karosserie nach.
■ »Schwammiges« Fahrverhalten in Kurven, wobei die kurveninneren Räder nicht stark genug auf den Boden gedrückt und die äußeren nicht genügend entlastet werden.
■ Anstieg der Seitenwindempfindlichkeit.
■ Springende Räder; das muß freilich ein neben- oder hinterherfahrender Beobachter feststellen.
■ Vielfach unterbrochene Bremsspur bei Vollbremsung.
■ Ungleichmäßige Abnutzung der Reifen und erhöhter Reifenverschleiß.
■ Erhebliche Ölspuren außen am Stoßdämpfer. Geringe Leckverluste sind dagegen normal.

## Stoßdämpfer prüfen

In den meisten Werkstätten und selbst vielfach beim TÜV wird die Wirkung der Stoßdämpfer durch simples Wippen nacheinander an allen vier Ecken des Fahrzeugs „geprüft". Wenn die Schaukelbewegung nicht sofort gedämpft wird und der Wagen weiter wackelt, ist der Stoßdämpfer defekt. Damit läßt sich nur ein praktisch total unbrauchbarer Stoßdämpfer erkennen, aber eine wirkliche Prüfung ist das nicht. Eine sichere Diagnose bieten dagegen sogenannte Shocktester.
Ohne umständlichen Ausbau der Stoßdämpfer bringen Taumelscheiben des Prüfstandes das Fahrzeug in Schwingungen, die auf Diagrammscheiben (Pfeile) vom Gerät aufgezeichnet werden. Der Fachmann erkennt aus den aufgezeichneten Kurven die Brauchbarkeit der Stoßdämpfer.

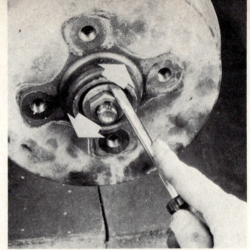

Das Spiel der hinteren Radlager läßt sich selbst einstellen: Wagen hochbocken und Rad abschrauben. Nabendeckel abnehmen (siehe Seite 44), Splint geradebiegen und mit einem Seitenschneider herausziehen, Kronensicherung abnehmen, Sechskantmutter (SW 24) soweit festdrehen, daß sich die dahinter liegende Druckscheibe gerade noch verschieben läßt (Pfeile). Kronensicherung wieder aufsetzen, neuen Splint einstecken und zur Seite biegen und zum Schluß die Nabenkappe wieder aufsetzen.

**Stoßdämpfer ausbauen**

Die Federbeine müssen an unseren VW-Modellen nicht komplett ersetzt werden, wenn die Dämpferwirkung nachläßt, sondern es wird nach der Demontage des Federbeins nur der Stoßdämpfereinsatz ausgetauscht. Das ist bei den vorderen Federbeinen keinesfalls eine Heimwerkerarbeit, denn dessen Schraubenfeder steht unter vierfacher Vorspannung, so daß bei unsachgemäßem Lösen der Schrauben und ohne Spannvorrichtung die Teile granatartig auseinanderfliegen. Das ist also lebensgefährlich.

Die Schraubenfedern der hinteren Federbeine stehen dagegen nur unter geringer Vorspannung und man kann sie auch selbst auseinandernehmen. Problematisch ist aber, daß die Schraubenfeder mit dem oberen Federteller und den verschiedenen Zwischenteilen von einer runden Mutter mit eingefrästem Schlitz gehalten wird und sich fast nur mit einem VW-Spezialwerkzeug (VW 50-200) lösen läßt. Beim Zusammenbau muß diese Mutter dann mit 2 kpm (20 Nm) angezogen werden. Zum Ausbau des kompletten Federbeins die obere Befestigungsschraube SW 17 im Kofferraum mit einem Steckschlüssel lösen, nachdem die Gummikappe abgenommen wurde. Den unteren Haltebolzen des Federbeins löst man mit zwei Ringschlüsseln SW 15. Der neue Stoßdämpfer muß mit einem Schutzrohr eingebaut werden (auch wenn dieses Schutzrohr bislang fehlte), sonst kann der Dämpfer durch Wasser- oder Schmutzeinwirkung vorzeitig ausfallen.

**Radlagerspiel prüfen**
Wartungspunkt Nr. 56

Nur die Radlager in den nicht angetriebenen Rädern — also den Hinterrädern — sind einstellbar und sollen zusätzlich alle 45 000 km gereinigt und mit frischem Fett versehen werden. Im Gegensatz dazu sind die vorderen zweireihigen Kugellager wartungsfrei.

Die vorderen und hinteren Radlager dürfen jedoch kein zu großes Spiel aufweisen. Das läßt sich prüfen, indem man das fest am Boden stehende Rad oben faßt und quer zum Wagen zu bewegen versucht. Bei einwandfreien Lagern darf kein Spiel vorhanden sein, das Rad darf also nicht »wackeln«. Bei hochgebocktem Wagen außerdem prüfen, ob sich die Räder nicht zu schwer (könnte auch an den vorderen Scheibenbremsen liegen, siehe Seite 10) oder ruckweise bewegen lassen. Bei den Vorderrädern kann Spiel auch von den Spurstangengelenken oder vom äußeren Gleichlaufgelenk herrühren. Wie die hinteren Radlager eingestellt werden, zeigt das Bild oben.

**Die Lenkung**

Wenn Sie am Lenkrad drehen, müssen die Vorderräder zur Seite schwenken. Aufgabe des Lenkgetriebes ist es, diese Drehung in eine hin- und her-

Die Staubkappen der Spurstangengelenke sollten Sie aufmerksam kontrollieren. Selbst ganz kleine Risse erfordern den Austausch der Staubkappe, damit keine Feuchtigkeit und kein Schmutz ins Gelenk eindringen kann. Ist das bereits geschehen, hilft nur der Austausch des kompletten Spurstangengelenks, sie können nachträglich nicht mehr abgeschmiert werden. Hier wird die Staubkappe an der rechten, einstellbaren Spurstange geprüft, rechts sehen Sie die Einstellmutter und das Gewinde (Pfeil) auf der Spurstange.

gehende Bewegung umzuwandeln. Unser VW Golf oder Scirocco hat eine sogenannte Zahnstangenlenkung, bei der das Lenkritzel am Ende der Lenksäule in die gezahnte Stange im Lenkgetriebe (hinten unten am Motor) eingreift und diese Zahnstange hin- und herbewegt. Diese Bewegungen übertragen die Spurstangen (sie sind direkt rechts und links an die Zahnstange angeschraubt) auf die Achsschenkel und damit auf die Räder.

**Lenkungsspiel prüfen**
Wartungspunkt Nr. 20

Die recht direkte Lenkung — das heißt, daß man nur wenig kurbeln muß — arbeitet von Anschlag zu Anschlag spielfrei. Zur Kontrolle auf etwaiges Lenkungsspiel kurbelt man das linke Seitenfenster herunter und stellt sich neben den VW. Jetzt durchs Fenster greifen und während man am Lenkrad dreht, beobachten, ob sich das linke Vorderrad sofort mitbewegt. Geschieht dies erst mit Verzögerung, wird eine Fahrt zur Werkstatt fällig.
Vor der Prüfung müssen die Räder genau geradeaus stehen. Dabei besonders auf die Felge achten. Denn die Reifen sind elastisch und können, besonders beim Drehen im Stand, zunächst einen Teil des Einschlags schlucken, ehe sie sich bewegen. Zeigt das Lenkgetriebe Spiel oder gibt es beim Lenken Geräusche von sich, kann es in der Werkstatt nachgestellt werden.

**Manschetten der Lenkzahnstange auf Dichtheit prüfen**
Wartungspunkt Nr. 44

Die Manschetten um die Lenkzahnstange sind nur bei hochgebocktem Auto gut sichtbar. Ihre Kontrolle ist äußerst wichtig, denn schon ein unscheinbarer Riß in einer Manschette kann bereits ein neues Lenkgetriebe kosten. Die Manschetten enthalten eine Fettdauerfüllung, die sich durch eingedrungenen Schmutz und Feuchtigkeit in eine Art Schleifpaste verwandelt, die an Lenkritzel und Zahnstange nagt. Ist die Lenkung in Geradeausstellung dadurch etwas »teigig« geworden, hilft kein Nachstellen mehr, sonst klemmt sie beim Einschlagen der Räder und geht nach Kurven nicht mehr selbst in ihre Mittelstellung zurück.

**Spiel der Spurstangenköpfe und Staubkappen prüfen**
Wartungspunkt Nr. 45

Wie die Achsgelenke besitzen auch die gelenkigen Verbindungen der Spurstangen eine Fettdauerfüllung. Damit diese nicht ausläuft und Wasser und Schmutz nicht eindringen können, tragen sie schützende Staubkappen. Falls eine Schutzkappe beschädigt ist, darf sie nur dann ersetzt werden, wenn ganz sicher noch kein Schmutz ins Gelenk eingedrungen ist. Andernfalls muß das Spurstangengelenk komplett ersetzt werden.
Ob die Spurstangenköpfe »Luft« haben, fühlt man, während ein Helfer das Lenkrad zügig hin- und herdreht.

**Die Bremsen**

# Abteilung Halt

Wer als Autofahrer von seiner Bremsanlage spontanen Beistand erwartet, muß sich regelmäßig um ihre Wartung kümmern oder dies rechtzeitig der Werkstatt überlassen. Denn die Bremsen funktionieren nicht verschleißfrei bis zu dem Tag, da die Karosse in der Schrottpresse zu einem handlichen Paket zusammengefaltet wird. Die nachfolgend beschriebenen Kontrollarbeiten sollen dazu dienen, daß Ihr Golf oder Scirocco allzeit bremsbereit ist.

## Die Zweikreisbremse

Beim Tritt auf das Bremspedal preßt eine Verbindungsstange zwei hintereinander liegende Kolben in den Hauptbremszylinder. Dadurch steigt der Druck im Bremssystem — zur Druckübertragung dient die Bremsflüssigkeit — und in den Radbremszylindern treibt der Flüssigkeitsdruck die Kolben heraus, wobei die Bremsklötze gegen die Scheiben bzw. die Bremsbacken gegen die Trommeln gedrückt werden.

Beim VW Golf und Scirocco wird der Flüssigkeitsdruck an die Radbremszylinder in zwei getrennten Kreisen übertragen, und zwar je für ein Vorderrad und das gegenüberliegende Hinterrad (diagonal aufgeteilte Zweikreisbremse). Falls ein Bremskreis ausfallen sollte, bleiben so ein Vorderrad und das Hinterrad auf der anderen Seite bremsfähig. Mit dem anderen ungebremsten Vorderrad kann man noch lenken und das ungebremste Hinterrad hält das Heck in der Spur. Bei der üblichen Aufteilung der Bremskreise für beide Vorder- und beide Hinterräder kann man bei einer Notbremsung mit blockierten Rädern den Wagen nicht mehr lenken oder — mit blockierenden Hinterrädern — kann der Wagen hinten zur Seite ausbrechen. Durch die — im vorhergehenden Kapitel beschriebene — selbststabilisierende Lenkung wird auch mit nur einem intakten Bremskreis ein Schiefziehen weitgehend vermieden. Sie sehen, daß man beim VW Golf und Scirocco für Notfälle gut vorgesorgt hat. Doch nun genug der Theorie!

Der in zwei Kammern (Pfeil) geteilte Bremsflüssigkeitsbehälter beweist, daß Ihr VW eine Zweikreis-Bremsanlage hat. Trotzdem reicht eine einzige Einfüllöffnung, in der ein feines Haarsieb (1) sitzt und die von einem Schraubdeckel (2) mit 4 feinen Belüftungslöchern (3) verschlossen ist. Zur Kontrolle des Bremsflüssigkeitsstandes muß der Schraubdeckel nicht geöffnet werden, denn das Flüssigkeitsniveau läßt sich am durchscheinenden Behälter von außen erkennen. Wenn es in beiden Kammern zwischen den seitlich eingeprägten Markierungen „Min" und „Max" steht, ist alles in Ordnung.

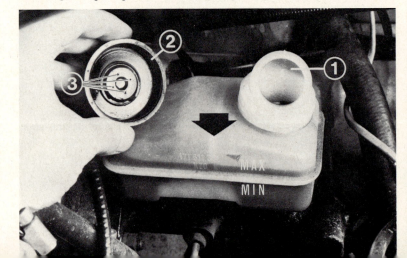

## Bremsflüssigkeitsstand prüfen
Wartungspunkt Nr. 3

Die Bremsflüssigkeit soll zwischen den Markierungen »Min« und »Max« des Behälters stehen. Ist der Flüssigkeitsspiegel auffallend gesunken, muß der Zustand der Bremsleitungen sehr sorgfältig überprüft werden (siehe nächsten Abschnitt). Eventuelle Undichtigkeiten muß die Werkstatt beheben, denn Arbeiten an der hydraulischen Anlage sind aus Gründen der Verkehrssicherheit dem Heimwerker nicht zu empfehlen.

Bei Fahrzeugen mit vorderen Scheibenbremsen sinkt der Flüssigkeitsstand aber auch bei völlig dichter Bremsanlage mit zunehmender Kilometerleistung. Denn die im Durchmesser verhältnismäßig großen Kolben der Scheibenbrems-Radzylinder wandern mit den verschleißenden Belägen weiter heraus und mehr Flüssigkeit fließt nach. Ein gewisses, langsames Absinken der Bremsflüssigkeit muß also nicht unbedingt alarmierend sein. Wenn Sie wissen, wie hoch die Bremsflüssigkeit bei neuen und abgenutzten Scheibenbremsbelägen steht, läßt sich am Niveau der hydraulischen Flüssigkeit sogar ablesen, wie weit die Beläge abgenutzt sind.

Wenn neue Scheibenbremsbeläge eingesetzt werden, müssen die Kolben in den Bremssätteln zurückgedrückt werden, wodurch der Flüssigkeitsstand wieder ansteigt. Wurde unnötigerweise bei abgefahrenen Belägen bis zur Höchstmarkierung nachgefüllt, würde der Behälter auch bei aufgeschraubtem Deckel durch die Entlüftungslöcher im Deckel überlaufen (sie ermöglichen die notwendigen Schwankungen des Flüssigkeitsspiegels). Zum Nachfüllen darf nur Bremsflüssigkeit mit der Spezifikation DOT 3 oder DOT 4 (z. B. FM VSS 116 DOT 3) verwendet werden. Die Spezifikation ist wichtig, da seit Mitte 1975 Bremsflüssigkeit nicht mehr blau, sondern hell bis bernsteinfarben ist.

Bremsflüssigkeit ist klimafest, verhindert Korrosion, hat einen hohen Siedepunkt und besitzt Schmierkraft, aber sie hat auch schlechte Eigenschaften. So wird der Autolack von ihr angegriffen (beim Hantieren aufpassen, sonst gibt es bleibende Lackflecken) und außerdem ist sie stark wasseranziehend — hygroskopisch, wie der Fachmann sagt — wodurch ihr Siedepunkt sinkt. Bei starker Beanspruchung der Bremsen, etwa einer Paßabfahrt im Gebirge, kann es zu Dampfblasenbildung in den Leitungen kommen — das Bremspedal läßt sich ohne Widerstand bis zum Bodenblech treten ohne die geringste Bremswirkung.

## Bremsanlage auf Dichtheit und Beschädigungen prüfen
Wartungspunkt Nr. 41

Zunächst müssen sämtliche Leitungen und Anschlüsse auf Undichtigkeit überprüft werden. Verfolgen Sie bei trockenem Wagenboden (Auto auf eine Grube fahren oder hochbocken) den Verlauf der Bremsschläuche. Sie dürfen weder feucht noch aufgequollen sein. An den Bremsleitungen dürfen sich keine Rostspuren zeigen. Falls doch — auswechseln lassen. Ebenso sind geknickte oder plattgedrückte Bremsleitungen oder Bremsschläuche mit Scheuerstellen zu ersetzen. Achten Sie vor allem auf Anschluß- und Verbindungsstellen. Bremsflüssigkeit kriecht auch unter den Schmutz. Schwarzer Schmutz läßt eine Undichtigkeit vermuten, auch feuchtdunkle Stellen an einem Scheibenbremssattel oder an einer Bremstrommel (Radzylinder undicht?). Sind Staubschutzkappen auf allen Entlüftungsventilen (sie sitzen an den Radinnenseiten bzw. innen an den vorderen Bremssätteln)?

Bremsschläuche vertragen kein Benzin, Petroleum, Dieselkraftstoff oder Fett; sie dürfen auch nicht lackiert werden. Nur Unterbodenschutzwachse sind für die Bremsschläuche ungefährlich.

Bremsdruckprobe: Bremspedal etwa eine Minute niedergedrückt halten. Gibt es dabei nach, liegt eine Undichtigkeit vor.

## Die Scheibenbremse

Parallel mit dem Rad dreht sich eine Stahlscheibe, gegen die von beiden Seiten die Reibklötze mit dem Bremsbelag gepreßt werden. Die Techniker haben sich gern zu dieser Scheibenbremse entschlossen, da sie der althergebrachten Trommelbremse in einigen Punkten überlegen ist. Nur die Männer mit den Rotstiften – die Kalkulatoren – schickten die ersten 50-PS-Golf noch mit Trommelbremsen an den Vorderrädern auf die Straße.

Scheibenbremsen lassen sich besser kühlen, weil Scheiben und Beläge offen im Luftstrom des Fahrtwindes liegen. Deswegen sind sie standfester: bei mehrmaligen Vollbremsungen oder bei anhaltendem Bremsen bergab hält die Bremswirkung länger an (kein »Fading«). Zudem ist die Bremswirkung einer Achse gleichmäßiger als bei Trommelbremsen. Ferner ist die Scheibenbremse selbstnachstellend und sogar selbstreinigend.

Natürlich hat die Scheibenbremse auch ihre Minuspunkte, die man als Autofahrer ebenfalls kennen sollte: Die Beläge verschleißen schneller, und weil sie kaum abgeschirmt ist, können zwischen Beläge und Scheibe Fremdkörper eindringen (Sand oder Steinchen). Das kann zu lästiger Quietscherei führen, die man durch Säubern oder Auswechseln des Belags beseitigen kann. Manchmal hilft es auch, mit leicht getretenen Bremsen rückwärts zu fahren, wodurch der Quietschgeist ins Freie befördert wird. Quietschgeräusche können auch an einem im Bremssattel verdrehten Kolben liegen. Das muß die Werkstatt mit einer speziellen Kolbenverdrehzange berichtigen.

Bei Dauerregen wird die offen liegende Bremsscheibe kräftig geduscht, weshalb die Bremswirkung einen Sekundenbruchteil später einsetzt, als man es von Trommelbremsen her gewohnt ist. Die Feuchtigkeit zwischen Bremsklotz und Scheibe muß erst durch den Anpreßdruck der Beläge zum Verdampfen gebracht werden.

Unsere VW-Modelle besitzen meist ATE-Schwimmsattelbremsen, das heißt, der Bremssattel ist beweglich (»schwimmend«) gelagert. Der Kolben drückt den inneren Belag gegen die Bremsscheibe und der Gegendruck auf den Zylinderboden des Bremskolbens zieht den Schwimmrahmen mit dem anderen Belag gegen die Bremsscheibe. Bei gelöster Bremse wird der Belag mit dem Kolben vor allem durch den Bremsscheibenschlag (= ganz leichte Unebenheit) zurückgedrückt. Deshalb rollen die scheibengebremsten Vorderräder erst nach einigen Metern Fahrt wieder ganz frei. Den verschleißenden Bremsbelag schiebt der Kolben jeweils so weit nach, daß er nur Bruchteile von Millimetern von der Bremsscheibe entfernt ist.

In einigen Golf- und Scirocco-Bauserien werden etwas anders aufgebaute Girling-Bremssättel (siehe Bild Seite 117) eingebaut, die ebenfalls beweglich gelagert sind.

## Belagstärke der Scheibenbremsen prüfen
Wartungspunkt Nr. 9

Da sich die Beläge der hinteren Trommelbremsen nur langsam abnutzen, nimmt der Bremspedalweg mit steigendem Kilometerstand nur ganz gering zu. Das darf aber nicht darüber hinwegtäuschen, daß sich Scheibenbremsbeläge relativ schnell abnutzen – bei sehr scharfer Fahrweise schon nach rund 10 000 km. Wer sich um die Wartung seines VW selbst kümmert, muß deshalb vor allem auf die vorderen Scheibenbremsbeläge ein wachsames Auge haben.

In der VW-Werkstatt wird die Belagstärke bei angebauten Rädern mit einer Prüflehre gemessen, als Eigenpfleger muß man mangels dieses Spezialwerkzeugs die Vorderräder abbauen. Bei eingeschlagener Lenkung, so daß der Bremssattel gut zugänglich ist, kann man dann die rechts oben gezeigte Groschenkontrolle durchführen, ohne die Beläge herausnehmen zu müssen.

Neue Bremsbeläge sind – ohne Belagträger gemessen – bei den seit Mai 1975 gebauten 1100ern 10 mm und bei den übrigen Modellen 14 mm stark. Dünner als 2 mm sollen die Beläge nicht abgefahren werden, dann paßt zwischen den Belagträger (1) und die Kreuzfeder (2) der ATE-Bremse gerade noch ein Zehnpfennigstück. Nun ist es Zeit, sämtliche vier Beläge an der Vorderachse zu erneuern. Keinesfalls darf das Metall der Belagträgerplatte mit der Bremsscheibe in Berührung kommen. Durch die Hitzeentwicklung beim Bremsen könnten Belagträger und Bremsscheibe miteinander verschweißen, wodurch das Rad blockiert. Ganz sicher fräst aber der Belagträger Rillen in die Scheibe, die dann entweder plangeschliffen oder in schlimmeren Fällen ersetzt werden muß.
Zur Belagkontrolle der Girling-Scheibenbremsen ist übrigens kein Bargeld erforderlich, wenn die Spreizfeder abgehebelt wird (Bild auf Seite 117), kann man erkennen, wie weit die Bremsbeläge abgefahren sind.

Bei den Girling-Bremssätteln kann man die Groschen im Geldbeutel lassen, zur Kontrolle der Bremsbeläge braucht man nur die Spreizfeder (siehe Bild Seite 117) abzuhebeln, dann sieht man schon den Abnutzungsgrad.

## Scheibenbremsbeläge erneuern

Der Austausch der vorderen Bremsbeläge ist – verantwortungsvolles Arbeiten vorausgesetzt – ohne Schwierigkeiten möglich. Dabei wollen wir nochmals hervorheben, daß nicht etwa nur einer oder zwei, sondern alle vier Beläge der Vorderachse ersetzt werden müssen. Eigene Versuche mit unbekannten Bremsbelägen sind nicht ratsam; sie können bei zu weicher Mischung sehr schnell verschleißen, härtere Beläge würden zu nervtötender Quietscherei führen.

Vorn im Bremssattel befindet sich eine viereckige Öffnung, die bei abgenommenem Rad und eingeschlagener Lenkung gut sichtbar ist. Bei der ATE-Bremse sieht man rechts und links die Bremsbeläge und in der Mitte, von der Spreizfeder teilweise verdeckt, die Bremsscheibe. Damit die Beläge während der Fahrt nicht herausfallen, sind sie durch die Spreizfeder und zwei Haltestifte gesichert, wobei letztere teilweise noch zusätzlich von einer Klemmfeder arretiert werden. Nachdem diese Feder herausgezogen wurde, kann man die Haltestifte mit einem Durchschläger (oder einem entsprechend starken Zimmermannsnagel) und mit einem Hammer von innen nach außen herausschlagen und dann die Spreizfeder abnehmen. Die Kraft der Spreizfeder und der Klemmhülsen der Haltestifte erlahmt mit der Zeit, weshalb sie beim Belagtausch ebenfalls ausgewechselt werden.

Zum Auswechseln der Scheibenbremsbeläge (5) im ATE-Bremssattel (1) muß man bei manchen Versionen erst die Klemmfeder (3) abnehmen. Dann kann man mit einem Hammer und Durchschläger (oder wie hier einem entsprechend dicken Nagel) die Haltestifte (2) der Bremsbeläge heraustreiben und die kreuzförmige Spreizfeder (4) abnehmen. Beim Belagwechsel kontrolliert man auch gleich, ob die Bremsscheibe (6) keine Rillen aufweist. Falls Schmutz oder ein Belagträger tiefe Rillen gefräst haben, muß die Scheibe plangeschliffen oder erneuert werden.

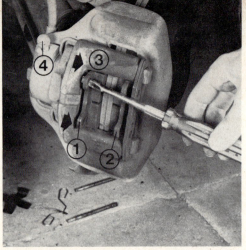

Dieses Bild zeigt, wie man die Bremsbeläge aus dem Schwimmsattel (3) herausnimmt. Zuerst den inneren Bremsbelag (1) herausziehen, indem man abwechselnd mit einem Schraubenzieher durch die Ösen des Belagträgers fährt. Zum Herausnehmen des äußeren Belags muß der bewegliche Teil des ATE-Bremssattels nach außen gedrückt werden (durch die Pfeile angedeutet), denn dieser Belag wird zusätzlich von einer Haltenase im Bremssattel gehalten. Links oben im Bild sehen Sie das Entlüfterventil (4) am Bremssattel.

Die Bremsbeläge lassen sich am besten herausnehmen, wenn man mit einem Schraubenzieher zuerst abwechselnd durch die Ösen des inneren Belagträgers fährt und — die Schraubenzieherklinge auf den Bremssattel gestützt — den Belag heraushebelt. Den äußeren Belag nimmt man auf die gleiche Weise heraus, nur muß zusätzlich der bewegliche Schwimmrahmen nach außen gedrückt werden, da eine Nase im Bremssattel und eine entsprechende Ausbuchtung im Belagträger den Belag in seiner Stellung hält (siehe Abbildung unten). Die Nut in der Mitte des Bremsbelags soll übrigens Staub und Belagabrieb aufnehmen.

Etwas anders geht der Belagausbau bei den Girling-Bremssätteln (siehe Bild rechts) vonstatten. Bei ihnen sind die Bremsbeläge von der Spreizfeder verdeckt. Zum Ausbauen wird erst diese Spreizfeder abgehebelt, dann der Belaghaltebügel losgeschraubt und herausgezogen. Nun lassen sich die Bremsbeläge ohne Verschieben des Bremssattels herausziehen, am besten fährt man wieder mit einem Schraubenzieher durch die Halteösen.

Bevor die neuen Beläge eingesetzt werden können, muß der Kolben im Bremszylinder zurückgedrückt werden, weil er entsprechend den dünner gewordenen Belägen aus dem Zylinder herausgewandert ist. Die Werkstatt macht das mit einer Kolbenrücksetzvorrichtung, man kann sich aber auch helfen, indem man mit einem breiten Schraubenzieher den Kolben vorsichtig wieder hineindrückt. Beim Zurückdrücken des Bremskolbens wird zugleich die Bremsflüssigkeit durch die Leitungen in den Vorratsbehälter zurückgedrückt. Beobachten Sie zwischendurch, ob der Behälter überläuft.

In allen Bremsbelägen für den VW Golf und Scirocco sehen Sie hinten an der Belagträgerplatte eine Einbuchtung (schwarzer Pfeil). Diese Einbuchtung muß beim Einsetzen des Bremsbelags in die ATE-Schwimmsattelbremse in die entsprechende Haltenase (weißer Pfeil) im Bremssattelschacht außen einrasten. Die Bremsbeläge sind für ATE- und Girling-Scheibenbremsen gleich, aber bei den Girling-Bremsen ist im Bremssattel keine Haltenase vorhanden, wo der Belagträger einrasten müßte.

Bei der hier abgebildeten Girling-Scheibenbremse geht der Belagaustausch folgendermaßen vor sich: Spreizfeder (1) mit einem Schraubenzieher abhebeln, wie hier gezeigt; Befestigungsschraube (2) des Belaghaltebügels (3) abschrauben und den Bügel herausziehen. Nun lassen sich die alten Beläge (4) herausnehmen und neue einsetzen. Haltebügel wieder einschieben und festschrauben, Spreizfeder unten aufdrücken (der Pfeil auf der Spreizfeder muß nach unten zeigen) und oben mit einem Schraubenzieher über den Belaghaltebügel hebeln.

Die Beläge müssen sich in ihren Führungen leicht bewegen lassen. Eventuell den Führungsschacht mit Spiritus (kein Öl oder Benzin nehmen!) und einem Lappen reinigen. Bei der ATE-Schwimmsattelbremse setzt man zuerst den äußeren Belag ein, wobei der Bremssattel nach außen gedrückt werden muß, dann den inneren Belag einschieben. Einen Haltestift von außen einsetzen, dann die Spreizfeder und den anderen Haltestift. Mit einem Hammer die Stifte vorsichtig vollends in die Bohrungen treiben.

Bei einer Girling-Bremse lassen sich die Beläge ohne Verschieben des Bremssattels einschieben, dann den Belaghaltebügel einsetzen und festschrauben, Spreizfeder über den unteren Bügel drücken und mit einem Schraubenzieher über den oberen Bügel hebeln.

Als wichtige Maßnahme nach dem Einsetzen von Bremsbelägen ist noch bei stehendem Wagen das Bremspedal niederzudrücken. Somit kommen die Beläge zum Anliegen an die Scheibe, und erst jetzt ist Bremswirkung vorhanden. Während der nächsten Fahrt kann es zu spät sein, wenn man bremsen muß und dazu zwei- oder dreimal auf die Bremse zu treten hat.

Mit neuen Bremsbelägen sollen auf den ersten 200 km keine Gewaltbremsungen durchgeführt werden, sie müssen sich erst »einarbeiten«.

**Fingerzeig:** *Schwimmsattelbremsen neigen gern zum Quietschen. Das Quietschgeräusch entsteht durch Schwingungen, die beim Bremsen durch die Reibung zwischen der rotierenden Bremsscheibe und den feststehenden Belägen ausgelöst werden. Zählt Ihr Wagen zu den besonders lästigen Quietschern, bringt das Einreiben der Stirnseiten der Bremskolben und der Rückseiten der Belagträger (nach Reinigung) mit einer hitzebeständigen Spezialpaste Abhilfe (z. B. »Plastilube PL Brems«).*

**Bremspedalweg prüfen**
Wartungspunkt Nr. 50

Der Leerweg des Bremspedals soll etwa 1/3 des gesamten Pedalwegs betragen. Ist er größer, müssen meist die Trommelbremsen nachgestellt werden. Ein deutlicher Hinweis auf nachzustellende Trommelbremsen ist es, wenn man das Bremspedal zweimal hintereinander niedertritt und der Pedalweg beim zweitenmal kürzer ist.

**Trommelbremsen einstellen**

An den Hinterrädern haben alle VW Golf und Scirocco Trommelbremsen, bei vielen 50-PS-Golf der ersten Serien sitzen auch an der Vorderachse solche Trommelbremsen. Diese Bremsenart stellt sich bis Baujahr Juli 78 nicht selbsttätig nach. Wenn die Bremsen nachzustellen sind, merkt man

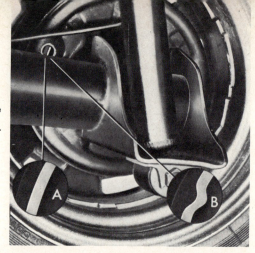

Je nachdem, ob die Beläge der hinteren Bremsen aufgepreßt oder aufgenietet sind, können sie bis auf 1 oder 2,5 mm abgefahren werden (ohne Bremsbacke gemessen). Aufgenietete Beläge erkennt man an der glatten Bremsbacke (A) oben im Schauloch der Radinnenseite, während Bremsbacken mit aufgepreßten Belägen (B) einen deutlich sichtbaren Höcker haben. Mit genieteten Belägen (A) wird es spätestens bei 2,5 mm Belagstärke Zeit für neue Reibbeläge, während die aufgepreßten Beläge (B) noch bis 1 mm Stärke einsatzfähig sind.

gewöhnlich, daß bei mehrmaligem Niedertreten des Bremspedals der Pedalweg merklich kürzer wird. Die Bremsbacken müssen dann beim ersten Tritt aufs Pedal erst näher an die Bremstrommeln gebracht werden.

Das Auto gegen Wegrollen sichern und hochbocken, zum Einstellen der hinteren Bremsen muß die Handbremse vollständig gelöst sein. Die Nachstellmuttern werden sichtbar, wenn man in den Bremsankerplatten die (in Fahrtrichtung) hinteren Plastikstopfen abzieht. Vor der Einstellung ein paarmal kräftig auf das Bremspedal treten, damit sich die Backen in ihren Trommeln zentrieren und bei Fahrzeugen mit Bremskraftregler (nur Golf und Scirocco mit Getriebeautomatik) den Hebel am Regler einmal kräftig von Hand in Richtung Hinterachse drücken, sonst könnte durch möglicherweise noch vorhandenen Restdruck im Bremssystem die rechte Hinterradbremse schon ohne Nachstellen schleifen. Jetzt fährt man mit einem Schraubenzieher durch die Nachstellöffnung und verdreht die Zahnmutter so lange, bis sich das Rad nicht mehr von Hand bewegen läßt (Beläge liegen an der Trommel an). Anschließend die Zahnmutter wieder zurückdrehen, bis sich das Rad gerade frei drehen läßt (auf Schleifgeräusche achten). Bei den vorderen Golf-Trommelbremsen soll die Zahnmutter noch zwei weitere Zähne zurückgestellt werden, damit die Räder auch nach mehreren Gewaltbremsungen bestimmt noch frei drehen.

**Selbstnachstellende Trommelbremsen** (ab August 1978)

Seit August 1978 brauchen die hinteren Trommelbremsen nicht mehr nachgestellt zu werden. Früher wurde die Druckstange (Nr. 7 im Bild rechts oben) mit zunehmendem Belagverschleiß durch Verdrehen des Nachstellritzels (Nr. 13 im Bild) verlängert, was die Bremsbacken näher an die Trommel brachte. Bei den neueren Hinterradbremsen wird die Druckstange durch einen unter Federzug stehenden Keil verlängert, der mit verschleißenden Belägen entsprechend nachrückt und so die Backen weiter nach außen spreizt. Wenn der Pedalweg deutlich länger wird, sind die Bremsbeläge so weit abgenutzt, daß sie ersetzt werden müssen.

**Belagstärke der Trommelbremsen prüfen**
Wartungspunkt Nr. 42

Fortgeschrittener Belagverschleiß setzt dem Nachstellen ein Ende. Die Stärke der Bremsbeläge läßt sich kontrollieren, wenn Sie vorn an der Bremsträgerplatte an der Radinnenseite den Verschlußstopfen abziehen — dadurch wird ein Schauloch frei. Neue Beläge sind vorn 4 mm dick (7,5 mm zusammen mit der Bremsbacke), die hinteren Beläge können 4 oder 5 mm dick

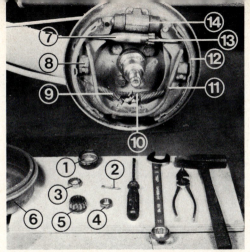

Die Reihenfolge beim Ausbau der Bremstrommeln hinten (bis Juli 1978) lautet:
1 — Nabenkappe (siehe Seite 44), 2 — Sicherungssplint, 3 — Kronensicherung, 4 — Sechskantmutter SW 24, 5 — Radlager mit Druckscheibe, 6 — Bremstrommel. Die Trommelbremse besteht aus: 7 — Druckstange, 8 — Blattfeder, 9 — Rückzugfeder, 10 — Handbremsseilzug, 11 — Haltefeder, 12 — Bremsbacke mit Bremsbelag, 13 — Nachstellritzel, 14 — Radbremszylinder. Bremsen mit nur einem Radbremszylinder — wie hier — nennt man Simplexbremsen, Duplexbremsen besitzen dagegen zwei Radbremszylinder.

sein (siehe Bild links oben). Vorn dürfen die Beläge bis auf 1 mm (4,5 mm mit der Bremsbacke) abgefahren werden, hinten je nachdem, ob die Beläge aufgenietet oder aufgepreßt sind, bis höchstens 2,5 oder 1 mm. Bei normaler Beanspruchung müssen die vorderen Trommelbremsen mindestens 25 000 km halten, hinten etwa 35 000 km.

Die Bremsbeläge sind entweder aufgepreßt oder aufgenietet, als Ersatz gibt es Austausch-Bremsbacken. Zur Abnahme einer Bremstrommel zuerst das betreffende Rad abschrauben und die Bremsbacken zurückstellen. Dann

**Trommelbremsbeläge ersetzen**

■ Bei hinteren Trommelbremsen mit vorsichtigen Hammerschlägen und einem Flachmeißel oder Schraubenzieher Nabendeckel abhebeln (siehe Seite 44), Sicherungssplint herausziehen, Kronensicherung abnehmen, Sechskantmutter SW 24 losschrauben, Bremstrommel mit Radlager und Druckscheibe abziehen, Haltefeder sowie die beiden Blattfedern und die unteren Rückzugfedern aushängen (wo diese Teile sitzen, zeigt das Bild oben), Handbremsseil und anschließend Bremsbacken aushängen. Nach dem Einbau in umgekehrter Reihenfolge muß das Radlagerspiel eingestellt werden (siehe Seite 110).

■ Bei vorderen Trommelbremsen die unteren Rückzugfedern und die zwei Blattfedern aushängen, Bremsbacken über die Vorderradnabe schieben und gleichzeitig aus den oberen Rückzugfedern und der Druckstange herauswinkeln. Zum Einbau erst die oberen Rückzugfedern am Bremsträgerblech einhängen, Druckstange mit Feder einsetzen, Rückzugfedern oben in die Bremsbacken einhängen und zugleich die Druckstange einsetzen. Unten die Bremsbacken über die Vorderradnabe drücken und die unteren Rückzugfedern sowie die beiden Blattfedern einhängen.

Wenn Sie den Handbremshebel ziehen, werden die Bremsseile zu den Hinterrädern gespannt — so funktioniert das bei den meisten Autos. In der Trommel wird der Bremshebel der sogenannten Primärbacke angezogen und drückt über eine Verbindungsstange beide Bremsbacken nach außen — das Hinterrad ist arretiert.
Bereits in der ersten Raste soll die Handbremse Wirkung zeigen, bei eingerastetem zweiten Zahn sollten die Hinterräder blockiert sein. Stimmt diese Einstellung nicht, muß bis Juli 1978 die Handbremse nachgestellt werden; vorher ist aber die Fußbremse einzustellen. Seit August 1978 wird

**Die Handbremse**
Wartungspunkt Nr. 52

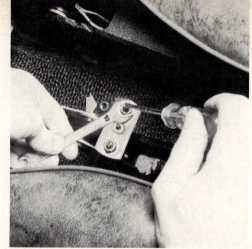

Nachdem die Kontermutter (Pfeil) mit zwei Schraubenschlüsseln SW 10 abgeschraubt wurde, kann der Leerweg des Handbremshebels eingestellt werden. Dazu hält man das Gewindestück oben am Bremsseil mit einem Schraubenzieher gegen und verdreht die Einstellmutter, wie hier im Bild gezeigt. Dasselbe wiederholt man am anderen Bremsseil und nach einer Blockierprobe der Handbremse werden die Einstellschrauben wieder gekontert und die Abdeckung über den Handbremshebel aufgesetzt.

die Handbremse nur noch nach dem Auswechseln des Handbremshebels oder der Handbremsseile eingestellt.

Als erstes muß der Golf oder Scirocco hinten hochgebockt werden. Im Innenraum sitzt über dem Handbremshebel eine Abdeckung aus Kunststoff, die man zum Einstellen abziehen muß. Dazu mit beiden Händen die Abdeckung hinten unten auseinanderziehen, anheben und nach vorn abziehen. Jetzt fällt Ihr Blick auf je zwei gekonterte Einstellschrauben SW 10. Diese Schrauben lösen, Handbremshebel zwei Rasten anziehen und rechts und links die untere Nachstellmutter gleichmäßig anziehen (mit Schraubenzieher das Gewindeteil des Handbremsseils gegenhalten, siehe Bild nächste Seite), bis sich beide Hinterräder nicht mehr von Hand durchdrehen lassen. Nun die Handbremse mehrmals lösen und festziehen und anschließend bei gelöstem Hebel kontrollieren, ob beide Räder vollkommen frei laufen, sonst müssen die Muttern wieder etwas zurückgedreht werden. Kontermutter gegen die festgehaltene Einstellmutter anziehen und Abdeckung aufsetzen.

## Bremsanlage entlüften

Wenn sich das Bremspedal schwammig durchtreten läßt, ist Luft in der Bremsleitung. Man kann die Luft leicht feststellen, wenn das Pedal beim

So wird die Bremsanlage mit einem Helfer entlüftet: Schutzkappen von den Entlüfterventilen abnehmen, Ventile mit einem Lappen von Schmutz säubern, Schlauch über den Ventilnippel schieben, anderes Schlauchende in ein bereits teilweise mit Bremsflüssigkeit gefülltes Glasgefäß (altes Marmeladenglas oder kleinere Flasche) stecken; der Schlauch muß unter dem Flüssigkeitsspiegel liegen, damit beim „Pedalpumpen" keine Luft in die Leitung zurückgesaugt wird. Mit Gabelschlüssel SW 7 das Entlüfterventil etwa eine halbe Umdrehung öffnen — auf Zuruf des Mannes am Rad fängt der Helfer mit dem Bremspedal zu pumpen an (schnell treten, langsam zurückkommen lassen). Treten mit der herausgepumpten Flüssigkeit keine Luftblasen heraus, hält der Helfer das Bremspedal in seiner tiefsten Stellung und das Entlüfterventil wird wieder geschlossen. Schlauch abziehen und die gesäuberte Staubkappe aufsetzen, Stand der Bremsflüssigkeit im Behälter im Motorraum kontrollieren.

Betätigen federt oder wenn die richtige Bremswirkung sich erst nach einigem »Pumpen« des Pedals einstellt. Dann muß die Anlage so bald wie möglich entlüftet werden. Vor dem Entlüften ist zuerst zu kontrollieren, ob der Behälter für die Bremsflüssigkeit im Motorraum vorn links richtig gefüllt ist. Nun zum Entlüften. Durch diese Maßnahme soll, wie schon der Name verrät, die Luft wieder aus der Bremsanlage herausgebracht werden. Ein zweiter Mann drückt mit dem Bremspedal pumpenderweise die Flüssigkeit aus den Leitungen, und zwar so lange, bis sie keine Luftbläschen mehr mit sich bringt. Die Reihenfolge beim Entlüften lautet: Rechtes Hinterrad, linkes Hinterrad, rechtes Vorderrad, linkes Vorderrad.
Bei vorderen Scheibenbremsen empfiehlt es sich, erst mit dem Bremspedal durch Pumpen Druck zu erzeugen. Dann das Entlüfterventil öffnen — das Pedal geht nach unten. Pedal getreten halten, Ventil schließen und Bremspedal wieder hochkommen lassen.
Nach jeder Radentlüftung muß der Behälter für die Bremsflüssigkeit wieder aufgefüllt werden, da sonst wieder Luft in die Leitungen gerät.

Dampfblasen im Bremssystem lösen etwa den gleichen dramatischen Effekt aus, wie Mottenlöcher in einem Fallschirm. Damit die Bremsflüssigkeit gar nicht ins Kochen kommen kann, soll sie alle zwei Jahre gewechselt werden. Das macht die Werkstatt mit einem Entlüftungsgerät; ohne dieses geht es ähnlich wie das im vorigen Abschnitt erklärte Entlüften. Sämtliche Enlüftungsventile werden geöffnet und man pumpt so lange mit dem Bremspedal, bis keine Flüssigkeit mehr austritt. Die — übrigens giftige — Bremsflüssigkeit läßt man nicht einfach auf die Straße laufen, sondern fängt sie in einem Glasgefäß auf, das auch zum anschließenden Entlüften benötigt wird.

**Bremsflüssigkeit wechseln**
Wartungspunkt Nr. 68

Damit Sie nur noch etwa halb so stark auf das Bremspedal treten müssen, besitzen alle außer den 50-PS-Modellen serienmäßig einen Bremskraftverstärker, der hinter dem Hauptbremszylinder links im Motorraum sitzt und Ihren Tritt aufs Pedal um das 2,12fache verstärkt.
Trotz der Bremshilfe ist das Bremspedal starr mit dem Kolben im Hauptbremszylinder verbunden. Sollte das Hilfsgerät einmal ausfallen, so kann man immer noch (wenn auch mit höherem Pedaldruck) bremsen.
Bei stehendem Motor liefert der Servo keine (zusätzliche) Bremskraft, deshalb muß man z. B. beim Abschleppen kräftiger aufs Bremspedal treten.
Der Bremskraftverstärker ist wartungsfrei. Seine Funktion kann man prüfen, wenn man bei stehendem Motor mehrmals kräftig auf das Bremspedal tritt, um den Unterdruck im Gerät abzubauen. Dann hält man das Pedal kräftig gedrückt und läßt den Motor an. Das Bremspedal muß unter dem Fuß spürbar nachgeben.
Die Werkstatt tauscht ein defektes Servogerät aus, es wird nicht mehr repariert. Eigenhändiger Austausch ist nicht zu empfehlen.

**Bremskraftverstärker prüfen**
Wartungspunkt Nr. 51

Alle VW Golf und Scirocco mit automatischem Getriebe haben für beide Hinterräder einen Bremskraftregler (links in Fahrtrichtung über der Hinterachse). Er verhindert, daß beim Bremsen, wobei die Hinterachse entlastet wird, die Hinterräder vorzeitig blockieren.
Eine schnelle Funktionsprüfung läßt sich folgendermaßen durchführen (Wagen hinten aufbocken): Während ein Mann kurz kräftig auf das Bremspedal tritt, fühlt ein zweiter am Regler, ob sich die Kolben im Regler verschieben. Beim Loslassen des Pedals muß im Bremskraftregler ein leichter Schlag

**Bremskraftregler prüfen**
Wartungspunkte Nr. 47 und 67

spürbar sein. Eine exakte Druckprüfung soll die Werkstatt alle zwei Jahre vornehmen.

## Störungs-beistand
**Bremsen**

| Die Störung | – ihre Ursache | – ihre Abhilfe |
|---|---|---|
| A Bremsen ziehen einseitig (erkennbar an ungleichen Bremsspuren) | 1 Reifendruck ungleichmäßig | Korrigieren bei kalten Reifen |
| | 2 Bereifung ungleichmäßig abgenutzt | Reifen so untereinander auswechseln, daß auf jede Achse gleichmäßig abgenutzte Reifen kommen |
| | 3 Verschmierte Beläge | Beläge erneuern, jeweils bei beiden Rädern einer Achse |
| | 4 Bremssattel oder Bremstrommel verschmutzt oder verrostet | Säubern und gängig machen |
| | 5 Unrunde Bremstrommeln | Trommeln ausdrehen |
| | 6 Kolben im Bremssattelzylinder verdreht | Kolbenstellung berichtigen |
| B Bremsen quietschen | 1 Staub und Schmutz an Scheibenbremsen oder in der Trommel | Mit Preßluft ausblasen und mit Bürste säubern |
| | 2 Federn der Bremsbeläge gebrochen | Federn ersetzen |
| | 3 Bremsscheibe hat Schlag | Erneuern |
| | 4 Beläge abgenutzt | Beläge erneuern |
| | 5 Beläge durch übermäßige Erhitzung verzogen | Beläge erneuern |
| | 6 Neue Beläge liegen nicht plan an | Außenkanten der Beläge mit einer Feile brechen |
| | 7 Kolben im Bremssattelzylinder verdreht | Kolbenstellung berichtigen |
| C Pedalweg zu groß | 1 Beläge abgenutzt | Beläge erneuern |
| | 2 Bremsscheibe hat Schlag | Auswechseln |
| D Pedalweg zu groß und federndes Durchtreten | 1 Luft in Bremsanlage, evtl. Bremsflüssigkeit im Vorratsbehälter zu tief abgesunken | Bremsen entlüften evtl. Vorratsbehälter auffüllen |
| | 2 Beschädigte Manschette im Trommelbremszylinder | Auswechseln |
| | 3 Undichtigkeit | Gesamtes System kontrollieren |
| E Pedalweg zu groß, trotz Entlüftung | Schadhafte Gummidichtungen oder Bremsschläuche | Auswechseln |
| F Pedal läßt sich ganz durchtreten, Bremswirkung läßt nach | 1 Undichtigkeit in der Leitung | Anschlüsse kontrollieren, evtl. Leitung auswechseln |
| | 2 Beschädigte Manschette im Haupt- oder Radbremszylinder | Manschette auswechseln (Werkstatt) |
| G Schlechte Bremswirkung bei hohem Fußdruck | 1 Gummidichtungen verquollen | Bremsanlage durchspülen, Gummiteile und Bremsflüssigkeit erneuern, Entlüften |
| | 2 Beläge in Trommelbremse verölt | Radlagerdichtung und Beläge erneuern |

| Die Störung | | — ihre Ursache | — ihre Abhilfe |
|---|---|---|---|
| H | Bremse zieht von selbst | 1 Ausgleichsbohrung im Hauptzylinder verstopft | Hauptbremszylinder überholen (Werkstatt) |
| | | 2 Gequollene Manschetten | Bremsanlage durchspülen, Manschetten auswechseln |
| | | 3 Bremsscheibe hat Schlag | Bremsscheibe zentrieren (Werkstatt) |
| I | Bremsen schütteln | 1 Beläge ungleichmäßig abgenutzt | Beläge auswechseln |
| | | 2 Bremsscheibe hat Schlag | Bremsscheibe zentrieren (Werkstatt) |
| | | 3 Bremstrommel unrund oder exzentrisch | Trommeln ausdrehen oder auswechseln |
| J | Bremswirkung nur bei sehr hohem Fußdruck | Bremskraftverstärker defekt | Austauschen |

Räder und Reifen

# Profilierte Erwägungen

»Aquaplaning«, was ist das? Beim Abrollen eines Reifens auf nasser Bahn wird das Wasser nach allen Seiten weggequetscht, hauptsächlich nach vorn. So entsteht vor dem Reifen ein Wasserkeil, der ab einer bestimmten Geschwindigkeit den Reifen abhebt — das Rad dreht durch oder kann stehen bleiben (bei zurückgenommenem Gaspedal) und Ihr Auto gleitet vorn auf dem Wasser, unfähig auf Bremse oder Lenkung zu reagieren. Solange die Profilzwischenräume das sich vor dem Reifen anstauende Wasser aufnehmen können, schiebt sich kein Wasserkeil unter die Lauffläche. Und je größer diese Zwischenräume sind (in der Höhe, Breite und vor allem in der Tiefe), um so später schwimmt der Reifen auf. Wenn die Profiltiefe unter 4 mm sinkt, wird die »Schwimmfreudigkeit« der Reifen besonders groß. Darauf muß man sich bei einem Regenguß einstellen.
Und was tun, wenn der Wagen bereits schwimmt? Lenkung festhalten, nicht bremsen. Erst auf festem Grund kann wieder gelenkt und gebremst werden.

**Die Reifengrößen**

Bis April 1975 wurde der VW Golf mit 50-PS-Motor serienmäßig ab Werk mit Diagonalreifen der Größe 5.95/145-13 ausgerüstet (bei Scheibenbremsen vorn mit Diagonalreifen 6.15/155-13) und seit Mai 1975 mit Radialreifen 145 SR 13, während der 70-/75-PS-Golf sowie der 50- und 70-/75-PS-Scirocco seit Produktionsbeginn auf der Gürtelreifengröße 155 SR 13 einherrollen. Serienmäßig gibt es nur am Scirocco mit 85 PS die ganz breiten Gürtelreifen 175/70 SR 13, auf Wunsch kann man sie auch für die übrigen Modelle bekommen. Welche Reifengrößen und entsprechende Felgen für Ihren Golf oder Scirocco in Frage kommen, können Sie übrigens auch den Fahrzeugpapieren entnehmen. Was dort nicht aufgeführt ist, darf auch nicht montiert werden — darauf hat der TÜV ein wachsames Auge.

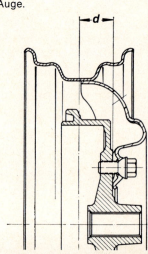

Mit Einpreßtiefe bezeichnet man den Abstand zwischen der Felgenmitte und der Anlagefläche der Felge an die Bremstrommel (d). Beim Golf gibt es Felgen mit zwei unterschiedlichen Einpreßtiefen, und zwar haben 50-PS-Golf mit Scheibenbremsen 4½-Zoll-Felgen mit 45 mm Einpreßtiefe, ebenso sämtliche 5-Zoll-Felgen für Golf und Scirocco. 50 mm Einpreßtiefe finden wir bei diagonalbereiften VW Golf mit Trommelbremsen. Bei Stahlfelgen ist die Einpreßtiefe außen an der Radschüssel eingeschlagen: entweder ET 45 oder ET 50.

## Was bedeutet die Reifenbezeichnung?

Die Reifengröße wird nach international gültigen Regeln in Millimetern oder gemischt in Millimetern und englischen Zoll angegeben. Die erste Zahl der Größenangabe nennt die Reifenbreite; entsprechend ist der Reifen 155-13 in unbelastetem Zustand 155 mm breit.

Für unsere VW-Modelle gibt es auch sogenannte 70er-Reifen (z. B. 175/70 SR 13), wobei die Zahl 70 aussagt, daß bei diesen Reifen das Verhältnis von Höhe zu Breite 70:100 beträgt (bei normalen Gürtelreifen 80:100 und bei den Diagonalreifen der ersten Golf-Serien 82:100). Diese 70er-Reifen haben eine größere »Aufstandsfläche«, sie stehen mit mehr Gummi auf der Straße. Die letzte Zahl in der Größenangabe gibt den Innendurchmesser des Reifens an und zugleich den Durchmesser der dazu passenden Felge. Demnach hat der Reifen 155 SR 13 einen Innendurchmesser von 13 Zoll oder 330,2 mm, und die zugehörige Felge hat an der Auflage für den Reifenwulst ebenfalls 330,2 mm Durchmesser.

Zur Größenangabe genügen bereits die erläuterten Zahlen, denn alle anderen Abmessungen jeder Reifengröße sind genormt, so daß alle Reifen mit gleicher Bezeichnung ohne Rücksicht auf die Marke darin, von erlaubten Toleranzen abgesehen, gleich sind.

Aus der Reifenbezeichnung läßt sich auch deren Bauart erkennen. Herkömmliche Diagonalreifen tragen zwischen den beiden Größenbezeichnungen einen Bindestrich (5.95/145-13) und sind für Geschwindigkeiten bis 150 km/h zugelassen. Sogenannte Sportreifen in Diagonalbauweise werden zwar im Handel auch angeboten, sind aber für die schnelleren Golf und Scirocco gar nicht gestattet. Gürtelreifen — sie werden auch Radialreifen genannt — erkennt man an der Bezeichnung »R« (= Radial). Das »S« kennzeichnet den zulässigen Geschwindigkeitsbereich, der Reifen darf bis 180 km/h gefahren werden. Daneben gibt es noch »H«-Reifen (bis 210 km/h) und »V«-Reifen (über 210 km/h), die aber wesentlich teurer sind und an unseren VW-Modellen keine Vorteile bieten.

## Die Reifenbauart

Wie wir bereits erwähnt haben, wurden nur die ersten Golf-Modelle mit 50-PS-Motor noch mit den nicht mehr zeitgemäßen Diagonalreifen ausgerüstet. Bei diesen Reifen besteht die Karkasse — so der Fachausdruck für den Reifenunterbau — aus verschiedenen Gewebeeinlagen, deren sich kreuzende Fäden diagonal zur Reifenachse übereinander liegen. Man bezeichnet sie auch als konventionelle Reifen, da sie der althergebrachten Bauweise entsprechen.

Gürtelreifen besitzen einen Unterbau aus Textilfäden, die an der Reifen-Seitenwand radial und unter der Lauffläche quer zur Fahrtrichtung verlaufen. Man erhält dadurch eine hohe Flexibilität der Reifenflanke, was für die Eigenfederung des Reifens von Bedeutung ist. Von den radial verlaufenden Fäden stammt auch der Name Radialreifen. Da aber die Lauffläche steif und formbeständig sein soll, legt man um den Reifen einen starken Gürtel aus diagonal verlegten Gewebefäden. Je nach dem Material, aus welchem dieses Gewebe besteht, unterscheidet man Stahl- und Textilgürtelreifen. Erstere besitzen einen Gürtel aus zwei Lagen Stahlcord, Textilgürtelreifen weisen gewöhnlich vier Lagen Nyloncord auf.

Stahl-Gürtelreifen sind bekannt für hohe Laufleistungen; die durch den Stahlcordgürtel versteifte Lauffläche walkt und arbeitet nur wenig.

## Die Felgen

Die Felgengröße lautet bei den 50-PS-Golf mit Trommelbremsen und Diagonalreifen 4½ J x 13 mit 50 mm Einpreßtiefe (siehe Zeichnung links unten), bei den 50-PS-Golf mit Scheibenbremsen bis etwa September 1974 und bei den 50-PS-Golf seit Mai 1975 4½ J x 13 mit 45 mm Einpreßtiefe. Felgen der Größe 5 J x 13 mit 45 mm Einpreßtiefe finden wir an allen Scirocco, den gürtelbereiften 50-PS-Golf bis April 1975 sowie allen stärkeren Golf. Die Felgenbezeichnungen bedeuten:

4½, 5 = Felgenmaulweite in Zoll, an der Felgenhornbasis quer zur Laufrichtung des Rades gemessen.
J = Formung des Felgenhorns nach Norm-Vorschrift.
X = Zeichen für Tiefbettfelge.
13 = Felgendurchmesser von Wulst zu Wulst, in Zoll gemessen.

Hier haben wir es ebenfalls mit Norm-Bezeichnungen zu tun, jedoch nur die für die Reifengröße wichtigen Felgenabmessungen, nicht aber die Art der Felgenbefestigung betreffend. So differieren die Anzahl der Radmuttern oder die sogenannte »Schüsseltiefe« der Felge von Automarke zu Automarke.

**Fingerzeige:** *Entgegen früheren Angaben kann die Reifengröße 145 SR 13 auch auf den Felgen 4½ J x 13 gefahren werden. Wer bei einem Golf oder Scirocco vor Baujahr Mai 1975 die schmalen 145 SR 13 aufziehen will, muß diese Änderung in die Fahrzeugpapiere eintragen lassen; bei den neueren Modellen sind die Reifen 145 SR 13, 155 SR 13 und 175/70 SR 13 auf allen Felgengrößen zulässig. Die 4½"-Felge mit 50 mm Einpreßtiefe kann aus Raumgründen nicht an Fahrzeugen mit breiten Bremssätteln (50-PS-Modelle bis April 1975 und alle stärkeren Versionen) montiert werden.*

*Für die von VW als Sonderausstattung lieferbaren Leichtmetallräder müssen längere Radschrauben verwendet werden wie für die normalen Stahlräder. Leichtmetallfelgen haben zur Unterscheidung Radschrauben mit einer großen ebenen Einbuchtung im Schraubenkopf, bei den Stahlrädern ist die Einbuchtung kleiner und halbkugelig, außerdem sitzt seitlich daneben noch ein Markierungspunkt. Wer an seinem Golf oder Scirocco nachträglich Leichtmetallräder montiert, muß unbedingt auch die längeren Radschrauben dazukaufen, sonst haben die Felgen keinen ausreichenden Halt. Andererseits dürfen Stahlfelgen nicht mit den längeren Radschrauben befestigt werden; sie beschädigen die Hinterradbremse. Wer also bei Leichtmetallrädern noch ein Stahl-Reserverad hat, muß im Bordwerkzeug auch einen Satz kurzer Radschrauben mitführen.*

*Wenn ein Leichtmetall-Ersatzrad montiert wird, ist der Nabendeckel am defekten Rad mit einem Schraubenzieher abzuhebeln und am Reserverad einzustecken.*

Schon nach wenigen Kilometern zügiger Fahrt kann der Luftdruck um 0,2 bis 0,4 bar ansteigen. Es wäre daher falsch, beim Halt an der nächsten Tankstelle den Reifenluftdruck entsprechend zu erniedrigen, denn diese Druckerhöhung durch Erwärmung wurde von den Reifenherstellern bereits berücksichtigt. Aus diesem Grund lohnt sich der Erwerb eines eigenen Luftdruckprüfers, womit der Reifendruck vor Antritt einer Fahrt bei kalten Reifen gemessen werden kann.

Als günstigsten Kompromiß zwischen guter Straßenlage, angenehmem Fahrkomfort und langer Laufzeit hat das Volkswagenwerk seit 1976 für alle Reifengrößen die nachstehenden Luftdruck- Empfehlungen gegeben.

| Zuladung | Sommerreifen | | Winterreifen | | Reserverad |
|---|---|---|---|---|---|
| | vorn | hinten | vorn | hinten | |
| halb | 1,7 | 1,7 | 1,9 | 1,9 | 2,2 |
| voll | 1,8 | 2,2 | 2,0 | 2,4 | |

## Reifendruck prüfen
Wartungspunkt Nr. 10

Bei sportlicher Fahrweise oder Autobahnfahrt ist es aber ratsamer, den Druck bei Sommerreifen um 0,2 oder 0,3 bar Überdruck zu erhöhen, da sich dann die stärkere Beanspruchung nicht so sehr auf die Lebensdauer der Reifen auswirkt. Ständig mit zu wenig Druck aufgepumpte Reifen halten nicht lange.

**Bei kalten Reifen Luftdruck messen**

Bereits wenige Kilometer zügiger Fahrt lassen den Reifendruck um 0,2 bis 0,4 bar Überdruck ansteigen. Diese Druckerhöhung durch Erwärmung ist aber von den Reifenherstellern bereits berücksichtigt worden und darf deshalb nicht an der nächsten Tankstelle abgelassen werden. Am günstigsten ist ein eigener Luftdruckprüfer (z. B. Moto Meter Nr. 624 005 1002), womit der Reifendruck vor Antritt der Fahrt bei kalten Reifen gemessen werden kann.
Liegt kein besonderer Verdacht auf mangelnden Luftdruck vor, genügt die Messung alle ein bis zwei Wochen, denn auch ein schlauchloser Reifen darf in sechs bis acht Wochen höchstens 0,1 bar Überdruck verlieren. Schnellerer Druckverlust weist auf einen Defekt hin.
Mit einem eigenen Luftdruckmesser sichern Sie stets gleichbleibende Meßgenauigkeit. Wenn Sie bei der regelmäßigen Prüfung Druckverlust an einem Reifen feststellen, müssen Sie sich ihn etwas genauer anschauen. Entweder kann das Ventil undicht geworden sein oder in der Reifendecke sitzt eine Glasscherbe oder ein Nagel, wodurch ein kleines Loch entstanden ist. Jedenfalls muß der Ursache des Druckverlustes nachgespürt werden, es hilft nichts, einfach Luft nachzupumpen.

## Reifenzustand prüfen
Wartungspunkt Nr. 54

15 000 km sind für diese Kontrolle eine recht lange Spanne. Am besten sieht man nach dem äußeren Zustand der Reifen, wenn der VW in der Tankstelle zum Ölwechsel oder zu einer Unterwagenwäsche hochgebockt ist. Bei dieser Gelegenheit bohrt man mit einem kleinen Schraubenzieher Fremdkörper aus der Reifendecke und prüft nach, ob sie bereits ernsthaften Schaden angerichtet haben. Am interessantesten ist natürlich die Reifenabnutzung. Sie können sehr zufrieden sein, wenn jeweils die Reifen einer Achse über den gesamten Reifenumfang und über die gesamte Profilbreite gleichmäßig abgenutzt sind. Zeigt sich jedoch einseitige Abnutzung oder hat das Profil wellige Vertiefungen in regelmäßigen Abständen, dann ist am Fahrgestell oder am Rad selbst etwas faul.
In diesem Falle sollten Sie aber einen wirklichen Fachmann zu Rate ziehen, denn nur dieser kann durch die Art der ungleichen Reifenabnutzung erkennen, ob es sich um zu viel oder zu wenig Luftdruck, um unausgewuchtete Räder, um unwirksame Stoßdämpfer, um ausgeschlagene Gelenke, um Fehler in Spur oder Radsturz als Ursache handelt. Alle diese zahlreichen Fehlerquellen hinterlassen nämlich ihre individuellen Spuren auf dem Reifenprofil. Unter Umständen müssen dann die Räder abgenommen und neu ausgewuchtet werden oder die betreffende Achse ist zu vermessen. Diese Arbeiten sind aber nicht mit Heimwerkermitteln möglich.

**Räder austauschen?**

Allgemein gültige Kilometerzahlen, wie lange die Vorder- und Hinterreifen am Golf und Scirocco halten, lassen sich nicht angeben. Da spielt die persönliche Fahrweise die größte Rolle – weitaus weniger dagegen die jeweilige Reifenmarke. Da aber die Vorderräder den Wagen antreiben, lenken und zudem die Hauptbelastung beim Bremsen aushalten müssen, sind sie auch früher verschlissen. In der Betriebsanleitung wird deshalb empfohlen, die Räder jeweils einer Seite auszutauschen, also unter Beibehaltung ihrer bisherigen Laufrichtung. Es ist umstritten, ob der Tausch sinnvoll ist; für die Empfehlung spricht, daß der Reifenabrieb gleichmäßiger erfolgt, allerdings müssen bei Ersatz vier – bei Einbeziehung des Reserverades drei – neue Reifen gekauft werden. Bei Wechsel in kurzen Kilometerabständen können Fehler der Lenkung, Radaufhängung, Stoßdämpfer, Gelenke usw. ihre Spuren nicht deutlich genug am Reifenprofil hinterlassen. Eine Laufstrecke von 10 000 bis 15 000 Kilometern genügt allerdings in jedem Fall, derartige Fehler erkennen zu lassen.

**Fingerzeige:** *Zur pfleglichen Behandlung der Reifen gehört es, daß deren Ventile stets durch Kappen verschlossen sind. Sonst setzt sich dort Schmutz an, der beim nächsten Luftgeben zwischen Ventilnadel und Ventilwand geklemmt wird und zur Undichtigkeit führt.*
*Auch die Felgen erwarten gelegentlich einen prüfenden Blick. Anfahren an große Steine oder Bordkanten kann zu Beschädigungen am Felgenhorn (und an der Radaufhängung!) führen. Dadurch wird der schlauchlose Reifen unter Umständen undicht. Als Gegenmaßnahme kann man einen passenden Schlauch einlegen (1320 für die Reifengrößen 5.95/145-13 und 145 SR 13, 1330 für die Größen 6.15/155-13, 155 SR 13 und 175/70 SR 13.) Allerdings muß dafür gesorgt werden, daß beim Aufpumpen des Reifens die unter der Reifendecke eingesperrte Luft entweichen kann, sonst können »Luftkissen« zwischen Schlauch und Decke zum Walken des Reifens und Erhitzen bis zum Reifenplatzer führen. Entlüftet werden schlauchlose Reifen durch eine besondere Entlüftungsscheibe um das verschraubte Metall-Schlauchventil, die vor dem Einlegen des Schlauches bis zum Ventilfuß aufgeschraubt werden muß. Beim Schlauchkauf darauf achten!*

**Radschrauben auf festen Sitz kontrollieren**
Wartungspunkt Nr. 55

Als besonderer Punkt ist die Prüfung der Radschrauben auf festen Sitz vorgesehen. Diese Kontrolle ist aber kurz nach einem Radwechsel wichtiger, auch wenn er von einer Werkstatt durchgeführt wurde. Nach 15 000 km Fahrt wird man eher Mühe haben, die Schrauben zu lösen, selbst wenn sie mit dem vorgeschriebenen Drehmoment von 9 kpm (90 Nm) angezogen wurden.

**Der Radwechsel**

Die Automobilisten der Pionierzeit mußten oft auf einer Reise mehrmals Reifen wechseln, weil hufnagelverstreuende Pferde ihre Spuren hinterlassen und einem »Pneumatic« das Leben gekostet hatten. Heute sind »Plattfüße« selten geworden und festgerostete Radschrauben bereiten manchem fast unüberwindliche Schwierigkeiten. Trotzdem muß man, um einen vielleicht guten Reifen nicht völlig zu ruinieren, den Versuch zum Wechseln wagen. Schon nach wenigen hundert Metern Fahrt ist sonst das Gewebe so verwalkt, daß jede Reparatur des Reifens unmöglich wird. Zur Vorbereitung auf diesen Ernstfall sollten Sie gelegentlich einer gründlichen Fahrzeugreinigung einmal eine Art Notstandsübung mit dem Wagenheber und Radmutterschlüssel vornehmen. Prüfen Sie vor allem öfter, ob Ihr Wagenheber noch leichtgängig ist.

Der Radwechsel geht nun so vor sich:
- Handbremse festziehen.
- Räder der anderen Wagenseite mit Steinen oder Holz blockieren.
- Radkappe abnehmen; Radschrauben (SW 17) eine Umdrehung lockern.
- Wagenheber an den auf Seite 32 bezeichneten Punkten vorn oder hinten in den Blechfalz am Unterholm einsetzen und Ersatzrad bereitlegen.
- Fahrzeug hochkurbeln.
- Radschrauben herausdrehen und in der Nabenkappe, die nun abgenommen werden kann, oder in der Radkappe ablegen.
- Rad abnehmen und Ersatzrad aufstecken.
- Radschrauben (Vorsicht beim Wechsel von einem Leichtmetallrad auf ein Stahlrad, siehe Fingerzeig Seite 125) eindrehen, Nabendeckel einsetzen und Schrauben über Kreuz gleichmäßig leicht anziehen; dabei das Rad hin- und herbewegen, damit es sich einwandfrei auf der Radnabe zentriert.
- Wagen ablassen.
- Radschrauben über Kreuz fest anziehen; Radkappe aufsetzen.
- Defektes Rad und Wagenheber verstauen (Wagenheberfuß nach unten).

**Fingerzeig:** Die Radschrauben sollen nicht mit zu viel Gewalt angezogen werden, also nicht mit einem zusätzlich verlängerten Radschlüssel. Zu starkes oder ungleichmäßiges Anziehen kann dazu führen, daß sich die Bremsscheiben oder -trommeln verziehen; das ergibt ungleichmäßige Bremswirkung und punkt- oder flächenförmigen Reifenverschleiß.

**Reifen-Reparatur**

Ein defekter Reifen sollte möglichst bald repariert werden, sonst hat man womöglich bei einem zweiten Plattfuß kein Ersatzrad mehr. Allerdings kann man in schlauchlose Stahlgürtelreifen nicht einfach einen Reparaturstopfen (z. B. »Tip Top super sealastic«) einsetzen, wie dies bei Diagonal- oder Textilgürtelreifen ohne weiteres möglich ist. Die Cordfäden des Stahlgürtels würden den Stopfen anschließend beim Fahren zerscheuern.
Ist das Loch in der Reifenlauffläche (Seitenwandreparaturen sind nicht empfehlenswert) nicht größer als 5 bis 6 mm, kann man sich mit einem einfachen Flickzeug zur Reparatur von Autoschläuchen behelfen (vor allem bei Auslandsreisen). Den beschädigten Reifen von der Felge abnehmen, eingedrungenen Gegenstand entfernen und innen in den Reifen an der Schadensstelle einen Schlauchflicken einsetzen. Diese Reparatur hält Tausende von Kilometern, bis man zu Hause den Reifen vom Fachmann vulkanisieren läßt.

**Räder auswuchten**

Wir haben bereits erwähnt, daß der VW Golf und Scirocco wegen der Federbein-Vorderachse empfindlich auf unwuchtige Vorderräder reagiert. Das heißt, man spürt Vibrationen im Lenkrad oder Schütteln im Vorderwagen;

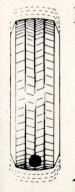
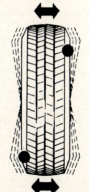

Unsere Skizze erläutert die Auswirkungen der Unwucht am laufenden Rad.

Die **statische** Unwucht liegt senkrecht zur Radachse und ist durch ein entsprechendes Gegengewicht auf der gegenüberliegenden Seite des Rades zu beheben.

Die **dynamische** Unwucht ist durch Auspendeln des Rades nicht feststellbar, aber das schnellaufende Rad flattert und wackelt. Das läßt sich nur auf einer Auswuchtmaschine beheben. Die dynamische Unwucht steht irgendwie schräg zur Radachse, wie die schwarzen Punkte der Skizze andeuten.

beides tritt bei bestimmten Geschwindigkeiten besonders stark auf. Die Ursache liegt an ungleichmäßiger Gewichtsverteilung am Rad, wie unsere Skizze erläutert.

Unwucht-Vibrationen im Lenkrad machen sich gelegentlich schon am neuen Fahrzeug bemerkbar. Reklamieren Sie diesen Mangel und lassen Sie sich nicht vertrösten, das werde mit der Zeit von selbst verschwinden. Das verschwindet nicht, sondern wird schlimmer — nach Ablauf der Garantiezeit!

Radialreifen sollte man baldmöglichst nachwuchten lassen, wenn die erwähnten Vibrationen im Lenkrad zu spüren sind oder ungleicher Abrieb zu sehen ist. Aber nicht alle 4 Räder sind dann unbedingt unwuchtig. Doch reißen manche Mechaniker bei diesem Nachwuchten zuerst die angebrachten Ausgleichsgewichte ab. Sie müssen verlangen, daß das Rad erst einmal zur Probe läuft. Vielleicht ist die Auswuchtung noch einwandfrei und Sie können sich einen Teil des Geldes für das Auswuchten sparen.

**»Matchen« und »Harmonisieren«**

Auch nach jeder Reifenreparatur muß das betreffende Rad neu ausgewuchtet werden. Ein Flickstopfen im Reifen verändert bereits die Unwucht.

Die VW-Werkstatt wird es vielleicht auch nicht selbst schaffen, denn manchmal machen Gürtelreifen beim Auswuchten erhebliche Schwierigkeiten. Ihre Herstellung ist schwieriger als bei den früheren Diagonalreifen; so kann beispielsweise der Gürtel verspannt sein oder beim Vulkanisieren (Aufbringen der Lauffläche) verrutschen. Das kann »Höhenschlag« oder ungleichmäßige Elastizität der Reifenlauffläche ergeben, was sich durch Auswuchten nicht ohne weiteres beheben läßt. Entweder muß der fehlerhafte Reifen ausgetauscht werden oder man geht zu einem wirklich guten Reifendienst (Autowerkstatt und Tankstelle haben dazu meist nicht die notwendigen Erfahrungen), wo Felge und Reifen jeweils genau auf Höhen- und Seitenschlag (also Abweichungen von der genauen »Rundheit«, die praktisch nie ganz erreicht wird) vermessen werden. Dann wird der Reifen so lange auf der Felge gedreht, bis sich Höhen- und Seitenschlag von Felge und Reifen möglichst ausgleichen. Der Fachmann nennt dieses Verfahren »Matchen«.

Ein weiteres Mittel zur Laufruhe ist das »Harmonisieren« des Rades: Nach der ausgleichsgünstigen Montage auf der Felge wird die Lauffläche des Reifens mit einer Spezialmaschine völlig gleichmäßig rund geschliffen, wobei natürlich nur die herausstehenden Profilteile um wenige Zehntel Millimeter abgetragen werden. Ein solcher »harmonisierter« Reifen hat nicht wegen des teilweise abgetragenen Profils eine kürzere, sondern wegen seiner Gleichmäßigkeit zumindest eine gleichlange Laufzeit.

**Neue Reifen kaufen**

Ein Reifen ist nicht etwa erst dann abgefahren, wenn er auf der gesamten Breite die Glätte eines Kinderpopos erreicht hat oder Sie bereits auf der Leinwand einherfahren. Hierzulande hat man amtlicherseits festgelegt, daß 1 Millimeter Profiltiefe auf der gesamten Lauflächenbreite das mindeste für die Verkehrssicherheit sei, nach unseren Erfahrungen sind sogar 1,5 mm kaum noch ausreichend. Wenn nicht ein Reifen plötzlich platzt, haben Sie aber Zeit, sich die Wahl der neuen Reifen sorgfältig zu überlegen.

**Keine Diagonalreifen nehmen**

Auch für den Fall, daß Ihr 50-PS-Golf bis Baujahr Mai 1975 laut Fahrzeugpapieren noch mit Diagonalreifen ausgestattet werden darf, sollten Sie bei der Ersatzbeschaffung nicht wieder auf diese veraltete Reifensorte zurückgreifen, die kurzlebiger als Gürtelreifen sind und die guten Fahreigenschaften des Golf nicht voll zur Geltung bringen können.

**Preiswerte oder sportliche Gürtelreifen kaufen?**

Falls Ihr Golf bereits mit Gürtelreifen ausgestattet war, kommen als Ersatz auch nur solche infrage; den Scirocco gibt es ohnehin nur mit Radialreifen. Wenn im Kofferraum noch ein neuwertiger Ersatzreifen liegt, kann man beim ersten Reifenkauf etwas sparen und einen gleichen Reifen dazukaufen, womit eine Achse bereits neu ausgestattet wäre.
Die Gürtelreifengröße 145 SR 13 steht zur Diskussion, wenn man sehr preiswerte Gürtelreifen kaufen will. Ansonsten sind Sie mit der Größe 155 SR 13 gut bedient, da sie auch bei gemäßigten Winterverhältnissen gute Leistungen zeigt (das ganze Wagengewicht wird auf relativ schmalem Profil auf die Straße gebracht, das ergibt bei Schnee und Eis einen besseren Auflagedruck). Als sogenannte Ganzjahresreifen haben sich einige Gürtelreifen auf Stahlkarkasse bewährt, so der Conti TS, der Dunlop SP 4, der Metzeler Perfect, der Michelin zX und sein Nachfolger XzX, der Phoenix 2010 S, der Pirelli P 3 und der Uniroyal Rallye 280.
Wer gerne die Leistung seines Wagens voll ausnutzt, findet wahrscheinlich an den 70er-Reifen Gefallen, die am Scirocco TS/GT serienmäßig in der Größe 175/70 SR 13 aufgezogen sind. Mit diesen besonders breit und »satt« aufliegenden Reifen wird die Kurvenlage (bei trockener Straße) noch verbessert, aber der Geradeauslauf etwas unruhig. Außerdem sind in der kalten Jahreszeit spezielle Winterreifen kaum zu umgehen, denn der geringere Auflagedruck der breiten Reifen ist auf Schnee und Glatteis ungünstiger.
Wer von Stahl- auf Textilgürtelreifen oder umgekehrt umrüsten will (natürlich nicht einzeln, sondern zumindest achsweise!), muß die beiden Reifen auf Stahlkarkasse an den Hinterrädern montieren. Grundsätzlich kommt immer der griffigere Reifen auf die Hinterachse und das ist stets der Stahlcordreifen.

**Winterbereifung**

In Gegenden, wo mit Schnee und Eis zu rechnen ist, läßt sich die Anschaffung besonderer Winterreifen selten umgehen. Die M+S-Reifen (= Matsch und Schnee) werden sowohl in Diagonal- wie in Gürtelbauweise angeboten. Doch trotz des etwas höheren Preises kommen nur Gürtel-Winterreifen infrage, wenn man sich schon zu M+S-Reifen entschließt. Selbst auf Schnee und Eis sind nämlich Winterreifen in Diagonalbauweise den wintertauglichen Sommer-Gürtelreifen unterlegen. Zu den empfehlenswerten Winterreifen zählen der Dunlop SP M+S, der Goodrich GT 700, der Phoenix 110 PMS und der Pirelli MS 35.
Relativ neu auf dem Markt sind die sogenannten Haftreifen, die sich von den herkömmlichen Winter-Gürtelreifen nicht nur durch eine spezielle Laufflächenmischung, sondern auch durch ihre Profilgestaltung unterscheiden. Sie sind als Nachfolger der in Verruf geratenen Spikes-Reifen anzusehen, aber unter bestimmten Bedingungen können sie die Nagelreifen nicht ersetzen: Bei Temperaturen um den Gefrierpunkt bildet sich auf dem Eis beim Darüberrollen ein Wasserfilm, der die Haftfähigkeit der Reifen stark herabsetzt. Mit sinkenden Temperaturen erhöht sich die Haftfähigkeit der Haftreifen und übertrifft unter etwa −5° C sogar die Eisreifen. Das Angebot an Haftreifen wird laufend erweitert. Gut bewährt an unseren VW-Modellen haben sich der Firestone T & C AS-1, der Goodyear G 800 Ultra Grip, der Metzeler bzw. Phoenix Alpin Steel und der Pirelli MS 35 SM.
Zusammenfassend kann man sagen, daß vier Haftreifen (nur zwei wären auf Glatteis lebensgefährlich!) zur Zeit die sicherste Lösung darstellen, wenn sich der Fahrer bei Temperaturen um null Grad und Regen oder hoher Luftfeuchtigkeit auf die stark verringerte Bodenhaftung einstellt.

**Luftdruck und Profiltiefe**

Winterreifen fährt man mit einem 0,2 bis 0,3 bar erhöhten Luftdruck, dann können die Profilstollen und Kanten besser greifen.
Ein M+S-Reifen mit weniger als 4 mm Profiltiefe taugt nichts mehr im Winter (und wird auch bei vorgeschriebener Winterausrüstung nicht mehr anerkannt!). Genauso müssen wintertaugliche Sommerreifen mindestens noch 4 mm Profil aufweisen.

**Zusätzliche Felgen für Winterreifen**

Wenn Sie sich zusätzliche Felgen für die Winterbereifung anschaffen, sparen Sie die Kosten für das Ummontieren der Reifen vor und nach dem Winter. Und ohne große Schwierigkeiten können Sie die Sommerreifen montieren, wenn im Winter wochenlang trockenes Wetter herrscht.

**Fingerzeig:** *M + S-Radialreifen dürfen bis höchstens 160 km/h gefahren werden. Da der 75-PS-Golf und die Scirocco mit 70-, 75- und 85-PS-Motor schneller laufen können, muß bei ihnen am Armaturenbrett ein Aufkleber auf die zulässigen 160 km/h hinweisen, wenn M+S-Reifen montiert sind.*

**Runderneuerte Reifen**

Bei vielen Autofahrern stehen die runderneuerten Reifen in schlechtem Ansehen, und dies zu Unrecht. Es gibt namhafte Betriebe, die sich fabrikmäßig mit der Runderneuerung abgefahrener Reifen befassen und auf diese Arbeit vertrauenswürdige Garantie geben. Die Fachleute guter Runderneuerungsbetriebe nehmen einen Reifen zur Runderneuerung erst nach gründlicher Inspektion an. Wenn Gewebebrüche, bis auf das Gewebe abgefahrene Profile, Durchschläge, größere Verletzungen und mürbe Seitenwände festgestellt werden, lehnen sie die Runderneuerung der Karkasse ab.
Runderneuerte erreichen nicht mehr die Laufleistung eines Neureifens, dafür sind sie aber auch erheblich billiger. Wer an die Fahreigenschaften seines Golf oder Scirocco hohe Ansprüche stellt, wird allerdings mit runderneuerten Pneus nicht glücklich werden, denn einerseits weisen sie zumeist größere Unwuchten auf als Neureifen und außerdem kann sich ihr Fahrverhalten trotz gleichartiger Profilgestaltung erheblich vom entsprechenden Markenreifen unterscheiden.
Wer sparen will, ist mit Winterreifen in runderneuerter Ausführung recht gut bedient. Ohne weiteres kann man sich auf einen Satz abgefahrener Sommergürtelreifen ein entsprechendes M+S-Haftprofil vulkanisieren lassen.

**Fingerzeig:** *Auch Reifen müssen eingefahren werden! Nicht nur wegen der vom Vulkanisieren her sehr glatten Profiloberfläche und der Reifenwülste, die sich erst während den ersten Fahrkilometern exakt in das Felgenhorn schmiegen. Der anfangs wenig verformungsfreudige Pneu muß sich durch einige Einlaufkilometer geschmeidig walken, und vor den ersten harten Bremsmanövern oder starkem Beschleunigen muß das beim Reifenaufziehen verwendete Montagefett austrocknen. Am besten geschieht das Reifeneinfahren auf trockener kurvenreicher Landstraße. Aber es genügt auch, wenn Sie die ersten 100 km nur mäßig Gas geben und bremsen sowie die Höchstgeschwindigkeit des Golf oder Scirocco nicht voll ausnutzen.*

**Die Batterie**

# Im Speicher

Die Autoelektrik ist manchem Fahrer ein Buch mit sieben Siegeln. Zudem zählt sie auch noch heute zu den störanfälligsten Teilen im Wagen. Und während man sehen kann, ob Benzin aus der Leitung fließt, bleibt der Strom unsichtbar. Man kann nur seine Wirkung sichtbar machen: Wenn Sie den Lichtschalter herunterdrücken, leuchten die Scheinwerfer auf und wenn Sie den Gebläseschalter nach rechts schieben, pustet das Heizgebläse los. In den folgenden Kapiteln soll die Autoelektrik näher beleuchtet werden, wobei sich manches vermeintliche Geheimnis lüften wird. Hinten im Buch finden Sie die Stromlaufpläne, auf denen Sie auch die Wege des elektrischen Stroms verfolgen können.

**Elektrik ohne Geheimnisse**

Falls die Schulkenntnisse schon etwas verblaßt sind, wollen wir sie kurz in Erinnerung rufen: Den elektrischen Strom kann man etwa mit einem Wasserfall vergleichen. Die Höhe des Wasserfalls ist dabei die Spannung, die in der Elektrik in Volt (V) angegeben wird. Jede Zelle der Autobatterie gibt etwa 2 Volt Spannung ab, also haben Sie in Ihrem VW eine 12-Volt-Batterie.
Die Breite des Wasserfalls ist danach die Stromstärke, die in Ampere (A) gemessen wird. Die vom Wasserfall gelieferte Wassermenge — in Höhe und Breite gemessen — wird in der Elektrik in Watt (W) berechnet: $W = V \times A$. Auf den Glühlampensockeln ist die Leistungsaufnahme in Watt eingeprägt.

**Ein wenig Batterietechnik**

In zurückliegenden Zeiten, als alle Fremdwörter eingedeutscht wurden, nannte man die Batterie »Sammler«, denn eigentlich ist sie ein Akkumulator oder Stromspeicher, der nur so viel Strom abgeben kann, wie vorher (über einen chemischen Umwandlungsprozeß) in ihn hineingepumpt wurde. Im Gegensatz dazu gibt eine echte Batterie — etwa für eine Taschenlampe — Strom aus eigener chemophysikalischer Kraft ab. Solch eine Batterie kann man nicht aufladen, wohl aber den Auto-Akku.
Außer dem Markennamen und der Fabrik-Typbezeichnung finden Sie irgendwo auf einer Batterieseite die Kennzeichnung 12 V/27 Ah, 12 V/36 Ah oder 12 V/63 Ah (je nach Ausstattung). Die vorangestellte 12 gibt die bereits erwähnte Stromspannung an. Hinter dem Schrägstrich ist die Stromstärke — in Ampere gemessen — in ihrer »zeitlich lieferbaren Menge« angegeben (abgekürzt Ah). Das ist die Batteriekapazität. Bei einem Speicherungsvermögen von 27, 36 oder 63 Ah kann die Batterie theoretisch 27, 36 oder 63 Stunden lang 1 Ampere oder umgekehrt 1 Stunde lang 27, 36 oder 63 Ampere abgeben, vorausgesetzt, die Batterie ist vollgeladen und in neuwertigem Zustand. Das ist jedoch meist nur bei sommerlichen Temperaturen und nach einer ausgesprochenen Autobahn-Langstreckenfahrt der Fall. Normalerweise kann man nur mit etwa zwei Dritteln oder gar nur der Hälfte der angegebenen Kapazität rechnen.

**Was die Batterie leistet**

Etwa 36 Watt werden verbraucht, wenn man den VW mit eingeschaltetem Standlicht parkt. Bei 12 Volt Spannung werden dazu also (Watt : Volt = Ampere) 3 Ampere gebraucht, die von der 36-Ah-Batterie theoretisch etwa 12 Stunden lang geliefert werden können. In der Praxis (bei ½ bis 2/3 Kapazität) sind es aber nur etwa 8 Stunden, dann ist das Licht aus und die Batterie leer. Wurde nach einer Panne die Warnblinkanlage eingeschaltet, dauert es höchstens 4 Stunden, bis der Batterie der letzte »Saft« entzogen ist!

Vor allem bei ausgefallener Lichtmaschine ist es wichtig, zu wissen, wie lange die Batterie wohl durchhalten könnte. Denn man kann mit Hilfe der Batterie weiterfahren (wenn beim 70-, 75- oder 85-PS-Motor nicht der Keilriemen gerissen und dadurch die motorlebenswichtige Wasserpumpe ausgefallen ist), solange der Strom für Zündspule und Vorwiderstand (zusammen rund 25 Watt) reicht. Näheres dazu finden Sie unter »Fahren ohne Lichtmaschine« auf Seite 146.

Am stärksten beansprucht der Anlasser die Batterie. Deshalb nennt man sie auch Starterbatterie, denn das ist ihre Hauptaufgabe; bei laufendem Motor liefert ja die Lichtmaschine allen notwendigen Strom. Der Anlasser leistet zwar nur 0,7 PS zum Durchdrehen des Motors, aber durch Reibungsverluste frißt er zwischen 600 Watt beim Durchdrehen des warmen Motors bis 3400 Watt im Augenblick des Einschaltens. Durch diesen Stromhunger des Anlassers sinkt die Batteriespannung sehr schnell auf etwa 10 und im Winter gar bis 7,5 Volt ab. Auf diese niedrige Spannung ist der Anlasser allerdings bereits eingerichtet.

Bei warmem Öl in Motor und Getriebe ist der Strombedarf des Anlassers geringer — der Motor läßt sich leichter durchdrehen. Je tiefer die Temperatur sinkt und je zäher dadurch die Schmierstoffe werden, um so höher wird der Strombedarf des Anlassers. Zudem ist bei niedrigen Temperaturen auch die Leistungskraft der Batterie an sich schon geringer.

**Temperatur beeinflußt die Batterie**

Ihre volle Leistungskraft liefert die Batterie nur bei sommerlichen Temperaturen, bei tiefem Frost von −25° C reicht es selbst bei einer tadellos geladenen Batterie kaum noch für die halbe Leistung. Eine schlecht geladene oder alte Batterie kann kaum mehr den kältesteifen Motor durchdrehen.

Obwohl es recht altmodisch klingt, ist es daher sinnvoll, vor wirklich kalten Nächten die Batterie auszubauen und in der Wohnung in die Nähe der Heizung — aber nicht darauf! — zu stellen. Wer einmal festgestellt hat, wie leicht der Wagen daraufhin am nächsten Morgen anspringt, wird sich diese Mühe gerne machen.

Die Batterie ist beim VW Golf und Scirocco sehr gut zugänglich im Motorraum montiert. Moderne Autobatterien haben an ihrer Unterkante einen Montagesteg, so daß die Batterie von einer entsprechenden Klemmleiste gehalten werden kann. Sie ist, wie hier gezeigt, mit einem Rohrsteckschlüssel SW 13 (für andersartige Schraubenschlüssel ist zu wenig Bewegungsfreiheit) zu lösen. Dann läßt sich die Batterie ohne weiteres herausheben.

Links im Minuspol der Batterie sehen Sie das Datum der Inbetriebnahme eingeschlagen: 51/74 bedeutet 51. Woche 1974, siehe auch Seite 140.

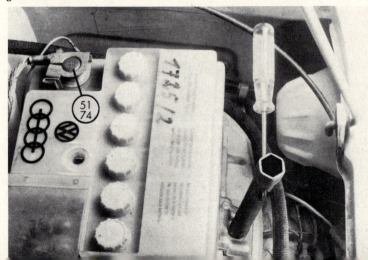

Der Batterieausbau bei arktischen Temperaturen hat einen weiteren Grund: Eine tief entladene Batterie (etwa durch versehentlich eingeschaltete Scheinwerfer beim Parken) kann schon bei —10° C gefrieren, eine aufgeladene Batterie hält bis mindestens 30° Frost durch. Eine gefrorene Batterie kann platzen oder durch verschobene Bleiplatten Kurzschluß erleiden.

## Batterie aus- und einbauen

Mit einem Gabelschlüssel SW 13 und einem möglichst langen Rohrsteckschlüssel SW 13 zum Lösen der Halteleiste kann die Batterie ausgebaut werden.

Zuerst wird das Minus-Kabel (neben oder auf dem Polkopf der Batterie steht ein Minus-Zeichen) gelöst. Das Minus-Kabel erkennt man außerdem daran, daß es nicht isoliert ist und nur aus breiter geflochtener Kupferlitze besteht, die an ihrem anderen Ende mit der Karosserie — mit der »Masse« — verschraubt ist. Dazu der Merksatz: **M**inus an **M**asse! Dies gilt für alle Stromverbraucher im VW, denn die Karosserie ersetzt die zweite Leitung, durch die erst ein wirksamer Stromkreislauf hergestellt ist. Damit beim weiteren Hantieren mit der Batterie keine Kurzschlüsse auftreten können, löst man zuerst das Minus-Kabel. Erst dann das Plus-Kabel (Zeichen auf oder neben dem Polkopf: +) lösen und beiseite biegen. Zum Schluß mit dem Rohrsteckschlüssel SW 13 die Halteleiste am Fuß der Batterie (Bild links unten) lösen und die Batterie herausheben.

Sinngemäß umgekehrt wird die Batterie eingebaut, das Minus-Kabel schraubt man also zuletzt fest. Die Kabelklemmen müssen gut angezogen werden, denn Wackelkontakte können den empfindlichen Dioden der Lichtmaschine schaden.

Beim Ausbau der Batterie schaut man natürlich nach, wie es darunter aussieht. Denn gelegentlich übertretende Batteriesäure kann beachtliche Rostlöcher in das Batterie-Standblech fressen, wenn man nichts dagegen unternimmt. Schmutz wird mit viel warmem Wasser, etwas Auto-Shampoo und einem dicken Waschpinsel abgewaschen. Nach gründlichem Trocknen sprüht man das Standblech mit einem klaren Rostschutzmittel (z. B. »Metallkonservierer« von Aral) oder Motorschutzlack (z. B. »Plastglanz« von Teroson) ein. Hat der Rost bereits ins Batterie-Standblech gebissen, rückt man ihm zuerst mit Schleifpapier so gut wie möglich zu Leibe. Die verbleibenden Rostporen streichen Sie darauf mit »Terotex Rostprimer« von Teroson ein, eine anschließende Schutzschicht aus Unterbodenschutz oder Lackfarbe (recht brauchbar ist Chlorkautschuklack, wie man ihn für Schwimmbecken benutzt) verhindert erneuten Rostfraß.

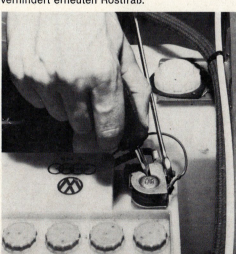

Bei allen Arbeiten an der Auto-Elektrik (natürlich nicht bei Strompüfungen) soll das Massekabel (Minuskabel) an der Batterie gelöst werden. Auch wenn das Pluskabel an der Batterie verbleibt, ist damit das Fahrzeug stromlos und Kurzschluß vermieden. Das Minuskabel ist nicht isoliert und meist als Kupferband geflochten.
Batterieklemme mit Schraubenschlüssel SW 10 lockern, aber Klemme nicht mit Gewalt abziehen, sondern bei Bedarf, wie hier gezeigt, durch zwischengesteckten Schraubenzieher Polklemme aufspreizen, auf dem Polkopf drehen und dann abheben.

## Batterie-säurestand kontrollieren

Wartungspunkt Nr. 4

Der Säurestand der Batterie sollte nicht nur alle 7500 km geprüft werden, wie dies der Wartungsplan vorsieht. Die Batterieflüssigkeit besteht aus Schwefelsäure, die mit destilliertem Wasser verdünnt ist. Ein Teil dieses Wassers kann verdunsten, es wird zum Teil auch beim Ladevorgang in Sauerstoff und Wasserstoff zersetzt. Eine ständig stark geladene und gering beanspruchte Batterie (viel Langstreckenbetrieb, Stromverbraucher selten eingeschaltet) ist deshalb auch wasserdurstiger als eine stark belastete.

Wenn sich im Sommer der Anlasser beim Starten nur noch müde dreht, ist oft zu niedriger Säurestand schuld, darum gilt der erste Blick der Batterie. Wenn die Bleiplatten im Trockenen stehen, fehlt es der Batterie an Kraft. In eine stark entladene Batterie darf das destillierte Wasser — keinesfalls Batteriesäure — nur bis zu den oberen Plattenkanten aufgefüllt werden. Denn beim Wiederaufladen der Batterie durch die Lichtmaschine (oder den Heimlader) steigt der Säurestand ganz erheblich. Eine überfüllte Batterie »kocht über«, d. h. die Säure drückt sich zu den kleinen Entlüftungslöchern in den Zellenverschlußstopfen heraus. Abgesehen von der durch Oxidkristalle verschmutzten Batterieoberfläche und dem verrosteten Batteriestandblech wird auf diese Weise auch die Batteriesäure unkontrolliert verdünnt, was die Batterielebensdauer verkürzt. Erst wenn eine »trockengefallene« Batterie wieder aufgeladen wurde, darf destilliertes Wasser bis zur Füllstandsmarke aufgefüllt werden.

Bei den serienmäßigen durchsichtigen Batterien ist der richtige Säurestand durch zwei umlaufende rote Striche außen an der Batterie markiert. Andere Batterien haben eine kleine Markierungskante unten am Einfülltrichter der Zelle oder einen meist weißen Markierungssteg oberhalb der Plattenkanten.

**Fingerzeige:** *Zum Messen des Batterie-Säurestandes dürfen Sie auf keinen Fall einen Schraubenzieher oder sonst etwas Metallisches nehmen. Das könnte durch winzige Metallabriebe bereits Kurzschluß in der Batterie geben.*

*Das destillierte Wasser — am billigsten in der Apotheke oder Drogerie — hebt man sich am besten in einer Glas- oder Plastikflasche auf, die vorher gründlich gereinigt und mit destilliertem Wasser zuletzt ausgeschwenkt wurde. Auf keinen Fall darf dazu ein Blechgefäß genommen werden, denn auch hierdurch würden unvermeidbar kleine Metallteilchen in die Batterie gelangen.*

*Leitungswasser oder Regenwasser darf man auch nicht im Notfall zum Auf-*

Mit der Zeit setzt sich auch auf der Batterieoberfläche Schmutz an und die Batteriekabelanschlüsse zeigen bei mangelhafter Pflege weiß-grünliche Oxidkristalle. Den Schmutz und die Oxidkristalle bürstet man an der ausgebauten Batterie mit einem Waschpinsel und viel warmem Wasser (am besten eine gut warme Sodalösung) ab, reibt die Pole und Kabelschuhe mit einem Lappen sorgfältig trocken und fettet zum Schluß die Polköpfe und Anschlußklemmen mit einem Spezial-Säureschutzfett (wie hier Bosch Ft 40 v 1) ein.

füllen der Batteriesäure benutzen. Es enthält immer leitfähige Salze und andere mineralische Stoffe, die der Batterie schwer schaden.

Wenn einmal Batteriesäure ausgelaufen sein sollte, weil die Batterie irgendwie kopfstand, kann nur die Fachwerkstatt helfen, denn in diesem Falle muß eine fachmännisch hergestellte Akkumulatorensäure eingefüllt werden. Falls Sie immer wieder auf der Batterie feine Säuretröpfchen oder starke Korrosion an den Batteriepolköpfen finden, die beide darauf hinweisen, daß die Batterie gelegentlich »überkocht«, kann es an zu viel eingefülltem destillierten Wasser liegen. Das ist durch Öffnen der Zellenstopfen leicht festzustellen. Muß aber allzu oft Wasser nachgefüllt werden oder fühlt sich die Batterie nach dem Abstellen des Motors immer noch warm an, funktioniert der Spannungsregler der Lichtmaschine nicht richtig — die Batterie wird ständig mit viel zu hoher Leistung überladen. Das ruiniert natürlich die Batterie ziemlich schnell. Deshalb so bald wie möglich zur VW-Werkstatt oder zum Bosch-Dienst, um den Spannungsregler nachmessen zu lassen.

Batteriesäure ist ein Teufelszeug. Selbst in ziemlicher Verdünnung, also etwa beim Abwaschen von Oxidkristallen von der Batterie oder ihrem Standblech, frißt es erstaunlich große Löcher in Hose oder Jacke, wenn es beim Hantieren dorthin spritzte. Besonders gemein ist, daß man erst nach Tagen diese Wirkung sieht. Deshalb muß jeder Spritzer auf der Bekleidung sofort mit einer überschwemmenden Sodalösung behandelt werden. Wasser allein tut's nicht! Noch besser ist dafür das Spezialmittel »Neutralon«, das es von der Batteriefirma Varta in einer großen Spraydose gibt. Empfehlenswerte Vorsorge: Beim Hantieren an oder mit der Batterie eine Kunststoff-Folie, die bis zu den Schuhen reicht, vorbinden.

## Ladezustand der Batterie prüfen
Wartungspunkt Nr. 38

Macht die Batterie trotz richtigem Säurestand einen müden Eindruck — die Scheinwerfer strahlen etwa bei plötzlichem Gasgeben wesentlich heller auf — und will sie sich gar nicht mehr erholen, muß die Säuredichte jeder einzelnen Batteriezelle zur Kontrolle des Ladezustandes gemessen werden. Denn die Säuredichte, also das spezifische Gewicht, zeigt an, ob die Zellen Strom abgeben können oder nicht.

Den dazu notwendigen Hebe-Säuremesser (Aräometer nennt ihn der Fachmann) braucht man nicht unbedingt selbst zu kaufen, denn er wird eigentlich selten gebraucht und jede gut ausgestattete Tankstelle und jede Werkstatt erledigt diesen Prüfdienst. Das spezifische Gewicht der zur Prüfung angesaugten Batteriesäure kann man auf dem Schwimmer in der Prüfspindel ablesen. Es bedeuten:

| Batterie voll geladen | spez. Gewicht 1,285 kg/l | Anm.: Die Messung ist auf +20° C bezogen. Je 14° C Temperaturunterschied ändern das spez. Gewicht um 0,01 kg/l. |
|---|---|---|
| Batterie halb geladen | spez. Gewicht 1,21 kg/l | |
| Batterie entladen | spez. Gewicht 1,14 kg/l | |

Es ist noch kein Unglück, wenn alle sechs Zellen eine gleichmäßig niedere Säuredichte zeigen; bei einer noch nicht zu alten Batterie genügt Nachladen oft schon. Bedenklich wird es jedoch, wenn eine einzelne Zelle entladen ist. Hier sollte die Elektrowerkstatt prüfen, ob die Batterie noch brauchbar ist. Zumeist wird in diesem Fall der Batterietod durch inneren Kurzschluß festgestellt (durch ausbröckelndes Blei aus den Batterieplatten).

## Batterie laden

Auch in unbenutztem Zustand entlädt sich die Batterie im Lauf der Zeit. Im Sommer geht die Selbstentladung etwas schneller als im Winter vor sich. Sie beträgt jeden Tag $1/2$ bis 1 Prozent der Nenn-Kapazität. Nach etwa 3 Monaten kann also eine vollgeladene Batterie leer sein. Da sie in entlade-

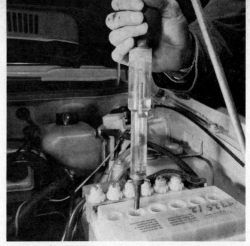

Zum Messen der Säuredichte in der Batterie dient ein Hebesäuremesser, mit dem man etwas Batteriesäure aus jeder Zelle absaugt und an der Skala des Schwimmers die Dichte, also das spezifische Gewicht der Säure, abliest. Dazu muß der Schwimmer, das Aräometer, im senkrecht gehaltenen Kolben frei schwimmen. Durch diese Messung wird der Ladezustand jeder einzelnen Batteriezelle geprüft.

nem Zustand Schaden leidet, muß die Batterie eines stillgelegten Wagens ausgebaut und etwa jeden Monat nachgeladen werden. Man kann sie auch zu einer Elektrowerkstatt in »Pension« geben, wo sie dauernd mit schwachem Strom geladen wird.

Zum Aufladen einer schwach gewordenen Batterie ist ein eigenes Ladegerät durchaus nützlich. Mit einem guten Heimladegerät dauert es 15 und mehr Stunden, bis eine tief entladene Batterie wieder voll geladen ist – die stärkeren Werkstatt-Ladegeräte schaffen es schon in 10 Stunden – aber bereits nach einer Stunde hat der Heimlader der Batterie genügend Strom zum Starten zugeführt. Eine entladene Batterie zur Schnelladung und wieder zurückzubringen dauert mindestens auch eine Stunde.

Der Ladestrom soll anfangs etwa 10 Prozent der Batteriekapazität betragen, also etwa 3,6 A bei der 36-Ah-Batterie und sich während der Ladung automatisch heruntersteuern. Die Batterie ist voll geladen, wenn eine Zellenspannung von je 2,6 bis 2,7 Volt erreicht ist und innerhalb von zwei Stunden die Säuredichte nicht mehr ansteigt.

Die Verschlußstopfen der Batteriezellen müssen beim Laden geöffnet sein, da hierbei Gasblasen aus Wasserstoff und Sauerstoff entstehen – also gefährliches Knallgas, in dessen Nähe man nicht mit Feuer hantieren darf. Durch die aufsteigenden und zerplatzenden Gasblasen sprüht aus der Batterie feiner Säurenebel, der sich in der Nähe niederschlägt. Deshalb sollte man beim Laden der eingebauten Batterie die Umgebung mit Plastikfolie oder Zeitungen abdecken.

**Ist Schnelladen schädlich?**

Wem es zu lange dauert, bis das Ladegerät die Batterie wieder aufgeladen hat, kann seinen Akku bei der VW- oder Elektro-Werkstatt schnelladen lassen. Aber nur ganz gesunde Batterien überstehen diese Roßkur, die etwa eine Stunde dauert und bei der mit 40 und mehr Ampere geladen werden.

Ältere Batterien können dagegen durch die Schnelladung vollends ihr Leben aushauchen – das kostet dann eine neue (aber vielleicht ohnehin bald fällige) Batterie. Fabrikneue und die sogenannten wartungsfreien Batterien (siehe Seite 140) dürfen auf gar keinen Fall an ein Schnelladegerät gehängt werden. Meist sind neue Batterien schon vom Hersteller »trocken vorgeladen« und brauchen nur noch mit Batteriesäure befüllt zu werden.

Muß einmal die eingebaute Batterie des VW Golf/Scirocco schnellgeladen werden, ist vorher das Minus-Kabel der Batterie zu lösen. Sonst können die empfindlichen Dioden der Lichtmaschine oder das eventuell eingebaute

Wenn bei Startversuchen die eigene Batterie den Motor nur noch ächzend oder gar nicht mehr durchzudrehen vermag, sind Starthilfekabel das beste Rettungsmittel. Man verbindet jeweils Plus an Plus (weiße Pfeile) und Minus an Minus (schwarze Pfeile) bei beiden Batterien. Wenn dazu der Motor des hilfreichen Autofahrers in höheren Drehzahlen läuft, erhält die eigene Start- und Zündanlage ausreichend Strom, um den startunwilligen Motor auf Trab zu bringen. Es spielt übrigens keine Rolle, welches Auto der hilfreiche Fahrer besitzt, es muß lediglich eine 12-Volt-Batterie haben.

Radio vom hohen Ladestrom des Schnelladers ruiniert werden. Die Abnahme des Minus-Kabels ist dagegen bei der Verwendung eines Heimladers nicht erforderlich, nur müssen alle Stromverbraucher (außer der anspruchslosen Zeituhr) ausgeschaltet sein.

### Starten mit leerer Batterie

Wem ist es nicht schon passiert: Man kommt zu seinem Auto, dreht den Zündschlüssel herum und — nichts geschieht; auch die rote Ladekontrolllampe brennt nur noch schwach oder gar nicht. Meist stellt sich schnell heraus, daß ein versehentlich eingeschalteter Stromverbraucher die Batterie »leergesogen« hat. Normalerweise läßt sich die Batterie von der eigenen Lichtmaschine wieder aufladen, nur muß der Motor dazu erst einmal laufen. Ist die Batterie dagegen defekt — also Kurzschluß, an völlig übergekochter Batterie oder stark aufgeheiztem Gehäuse erkennbar; bei gebrochenem Gehäuse und ausgelaufener Batterie — muß sie sofort gegen eine einwandfreie ersetzt werden. In einer schadhaften Batterie kann die Lichtmaschine keinen Strom speichern und in kürzester Zeit schmoren die Lichtmaschine und der Spannungsregler durch. Dann wäre »der Ofen aus« und der VW müßte abgeschleppt werden.

### Anschieben oder Anschleppen

Hat man nicht gerade das Glück, daß der VW an einer abschüssigen Straße steht, wo man ihn zum Starten des Motors hinunterrollen lassen kann, muß er angeschoben oder angeschleppt werden. Ganz einfach geht es auch mit Starthilfekabeln (siehe Bild oben).
Mit Hilfe von zwei kräftigen Leuten (ein Mann allein wird es kaum schaffen) läßt sich der Golf oder Scirocco ohne große Schwierigkeiten anschieben. Allerdings muß die Zündanlage in guter Verfassung sein. Zündung einschalten, 1. Gang einlegen (im 2. oder gar 3. Gang wird die notwendige Drehzahl beim Anschieben nicht erreicht!), Kupplung durchgetreten halten, Wagen anschieben lassen, bis er in Schwung ist, dann die Kupplung schnell kommen lassen. Das Auto macht einen Hopser, wobei der Motor plötzlich schnell genug durchgedreht wird und die Lichtmaschine genügend Strom für die Zündfunken erzeugt. Springt der Motor an, sofort Kupplung treten und Gas geben.
Zum Anschleppen (wie das Seil befestigt wird, sehen Sie auf Seite 214) die Zündung einschalten, 2. Gang einlegen und Kupplung durchtreten. Der Zugwagen muß langsam anfahren und das Schleppseil allmählich straff ziehen. Bei etwa 15 km/h die Kupplung langsam kommen lassen, dabei rechte

Hand an die Handbremse. Ist der Motor angesprungen, Kupplung treten und Gas geben, Handbremse sanft ziehen (Sie haben nur zwei Beine und können nicht auch noch die Fußbremse treten), damit Sie dem Vordermann nicht ins Hinterteil fahren und dem Schleppfahrer Hupsignal geben. Jetzt Gang heraus, Kupplung loslassen, aber immer noch etwas Gas geben und mit der Handbremse zusammen mit dem Schleppwagen langsam abbremsen.

**Batterie-Lebensdauer**

Bei normaler Pflege soll eine Batterie etwa 3 Jahre lang dienstbereit sein. Dann erkennt ein aufmerksamer Fahrer an Müdigkeitserscheinungen, daß langsam eine Nachfolgerin fällig wird. Nützt Nachladen nichts mehr, leuchten die Scheinwerfer beim Gasgeben bedeutend heller und drücken sich die Plattenblöcke in den Zellen hoch, ist es soweit. Meist geben die ersten Nachtfröste altersschwachen Batterien den Rest.

Wundermittel zum Aufputschen einer Batterie gibt es nicht. Wir haben jedoch ein Mittel gefunden, mit dem eine chemisch defekte, also sulfatierte Batterie, wieder aufgemuntert werden kann. Es heißt »Cobalt-MG« und ist über die Firma Walter Neuber, 5810 Witten, Jahnstraße 13, im Fachhandel und in den Auto-Abteilungen der Kaufhäuser erhältlich. Damit kann man die Lebensdauer einer altersschwachen Batterie verlängern; es wird jedoch geraten, das Mittel sofort in neue Batterien zu füllen (ausgenommen ATSA-Batterien).

**Kauf einer neuen Batterie**

War Ihr VW Golf bislang mit einer 27-Ah-Batterie ausgerüstet, so können Sie beim Kauf einer Ersatzbatterie ohne weiteres die etwas leistungsstärkere 36-Ah-Batterie wählen; sie hat auch etwas größere Reserven beim Winterstart. Ob Sie eine schwarze, weiße oder durchsichtige Batterie kaufen, ist völlig belanglos. Hauptsache ist, sie paßt in den Boden-Abmessungen und hat an der Unterkante die Bodenleiste zum Festklemmen.

Beim Kauf einer neuen Batterie füllt der Händler in die in aller Regel vorgeladene Batterie Batteriesäure ein und prägt mit kleinen Schlagstempeln in die Polköpfe das Wochen-Datum(!) der Inbetriebnahme. So bedeutet also ein Schlagstempel 12/75, daß die Batterie in der 12. Woche (also Mitte März und nicht im Dezember!) 1975 gekauft wurde. An diesem Schlagstempel können Sie auch beim Gebrauchtwagenkauf beurteilen, wann voraussichtlich eine neue Batterie fällig sein wird.

Lichtmaschine und Anlasser

# Motoren am Motor

Ohne eigenen Stromerzeuger wäre die Reise im Auto nur von kurzer Dauer, dann müßten Sie wieder eine frisch geladene Batterie einsetzen, denn die vielen Stromverbraucher saugen den Stromspeicher bald leer (wie weit Sie ohne Lichtmaschine kommen können, steht auf Seite 146). Damit der Batterie der »Saft« nicht ausgeht, lädt sie die vom Motor über den Keilriemen angetriebene Lichtmaschine — vielfach nennt man sie auch Generator, da sie ja Strom liefert und nicht nur die Beleuchtungsanlage speist.
Am Ende dieses Kapitels befassen wir uns mit dem Motor, der den Golf- oder Scirocco-Motor anwirft — der Anlasser (in der Frühzeit des Automobilismus mußte der »Chauffeur« ja den Motor noch mit einer Kurbel andrehen).

**Die Lichtmaschine**

In unseren VW-Modellen ist eine moderne Drehstrom-Lichtmaschine eingebaut, die gegenüber der herkömmlichen Gleichstrom-Lichtmaschine schon bei Motorleerlauf Strom liefert, weitgehend wartungsfrei ist und außerdem eine höhere Lebensdauer besitzt. In der Lichtmaschine sorgen sogenannte Halbleiterdioden für die Gleichrichtung des erzeugten Wechselstroms (nur Gleichstrom läßt sich in der Batterie speichern). Diese Dioden sind sehr spannungsempfindlich, weshalb man als Heimwerker einige Punkte beachten muß, damit die Drehstrom-Lichtmaschine nicht einen frühen Stromtod stirbt:
■ Bei laufender Drehstrom-Lichtmaschine darf kein Kabel zwischen Batterie und Lichtmaschine gelöst oder angeschlossen werden, auch nicht das Minuskabel an der Batterie. Dabei treten Spannungsspitzen (Hochspannung) auf, die die Dioden kaum überstehen.
■ Die Drehstrom-Lichtmaschine darf nie ohne angeschlossene Batterie laufen, sie dient der Lichtmaschine gewissermaßen als Puffer gegen Spannungsspitzen.
■ Alle Kabelanschlüsse zwischen Drehstrom-Lichtmaschine, Batterie und dem Karosserieblech (»Masse«, siehe Seite 149), müssen ganz fest sitzen. Wackelkontakte können bereits gefährliche Spannungsspitzen hervorrufen.

**Technische Daten**

Zwei verschiedene Hersteller liefern die Drehstrom-Lichtmaschinen für den VW Golf und Scirocco: Bosch und Motorola. Die Bosch-Lichtmaschine zeigt das Bild auf der nächsten Seite. den Generator von Motorola erkennt man an der weiter herausragenden Diodenplatte (unter der schwarzen Abdeckung). Beide Lichtmaschinen gibt es sowohl mit 35 A Leistung als auch mit 55 A (gegen Aufpreis und in Verbindung mit dem »Schlechtwetterpaket«). Trotz unterschiedlicher Leistung ist die stärkere Lichtmaschine nicht größer. Die Lichtmaschinen von Bosch und von Motorola liefern bei einer maximalen Spannung von 14 Volt 35 (bzw. 55) Ampere, also 490 (oder 770) Watt und bei 2000 Lichtmaschinen-Umdrehungen bereits 2/3 ihrer Höchstleistung,

Der VW ist mit einer Drehstrom-Lichtmaschine ausgestattet, bei der der zugehörige Spannungsregler (8) „integriert", also direkt in die Lichtmaschine eingebaut ist. Zur Kontrolle oder zum Austausch der Schleifkohlen muß dieser Regler abgeschraubt werden, denn der Schleifkohlenhalter sitzt an dessen Innenseite. Weiter bedeuten: 1 — Typenschild der Lichtmaschine, 2 — Klemmschraube am Spannbügel (3) zum Einstellen der Keilriemenspannung, 4 — Klemmbügel zum Halten des Dreifach-Kabelsteckers (5) in seiner Steckbuchse (7). Der Klemmbügel ist hier nach Lockern seiner Halteschraube beiseite geschwenkt, damit der Kabelstecker abgezogen werden kann, 6 — Entstör-Kondensator.

also rund 23 A, entsprechend etwa 325 Watt (oder 36 A, entspricht etwa 510 Watt). 2000/min der Lichtmaschinenwelle entsprechen bei einer Keilriemenübersetzung von 1,83 zur Motorkurbelwelle des 1,1-Liters (bzw. 1,91 beim 1500/1600) etwa 1090/min (oder 1050/min) des Motors. Das heißt also, daß der Motor, der im Leerlauf mit etwa 950/min drehen soll, bereits bei rund 100 Umdrehungen mehr die Lichtmaschine zu 2/3 ihrer Höchstleistung antreibt. Mit dieser Drehstrom-Lichtmaschine kann man daher bei einem Verkehrsstau im Motorleerlauf die Batterie nicht mehr unbemerkt leernuckeln, was bei der Gleichstrom-Lichtmaschine leicht passieren konnte (damit das Benzin nicht unnötig durch den Motor gejagt wird, stellt man in diesem Fall ohnehin besser den Motor ab).

Unsere Drehstrom-Lichtmaschine ist für eine Höchstdrehzahl von 12 000/min ausgelegt, was bei einer Übersetzung von 1,83 (1100er) etwa 6550/min und bei 1,91 (1,5-/1,6-Liter) etwa 6300 Motorumdrehungen entspricht.

### Der Spannungsregler

Man kann die Lichtmaschine mit einem Fahrraddynamo vergleichen — je schneller sie sich dreht, um so mehr Strom mit höherer Spannung wird geliefert. Ein derartiges Auf und Ab würden die Stromverbraucher im Auto nicht lange überstehen, darum muß ein besonderer Regler die Lichtmaschinenspannung begrenzen und ein Überladen der Batterie verhindern. Solch ein Regler — in diesem Fall ein elektronischer Feldregler — ist an der Drehstrom-Lichtmaschine direkt angeschraubt (siehe Bild oben).

### Schleifkohlen ersetzen

Der Regler ist lediglich mit 2 Querschlitzschrauben am Generator angeschraubt, er läßt sich ohne Demontage der Lichtmaschine ausbauen. Das kann notwendig werden, wenn die Lichtmaschine nicht so arbeitet, wie sie soll (rote Ladekontrolle brennt dauernd, Batterie kocht über). Zwar lassen sich Störungen nur mit den speziellen Prüfgeräten der Fachwerkstatt exakt einkreisen, als Ursache kommen aber auch verbrauchte Schleifkohlen (an der Innenseite des Spannungsreglers) in Frage. Vor der Fahrt zur Werkstatt also:

■ Regler an der eingebauten Lichtmaschine abschrauben.

■ Die darunter sitzenden Schleifkohlen herausziehen und deren Länge messen. Wenn sie nur noch 5 mm lang oder kürzer sind, können sie nicht mehr auf dem Schleifring der Lichtmaschine aufliegen und müssen ersetzt werden. Verbrauchte Schleifkohlen kann ein einigermaßen praktisch begabter Heimwerker mit dem Lötkolben selbst austauschen.

- Zum Austausch die beiden Anschlußlitzen der verbrauchten Kohlen auslöten, diese herausziehen und neue anlöten (Lötstellen nicht verwechseln). Neue Bosch-Schleifkohlen sind 10 mm lang, die von Motorola 9 mm (beim Ersatzteilkauf den Lichtmaschinen-Hersteller angeben).
- Regler mit den neuen Schleifkohlen wieder anschrauben. Klappt nun die Zusammenarbeit von Lichtmaschine-Batterie-Ladekontrolle, war die Ursache schon gefunden.

## Regler prüfen
Wartungspunkt Nr. 58

Nur mit Werkstattgeräten kann die Funktionsweise des Reglers überprüft werden. Daß etwas nicht stimmt, merkt man auch als Selbstpfleger, wenn ein in der Störungstabelle auf Seite 147 angegebener Fehler auftritt. Eventuelle Selbsthilfemöglichkeiten haben wir im vorhergehenden Kapitel beschrieben. Ansonsten bleibt dieser Wartungspunkt den Prüfgeräten der Werkstatt überlassen.

## Lichtmaschine aus- und einbauen

Beim 1,5-/1,6-Liter-Motor liegt die Lichtmaschine schön von oben zugänglich, dagegen kommt man an den Generator des 1100ers nur von unten richtig heran. Grundsätzlich werden beide Lichtmaschinen auf gleiche Art ausgebaut, nur muß eben ein Golf oder Scirocco 1100 erst vorn hochgebockt werden.
- Minuskabel an der Batterie abnehmen.
- Klemmschraube unten (1100) bzw. oben (1500/1600) am Haltebügel mit einem Schraubenschlüssel SW 13 lösen (Bild nächste Seite oben bzw. unten).
- Klemmbügel (Nr. 4 im Bild links oben) des dicken Mehrfachsteckers an der langen Gehäuseschraube SW 8 lockern und beiseite schwenken.
- Mehrfachkabelstecker an der Lichtmaschine abziehen (nicht an den Kabeln zerren!).
- Falls vorhanden, Masseband zwischen Gehäuseschraube und dem benachbarten Träger an der Lichtmaschine mit einem Schraubenschlüssel SW 8 lösen.
- Lichtmaschine zum Motor hin- (1100er) bzw. vom Motor wegschwenken (1,5-/1,6-Liter) und den Keilriemen von den Keilriemenscheiben abstreifen.
- Beim 1100er von oben den Sechskant SW 13 am Schwenklagerbolzen — in Fahrtrichtung links — gegenhalten und an der gegenüberliegenden Seite die Mutter SW 13 losschrauben. Etwas komplizierter ist der weitere Ausbau beim 1,5-/1,6-Liter-Motor: Von rechts — in Fahrrichtung — durch das Loch in der Zahnriemenschutzhaube einen Innensechskantschlüssel SW 6 (Inbus) in den Kopf des Schwenklagerbolzens einsetzen und gegenhalten, während am anderen Ende des Bolzens die Mutter SW 13 mit einem Ringschlüssel losgeschraubt wird.
- Schwenklagerbolzen herausziehen, dabei die Lichtmaschine festhalten und nach oben herausnehmen.

Sinngemäß umgekehrt wird die Lichtmaschine wieder eingebaut und zum Schluß muß der Keilriemen gespannt werden (siehe nächste Seite).

## Keilriemenspannung prüfen
Wartungspunkt Nr. 24

Beim 1,1-Liter-Motor wird nur die Lichtmaschine vom Keilriemen angetrieben, bei den stärkeren Modellen mit 1500/1600-Motoren zusätzlich noch die motorlebenswichtige Wasserpumpe.
Der Keilriemen soll sich in der Mitte zwischen den Keilriemenscheiben der Kurbelwelle und der Lichtmaschine bei kräftigem Fingerdruck 10 bis 15 mm durchdrücken lassen. Gibt der Keilriemen weiter nach, muß er nachgespannt werden. Das geschieht beim 1,1-Liter-Motor und beim 1500/1600 auf unter-

Die Keilriemenspannung wird beim 50-PS-Motor am besten bei hochgebocktem Wagen von unten eingestellt. Die Klemmschraube SW 10 unten an der Lichtmaschine etwas lockern; damit sich der Haltebolzen nicht mitdreht, steckt man zwischen den Flansch der Lichtmaschine und den Schraubenkopf ein Zehnpfennigstück (kleiner weißer Pfeil). Mit der Einsteckstange für den Radmuttern-Steckschlüssel aus dem Bordwerkzeug zieht man die Lichtmaschine nach außen (großer weißer Pfeil) und dreht die Klemmutter wieder fest. Motor kurz laufen lassen und die Keilriemenspannung nochmals kontrollieren.

schiedliche Weise. Wie es gemacht wird, ist für den 1100er im Bild oben und für die etwas anders gebauten 1500/1600 im unteren Bild beschrieben.

Auf jeden Fall sollte man bei dieser Gelegenheit — auch wenn die Keilriemenspannung stimmt — kontrollieren, ob die Lichtmaschinen-Halteschraube und die Mutter am Schwenklagerbolzen richtig festgezogen sind.

**Gerissener Keilriemen**

Leuchtet die rote Ladekontrolle plötzlich während der Fahrt auf (und haben Sie außerdem vielleicht gehört, daß im Motorraum etwas kurz gegen das Blech schlug), sofort anhalten und kontrollieren, ob der Keilriemen gerissen ist. Je nach Motor gelten nun unterschiedliche Alarmstufen:

**Wenn beim 1100er der Keilriemen gerissen ist**

können Sie zur Not auch ohne Keilriemen weiterfahren, denn bei diesem Motor wird die Wasserpumpe vom Zahnriemen (siehe Seite 49) angetrieben.

**Wenn beim 1500/1600 der Keilriemen gerissen ist**

dürfen Sie auf keinen Fall weiterfahren! Die ebenfalls vom Keilriemen angetriebene Wasserpumpe läuft nicht mehr und kann die vom Motor aufgeheizte Kühlflüssigkeit nicht mehr zum Kühler pumpen. Das im Motorblock stillstehende Kühlmittel gerät sofort ins Kochen — davon kann die Zylinderkopfdichtung durchbrennen oder ein Kolben klemmen. Auch Fahrversuche

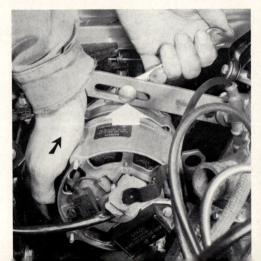

Muß die Keilriemenspannung am 1,5-/1,6-Liter-Motor nachgestellt werden, wird die Klemmschraube (weißer Pfeil) oben am Spannbügel der Lichtmaschine etwas gelockert, wobei die rechte Hand das Lichtmaschinengehäuse, wie hier gezeigt, hält. Soll der Keilriemen straffer gespannt werden, muß die Hand das Lichtmaschinengehäuse mit kräftigem Ruck nach oben reißen (wie der schwarze Richtungspfeil zeigt), während blitzschnell die linke Hand die Klemmschraube mit dem Schraubenschlüssel festdreht. Nach unseren Erfahrungen stimmt dann meist die Keilriemenspannung. Am besten läßt man nun den Motor kurz laufen, stellt ihn wieder ab und prüft die Keilriemenspannung nochmals. Stimmt sie nicht, muß mit mehr oder weniger kräftigem Druck nochmals gespannt werden.

Der Keilriemen soll sich in der Mitte zwischen den Keilriemenscheiben der Kurbelwelle und der Lichtmaschine um etwa 10 bis 15 mm bei kräftigem Fingerdruck durchdrücken lassen. Wenn der Keilriemen lockerer sitzt, muß er entsprechend nachgespannt werden. Die richtige Keilriemenspannung ist wichtig, weil bei zu geringer Spannung der Keilriemen durchrutscht, Lichtmaschine und beim 1,5-Liter auch die Wasserpumpe nur ungenügende Leistung zeigen und sich der Keilriemen so stark erhitzen kann, daß er in kurzer Zeit verschleißt. Bei straffer Spannung werden die Lager von Lichtmaschine und — beim 1500er — Wasserpumpe einseitig zu stark belastet und vorzeitig „ausgeleiert". Wurde ein neuer Keilriemen aufgelegt, dehnt sich dieser in der ersten Einlaufzeit und muß sich erst „setzen". Nach der ersten Tagesfahrt und nach 500 km Fahrstrecke überprüft man deshalb nochmals die Keilriemenspannung und spannt erforderlichenfalls nach.

im Schneckentempo sind sträflicher Leichtsinn. Deshalb sofort neuen Keilriemen montieren oder abschleppen lassen.
Der neue Keilriemen muß folgende Größe haben:
- Für den 1100/50-PS-Motor 9,0 x 690 oder 9,5 x 700 mm.
- Für die 1500/1600 mit 70, 75 oder 85 PS 9,5 x 950 mm.

**Behelfs-Keilriemen**

Beim 1100er würden wir keine langwierigen Versuche machen, sondern zur nächstgelegenen Tankstelle oder Werkstatt fahren und dort den passenden Keilriemen erwerben (außerdem müßte man sich ja unter das Auto legen, um die Lichtmaschinen-Verstellschraube zu erreichen).
Beim 1500/1600 kann ein Nylon- oder Perlonstrumpf noch vor dem Abschleppen retten, wenn sich eine mitfahrende Dame zu solchem Opfer bereit erklärt — es geht übrigens auch mit einem Strumpf mit Laufmaschen oder Löchern: Strumpf mit aller Gewalt vor der Montage langziehen (keine Angst, er reißt nicht). Gedehnten Strumpf so stramm, wie nur irgend möglich, um die 3 Keilriemenscheiben legen, nochmals stramm ziehen, die Enden sorgfältig verknoten und die überhängenden Enden abschneiden (nicht zu kurz, sonst löst sich der Knoten). Wenn vorhanden, zweiten Strumpf zur Verstärkung gleich stramm um die 3 Keilriemenscheiben schlingen. Nach dem Start des Motors beobachten, ob sich Wasserpumpe und Lichtmaschine einwandfrei mitdrehen. Wenn der Strumpf-Keilriemen nicht einwandfrei durchzieht, Nachspannen versuchen, wie bei einem richtigen Keilriemen.

**Was sagt die Ladekontrolle?**

Wenn Sie sich einmal mit Ruhe in die Stromlaufpläne hinten im Buch vertiefen, werden Sie erkennen, daß die Ladekontrolleuchte einerseits mit einem blauen Kabel (es ist allerdings im Kabelschlauch versteckt) an der Klemme D+ der Lichtmaschine und andererseits über ein schwarzes Kabel und die Leiterfolie hinten am Armaturenbrett (siehe Seite 188) mit Klemme 15 des Zündschlosses verbunden ist. Die Klemme D+ bringt von der Ankerwicklung bei laufender Lichtmaschine »Plusstrom«, ebenso die Klemme 15 des Zündschlosses bei eingeschalteter Zündung. Zweimal »Plusstrom«, da kann das Birnchen doch nicht brennen, oder? Natürlich brennt es nicht, sondern verlöscht in diesem Augenblick. Solange aber die Lichtmaschine noch steht und die Zündung eingeschaltet ist, wirkt der »tote« Pluskontakt D+ der Lichtmaschine als »Minus«, dann brennt die Ladekontrolle. Bei einer Spannungsdifferenz zwischen der Batterie und Klemme D+ der Lichtmaschine — weil letztere noch nicht genug Strom liefert — glimmt die Ladekontrolle schwach und schwächer, bis sie ganz verlöscht. Falls also die rote Kontrollampe bei normalem Motorlauf zu glimmen beginnt oder gar hell leuchtet, besteht eine Spannungsdifferenz, die deutlich auf einen Fehler in der Anlage hinweist. Was das Aufleuchten der Ladekontrolle verursachen kann, haben wir in unserem Störungsbeistand auf der nächsten Seite zusammengestellt.

Ob die Batterie von der Lichtmaschine geladen wird, beweist das Verlöschen der Kontrollampe allerdings noch nicht, es besagt nur, daß zwischen Batterie und Lichtmaschine keine Spannungsdifferenz mehr besteht. Wenn im Motorleerlauf beispielsweise sämtliche Stromverbraucher eingeschaltet sind, leuchtet die Ladekontrolle nicht auf, obwohl mehr Strom der Batterie entnommen wird, als die Lichtmaschine liefert — aber es besteht keine Spannungsdifferenz zur Batterie.

Überdies hat die Ladekontrollampe im Verbund mit einer Drehstrom-Lichtmaschine noch eine spezielle Funktion: Sie muß durch Weiterleiten des Batteriestromes beim Einschalten der Zündung die Drehstrom-Lichtmaschine »vorerregen«, damit diese selbst schon bei geringen Drehzahlen Strom abgeben kann. Fällt die Ladekontrolle aus, weil sie durchgebrannt oder ein Kabel gebrochen ist, dann setzt die Drehstrom-Lichtmaschine nicht schon bei 1000 Lichtmaschinenumdrehungen, sondern erst bei etwa 1600/min mit der Stromlieferung ein. Eine durchgebrannte Ladekontrolle sollte daher so bald als möglich ersetzt werden (siehe Seite 188).

## Selbsthilfe an der Drehstrom-Lichtmaschine

Nur in einer Fachwerkstatt mit aufwendigen Testgeräten kann die Lichtmaschine und ihr Spannungsregler überprüft werden. Anderswo wird man gerne gleich ins Regal greifen und Ihnen eine Austausch-Lichtmaschine verkaufen wollen, obwohl die alte billiger noch zu reparieren gewesen wäre. Lassen Sie sich also nicht ohne weiteres auf einen Austausch ein, sondern fahren Sie erst zu einer gut ausgerüsteten VW-Werkstatt oder einem großen Bosch-Dienst.

Auch erfahrene Heimwerker können an der Drehstrom-Lichtmaschine wenig ausrichten, abgesehen vom Austausch der Schleifkohlen (Seite 142). Das Auseinandernehmen der Lichtmaschine hat aber keinen Zweck, denn dazu braucht man Sonderwerkzeuge zum Abziehen und Aufpressen der Lager und die Hitze eines einfachen Lötkolbens richtet womöglich noch mehr Schaden an.

## Fahren ohne Lichtmaschine

Fahren ohne Batterie ist beim Golf oder Scirocco nicht möglich — das wurde schon gesagt. Aber ohne Lichtmaschine kann man ohne weiteres fahren, vorausgesetzt, die Batterie ist noch ausreichend geladen. Wenn etwa die Ladekontrolle durch falsches Leuchten anzeigt, daß mit Lichtmaschine oder Regler etwas nicht stimmt, muß die Batterie einspringen. Bei Tag ist das kein Problem, denn die Zündspule braucht samt Vorwiderstand bei niederen Drehzahlen etwa 30 Watt, bei mittleren oder hohen Drehzahlen 25 bzw. 20 Watt.

Bei vollgeladener Batterie müßte das je nach Kapazität (siehe Seite 133) zwischen 13 und 30 Stunden reichen. Da die Zündspule zum Aufbau eines brauchbaren Zündfunkens aber einen Mindeststrom benötigt und die Batterie im allgemeinen kaum ganz aufgeladen ist, kann man bei einer 27-Ah-Batterie mit nur rund 6 Stunden rechnen.

Kritisch kann es werden, wenn Sie im Zuckeltempo fahren müssen und der elektrische Kühlerventilator laufend zugeschaltet wird, der zusätzliche 100 Watt verbraucht. Bei zügiger Fahrt bläst dagegen reichlich Fahrtwind durch den Kühler. Im Winter kommt hinzu, daß die Batterie ohnehin weniger leistungsfähig ist und außerdem viel mit Licht gefahren werden muß (rund 130 Watt). So kann man nur schwer erraten, wie lange die Batterie durchhalten wird. Es kann aber noch zur Heimfahrt reichen, wenn
- die Fahrt nicht unterbrochen werden muß (der Anlasser braucht zum Wiederstarten des Motors besonders viel Strom — Wagen evtl. am Berg anrollen lassen),
- heizbare Heckscheibe, Heizgebläse und Radio nicht eingeschaltet werden,
- Scheibenwischer und Hupe nicht in Aktion treten,
- keine Zusatzscheinwerfer eingeschaltet werden
- und der Mehrfachstecker an der Lichtmaschine abgezogen wird, damit die Batterie nicht von einer defekten Lichtmaschine entladen wird.

Wie wir gesehen haben, gehören Batterie und Drehstrom-Lichtmaschine eng zusammen, deshalb haben wir die Störungstabelle zusammengefaßt.

## Störungsbeistand
**Batterie und Lichtmaschine**

| | Die Störung | — ihre Ursache | — ihre Abhilfe |
|---|---|---|---|
| A | Rote Ladekontrolle brennt nicht bei Einschalten der Zündung | 1 Anzeigelampe durchgebrannt | Neues Lämpchen einsetzen |
| | | 2 Batterie leer | Wagen anschieben |
| | | 3 Batteriekabelklemmen locker oder oxidiert bzw. Kabel gebrochen | Batteriekabelklemmen und -kabel kontrollieren |
| | | 4 Kabelweg Zündschloß—Kontrolllampe—Lichtmaschine unterbrochen | Stromweg mit Prüflampe kontrollieren |
| | | 5 Schleifkohlen hinter Regler liegen nicht auf Schleifringen auf | Schleifkohlen prüfen |
| | | 6 Erregerwicklung der Lichtmaschine durchgebrannt | Lichtmaschine instandsetzen lassen |
| B | Ladekontrolle brennt beim Ausschalten der Zündung weiter | Plus-Diode der Lichtmaschine hat Kurzschluß | Mehrfachstecker an Lichtmaschine abziehen und mit Batteriestrom zur Werkstatt |
| C | Ladekontrolle verlöscht nicht bei hoher Drehzahl | 1 Spannungsregler defekt | Mit Batteriestrom zur Werkstatt, Regler austauschen lassen |
| | | 2 Erreger-Dioden der Lichtmaschine haben Unterbrechung | Dioden überprüfen lassen |
| D | Ladekontrolle brennt bei Stand richtig, aber glimmt bei Motorlauf | 1 Reglerkontakt hat zu hohen Übergangswiderstand | Beim Bosch-Dienst Anlage durchmessen lassen |
| | | 2 Defekte Lichtmaschinen-Diode | Werkstatt aufsuchen |
| E | Batterie wird überladen (Säurekristalle auf Batterieoberseite) | Spannungsregler defekt | Baldmöglichst zum Bosch-Dienst, Anlage durchmessen lassen |
| F | Ladekntrolle flackert bei flottem Motorlauf | Keilriemen locker | Nachspannen |

## Der Anlasser

Unten am Motor sitzt der Anlasser und zwar beim 1100er hinten oberhalb der linken Gelenkwelle, beim 1,5-/1,6-Liter-Motor vorn links, jeweils quer zur Fahrtrichtung. 0,7 PS (0,5 kW) leistet dieser kleine Elektromotor, wegen seiner kompakten Bauweise darf er aber nur immer kurz angestrengt werden — nicht länger als 5 bis 10 Sekunden. Dann muß man der Batterie eine Erholungspause und dem Anlasser etwas Zeit zum Abkühlen gönnen. Da die Batteriespannung bei ständig wiederholten Startversuchen schnell absinkt und dadurch den notwendigen Mindeststrom für den Anlasser nicht mehr liefern kann, reicht es oft nur zu 20 Startversuchen. Die sind aber auch nicht sinnvoll, denn wenn Ihr Motor nicht anspringen will, liegen Startschwierigkeiten vor, denen man anhand des Störungsfahrplans in der vorderen Buchklappe auf den Grund gehen sollte.

Der Anlasser des VW Golf und Scirocco ist ein sogenannter Schub-Schraubtrieb-Starter. Das besagt, daß beim Durchdrehen des Zündschlüssels nach rechts zuerst die Zündschloß-Klemme 50 an die Klemme 50 des oben auf dem Anlasser sitzenden Magnetschalters Strom bringt, wodurch der Einrückhebel der Freilaufkupplung das Zahnritzel des Anlassers auf einem Steilgewinde der Ankerwelle in den Zahnkranz des Motor-Schwungrades schiebt. Beim Eingreifen des Ritzels in den Zahnkranz schaltet der Magnetschalter den vollen Batteriestrom, den die dicke Klemme 30 anliefert, ein, so daß der Anlasser den Motor erst nach dem Einspuren des Ritzels kräftig durchdreht. Dreht der Motor von sich aus, wird das Ritzel aus dem Motor-Zahnkranz ausgespurt und in seine Ausgangsstellung zurückgedrückt.

## Anlasserstörungen

Bei einem Motor, der immer willig anspringt, funktioniert der Anlasser im allgemeinen ein ganzes Autoleben einwandfrei. Da haben die wichtigsten Verschleißteile im Anlasser, die Schleifkohlen, gar keine Gelegenheit, sich abzunutzen. Wir haben deshalb auch keinen besonderen Wartungspunkt in unseren Pflegeplan aufgenommen, nur bei der Computer-Diagnose wird sein Stromverbrauch gemessen.

Bleibt beim Herumdrehen des Zündschlüssels alles ruhig, gilt der erste Blick der Ladekontrolle. Verlöscht sie beim herumgedrehten Schlüssel fast oder ganz, ist entweder die Batterie fast leer oder der Anlasser hat Kurzschluß. Kabelanschlüsse und Batterie prüfen. Wagen anschleppen oder anschieben, bzw. mit Starthilfekabel durch einen anderen Wagen prüfen, ob sich bei genügend Strom der Anlasser flott dreht.

Brennt die Ladekontrolle beim Herumdrehen des Zündschlüssels ungetrübt weiter, klemmt wahrscheinlich der Magnetschalter des Anlassers und zieht das Ritzel nicht auf der Ankerwelle vorwärts. Da kann unterwegs ein Hammerschlag gegen das Anlassergehäuse (bei Fahrzeugen mit 1,1-Liter-Motor artet das allerdings in gymnastische Übungen aus!) den »Krampf« lösen.

Vielleicht reicht auch die Spannung an Klemme 50 nicht aus, um das Zahnritzel in den Zahnkranz zu ziehen. VW aufbocken (es darf kein Gang eingelegt und die Zündung nicht eingeschaltet sein!) und mit einem kurzen dicken Kabelstück die dicke Klemme 30 und die Klemme 50 (rot-schwarzes Kabel) überbrücken. Wenn beim Antippen das Ritzel einspurt und der Anlasser den Motor durchzudrehen beginnt (der Strom kommt direkt über die ständig stromführende Klemme 30 von der Batterie), muß die Kabelverbindung von Klemme 50 am Zündschloß zu Klemme 50 des Anlassers überprüft werden. Dreht der Anlasser auch bei diesem Test nicht, muß er ausgebaut und von der Werkstatt repariert werden.

Elektrische Leitungen und Sicherungen

# Auf den Pfaden des Stromes

Strom fließt bekanntlich nur in einem geschlossenen Kreislauf: Erst wenn Sie den Lichtschalter zu Hause anknipsen, wird der Stromkreislauf geschlossen und die Lampe brennt. Genauso ist es beim Auto, wo der von Batterie oder Lichtmaschine kommende Strom über den jeweiligen Stromverbraucher zurück zur Batterie oder Lichtmaschine fließt.

**Minus an Masse**

Wenn Sie verschiedene Stromverbraucher an Ihrem VW betrachten, werden Sie feststellen, daß dort vielfach nur ein Kabel mit farbiger Umhüllung angeschlossen ist. Da kann doch gar kein Strom fließen — oder? Sparsam, wie auch Autobauer sind, haben diese schon vor langer Zeit herausgefunden, daß man den Strom über die Metallteile von Karosserie und Motor (die sogenannte »Masse«) zurück zum Minuspol der Batterie leiten kann (Merksatz: **M**inus an **M**asse). Der Stromkreis ist also doch geschlossen, auch wenn am Stromverbraucher nur ein Kabel angeschlossen ist.
Daneben gibt es auch spezielle Minuskabel, wenn etwa ein Stromverbraucher auf einem nicht leitenden Kunststoffteil sitzt.

**Hilfe durch Normung**

Ein Blick hinter das Armaturenbrett oder auf die Rückseite der Relaisplatte (auf VW-Deutsch heißt sie »Zentralelektrik«) zeigt ein Gewirr von vielen bunten Kabeln, die teilweise in schwarzen Kabelschläuchen verschwinden. Das sieht nicht gerade ermutigend aus, wenn man sich an die Autoelektrik wagen will. Glücklicherweise sind aber viele Einzelheiten der Kraftfahrzeug-Elektrik genormt. So ist
- Klemme 31 die sogenannte »Masse-Klemme«, mit der ein Stromverbraucher zur Masse verbunden werden muß. Die entsprechenden Kabel sind grundsätzlich braun.
- Klemme 30 erhält dauernd Strom vom Pluspol der Batterie oder der Lichtmaschine — auch bei ausgeschalteter Zündung (deshalb Vorsicht beim Berühren dieser Kontakte, wenn das Minuskabel an der Batterie nicht abgenommen wurde). Diese stets stromführenden Kabel haben meist eine rote Umhüllung, teilweise auch mit zusätzlichen Farbstreifen bei bestimmten Stromverbrauchern.
- Klemme 15 erhält nur bei eingeschalteter Zündung Strom ab Zündschloß, wodurch hauptsächlich die Zündspule und außerdem jene Stromverbraucher versorgt werden, die nur bei Betrieb des Wagens Strom erhalten — beispielsweise die Blinkanlage (sie hat übrigens die Normklemme 49) oder der Scheibenwischer (mit der Normklemme 53). Die Kabel an den Normklemmen 15 sind vielfach schwarz, manchmal auch mit farbigen Zusatzstreifen.
- Die Klemmen 56 und 58 versorgen die Fahrzeugbeleuchtung mit Strom, für die Hauptscheinwerfer ist die Grundfarbe der Kabelumhüllung weiß oder gelb, für das Standlicht grau, jeweils mit zusätzlichen Farbstreifen.

Eine genaue Aufstellung der Normklemmenbezeichnungen, soweit sie im VW Golf und Scirocco zu finden sind, haben wir in der Tabelle auf Seite 221 zusammengestellt.

**Strom „um die Ecke"**

Im Bordnetz des VW Golf und Sirocco sitzen einige Schaltrelais. Mit ihrer Hilfe kann man mit den beiden Kombihebeln am Lenkrad Blinken, Lichthupen, Auf- und Abblenden, das Parklicht (nur bei »besseren« Scirocco), die Scheibenwischer und den Scheibenwascher einschalten. Außerdem gewährleisten die Schaltrelais, daß stromanspruchsvolle Verbraucher ohne Spannungsverlust von der Batterie oder Lichtmaschine versorgt werden.
Für den Heimwerker wird die Autoelektrik dadurch nicht gerade durchsichtiger und er muß lange nachdenken und in den Stromlaufplänen die Linien verfolgen, bis ihm klar ist, wie und warum der Strom wo gerade für den zu überprüfenden Stromverbraucher fließt, denn es geht dabei gewissermaßen »um die Ecke«. Auf Seite 185 haben wir die Schaltrelais näher erläutert und auch die Bedeutung der Begriffe »Arbeitsstrom« und »Schaltstrom« erklärt.

**Schutz gegen Spannungsabfall**

Die im Auto eingebauten Kabel sind nicht etwa deshalb unterschiedlich dick, weil der Monteur am Fließband gerade kein anderes zur Hand hatte. Vielmehr wird der Querschnitt eines Kabels je nach Stromanspruch des entsprechenden Verbrauchers gewählt — ein Kontrollämpchen kommt mit 0,5 mm² Kabelstärke aus, der Anlasser braucht dagegen ein 16-mm²-Kabel. Ein zu dünnes Kabel heizt sich auf und die Spannung fällt ab. Dann kommen statt der erwünschten 12 Volt z. B. an den Scheinwerfern vielleicht nur 10 oder 9,5 Volt an — das Licht wird trübe.
Wenn Sie an Ihrem in die Jahre gekommenen Golf oder Scirocco solchen Spannungsabfall bemerken, wird es kaum an den Kabeln selbst liegen, denn sie werden nicht dünner. Die Ursache liegt vielmehr in verdreckten (und deshalb stromableitenden), verrosteten oder grünspanigen Übergängen, also in Kabelklemmen, Steckkontakten und sehr oft in den Verschraubungen der Massekabel am Karosserieblech. Dort wird der direkte Metallkontakt durch Schmutz, Rost oder Grünspan gehemmt und bewirkt Spannungsabfall. Außerdem können Schalterkontakte korrodieren (hauptsächlich bei nicht relaisgesteuerten Verbrauchern). Dem hilft man so ab:
■ Nach gründlichem Säubern der Kabelklemmen, -stecker usw. mit einer feinen Drahtbürste auch die Umgebung der Klemme von Schmutz und Rost reinigen.
■ Gereinigte Kontaktstelle mit Isolierspray (siehe Seite 26) einsprühen.
■ Nachdem das Isolierspray angetrocknet ist, kann man die Kontaktstellen anschließend noch mit einem glasklaren Motorschutzlack (z. B. Plastglanz von Teroson) übersprühen, dann haben Sie auf lange Zeit Ruhe.
Ob Schalterkontakte, die in jenem Schaltergehäuse nicht zugänglich sind, durch eine Oxidschicht den Stromfluß hindern, kann man leicht kontrollieren: Stromverbraucher am Schalter einschalten und Stromeingang und -ausgang des Schalters mit einem kurzen dicken Kabelstück überbrücken — zeigt der Verbraucher jetzt eine bessere Leistung (z. B. Lüftermotor dreht schneller), liegt es an korrodierten Schalterkontakten. Neuen Schalter montieren.
Oft behindern auch verrostete Steckkontakte oder Blechschrauben am Masseanschluß eines Stromverbrauchers den Stromfluß. Dagegen hilft Blankschleifen der Kontaktstellen mit Feile, Drahtbürste oder Schleifpapier, Einsprühen mit Isolierspray und nach dem Zusammenbau (neue Blech-

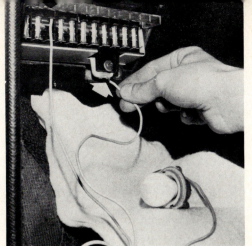

Bei Arbeiten an der Auto-Elektrik muß man oft wissen, ob an dieser oder jener Klemme oder an einem Kabel Strom anliegt. Dazu gibt es preiswerte Elektrik-Prüflampen im Zubehörhandel, man kann sich aber auch selbst eine Behelfs-Prüflampe aus einer Scheinwerferlampe und zwei angedrillten Kabelstücken machen. Dann hält man das eine Kabelende an die zu prüfende Klemme (der schwarze Pfeil zeigt auf die Stromzuführung der Sicherung Nr. 7) und hält das andere Kabelende an „Masse", also an eine unlackierte und daher gut leitende blanke Stelle der Karosserie, wie z. B. hier an die blanke Halteklammer der Befestigungsschraube der Sicherungsplatte (weißer Pfeil). Liegt Strom an, muß die Prüflampe, wie hier, brennen.

schrauben verwenden) die Behandlung mit Motorschutzlack, Unterbodenschutz oder Lackfarbe als Rostschutz.

**Fingerzeig:** *Wenn eine Lampe des VW oder etwa ein Anzeigeinstrument nicht so funktioniert, wie es soll, liegt dies nicht selten an einer mangelhaften Masseverbindung. Den fehlenden Kontakt zur Fahrzeugmasse holt sich mancher Verbraucher über verschlungene Wege und stiftet so Verwirrung. Vergessen Sie bei Montagearbeiten nie die braunen Massekabel, auch wenn sie Ihnen überflüssig erscheinen. Bei der $1/_{10}$-Pfennig-Kalkulation heutiger Autos ist wirklich kein überflüssiger Zentimeter Kabel eingebaut worden.*

## Die Sicherungen

Fast alle Stromverbraucher an unseren VW-Modellen sind über eine der 15 Sicherungen in der »Zentralelektrik« mit dem Stromnetz verbunden. Diese Sicherungen sollen bei Kurzschluß oder Überlastung der jeweiligen Leitung durchbrennen, bevor das Kabel schmort oder der Stromverbraucher Schaden erleidet. Falls unterwegs eine Sicherung durchbrennt, darf sie niemals mit Stanniol umhüllt wieder eingebaut oder durch einen Nagel ersetzt werden — eine solche »Ersatzsicherung«« kann einen Autobrand verursachen, für den auch die Teilkasko-Versicherung keinen Pfennig bezahlt! Die Schaltungen zwischen Batterie, Lichtmaschine, Anlasser und Zündschloß werden nicht von Sicherungen überwacht, hier nützt der Blick auf den Sicherungskasten also nichts. Wenn sonst ein elektrisches Aggregat jedoch ausgefallen ist, sollten Sie zuerst nach den Sicherungen sehen. Welche Sicherung jeweils zuständig ist, können Sie aus der Tabelle auf der nächsten Seite entnehmen.

Zu den 15 Sicherungen im Sicherungskasten vorn links im Fußraum (Bild oben) kommen noch weitere Sicherungen in schwarzen Kunststoffhülsen hinzu, wenn in Ihren Golf oder Scirocco ein Radio, ein Heckscheibenwischer, eine Klimaanlage oder eine benzinelektrische Zusatzheizung eingebaut ist. Bei einigen Bauserien sitzt auch der Kühlerventilator (direkte Schaltung ohne Relais; siehe Seite 71 und den Stromlaufplan auf Seite 197) an einer solchen einzelnen Sicherung. Diese Hülsensicherungen hängen an ihren Kabeln hinter dem Armaturenbrett und werden — bei etwas Bodenakrobatik — nach Abnahme der linken unteren Armaturenbrettverkleidung (von 3 Kreuzschlitzschrauben gehalten) sichtbar. Eine defekte Sicherung läßt sich herausnehmen, wenn man die Hülsen zusammendrückt, gegeneinander verdreht und dann auseinanderzieht.

## Sicherungstabelle

| Sicherung Nr. und Klemme | erhält Strom | angeschlossene Stromverbraucher | Kabelfarbe |
|---|---|---|---|
| 1 (56 b) | bei eingeschalteter Zündung über Abblendrelais oder ab 8/76 über Lichtschalter und Abblendhebel Klemme 56 | Abblendlicht links | gelb |
| 2 (56 b) | wie Sicherung 1 | Abblendlicht rechts | gelb-schwarz |
| 3 (56 a) | wie Sicherung 1 | Fernlicht links | weiß |
| 4 (56 a) | wie Sicherung 1 | Fernlicht rechts | weiß-schwarz |
| 5 (HS) | über Relais für Heckscheibenheizung bzw. über Entlastungsrelais | »Arbeitsstrom« für die heizbare Heckscheibe | weiß |
| 6 (30 a) | stets stromführend ab Batterie | Warnblinker Innenleuchte | rot-weiß rot |
| 7 (30 a) | wie Sicherung 6 | Bremslichter Zigarrenanzünder | rot-schwarz rot |
| 8 (15 a) | bei eingeschalteter Zündung von Klemme 15 | Blinkanlage | schwarz-blau |
| 9 (15 a) | wie Sicherung 8 | Schalter für Rückfahrleuchten weiter zu den Rückfahrscheinwerfern Signalhorn ab 8/75 außerdem Leerlauf-Abschaltventil Startautomatik | schwarz-grau schwarz-gelb schwarz |
| 10 (X a) | bei eingeschalteter Zündung von Klemme X | Scheibenwischer bis 7/77 Schalter für heizbare Heckscheibe (»Steuerstrom«) | schwarz-grün schwarz-weiß |
| 11 (X a) | wie Sicherung 10 | Heizgebläse Handschuhfachleuchte | schwarz-rot |
| 12 (K) | über Lichtschalter Klemme 58 | Kennzeichenleuchten Kofferraumleuchte Schalter für Nebelscheinwerfer (»Steuerstrom«) | grau-grün grau oder grau-weiß |
| 13 (58 L) | über Lichtschalter Klemme 58 bzw. Klemme 58 L oder Parklichtschalter Klemme PL | Standlicht und Schlußlicht links (= Parklicht) | grau-schwarz |
| 14 (58 R) | über Lichtschalter Klemme 58 bzw. Klemme 58 R oder Parklichtschalter Klemme PR | Standlicht und Schlußlicht rechts (= Parklicht) | grau-rot |
| 15 (Z) | über Relais für Nebelscheinwerfer (falls eingebaut) | »Arbeitsstrom« für Nebelscheinwerfer | schwarz-lila oder gelb-blau |

Hinweise: Die Begriffe »Arbeitsstrom« und »Schaltstrom« finden Sie im Abschnitt »Schaltrelais« auf Seite 185 erklärt.

Die Sicherungsbelegung kann unter Umständen an Ihrem Fahrzeug geringfügig abweichen — im Lauf der Produktionszeit wurden mehrfach Änderungen vorgenommen. Das läßt sich leicht prüfen: Jeweils eine Sicherung herausnehmen und laut Tabelle den oder die entsprechenden Stromverbraucher einschalten, wenn sie nicht mehr funktionieren, war die Sicherung »zuständig«. Zusätzlich mit einer Prüflampe, wie im Bild auf der Vorseite gezeigt, an der oberen Sicherungszunge (dort liegt bei allen Sicherungen der eingeschaltete Strom an) einen Kontakt der Prüflampe andrücken, den zweiten an Masse drücken — die Prüflampe muß brennen; Verbraucher ausschalten — Prüflampe muß verlöschen. Bei abweichender Schaltung Ihres VW wird die Prüflampe anders reagieren. Dann müssen bei herausgenommener Sicherung und angelegter Prüflampe alle in Betracht kommenden Stromverbraucher ein- und ausgeschaltet werden, bis die Prüflampe aufleuchtet. Abweichung in der Tabelle eintragen.

**Fingerzeige:** *Normalerweise werden im VW Golf und Scirocco nur 8-Ampere-Sicherungen (serienmäßig weiße Farbe) eingebaut; bei einigen Sonderausstattungen auch solche für 16 oder 25 Ampere (serienmäßig rot bzw. blau). Eine 8-Ampere-Sicherung kann 92 Watt übertragen. Falls eine Sicherung mehrmals wegen Überlastung durchbrennt, hilft oft kurzzeitig das Einstecken einer stärkeren Sicherung (16 A für 8 A, 25 A für 16 A). Sie sollten also in Ihrem Ersatzlampen-Kästchen nicht nur 8-Ampere-Sicherungen haben, sondern auch solche für 16 und 25 A. Davon wird noch kein Kabel verschmoren, aber der Störenfried sollte bald eingekreist und in Ordnung gebracht werden.*
*Wenn ein Stromverbraucher ausfällt, kann es auch daran liegen, daß die Halterungen der zuständigen Sicherung locker und oxidiert sind, so daß der Strom nicht hindurchfließen kann. Sicherung herausnehmen, Sicherungszungen zusammendrücken, Sicherung wieder einsetzen und mehrmals in den zusammengedrückten Sicherungszungen drehen, damit sich die Berührungsflächen gegeneinander blank reiben und wieder einwandfreier Kontakt hergestellt ist.*
*Wollen Sie in Ihren VW Zubehör einbauen, sollten Sie zuerst überlegen, ob es auch ohne Zündung (dann an Klemme 30 anschließen) oder nur bei eingeschalteter Zündung (in diesem Fall Anschluß an Klemme 15) benutzt werden soll. An der Relaisplatte sind die Steckerstifte der Felder G und H (siehe Bild unten) für den Anbau von Zubehör vorgesehen. Dort kann man den Strom abzweigen, muß aber in die Leitung zum neuen Stromverbraucher eine Hülsensicherung einbauen, damit kein Kurzschluß oder Kabelbrand entstehen kann.*

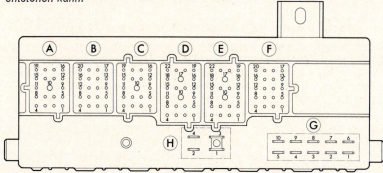

An der Rückseite der Relaisplatte finden Sie die Anschlüsse der Mehrfachstecker der verschiedenen Leitungsstränge, die auf der hinteren Buchklappe abgebildet sind: A — Leitungsstrang vorn links, B — Leitungsstrang zur Diagnose-Steckdose, C — Leitungsstrang vorn rechts, D und E — Leitungsstränge für die Armaturentafel, F — Leitungsstrang hinten.
Die Klemmenanschlüsse von G und H sind für den Anschluß von Zusatzausstattungen und Zubehör vorgesehen. Es bedeuten: $G_1$ — Klemme Z, mit $G_6$ über Sicherung Nr. 15 verbunden, $G_2$ — Klemme 53 c, mit dem Kontakt für den elektrischen Scheibenwascher im Scheibenwischerschalter verbunden, $G_3$ — Klemme 15, mit Klemme 15 des Zündschlosses verbunden. $G_4$ — Klemme K, mit Sicherung Nr. 12 verbunden, $G_5$ — Klemme 61, mit Klemme D + der Drehstrom-Lichtmaschine verbunden, $G_6$ — siehe $G_1$, $G_7$ — Klemme X, mit Klemme X des Zündschlosses verbunden, $G_8$ — Klemme 56 a, mit Klemme 56 a des Abblendrelais verbunden, $G_9$ — Klemme Öl, mit dem Öldruckschalter verbunden, $G_{10}$ — Klemme 56, mit Klemme 56 des Lichtschalters verbunden. $H_1$ — $H_4$ liefern ständig Strom (Klemme 30) von der Batterie.

**Die Zündanlage**

# Hoffentlich funkt's

Viele Autofahrer betrachten die Zündanlage geradezu mit Ehrfurcht, denn einerseits wird mancher nie ganz vertraut mit den Zusammenhängen von Zündspule, Verteiler und Unterbrecher und andererseits reagiert das Zündsystem besonders anfällig auf Verschleiß oder nachlässige Wartung.

Daß es aber auch bei der Zündung nicht mit Wundern zugeht, sondern alles ganz logisch aufgebaut und durchschaubar ist, wollen wir Ihnen in diesem Kapitel vor Augen führen — daher zuerst einmal etwas Theorie:

**Wie der Zündfunke entsteht**

Den Blitz zum Entflammen des Feuerchens im Zylinder erzeugt die Zündkerze und den notwendigen Strom liefern Batterie oder Lichtmaschine. Soweit ist Ihnen das sicher bekannt. Aber die schlichten 12 Volt der Autobatterie reichen nicht aus, um gegen den Druck des vom Kolben zusammengepreßten Kraftstoff-Luft-Gemischs im Zylinder einen derartig kräftigen Zündfunken an der Zündkerze überspringen zu lassen, wie er dort notwendig ist. Das gelingt nur mit hochgespanntem Strom — bei unserem Auto-Motor etwa 15 000 Volt. Die Stromstärke hat hierbei kaum eine Bedeutung, denn zwischen zwei Polen springt ein Funke nur durch hohe Spannung, nicht aber durch hohe Stromstärke über. Also müssen die 12 Volt der Batterie verwandelt werden, und ferner muß der Zeitpunkt festgelegt werden, wann der Zündfunke an der jeweiligen Kerzenelektrode überzuspringen hat.

Elektrischer Strom kann nur in einem geschlossenen Kreislauf fließen, das wissen Sie ja. Bei der Zündanlage haben wir zwei Stromkreise, die gewissermaßen ineinander verschlungen sind: der Primär-Stromkreis und der Sekundär-Stromkreis.

Fangen wir mit dem Primär-Stromkreis an. Der 12-Volt-Strom vom Pluspol der Batterie und der Lichtmaschine fließt über das Zündschloß zur Zündspule, darin durch eine Wicklung aus dickem Draht — der Primär-Wicklung — weiter zum »Untergeschoß« des Verteilers, der den Primärstrom bei geschlossenem Unterbrecher wieder an Masse leitet. Damit wäre der Primär-Stromkreis geschlossen.

In der dicken Drahtwicklung der Zündspule entsteht hierbei ein magnetisches Feld, das durch einen Eisenkern in der Mitte noch verstärkt wird. Wird nun vom Unterbrecher im »Untergeschoß« des Verteilers der Primär-Stromkreis unterbrochen, fällt das Magnetfeld um die Primär-Wicklung der Zündspule schlagartig zusammen. Dabei entsteht (durch Induktion) in der zweiten Drahtwicklung der Zündspule — der Sekundär-Wicklung, die aus vielen Lagen dünnen Drahts gewickelt ist — ein plötzlicher Stromstoß von rund 15 000 Volt. Diesen Stromstoß leitet das Hauptzündkabel von der Zündspule in das »Obergeschoß« des Verteilers an den sich drehenden Verteilerfinger, der den Strom jeweils einer Zündkerze weiterschickt. Dort

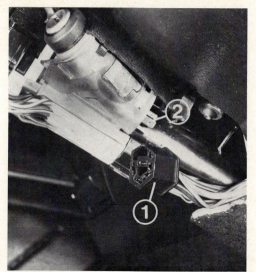

Nachdem die untere Lenksäulenverkleidung abgenommen wurde (2 Kreuzschlitzschrauben lösen, dann mit einem leichten Ruck abziehen) kommt man an den Mehrfachstecker (1) hinten am Zündschloß (2) heran. Die Steckerfahnen hinten am Zündschloß sollten auf Stromdurchgang kontrolliert werden, wenn das Zündschloß in bestimmten Schaltstellungen nicht funktioniert, ebenso kontrolliert man die weiterführenden Kabel am Mehrfachstecker.

springt der hochgespannte Sekundärstrom als Zündfunke zwischen den Zündkerzenelektroden über, womit auch dieser Stromkreis geschlossen ist. Wie diese Zündanlage funktioniert und wie sie in Ihrem Auto aussieht, erkennen Sie am besten, wenn Sie die entsprechenden Kabel in den Stromlaufplänen hinten im Buch verfolgen und nebenbei einen Blick in den Golf- oder Scirocco-Motorraum werfen.

**Das Zündschloß**

Nach Batterie und Lichtmaschine als Stromquellen für die Zündanlage kommt als nächste Störungsursache das Zündschloß in Frage. Dieses Zündschloß dient aber nicht nur dazu, die Zündung ein- und auszuschalten, sondern es blockiert bei abgestelltem Wagen auch die Lenkung. Man nennt es deshalb auch Lenk-Anlaß-Schloß.

**Defekt im Lenkschloßteil**

Der Schließzylinder, in den der Zündschlüssel gesteckt wird, besorgt die Sperrung der Lenkung. Falls der Zündschlüssel im Schloß abgebrochen ist oder wenn die Zündschlüssel verloren gingen, muß der Schließzylinder (und bei gesperrter Lenkung das ganze Lenk-Anlaß-Schloß) ausgebaut werden. Diese Arbeit gehört allerdings in die Werkstatt, damit nicht unterwegs plötzlich womöglich der Sperrbolzen für das Lenkschloß einrastet und die Lenkung blockiert.

**Fingerzeig:** *Einen abgebrochenen Schlüssel kann man nur selten mit einer Spitzzange fassen. Hier helfen zwei feine Laubsägeblätter: diese auf beiden Seiten am Schlüsselbart entlang ins Schloß schieben (die Sägezähne müssen zueinander stehen). Die Sägeblattrücken drücken die Zuhaltungen des Schlosses zurück, während die zum Schlüsselbart gedrehten Zähne die Schlüsselzahnungen fassen können, mit Geduld und Gefühl läßt sich ein abgebrochener Schlüssel meist herausziehen.*

**Defekt im Zündschloßteil**

Haben Sie nach dem Störungsfahrplan in der vorderen Buchklappe den Verdacht, daß das Zündschloß defekt ist, können Sie die Funktion der verschiedenen Klemmen selbst prüfen. Der Ausbau des Zündschlosses ist dagegen recht aufwendig — daher Werkstattsache.

Die Steckerfahnen an der Rückseite des Zündschlosses haben folgende Bedeutung: 1 — Klemme 30, ständig Strom führend, 2 — Klemme 50, erhält nur in Startstellung des Zündschlüssels Strom, 3 — Klemme 15, führt bei eingeschalteter Zündung und in Startstellung Strom, 4 — Klemme X, erhält nur in Mittelstellung des Zündschlüssels Strom, 5 — Klemme P, steht nur bei ausgeschalteter Zündung unter Strom, 6 — Klemme S, Summerkontakt für nicht abgezogenen Zündschlüssel bei US-Fahrzeugen.

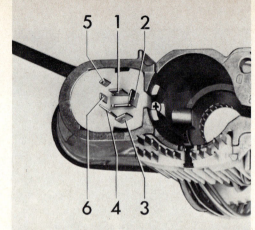

**Zündschloß prüfen**

Als Vorarbeiten die untere Lenksäulenverkleidung losschrauben (2 Kreuzschlitzschrauben von unten), die obere ist nur festgeklemmt; Mehrfachstecker am Zündschloß abziehen (siehe Bild auf der Vorseite). In diesem Mehrfachstecker sind bis zu 6 Kabel für die Kontaktzungen des Zündschlosses (Bild oben) zusammengefaßt:

■ Klemme 30 erhält ständig Strom durch das dicke rote Kabel von der Batterie über die »Zentralelektrik« ohne irgendeine zwischengeschaltete Sicherung.

■ Klemme 50 erhält nur in Startstellung des Zündschlüssels Strom von Klemme 30 und leitet ihn weiter über ein rot-schwarzes Kabel an Klemme 50 des Anlassers.

■ Klemme 15 wird in der Mittelstellung des Zündschlüssels und beim Anlassen von Klemme 30 mit Strom versorgt und liefert ihn durch ein schwarzes Kabel an die Klemme 15 der Zündspule, außerdem die Öldruck- und Ladekontrolle sowie Tank- und Temperaturanzeige und einige Stromverbraucher (zumeist indirekt), die nur bei eingeschalteter Zündung betriebsbereit sein sollen.

■ Klemme X erhält nur in der Mittelstellung des Zündschlüssels von Klemme 30 Strom und leitet ihn durch ein schwarz-gelbes Kabel weiter an den Lichtschalter, dessen Klemme 56 nur in der mittleren Zündschlüsselstellung Strom erhält. (Sie haben es ja schon längst bemerkt: ohne Zündung und beim Starten verlöschen die Hauptscheinwerfer.) Ebenfalls von Klemme X werden (seit August 1977 durch ein zwischengeschaltetes Entlastungsrelais) das Heizgebläse, die Scheibenwischer und der Schalter der heizbaren Heckscheibe mit Strom versorgt.

■ Klemme P steht nur bei ausgeschalteter Zündung unter Strom von Klemme 30 und leitet ihn durch ein dünnes rotes Kabel an den Blinkerhebel, der bei ausgeschalteter Zündung als Parklichtschalter dient und je nach Stellung die rechte oder die linke Standlichtseite mit Strom versorgt. Beim Einschalten der Zündung wird die Klemme P sofort stromlos.

■ Klemme S hat nur für nach USA gelieferte Fahrzeuge eine Bedeutung — da warnt ein Summer, wenn man beim Aussteigen den Zündschlüssel nicht abgezogen hat.

Bei einer Störung prüft man nun bei angestecktem Mehrfachstecker, ob die betreffende Klemme je nach Zündschlüsselstellung Strom führt (dazu mit der Prüflampennadel die Kabelumhüllung durchstechen), vor allem, ob Klemme 30 überhaupt Strom von der Batterie erhält.

## Zündung kurzschließen

In den Polizeiberichten liest man bisweilen, der Autodieb habe die Zündung »kurzgeschlossen«. Zusätzlich muß bei einer Fahrt ohne Zündschlüssel auch noch die Lenksperre überlistet werden, aber diese Beschreibung lassen wir hier weg. Falls das Zündschloß bei eingestecktem Schlüssel also streikt (das dicke rote Kabel muß allerdings Strom heranführen!), hilft man sich so: Mehrfachstecker abziehen und mit einem kurzen Kabelstück oder einer Büroklammer die Steckbuchsen des schwarzen und des dicken roten Kabels miteinander verbinden — Ladekontrolle und Öldrucklampe brennen sofort, Sie haben die Zündung »kurzgeschlossen«. Jetzt können Sie den Wagen anschieben lassen oder mit einem weiteren Kabelstück eine Kurzschlußbrücke zur Steckerbuchse des rot-schwarzen Kabels der Klemme 50 herstellen, der Anlasser wird sich sofort drehen. Sobald der Motor angesprungen ist, Kabel sofort wegziehen. Jetzt können Sie losfahren. Der Mehrfachstecker bleibt abgezogen, damit er aber beim Fahren nicht gegen die Lenksäulenhalterung klappern kann, klebt man ihn am Armaturenbrett mit Isolierband oder Heftpflaster an. Sonst kann es Kurzschluß geben und der Motor bleibt stehen.

Falls das rote Kabel keinen Strom an Klemme 30 liefert, können Sie auch direkt vom Batterie-Pluspol ein Hilfskabel zum Vorwiderstand (siehe Bild auf der nächsten Seite) ziehen. Keinesfalls darf das Kabel gleich an Klemme 15 der Zündspule angeschlossen werden, das würde sie nicht überstehen! Bei dieser Kurzschließmethode muß man den Wagen dann anschieben. Zum Motorabstellen die Haube öffnen und das Hilfskabel abziehen.

## Die Zündspule

Die Zündspule ist wartungsfrei. Sie soll, um Kurzschlüsse oder »Kriechströme« (durch Schmutz und Feuchtigkeit abfließender Teilstrom) zu vermeiden, sauber und trocken gehalten werden. Wie die Zündspule prinzipiell funktioniert, ist zu Anfang dieses Kapitels, im Abschnitt »Wie der Zündfunke entsteht«, beschrieben. Ihren Primärstrom erhält sie an Klemme 15 über den (für die Zündspule des im Golf und Scirocco vorgeschriebenen) Vorwiderstand. Er wird nach Durchgang durch die Primärwicklung von der Klemme 1 über das dort angeschlossene grüne Kabel zum Unterbrecher (im »Untergeschoß« des Zündverteilers) weitergeleitet. Dort sind übrigens noch weitere mehrfarbige Kabel (für den Computer-Diagnose-Stecker und einen eventuellen Drehzahlmesser) angeschlossen. Der hochgespannte Zündstrom mit etwa 15 000 Volt Spannung (wegen der niedrigen Stromstärke trotzdem nicht tödlich, wenn man mal einen »Schuß« erwischt) kommt aus der mittleren Klemme 4 und wird über das Hauptzündkabel zum »Obergeschoß« des Zündverteilers weitergeleitet.

## Der Zündspulen-Vorwiderstand

Zwar steht auf der Zündspule unseres VW »12 Volt«, aber diese Bosch-Zündspule vom Typ KW 12 Volt (im Zündspulenboden eingeprägt) ist tatsächlich nur auf echte 8 bis 9,5 Volt ausgelegt. Zum Schutz gegen die Bordnetzspannung von 12 bis 14 Volt darf diese Zündspule nur mit einem Vorwiderstand betrieben werden, der in das schwarze Kabel von der Relaisplatte an Klemme 15 der Zündspule geschaltet ist. Der Vorwiderstand von 0,9 Ohm besteht aus Drahtwicklungen, die entweder in einem kleinen Keramikblock oder einer Metalldose eingebettet sind. Seit Oktober 1975 führt stattdessen ein Widerstandskabel (transparent mit violettem Streifen) zur Spule. Dieser Vorschaltwiderstand ermöglicht, daß die Primärwicklung der Zündspule mit weniger Windungen gebaut werden kann. Dadurch steigt beim Betrieb der Zündspule in den Unterbrecher-Intervallen der Primärstrom schneller auf seine volle Höhe an und dementsprechend kann die Zündspule auch bei hohen Drehzahlen (und entsprechend kurzen Unterbrecher-Intervallen) eine hohe Sekundärspannung für den Zündfunken abgeben, der Zündfunken muß also besonders kräftig sein.

Außerdem hilft der Vorwiderstand, daß die Unterbrecherkontakte geschont werden (sie leben länger) und verhindert, daß sich die Zündspule überhitzen kann, sie wird »ruhestromsicher«.

**Umgeleiteter Strom beim Starten**

Vielleicht erinnern Sie sich noch aus dem Abschnitt über den Anlasser, daß dieser Kraftprotz bei seiner Startarbeit die Batterie ganz schön in die Knie zwingt, so daß das Bordnetz in diesem Augenblick nur noch etwa 8,5 bis 9,5 Volt Spannung hat. Dazu noch den Vorwiderstand der Zündspule, da hätte die Zündspule eine arg magere Spannung für einen kräftigen Zündfunken beim Starten. Deshalb finden Sie an Klemme 15 der Zündspule ein zweites schwarzes Kabel, das mit Klemme 16 des Anlassers verbunden ist. Diese Klemme 16 ist normalerweise stromlos. Wenn jedoch der Anlasser gestartet wird, verbindet dessen Magnetschalter diese Klemme 16 direkt mit der Klemme 30 am Anlasser, so daß der volle Strom der Batterie, der in diesem Augenblick allerdings bei etwa 9 Volt liegt, über Klemme 16 direkt an Klemme 15 der Zündspule unter Umgehung des Vorwiderstandes geleitet wird. Die Zündspule hat also zu einem kräftigen Zündfunken ihre normale Spannung. Im gleichen Augenblick, in dem der Anlasser abgeschaltet wird, weil der Motor läuft, wird auch Klemme 16 wieder stromlos.

**Zündspule und Vorwiderstand prüfen**

Mangelhafte oder gar nicht vorhandene Zündfunken können unwahrscheinlich viele Ursachen haben. Für eine Fachwerkstatt und vor allem für einen Bosch-Dienst ist es kein Problem, mit ihren Meßgeräten eine schlappe Zündspule zu erkennen, auch Zündaussetzer bei hohen Drehzahlen lassen sich auf der »Prüfbank« feststellen, was für den Heimwerker nicht möglich ist. Aber es gibt auch einige behelfsmäßige Prüfmethoden:

■ Zuerst prüfen, ob aus der Zündspule überhaupt hochgespannter Zündstrom durch das dicke Hauptzündkabel »herauskommt«. Dazu Hauptzündkabel aus Mittelbuchse des Zündverteilers ziehen. Motor (ohne Gasgeben) von Helfer starten lassen und blankes Hauptzündkabelende auf etwa 10 mm gegen Motorblockmetall halten. Springen kräftige Funken über, ist es wahrscheinlich nicht die Zündspule (sie kann es aber bei hohen Drehzahlen doch sein).

War diese Hochspannungsprüfung unbefriedigend, müssen Sie feststellen,

Die Zündspule mit dem danebensitzenden Vorwiderstand (schwarzer Pfeil), ohne den diese Zündspule nicht betrieben werden darf. Die im Bild gezeigten Ziffern sind zugleich die Norm-Klemmenbezeichnungen an der Zündspule: 15 — Batteriestrom vom Zündschloß bei eingeschalteter Zündung, der vorher durch den Vorwiderstand laufen muß; 1 — Kabel von der „Ausgangsseite" der Zündspule zum Unterbrecher im „Untergeschoß" des Verteilergehäuses; 4 — Hochspannungszündstrom durch das dicke Hauptzündkabel zum Verteiler und weiter zu den Zündkerzen.

ob die Kontakte der Zündspule und des Vorwiderstandes überhaupt Strom erhalten. Am besten eignet sich dazu die auf Seite 151 gezeigte selbstgebastelte Behelfsprüflampe, denn deren Eigenverbrauch (40 Watt) gibt durch unterschiedlich helles Leuchten auch den Hinweis, ob Vorwiderstand und Zündspulenwiderstand richtig funktionieren oder durch Kurzschluß überbrückt sind. Noch genauer ist ein parallel zur Behelfsprüflampe geschaltetes Voltmeter. Weniger geeignet ist eine reguläre Elektrik-Prüflampe, denn deren geringer Eigenverbrauch zeigt nur, ob überhaupt Strom da ist, sagt aber nichts über die Widerstandswirkung.

Als Vorbereitung zur Prüfung an Klemme 1 der Zündspule das grüne Kabel (zum Unterbrecher) lösen, damit der Stromweg über die Unterbrecherkontakte unterbrochen ist und durch die Behelfsprüflampe fließen muß.

■ Zündung einschalten: Lade- und Öldruckkontrolle müssen brennen.
■ Ein Ende des Prüflampenkabels (und Plus-Klemme des Voltmeters) an den außenliegenden Kontakt des Vorwiderstandes (links auf dem Bild unten) oder an Kontakt A 12 der Relaisplatte (siehe Abbildung Seite 153) drücken, das andere Ende (und Minus-Klemme des Voltmeters) an »Masse«: Die Lampe muß hell brennen, das Voltmeter zeigt etwa 11,5 Volt.
■ Die gleiche Prüfung am zur Zündspule hin liegenden Vorwiderstand-Kontakt. Die Lampe brennt etwas trüber, das Voltmeter zeigt etwa 8,5 Volt. Brennt nichts, Vorwiderstand unterbrochen. Brennt es so hell wie am Außenkontakt, Vorwiderstand durch Kurzschluß überbrückt.
■ Gleiches Ergebnis muß die Prüfung an Klemme 15 der Zündspule haben.
■ Gleiche Prüfung an Klemme 1 der Zündspule: Die Behelfsprüflampe brennt sehr trübe (Voltmeter zeigt etwa 5 Volt). Brennt nichts, Primärwicklung der Zündspule unterbrochen. Brennt sie zu hell, Kurzschlußüberbrückung in der Zündspule. In beiden Fällen: Neue Zündspule einbauen.
■ Sind die Leucht- und (Meß-) Ergebnisse gut, gibt es aber trotzdem keinen guten Zündfunken, kann die Sekundär- (Hochspannungs-) Wicklung der Zündspule defekt sein. Oder es liegt am Kondensator.

## Der Kondensator

Nicht nur die Zündspule kann die Ursache für einen schwachen Zündfunken sein, es kann auch am Kondensator liegen, der durch ein Kabel mit Klemme 1 der Zündspule verbunden ist. Eine genaue Prüfung des Kondensators auf »Durchschlag«, also Kurzschluß, Isolationsverlust und ausreichende Kapazität ist nur auf einem Werkstatt-Prüfstand möglich.

Ein total ausgefallener Kondensator läßt sich eventuell bei abgenommenem Verteilerdeckel an überspringenden starken Funken zwischen den Unter-

Wenn der Verdacht besteht, daß die Zündspule keinen einwandfreien hochgespannten Zündstrom liefert (was viele Ursachen außer der Zündspule selbst haben kann, z. B. Kondensator oder Unterbrecher), ist dies die erste behelfsmäßige Prüfung: Dazu das dicke Hauptzündkabel aus der Mittelbuchse des Zündverteilerkopfes ziehen. Gummimanschette am Kabelende zurückstreifen, damit blankes Kabelende herausschaut. Motor (ohne Gasgeben) von Helfer starten lassen und Hauptzündkabelende auf etwa 10 mm gegen Motorblock halten (am besten mit einer Wäscheklammer halten, denn es können Zündfunken auf die haltenden Finger überschlagen, was zwar nichts schadet, aber unangenehm ist). Springen kräftige Funken zwischen Kabelende und Motorblock über, ist die Zündspule wahrscheinlich in Ordnung. Sie kann bei hohen Drehzahlen aber trotzdem versagen.

brecherkontakten erkennen. Von einem Helfer den Motor starten lassen.
Auch bei stark verschmorten Unterbrecherkontakten, die noch nicht lange in Betrieb sind, besteht der Verdacht, daß der Kondensator defekt ist. Aber langes Prüfen des Kondensators rentiert sich zumeist nicht. Wenn er verdächtig ist: Austauschen.
Der Kondensator ist aber wahrscheinlich in Ordnung und die Unterbrecherkontakte (nächster Abschnitt) heben ordnungsgemäß ab, wenn sie folgende Prüfung bestehen: Prüflampe zwischen das von Klemme 1 an der Zündspule abgezogene grüne Kabel und diese Klemme 1 schalten. Von Helfer (ohne Gaspedalberührung) Anlasser starten lassen. Wenn die Prüflampe in gleichmäßigem Rhythmus an und aus blinzelt, sind beide Teile wahrscheinlich in Ordnung.

**Der Unterbrecher**

Er sitzt im »Untergeschoß« des Verteilers auf der Unterbrecherplatte, gegen »Masse« isoliert. Er bestimmt durch sein Abheben den Zündzeitpunkt. Vom Überspringen des Zündfunkens im richtigen Augenblick ist die Leistung des Motors abhängig. Die beste Leistung hat der Motor, wenn der Druck des brennenden Kraftstoff-Luft-Gemisches unmittelbar bei Beginn der Abwärtsbewegung des Kolbens am größten ist. Da nun aber das Kraftstoff-Luft-Gemisch stets eine gleichbleibende Zeit zum vollen Entflammen braucht — es ist zwar nur rund $1/3000$ Sekunde, aber das spielt bei der rasenden Geschwindigkeit des Kolbens schon eine Rolle —, muß mit steigender Drehzahl der Zündzeitpunkt immer früher gelegt werden. Wird er allerdings zu früh gelegt, schlägt das bereits entflammte Kraftstoff-Luft-Gemisch dem noch aufwärts strebenden Kolben entgegen. Gibt man zu wenig Frühzündung, wird die Energie des Kraftstoffes nicht vollständig ausgenutzt und der Motor kommt nicht auf seine volle Leistung.

**Automatische Zündverstellung**

Mit steigenden Motordrehzahlen muß der Zündfunke früher überspringen, weil weniger Zeit zur Gemischverbrennung bleibt. Die Verstellung in Richtung »Frühzündung« besorgt der Fliehkraftversteller im Verteiler. Das Entflammen des Kraftstoff-Luft-Gemischs hängt aber auch von der Zusammensetzung ab und bei nur halb durchgetretenem Gaspedal — bei Teillast — verbrennt das Gemisch »langsamer«, da muß der Zündzeitpunkt noch früher gelegt werden, andererseits bei Vollgas am Berg später liegen.

**Die Unterdruckverstellung**

Für die Frühzündung bei Teillast ist die Unterdruckverstellung am Verteiler verantwortlich; eine seitlich am Verteiler sitzende Blechdose, die durch eine

Ein Blick in den geöffneten Verteiler beim 1,1-Liter-Motor: 1 – Halteklammern des Verteilerdeckels (2), 3 – Verteilerfinger, auch als Verteilerläufer bezeichnet. 4 – Staubschutzkappe, 5 – Lagerdeckel (muß zum Einstellen des Unterbrecher-Kontaktabstands oder des Schließwinkels unbedingt montiert sein), 6 — Verteilerwelle mit Kerbe für den Verteilerfinger, 7 — Unterbrecherhammer, auch Unterbrecherhebel genannt, 8 — Unterbrecherkontakte, 9 — Klemmanschluß für das Normkabel 1 von der Zündspule, 10 — Kondensator außen am Verteilergehäuse, 11 — Unterdruckdose zum Verstellen des Zündzeitpunktes, 12 — Zugstange von der Unterdruckdose zur Zündverstellung.

dünne Saugleitung mit dem Vergaser verbunden ist. Wenn dort bei nur teilweise durchgetretenem Gaspedal ein kräftiger Unterdruck entsteht, zieht dieser über die Saugleitung in der Unterdruckdose eine Membrane an, von der eine kleine Zugstange in den Verteiler hineinreicht und dort die drehbare Unterbrecherplatte anzieht. Hierbei wird die Unterbrecherplatte entgegen der Drehrichtung der Verteilerwelle gezogen und die Unterbrecherkontakte entsprechend früher geöffnet. Die Unterdruckverstellung bewirkt je nach Motortyp zwischen 10 und 15 Grad Frühzündung zusätzlich.

**Doppelte Unterdruckdose ab Modelljahr 1976**

Um die verschärften Abgas-Bestimmungen erfüllen zu können, besitzen die 1,6-Liter-Motoren und der 1500er mit Getriebeautomatik ab August 77 eine doppelt wirkende Unterdruckdose mit zwei angeschlossenen Schläuchen. Der nach vorn gerichtete Teil dieser dicken Unterdruckdose bewirkt die eben beschriebene Frühzündungsverstellung im Teillastbereich. Der hintere Teil der doppelten Druckdose, dessen Schlauch in die Unterdruckleitung zum Bremskraftverstärker angeschlossen ist, bewirkt das Gegenteil und zieht im Leerlauf und bei Schiebebetrieb des Motors in Richtung »Spätzündung«. Der Zündzeitpunkt dieser Motoren, der bei Leerlaufdrehzahl eingestellt wird, liegt deshalb genau im Oberen Totpunkt.

**Unterdruckverstellung prüfen**

Ob die Unterdruckverstellung funktioniert, läßt sich, allerdings ohne genaue Meßwerte, selbst prüfen: Den dünnen Schlauch, der vom Vergaser her zur Unterdruckdose führt, an dieser abziehen und mit der Fingerspitze fest zuhalten. Von Helfer Motor starten und in erhöhter Drehzahl (etwa 3000/min) halten lassen. Wenn Drehzahl gleichmäßig ist, dünnen Schlauch schnell auf Röhrchen der Unterdruckdose schieben. Da nun vom Vergaser her Luft durch den Schlauch angesaugt wird, muß die Unterdruckverstellung in diesem Teillast-Bereich in Aktion treten, wodurch die Motordrehzahl ohne Gaspedalveränderung sofort merklich erhöht wird. Falls der Motor nicht etwas schneller dreht, ist wahrscheinlich die Unterdruckverstellung gestört.

**Der Fliehkraftregler**

Der Fliehkraftregler wirkt »innerlich« auf die Nocken der Verteilerwelle. Die besteht nicht etwa aus einem Stück, sondern ist in Antriebs- und Verteilerwelle geteilt und beweglich ineinander gesteckt.
Die Trägerplatte des Fliehkraftverstellers sitzt nun im Verteilergehäuse unter der Unterbrecherplatte fest auf der Verteiler-Antriebswelle. Je schneller sich diese dreht, um so intensiver drücken die Fliehgewichte auf ihrer Trägerplatte gegen einen »Mitnehmer«, der seinerseits die eigentliche Verteilerwelle mit den Nocken zusätzlich in ihrer Drehrichtung bewegt. Dadurch werden mit zunehmender Drehzahl die Unterbrecherkontakte früher geöffnet und zunehmende Frühzündung erreicht. Bei abnehmender Drehzahl machen dies kleine Spiralfedern wieder rückgängig. Insgesamt bewirkt die Fliehkraftverstellung je nach Motorversion bei 2000/min 10 bis 14 (1100 und 1600) oder 15 bis 20 (1500) Grad Frühzündung und bei 5000/min 26 bis 30 Grad (1600 bei 3000/min 18 bis 22 Grad). Je nach Belastung und Drehzahl wirken Fliehkraftverstellung und Unterdruckverstellung teilweise gemeinsam.
Die Fliehgewichte und deren Rückholfedern sind genau aufeinander abgestimmt, Störungen lassen sich nur mit speziellen Prüfgeräten feststellen. Wenn der Motor trotz einwandfreier Zündanlage und richtig eingestelltem Zündzeitpunkt in höheren Drehzahlen nicht auf Leistung kommt, kann der Fliehkraftregler schuld sein. Das läßt man am besten bei einem Bosch-Dienst kontrollieren.

**Fingerzeig:** *Der 1,1-Liter-Motor mit 52 PS (für die Schweiz) erreicht seine Mehrleistung nur durch einen Verteiler mit anderer Zündverstellung. Mit dem entsprechenden Verteiler (Teile-Nr. 036 905 205 B; ab Baujahr 8/76: 052 905 205 A) leistet also der 1100/50 PS zwei Pferdestärken mehr.*

### Die Unterbrecherkontakte

Das ständige Öffnen und Schließen des Stromkreises bewirkt an den Kontakten des Unterbrechers (Hammer und Amboß) unvermeidbaren Verschleiß durch Abbrand, Verschmoren oder Metallwanderung. Am Hammer bilden sich durch den Gleichstrom ein kleiner Krater und am Amboß ein Höcker, der sich in den Krater einfügt. Das schadet nicht, macht aber bei älteren Kontakten das Messen mit der Fühlerblattlehre schwierig.

### Unterbrecherkontakte prüfen
Wartungspunkt Nr. 29

Laut Wartungsplan sollen die Unterbrecherkontakte alle 15 000 km und die verschleißärmeren seit September 1975 nach 30 000 km ersetzt werden. Wenn die Zündanlage aber einwandfrei in Ordnung ist, können sie auch mehr aushalten, deshalb wird man als sparsamer Heimwerker die Kontakte erst einmal prüfend mustern. Dazu nach Lösen der beiden Halteklammern und, falls vorhanden, Abziehen des Kupfer-Massebandes den Verteilerdeckel abheben und den Verteilerfinger von der Welle abziehen; beim 1,1-Liter-Motor muß man außerdem noch die schwarze Kunstoffkappe abnehmen und eventuell die Metallabdeckung losschrauben. Das Aussehen der Kontakte bedeutet:
- Kontakte silberartig, wie hell poliert: Zündanlage in Ordnung,
- grauer Überzug durch Oxidation: Zu kleiner Kontaktabstand oder zu geringer Kontaktdruck,
- verbrannt, blau angelaufen: Kondensator oder Zündspule nicht einwandfrei,
- verkrustet: Öl, Fett oder Schmutz zwischen die Kontakte geraten.

Sind die Kontakte verkrustet oder verschmutzt, mit einem scharfkantigen Schraubenzieher oder Taschenmesser den Schmutz abschaben (keine Feile oder Schmirgelleinen dazu verwenden!). Anschließend ein Läppchen um einen dünnen Holzstab wickeln und mit Tetrachlorkohlenstoff tränken. Damit die Kontakte abwischen. Benzin nicht dazu verwenden, da die Kontakte gegen Benzin empfindlich sind.

### Unterbrecherkontakte austauschen

Verbrauchte Unterbrecherkontakte müssen durch neue ersetzt werden. Sind die alten Kontakte blau angelaufen oder verschmort, genügt der Austausch allein nicht, es muß auch nach dem Fehler in der Zündanlage gesucht werden (Kondensator oder Zündspule).

Zum Auswechseln der Kontakte den Kabelschuh des Verbindungskabels zum Unterbrecherhebel innen am Verteilergehäuse abziehen und Halteschraube auf der Unterbrecherplatte lösen, Kontakte herausheben.

Vor dem Einbau der neuen Kontakte die Lagerwelle des Unterbrecherhammers mit einem Tropfen Öl und die Nockenbahn der Verteilerwelle sowie das Gleitstück des Unterbrecherhammers mit etwas Heißlagerfett (z. B. Bosch-Fett Ft 1 v 4) oder Mehrzweckfett sparsam einreiben.

### Unterbrecher-Schließwinkel einstellen
Wartungspunkt Nr. 31

Wenn Sie bei »freigelegtem« Verteiler den Motor von einem Helfer mit dem Anlasser durchdrehen lassen (kein Gas geben!), können Sie genau beobachten, wie die Nocken der Verteilerwelle den Unterbrecherhammer jedesmal vom Amboß abheben. Wie lange die beiden Unterbrecherkontakte bei jeder Vierteldrehung der Unterbrecherwelle, also jeweils zwischen den

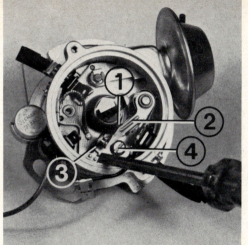

Beim Drehen der Verteilerwelle heben die Nocken (auf einen der vier Nocken zeigt der weiße Pfeil) jeweils das Gleitstück (1) und damit den Unterbrecherhammer (2) vom Kontakt (3) des Unterbrecher-„Amboß" ab. Zum Verstellen des Unterbrecherkontaktabstandes wird die Amboß-Halteschraube (4) gelockert und mit einem Schraubenzieher zwischen den kleinen Verstellwarzen (die Schraubenzieherklinge deutet darauf) und der davor liegenden Amboßplattenkerbe der Abstand reguliert. Es geht aber auch anders mit der zwischen die Kontakte geklemmten Fühlerblattlehre 0,4 mm, wie im Text auf der nächsten Seite beschrieben. Bei dieser Einstellung muß allerdings ein Verteilerwellennocken mit seiner höchsten Ausbiegung (weißer Pfeil) haargenau unter dem Gleitstück liegen. Grundsätzlich muß zum Einstellen des Kontaktabstands oder des Schließwinkels beim 1,1-Liter-Motor der Lagerdeckel der Verteilerwelle (Nr. 5 im Bild Seite 160) montiert sein.

einzelnen Nocken, geöffnet und geschlossen sind, hängt vom Abstand der beiden Unterbrecherkontakte ab. Ist dieser Abstand beim vollen Abheben nur gering, bleiben die Unterbrecherkontakte bis zum nächsten Abheben verhältnismäßig lange geschlossen. Ist der Kontaktabstand dagegen groß, ist die »Schließzeit« bis zum nächsten Abheben nur gering. Den Winkel, um den sich die Unterbrecherwelle vom Beginn bis zum Ende der »Schließzeit« weiter dreht, nennt man den Schließwinkel. Er wurde für den günstigsten Aufbau des Magnetfeldes genau errechnet und soll 47° betragen (mit einer zulässigen Abweichung von 3° nach oben oder unten), was laut VW 50 % eines rechten Winkels entspricht (für Meßgeräte mit Prozentmessung). Diesen Schließwinkel kann man natürlich nur mit dem entsprechenden Schließwinkeltester messen (Vorsicht bei allzu billigen aus dem Kaufhaus, die sind recht ungenau!).

Ist die Werkstatt weit und ein Schließwinkeltester nicht zur Hand, geht es zur Not auch durch Messung des Kontaktabstandes bei voller Kontaktöffnung (Gleitstück des Unterbrecherhammers muß genau auf dem Gipfelpunkt eines Verteilerwellen-Nockens stehen!). Dann muß der Kontaktabstand ge-

**Kontaktabstand behelfsmäßig einstellen**

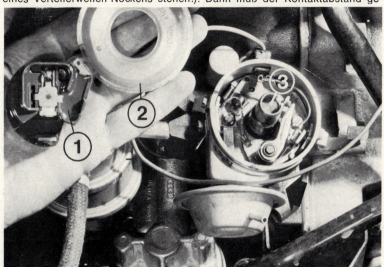

Den wichtigsten Unterschied des Zündverteilers am 1,5-/1,6-Liter-Motor erkennt man nach Abnahme des Verteilerfingers (1) und des Staubschutzdeckels (2). In der hohlen Verteilerwelle steckt ein Schmierfilz (3), der alle 15 000 km nach ein bis zwei Tropfen Öl verlangt (am besten vom Ölpeilstab abtropfen lassen). Außerdem sitzt hier am Verteilerfuß nur eine einzige Klemmschraube (Pfeil), die zum Verdrehen des Zündverteilers gelockert werden muß.

nau 0,4 mm betragen, die Messung geschieht mit einer entsprechenden Fühlerblattlehre. Eigentlich ist diese Messung auch nur bei neuen Kontakten genau, da diese noch eben und glatt sind. Durch die Höcker und Krater nach längerer Betriebszeit der Kontakte wird die Messung immer ungenauer. Doch in besagtem Notfall geht es so:

■ Bei offenem Zündverteiler Wagen mit eingelegtem 4. Gang vorwärts rukken, bis eine Nocke den Unterbrecherhammer voll abgehoben hat.

■ Mit Schraubenzieher Klemmschraube des Amboß lockern, Kontaktabstand mit der Hand etwas erweitern, Fühlerblatt 0,4 mm zwischen Kontakte halten und diese mit der Hand fest zusammenpressen (dabei Unterbrecherhammer nicht biegen!), so daß Amboß-Kontakt auf 0,4 mm an Hammer-Kontakt herangerückt wird.

■ Klemmschraube wieder fest anziehen und Fühlerblattlehre herausziehen. Bei älteren Kontakten hält man die Lehre zum Messen am Rand dazwischen.

## Zündverteiler kontrollieren
Wartungspunkt Nr. 28

Eigentlich besteht der Verteiler nur aus dem Verteilerdeckel und dem Verteilerfinger, aber man zählt auch Unterbrecher und Unterbrecherkontakte, sowie Zündzeitpunktverstellung und Kondensator hinzu. Was zur Schmierung des Zündverteilers zu sagen ist, finden Sie auf Seite 44.

Ein weiterer wichtiger Punkt ist die sorgfältige Reinigung der Verteilerkappe innen und außen, damit keine Strombrücke über Schmutz, Abrieb oder Feuchtigkeit den Zündstrom ableitet. Auch auf den Verschleiß der einzelnen Teile ist dabei zu achten. So muß die Kontaktkohle innen in der Mitte des Verteilerkopfes glatt und glänzend sein, sich leicht einfedern lassen und ohne zu klemmen wieder zurückfedern, denn sie hat den Hochspannungs-Zündstrom vom Hauptzündkabel zum Mittelkontakt des Verteilerfingers weiterzuleiten.

Der Verteilerfinger darf an seiner Zunge und über der Abdeckung des Entstörwiderstandes zwischen seinem Mittelkontakt und der Zunge nicht verschmort sein. Sie sollten den Verteilerfinger auch einmal von der Verteilerwelle abziehen und von innen betrachten. Dort sitzt ein Kunststoffnocken, der in die entsprechende Aussparung oben auf der Verteilerwelle genau einrasten muß. Dieser Innen-Nocken darf nicht »verwürgt« sein, denn nur ein unverschlissener Nocken kann dem Verteilerfinger seine genaue Stellung auf der Verteilerwelle sichern, sonst erhält ein falscher Zylinder gelegentlich den Zündfunken.

Entdeckt man innen im Verteilerdeckel bleistiftartige Striche, dann muß dieser ausgetauscht werden, denn diese »Striche« sind die Brandspuren von

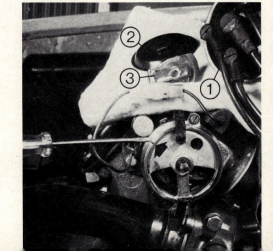

Zum Einstellen des Zündzeitpunktes bei stehendem Motor oder zum Einsetzen des ganzen Zündverteilers in den Motor muß der Kolben des 1. Zylinders ganz oben, im „Oberen Totpunkt", stehen. Bei dieser Motorstellung muß im geöffneten Zündverteiler die „Nase" des Verteilerfingers genau auf die Kerbmarkierung (schwarzer Pfeil) im Rand des Verteilergehäuses zeigen. Vor der Zündeinstellung wird der Wagen bei eingelegtem 3. oder 4. Gang behutsam vorwärts geschoben, bis der Verteilerfinger genau auf diese Kerbmarke zeigt.
Zum Einbau des Zündverteilers ist die OT-Stellung des 1. Kolbens durch das Zündkerzenloch mit einem steifen Draht zu ertasten und der Zündverteiler mit so eingestelltem Verteilerfinger einzuschieben.
Oben auf dem Motor sehen Sie den Verteilerdeckel mit den daran angeschlossenen Zündkabeln (1) abgelegt, ebenso die Staubschutzkappe (2) und den Verteilerfinger (3).

Kriechströmen, die sich dort über Schmutz oder Feuchtigkeit einen Weg gebahnt und eingebrannt haben. Solche Kriechströme setzen die Spannung des Zündstromes natürlich stark herab. Steht jedoch keine neue Verteilerkappe zur Verfügung, kann man als Behelf die »Bleistiftstriche« mit einem Schraubenzieher oder Messer tief auskratzen und mit Nagellack oder Alleskleber die Kratzspuren sorgfältig überstreichen.

Alle 15 000 km, bei neu eingestellten oder ausgewechselten Unterbrecherkontakten und aus- und wiedereingebautem Zündverteiler muß der Zündzeitpunkt neu eingestellt werden, davon hängt sowohl die volle Motorleistung wie auch ein günstiger Benzinverbrauch ab.
Da die Zündzeitpunkteinstellung ganz genau sein muß, empfiehlt das Volkswagenwerk die Einstellung mit einer Stroboskoplampe, wie sie jede VW-Werkstatt und mancher Heimwerker besitzt. Auf alle Fälle müssen vorher die Zündkerzen überprüft und der Schließwinkel kontrolliert werden.

**Zündzeitpunkt prüfen**
Wartungspunkt Nr. 32

Der Zündfunke kann das Kraftstoff-Luft-Gemisch um so wirkungsvoller entzünden, je stärker dieses auf engstem Raum zusammengepreßt, also verdichtet wurde. Diese höchste Verdichtung herrscht beim Viertaktmotor in jenem Augenblick, da der Kolben bei Beendigung des 2. Takts – des Kompressionshubs – von der Aufwärtsbewegung in die Abwärtsbewegung des 3. Takts – des Arbeitstakts – übergehen will. Der Kolben steht dann in seinem höchsterreichbaren Standpunkt für einen winzigen Sekundenbruchteil still, bis er sich wieder nach unten bewegt. Diesen Punkt nennt man den »Oberen Totpunkt« (Kurzzeichen: OT), dessen Gegenstück der »Untere Totpunkt« (UT) ist.
Wie bei der Erläuterung der automatischen Zündzeitpunktverstellung im Zündverteiler auf Seite 160 bereits dargestellt, reicht die »langsame« Verbrennung des Kraftstoff-Luft-Gemisches (etwa $1/3000$ sec) aber zur Entzündung im »Oberen Totpunkt« nicht aus – der Kolben ist bei höherer Drehzahl schon vor der »Flammenfront« des Kraftstoff-Luft-Gemisches davongelaufen. Darum muß der Zündfunke vor Erreichen des OT den »Startschuß« geben. Diese Frühzündung wird bei der Zündeinstellung mit der Stroboskoplampe bei verschiedenen Motoren bereits im Leerlauf berücksichtigt:

**Oberer Totpunkt und Vorzündung**

| Motor | Kennbuchstabe | Baudatum | Getriebe | Zündeinstellung |
|---|---|---|---|---|
| 1100/50 PS | FA | ab 5/74 | Handschaltung | 10° vor OT |
| 1100/52 PS | FJ | ab 8/74 | Handschaltung | 10° vor OT |
| 1500/70 PS | FH | 5/74 bis 8/75 | Handschaltung und Automatik | 7,5° vor OT |
| 1500/70 PS | JB | ab 8/77 | Handschaltung | 9° vor OT |
| 1500/70 PS | JB | ab 8/77 | Automatik | OT |
| 1500/75 PS | FB | 2/74 bis 4/74 | Handschaltung | 7,5° vor OT |
| 1500/85 PS | FD | 3/74 bis 8/75 | Handschaltung und Automatik | 7,5° vor OT |
| 1600/75 PS | FP | 9/75 bis 7/77 | Handschaltung und Automatik | OT |
| 1600/85 PS | FR | ab 9/75 | Handschaltung und Automatik | OT |

Bei Fahrzeugen mit einfacher Unterdruckdose am Verteiler muß dessen einziger Unterdruckschlauch während der Zündeinstellung abgezogen sein, bei Fahrzeugen mit doppelter Unterdruckdose bleiben dagegen beide Unterdruckschläuche aufgesteckt.

Wird der Zündzeitpunkt beim 1,1-Liter mit der Stroboskoplampe bei laufendem Motor eingestellt, richtet man die Blitzlampe auf die vordere Kante des Markierungsbleches über der Kurbelwellen-Keilriemenscheibe (dort ist ein Z eingeprägt). Bei richtig eingestelltem Zündzeitpunkt und laufendem Motor muß die Kerbe (K) auf der Keilriemenscheibe bei jedem Blitz genau vor der Zündmarkierung „stehen". Falls der Zündzeitpunkt nicht stimmt, löst man die 3 Halteschrauben am Verteilerfuß und dreht den Verteiler entsprechend. Rechts neben der Zündeinstellmarke ist die Markierung für den oberen Totpunkt (0) sichtbar.

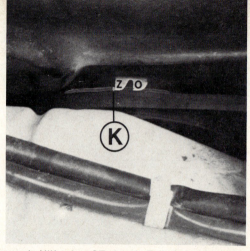

Der Zündzeitpunkt wird stets mit Hilfe des OT des 1. Zylinders (der ganz rechts sitzende Zylinder in Fahrtrichtung) eingestellt. Dazu schaltet man die Stroboskoplampe in das Zündkabel 1, läßt den warmgefahrenen Motor im Leerlauf drehen und richtet die Stroboskoplampe

■ beim 1100er auf die in Fahrtrichtung hintere Bezugskante des Markierungsbleches oberhalb der Kurbelwellen-Keilriemenscheibe (Bild oben),
■ bei den 1,5-/1,6-Liter-Motoren auf die angegossene Spitze oben am Ende des Motorblocks in der Kupplungs-»Glocke« (vorher muß der »Totpunktmarkengeber« oder Verschlußstopfen ausgebaut werden, siehe Bild unten). Dort läuft die Kurbelwellen-Keilriemenscheibe bzw. das Schwungrad vorbei, und beim kurzen Aufleuchten der Blitzlampe wird die entsprechende Zündzeitpunktmarkierung als »stehendes Bild« erkennbar, wenn die Einstellung stimmt. Andernfalls wird das Zündverteilergehäuse gelockert (beim 1100er 3 Sechskantschrauben SW 10 an der Grundplatte zum Motor, bei 1,5-/1,6-Liter-Motoren eine Sechskantschraube SW 13 unten am Verteiler — Bild unten) und der ganze Zündverteiler behutsam etwas verdreht, bis die Zündmarkierung der entsprechenden Kerbe an Keilriemen- bzw. Schwungscheibe »gegenübersteht«.

**Behelfsmäßige Zündeinstellung bei stehendem Motor**

Früher wurde der Zündzeitpunkt allgemein bei stehendem Motor eingestellt. Das ist bei der Feinabstimmung der heutigen Zündverteiler mit ihrer automatischen Zündzeitpunktverstellung nicht mehr ratsam, denn jeder Zündverteiler arbeitet ein wenig individuell. Darum gibt es auch vom Werk keine

Zur Zündzeitpunkteinstellung bei 1,5-/1,6-Liter-Motoren im Leerlauf mit der Stroboskoplampe wird diese auf die angegossene Spitze (S) im Schauloch in der Kupplungs-»Glocke« gerichtet, nachdem zuvor der dort eingesetzte Verschlußstopfen oder der Totpunktmarkengeber (unterer Pfeil) herausgeschraubt wurde (er läßt sich meist von Hand herausdrehen, andernfalls mit einem Steckschlüssel SW 17, mit einer Stecknuß geht es nicht). Im Schauloch läuft die Schwungscheibe des Motors mit den Zündeinstellmarken vorbei.
Hier ist die Zündmarkierung (Z) für die 1500er vor dem Einstellpfeil im Schauloch zu erkennen, rechts davon sehen Sie die OT-Marke (0), die für die Zündeinstellung der 1,6-Liter-Motoren zuständig ist. Muß der Zündverteiler zur Berichtigung des Zündzeitpunkts verstellt werden, ist die Klemmschraube unten am Verteiler (großer Pfeil links oben) zu lockern und dieser zu verdrehen.

Einstellwerte für eine sogenannte »Grundeinstellung«. Doch es gibt auch für den Heimwerker einen Behelf, wenn Stroboskoplampe und Fachwerkstatt weit sind. Allerdings muß die Zündung vorher einmal von der Werkstatt mit allen vorgenannten Hilfsmitteln peinlich genau eingestellt worden sein — das ist Voraussetzung. Dann:

■ Verteiler- und Staubschutzdeckel abnehmen, Verteilerfinger aufsetzen.

■ 4. Gang einlegen und Fahrzeug vorwärts schieben, bis der Verteilerfinger kurz vor der Kennmarke für den 1. Zylinder steht.

■ Zündung einschalten und Prüflampe mit einem Kabelende an Klemme 1 der Zündspule (grünes Kabel). Das andere Kabel der Prüflampe fest gegen Masse drücken. Da in diesem Stand in der Regel die Unterbrecherkontakte geschlossen sind, brennt die Prüflampe nicht, weil der Strom den geringeren Widerstand über die geschlossenen Kontakte nimmt.

■ Jetzt Fahrzeug ganz behutsam vorwärts schieben (brannte vorher schon die Prüflampe, zuerst ein Stück zurückschieben und erst dann vorwärts), bis Prüflampe gerade aufleuchtet. Das ist der Zeitpunkt, in dem die Unterbrecherkontakte zu öffnen beginnen und der Zündfunke in der Zündspule entstehen würde.

■ Die jetzt gerade vor dem Markierungsblech oder der Nocke im Schauloch befindliche Stelle der Keilriemen- oder Schwungscheibe mit einem Bleistift markieren.

■ Dieses Aufleuchten der Prüflampe durch Rückwärts- und danach Vorwärtsschieben des Fahrzeugs (nicht nur Rückwärtsschieben, das gibt durch Toleranzen in den Motorteilen Einstellfehler) dreimal wiederholen und jedesmal mit Bleistift markieren. Liegen die Markierungspunkte ganz dicht beieinander, hat man gut gearbeitet und kann in der Mitte die eigene Zündzeitpunktmarkierung entweder mit einem Körner in die Keilriemenscheibe oder das Schwungrad einschlagen oder mit einem auffallenden Farbpunkt markieren.

Wollen Sie später den Zündzeitpunkt nachprüfen oder nach Austausch unbrauchbarer Unterbrecherkontakte (und deren genauer Einstellung auf 0,4 mm Abstand) den Zündzeitpunkt neu einstellen, geht es so:

■ Fahrzeug im 4. Gang bei eingeschalteter Zündung behutsam vorwärts schieben, bis »Ihre« Einstellmarke am Markierungsblech oder im Schauloch vor der Markierungsnocke erscheint.

■ Fahrzeug jetzt wieder etwas rückwärts schieben, bis Marke um einige Zentimeter verschwindet.

■ Prüflampe an Klemme 1 der Zündspule mit einem Kabelende anschließen und anderes Kabelende an Masse drücken.

■ Fahrzeug behutsam vorwärts schieben, bis »Ihre« Einstellmarke vorbeiwandert. In diesem Augenblick muß die Prüflampe aufleuchten, wenn die Zündung richtig eingestellt ist.

■ Leuchtet die Prüflampe früher oder später auf, »Ihre« Marke genau vor dem Markierungsblech oder Schauloch-Nocken zum Stillstand bringen (nur vorwärts schiebend! Rückwärts-ruckeln gibt Einstellfehler!).

■ Verteilerklemmschraube(n) etwas lockern und das ganze Verteilergehäuse ein wenig im Gegenuhrzeigersinn (1100) bzw. im Uhrzeigersinn (1500/1600) verdrehen, bis die Prüflampe verloschen ist (die Unterbrecherkontakte sind geschlossen). Darauf Zündverteiler wieder ganz langsam zurückdrehen, bis Prüflampe gerade aufzuleuchten beginnt.

■ Nicht weiterdrehen, denn jetzt haben die Unterbrecherkontakte gerade abgehoben. In dieser Stellung muß der Zündverteiler festgeschraubt werden.

Die Zündkabel machen beim VW Golf und Scirocco keine besonderen Schwierigkeiten, zumal ihre Anschlußkappen gut wasserdicht auf den Verteilerbuchsen und auf den Zündkerzensteckern sitzen. Beim 1100er-Motor dreht der Verteilerfinger links herum (siehe den schwarzen Richtungspfeil) und die Zündkabel müssen in der Zündreihenfolge 1-3-4-2 aufgesteckt sein, wobei die Zündstellung des 1. Zylinders ja an der Kerbe im Verteiler zu erkennen ist (siehe Bild Seite 164). Wenn Zündkabel alt und brüchig geworden sind, wodurch natürlich Feuchtigkeit eindringen und den Zündstrom abwandern lassen kann, sollte man gar nicht lange nach dem Fehler suchen, sondern sie durch neue ersetzen, die man sich ohne weiteres selbst aus Meterware (Kupferlitzen-Zündkabel) passend schneiden kann.

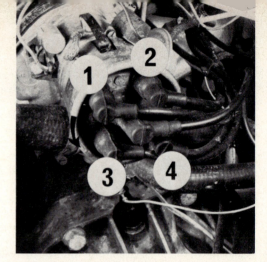

## Zündkerzen kontrollieren
Wartungspunkt Nr. 27

Mit den Zündkerzen sind wir an der letzten Station der Zündanlage angelangt. Durch eine defekte oder falsch gewählte Zündkerze bleibt natürlich alle gute Vorarbeit der Zündanlage umsonst.

Nach unseren Erfahrungen ist das 15 000-km-Intervall für die Zündkerzenpflege etwas lang, wir würden wenigstens alle 6 Monate, besser noch alle 7500 km nach den Kerzen sehen, zumal sie beim Golf und Scirocco sehr einfach aus- und einzubauen sind (beim 1100er bis Mai 1975 nimmt man besser erst den Luftfilter-»Schnorchel« zum Vergaser ab). Beim Ausbau nicht an den Zündkabeln zerren, sondern die Zündkerzenstecker fassen und mit leichten Ruckelbewegungen von den Zündkerzenstiften ziehen. Die ausgebauten Zündkerzen (dazu ist ein langer, schlanker Zündkerzenschlüssel vonnöten) in der Reihenfolge der Zylinder ablegen, da das »Zündkerzengesicht« Rückschlüsse auf den betreffenden Zylinder zuläßt (siehe übernächsten Abschnitt).

Der Elektrodenabstand wird während der Betriebszeit durch natürlichen Abbrand weiter. 0,6–0,7 mm Abstand sind vorgeschrieben — falls notwendig, biegt man die Stirnelektrode etwas nach. Sind die Elektroden dagegen schon stark abgebrannt, sollten Sie die Kerzen ersetzen. Eine zu dünne Stirnelektrode kann abbrechen und im Motor Schaden stiften.

Auf einer gut funktionierenden Kerze darf sich nicht viel Schmutz abgesetzt haben. Mit einer Zündkerzenbürste oder einer alten Zahnbürste und Reini-

Entsprechend der Zündfolge 1–3–4–2 sind bei rechtsdrehendem Verteilerfinger des 1,5-/1,6-Liter-Motors (durch Richtungspfeil angedeutet) die Zündkabel im Verteilerkopf angeordnet. Wo das Zündkabel 1 einzustecken ist, kann man bei geöffnetem Verteilergehäuse ebenfalls an einer kleinen Kerbmarke im Verteilergehäuserand erkennen. Bei Motorstottern empfiehlt es sich, zuerst einmal für alle Fälle, die Kabelstecker nacheinander mit dem Daumen fest in ihre Buchsen zu drücken, denn sie können sich durch Erwärmung der eingeschlossenen Luft etwas aus dem Buchsen herausgehoben haben.

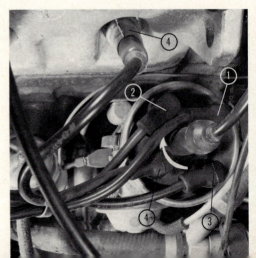

gungsbenzin können Sie das »Kerzengesicht« säubern. Die früher übliche Zündkerzenreinigung mit einem Sandstrahlgerät lohnt sich wegen der hohen Arbeitslöhne kaum noch. Ein Satz ohnehin bald fälliger neuer Kerzen ist in diesem Fall oft billiger. Auch stark verrußte Kerzen (bei reinem Kurzstreckenverkehr) sollten Sie besser austauschen und es vielleicht einmal mit den auf Seite 170 aufgeführten Mehrbereichszündkerzen von Beru oder Bosch versuchen.

**Gewindelänge der Kerzen**

Meist wird bei der Zündkerzenwahl nur vom richtigen Wärmewert gesprochen, mindestens genauso wichtig ist aber auch die Gewindelänge. Ein falscher Wärmewert und falsche Länge des Einschraubgewindes kann im Motor Unheil anrichten.
Das Einschraubgewinde der Zündkerze muß für die Golf- und Scirocco-Motoren 19 mm lang sein. Das ist die größte handelsübliche Gewindelänge und deshalb dauert auch das Heraus- und Hineinschrauben der Zündkerze so lange. Andere gängige Zündkerzen haben 9,5 oder 12,7 mm Gewindelänge. Sie dürfen im Golf oder Scirocco auf keinen Fall benutzt werden, es gäbe böse Motorschäden.

**Wärmewert und Zündkerzengesicht**

Mit dem Wärmewert hat es folgende Bewandtnis: Da die verschiedenen Benzinmotoren sehr unterschiedliche Temperaturen in ihren Verbrennungsräumen entwickeln (es leuchtet ein, daß Motoren mit hoher Verdichtung und hoher Leistung mehr Hitze erzeugen als gemütliche Durchschnittsmotoren), kann man nicht jede Zündkerze in jeden Motor einsetzen. Sie muß auf die vom Motor erzeugte Hitze abgestimmt sein. Diese Eigenschaft wird durch den sogenannten Wärmewert gekennzeichnet.
Bekannt sind die älteren Wärmewertangaben von Beru und Bosch, wie 175, 200 oder 225, während andere Kerzenhersteller schon früher den Wärmewert verschlüsselt angaben.
Doch auch Beru und Bosch sind zwischenzeitlich zu einer neuen Kennzeichnung übergegangen. Die Kennzahl 7 steht für Wärmewert 175, 6 für 200 und 5 für 225.
Eine hohe Wärmewert- oder niedrige Kennzahl besagt, daß diese Zündkerze viel Hitze ertragen, d. h. ableiten kann, ohne selbst zu heiß zu werden. Leitet die Kerze zu viel Wärme ab, erreicht sie nicht ihre »Selbstreinigungstemperatur«. Die liegt bei etwa 500° C und besagt, daß sich die heißen Zündkerzenelektroden selbst von Rußansatz freibrennen können.
Ob Sie für Ihre Fahrweise den günstigsten Wärmewert gewählt haben, können Sie aus dem Aussehen und der Färbung der Zündkerzenelektroden erkennen. Des weiteren gibt dieses »Zündkerzengesicht« auch Aufschluß über den Zustand des Motors sowie die richtige Vergaser- und Zündeinstellung:
■ Mittelbraun bis mittelgrau: Gute Vergasereinstellung, Motor und Zündkerzen arbeiten richtig.
■ Schwarz: Vergaser zu fett eingestellt oder Zündkerze durch überwiegenden Kurzstreckenbetrieb zu kalt. Evtl. »Mehrbereichs-Wärmewert«-Zündkerzen probieren, wenn Vergasereinstellung stimmt. Falls nur bei einem Zylinder, mangelhafte Kompression.
■ Silbrig: Zündkerze wird zu heiß durch zu viel Frühzündung oder scharfe Langstreckenfahrten. Evtl. Zündkerzen mit breiterem Wärmewertbereich nehmen.
■ Hellgrau: Vergaser zu mager eingestellt.
■ Verölt: Zündkerze setzt aus. Evtl. Kolbenringe undicht; wenn bei allen Zündkerzen, Fehler in der Zündanlage.

**Welche Zündkerze nehmen?**

Um für Ihren VW Golf oder Scirocco und Ihre persönliche Fahrweise die beste Zündkerze zu finden, haben wir in der folgenden Tabelle Zündkerzentypen zusammengestellt.

In unserer untenstehenden Tabelle finden Sie zunächst die Standard-Zündkerzen. Die genannte Zündkerzenreihe hat eine sogenannte vorgezogene Mittelelektrode, die vorne von der Stirnelektrode überdeckt wird. Der recht tief im Verbrennungsraum liegende Zündfunken kann das Kraftstoff-Luft-Gemisch auch unter ungünstigen Bedingungen sicher entzünden.

Wenn Sie jedoch bei diesen Standard-Zündkerzen mit Ihrem Motor Stotter-Ärger oder ein unschönes »Zündkerzengesicht« haben, sollten Sie es einmal mit »Mehrbereichs-Zündkerzen« versuchen (»Beru ultra«, »Bosch thermo-elastic Super« und als noch höhere Qualitätsstufe »Beru RS dynaflex« mit Silber-Mittelelektrode). Solche Zündkerzen sind zwar teuer, bewähren sich aber nach unseren Beobachtungen in den wassergekühlten VW-Motoren gut. Sie sind nicht mehr mit den üblichen Wärmewerten gekennzeichnet, sondern mit anderen Ziffern.

| Zündkerzenfabrikat | 1500/70 PS ab 8/77 | 1100/50 bzw. 52 PS<br>1500/70 PS bis 8/75<br>1600/75 PS<br>1600/85 PS | 1500/75 PS | 1500/85 PS |
|---|---|---|---|---|
| Beru<br><br>Bosch thermo-elastic<br><br>Champion | 14—8 D<br>(145/14/3 A)<br>W 8 D<br>(W 145 T 30)<br>N—8 Y | 14—7 D<br>(175/14/3 A)<br>W 7 D<br>(W 175 T 30)<br>N—8 Y | 14—6 D<br>(200/14/3 A)<br>W 6 D<br>(W 200 T 30)<br>N—8 Y | 14—5 D<br>(225/14/3 A)<br>W 5 D<br>(W 225 T 30)<br>N—8 Y |
| Beru ultra<br>Bosch thermo-elastic<br>  Super | 14—7 DU<br>W 7 DC | 14—7 DU<br>W 7 DC | 14—5 DU<br>W 5 DC | 14—5 DU<br>W 5 DC |
| Beru RS dynaflex | RS 35 | RS 35 | RS 37 | RS 39 |

**Fingerzeige:** *Nicht immer sind die für den Golf oder Scirocco besten Zündkerzen überall erhältlich. Deshalb sollten Sie vor allem bei Reisen ins Ausland wenigstens zwei Ersatz-Zündkerzen mitnehmen.*

*Sparsame Heimwerker wechseln die Zündkerzen selbst, denn in der Werkstatt kostet es zu den ohnehin schon teuren Zündkerzen zusätzlich noch Arbeitslohn! Beim 15 000-km-Wartungsintervall müssen Sie dann natürlich darauf hinweisen, daß die Kerzen nicht gewechselt werden — das macht die Werkstatt sonst automatisch.*

*Zündkerzen grundsätzlich mit der Hand einschrauben und erst zuletzt den Zündkerzenschlüssel ansetzen. Die Hand ist feinfühliger als das Werkzeug, so daß ein schiefes Ansetzen der Zündkerze in das Zündkerzengewinde des Leichtmetall-Zylinderkopfes vermieden wird. Da man zum Kerzeneindrehen kaum einen (an sich vorgeschriebenen) Drehmomentschlüssel zur Verfügung hat, hilft man sich folgendermaßen: Kerze von Hand ohne Kraftanstrengung eindrehen, bis der Dichtring anliegt — die Zündkerze sich also von Hand nicht mehr weiterdrehen läßt. Dann mit einem Kerzenschlüssel eine Vierteldrehung weiter festziehen, das entspricht etwa einem Drehmoment von 30 Nm/3 kpm.*

**Die Beleuchtung**

# Erleuchtende Wirkung

Die besten Scheinwerfer nutzen nichts, wenn sie falsch eingestellt oder deren Glühbirnen durchgebrannt sind. Ein geübter Fahrer erkennt schon an dem schmalen »Lichtfinger« vor seinem Auto, daß eine Scheinwerferlampe ausgefallen sein muß. Da die Polizei auch ein wachsames Auge auf die richtige Beleuchtung am Auto hat — und das nicht nur in den sogenannten Beleuchtungswochen im Herbst — sollte man unbedingt ein Kästchen mit Ersatzlampen ins Handschuhfach legen. Im Fall des Falles wird Ihnen eine umgehend eingesetzte neue Glühbirne eine Anzeige oder gebührenpflichtige Verwarnung ersparen, denn bei einem so vorsorglichen Autofahrer ist es nach gerichtlicher Auffassung durchaus glaubhaft, daß die Lampe »gerade eben« durchgebrannt ist.

Als wichtigste Ersatzlampen für Ihren VW Golf oder Scirocco brauchen Sie:
- Asymmetrische Zweifadenlampe, 45/40 Watt, Sockel P 45 t

oder bei H-4-Scheinwerfern (im Lampenglas steht in der Mitte »H 4«)
- Asymmetrische Zweifadenlampe H 4, 60/55 Watt, Sockel P 43 t

oder für den VW Scirocco TS/GT mit Doppelscheinwerfern
- Einfadenlampe H 1, 55 Watt, Sockel 14,5 s.
- Kugellampe, 21 Watt, Sockel BA 15 s (Blinker, Bremslicht, Rückfahrscheinwerfer).
- Kugellampe, 5 Watt, Sockel BA 15 s (Schlußlicht).
- Röhrenlampe, 4 Watt, Sockel BA 9 s (Standlicht, Kennzeichenlicht).

Eigentlich soll ja vor jeder Fahrt kontrolliert werden, ob alle Glühlampen außen am Wagen noch brennen, aber wer macht das schon. Bei Dunkelheit ist es nicht schwierig, sich von der einwandfreien Funktion der Leuchten zu überzeugen. In einer Kolonne reflektieren Vordermänner das Licht beider Scheinwerfer oft durch die Stoßstange oder die Lackierung. Sie können natürlich auch vor eine helle Wand fahren oder in der Garage beobachten, ob zwei nebeneinander liegende Lichtpunkte sichtbar sind, die Scheinwerfer also brennen. Ebenso prüft man die vorderen Blinker. Zur Kontrolle der hinteren Leuchten prüft man deren Reflexionen in einem anderen Wagen oder wieder an der hellen Wand. Zusatz-Fernscheinwerfer, Nebelscheinwerfer und die Nebelschlußleuchte müssen natürlich überprüft werden, wenn sie am VW montiert sind.

Bevor Sie eine unwillige Glühbirne in den Mülleimer werfen, sollten Sie sie einmal genau ansehen. Vielleicht ist sie noch in Ordnung, kann aber mangels Stromversorgung (Steckkontakt, Kabel, Sicherung oder Lampenfassung lose oder oxidiert) nicht brennen.

Der Fernlichtfaden — Klemme 56 a — der asymmetrischen Zweifadenlampe (»Bilux«-Birne) erhält rechts Strom über ein weißes und links über ein weiß-

**Beleuchtungsanlage prüfen**
Wartungspunkt Nr. 11

**Scheinwerferlampen auswechseln**

Beim hier gezeigten Golf-Scheinwerfer wird zum Glühlampenwechsel an der Scheinwerferrückseite die bisweilen eingebaute weiße Kunststoffabdeckung (1) nach links gedreht und über die Gummitülle (2) gestreift. Den schwarzen Dreifachstecker (3) zieht man von den U-förmig nach unten stehenden Steckerfahnen (4) der Glühlampe ab, außerdem muß man noch die schwarze Gummikappe (5) abnehmen. Den weiteren Ausbau zeigt das untere Bild.

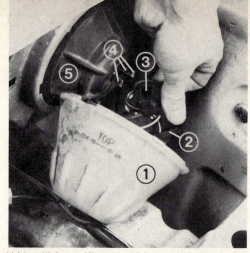

schwarzes Kabel. Für das Abblendlicht – Klemme 56 b – wird der Strom rechts in einem gelben und links in einem gelb-schwarzen Kabel zugeführt. Zum Lampenaustausch Motorhaube öffnen, weiße Abdeckkappe an der Scheinwerferrückseite etwas nach links drehen, abnehmen und von der Gummitülle abziehen. Schwarzen Lampenkabelstecker mit hebelnden Bewegungen lösen, braunes Massekabel und grau-rotes bzw. grau-schwarzes Standlichtkabel abziehen, Gummidichtkappe abnehmen. Klemmring für die Glühlampe gegen den Reflektor drücken, nach links drehen und abnehmen, Lampe herausziehen. Achten Sie beim Einsetzen der neuen Glühbirne darauf, daß die Haltenase an der Lampenfassung in der entsprechenden Aussparung unten im Reflektor sitzt (siehe Bild unten). Das U, das die drei Lampen-Kontaktzungen bilden, ist dann nach unten offen.

**Halogenlampen ersetzen**

Den VW Golf und den Scirocco (nicht TS/GT) gibt es auch mit Halogen-H-4-Scheinwerfern. Diese Glühlampen werden genauso ausgetauscht, wie im vorhergehenden Abschnitt beschrieben.

Im Scirocco TS/GT mit vier Scheinwerfern sitzen dagegen Halogen-H-1-Lampen, die etwas anders ausgebaut werden: Motorhaube öffnen, Dreifachstecker (an den hier nur zwei Kabel angeschlossen sind) an der Scheinwerferrückseite abziehen, Metallkappe nach links drehen und abnehmen, weißes bzw. gelbes oder weiß-schwarzes bzw. gelb-schwarzes Kabel von der Steckerfahne der Halogenlampe abziehen, Federdrahtbügel aushaken und nach oben klappen, defekte Birne herausziehen. Achten Sie beim Einsetzen der

Zum Abnehmen der Glühlampe die beiden Nasen am Lampenklemmring abziehen, den Klemmring (6) gegen den Scheinwerferspiegel drücken und nach einer kleinen Linksdrehung aus dem Scheinwerfer ziehen, dabei fällt meist gleich die Anpreßfeder (5) herunter. Die Glühlampe steckt jetzt nur noch locker im Scheinwerferspiegel. Beim Einbau darauf achten, daß die feinen Nocken am Glühlampensockel sauber in die entsprechenden Aussparungen im Scheinwerferspiegel einrasten. In die Aussparung (2) unten am Glühlampenloch im Reflektor müssen die zwei kleinen nebeneinanderstehenden Kerben unten an der Glühlampe (der Finger deutet darauf) eingesteckt sein, dann zeigen die Steckerfahnen hinten an der Glühlampe ein auf dem Kopf stehendes „U". Weiter bedeuten: 3 – Massesteckanschlüsse, 4 – Dreifachstecker für die Scheinwerfer-Glühbirne.

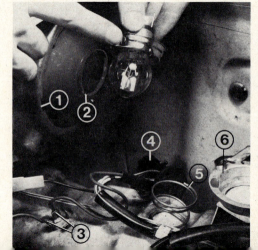

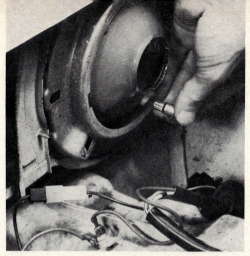

Die Standlicht-Röhrenlampe ist unten in den Scheinwerfer-Reflektor eingesteckt. Zum Ausbau des Lämpchens nimmt man bei Fahrzeugen bis Juli 1977 ebenfalls den Lampenklemmring ab und zieht dann das Birnchen heraus. Bei den seit August 1977 gebauten Modellen sitzt die Standlichtlampe in einer seperaten Fassung im Reflektor zur besseren Abdichtung gegen Feuchtigkeitseintritt. Diese neue Fassung kann nicht in ältere Scheinwerfer eingebaut werden. Sie besitzt eine Haltenase und der Scheinwerferreflektor eine entsprechende Aussparung zum Einsetzen der Fassung. Zum Ausbau muß die Standlichtfassung erst ein Stück gedreht werden, bevor sie herausgezogen werden kann.
Bei den älteren Scheinwerfern finden Sie auf der Gummiabdeckkappe des Scheinwerferspiegels die Normklemmenbezeichnungen: 31 für das braune Massekabel, 58 für das grau-rote oder grau-schwarze Standlichtkabel. Bei den neuen Standlichtfassungen muß die grau-rote oder grau-schwarze Plusleitung an der Seite mit der Haltenase angeschlossen werden.

neuen Lampe darauf, daß der Birnensockel genau in die Aussparung im Reflektor paßt — die abgeschrägte Stelle der Birnensockelplatte muß seitlich nach links unten zeigen. Glühlampen-Haltebügel wieder einhängen, Kabel aufstecken, Metallkappe aufsetzen und festdrehen.

**Fingerzeig:** *Neue oder intakte Glühlampen nicht mit den Fingern am Glaskolben anfassen, der Abdruck von Handschweiß bleibt unvermeidbar. Dieser verdampft auf der brennenden Birne und trübt den Reflektor. Darum beim Einsetzen ein sauberes Taschentuch verwenden, womit man auch eine versehentlich angefaßte Lampe abreiben kann.*

### Standlichtlampe auswechseln

Zum Ausbau einer defekten Standlichtbirne (Röhrenlämpchen 4 Watt, Sockel BA 9 s) wird der Lampenklemmring wie zum Ersetzen der Scheinwerferlampen ausgebaut, dann kann man das Röhrenlämpchen unter der Scheinwerferbirne aus dem Reflektor herausziehen. Die Haltenasen am Birnchen müssen beim Einbau in die entsprechenden Aussparungen im Reflektor eingesetzt werden.
Beim Scirocco TS/GT sitzt in den äußeren Abblendscheinwerfern je eine Standlichtlampe in einer eigenen Fassung — an der Steckerfahne herausziehen, Lampe etwas hineindrücken und nach links drehen.

### Scheinwerfer ausbauen

Eine durch Steinschlag oder Unfall beschädigte Streuscheibe (ihr Name sagt, daß sie das gebündelte Licht des Reflektors fahrgerecht »streut«) läßt sich

Der Golf-Scheinwerfereinsatz wird von 4 Kreuzschlitzschrauben (kleine weiße Pfeile unten) im Karosserieblech gehalten (die weißen Pfeile im Scheinwerferausschnitt deuten auf die entsprechenden Befestigungspunkte). Während der Kühlergrill nicht, wie hier, ausgebaut werden muß, sollte der seitliche Zierrand abgenommen werden (schwarze Pfeile deuten auf die Haltelöcher).

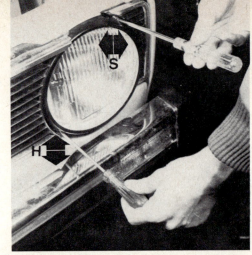

Beim Justieren der Golf-Scheinwerfer wird oben die Seitenrichtung eingestellt und unten die Höhe, und zwar jeweils mit einem Kreuzschlitzschraubenzieher. Beim Scheinwerfereinstellen korrigiert man zweckmäßigerweise erst die Höhe und dann die Seitenrichtung, weil sich bei umgekehrter Reihenfolge die Seitenrichtung beim Höherstellen eher verändert.

bei unseren VW-Modellen nicht einzeln ersetzen. Man muß einen kompletten Scheinwerfereinsatz kaufen, da Streuscheibe und Reflektor miteinander verklebt sind. Falls Sie in Ihren VW H-4-Licht (siehe rechts unten) einbauen wollten, ist dies eine günstige Gelegenheit, da die bisherigen Scheinwerfer sonst doch nur im Regal verstauben. Den Ausbau eines Golf-Scheinwerfereinsatzes zeigt das Bild auf der Vorseite unten. Beim Ersatz von Scirocco-TS/GT-Scheinwerfern müssen Sie auf die richtige Streuscheibe achten: die äußeren Abblendscheinwerfer haben ein A im Scheinwerferglas eingeprägt.

## Scheinwerfereinstellung prüfen
Wartungspunkt Nr. 60

Von selbst wird sich ein Scheinwerfer kaum verstellen, aber wenn eine Glühlampe oder ein Scheinwerfereinsatz ausgewechselt oder in den VW neue Federbeine eingesetzt wurden, muß die Einstellung des Scheinwerferstrahls kontrolliert werden. Damit man unterwegs mit einem neu bestückten Scheinwerfer den Gegenverkehr nicht unnötig blendet, hilft man sich folgendermaßen: Den Wagen rund 10 oder 20 Meter vor eine möglichst helle Wand stellen und den erneuerten Scheinwerfer in der Höhe dem unveränderten gleichstellen. Beim Golf benötigt man einen Kreuzschlitzschraubenzieher (siehe Bild oben), die Scirocco-Scheinwerfer lassen sich dagegen ohne Werkzeug verstellen (siehe untere Abbildung). Abblendlicht einschalten und kontrollieren, ob höher oder tiefer gestellt werden muß. Rechtsdrehen der Höheneinstellschraube hebt den Scheinwerferstrahl, Drehen nach links senkt ihn ab. Die Seiteneinstellung können Sie sich bis zur fachgerechten Justierung sparen.

Beim Scirocco TS/GT mit je zwei Doppelscheinwerfern muß das Abblend- und Fernlicht separat eingestellt werden, die Einstellschrauben erreicht man vom Motorraum aus, wobei die oberen der Höhen- und die unteren der Seitenverstellung dienen. Anders beim Scirocco mit Breitbandscheinwerfern: da sitzt die Höheneinstellschraube jeweils rechts unten und die Seitenverstellschraube links oben (vom Motorraum aus gesehen).

174

**Behelfsmäßige Scheinwerferkontrolle**

Zwar sinkt das kurze Golf- bzw. Scirocco-Heck durch Gepäcklast nicht gleich tief in die Knie, aber mit einer fünfköpfigen Familie an Bord samt deren Gepäck hebt sich der Scheinwerferstrahl gegenverkehrsblendend in die Höhe. Man merkt's am heftigen Geblinzel der Entgegenkommenden, daß das Abblendlicht – besonders bei den helleren Halogen-Scheinwerfern blendet. Läßt man dagegen das Licht für das belastete Fahrzeug einstellen, reicht bei unbeladenem Wagen das Abblendlicht nur wenige Meter weit. Man kann sich aber selbst helfen:
In der Werkstatt die Scheinwerfer exakt einstellen lassen. Zu Hause den VW mit eingeschaltetem Abblendlicht vor der geöffneten Garage abstellen, aussteigen und die Abknickpunkte (in diesen Punkten steigt der asymmetrische Scheinwerferstrahl mit 15 Grad nach rechts an) der beiden Scheinwerfer auf der Garagenrückwand möglichst genau mit einem Kreuz markieren.
Wenn das auch auf die paar Meter keine sehr genaue Kontrolle ist, läßt sich so doch bei vollbeladenem Fahrzeug der Scheinwerferstrahl blendungsschonend senken und später wieder für den Normalbetrieb justieren.

**Hilfsmarken auf der Garagenwand**

Für die genauere Hand-Einstellmethode wird eine mindestens 9 m lange ebene Fläche mit abschließender Wand (auf der man Striche ziehen darf) gebraucht. Dann müssen die Höhe der Scheinwerfer-Mittelpunkte (d in der Skizze unten) gemessen und der Abstand der beiden Scheinwerfer-Mittelpunkte vermessen und durch 2 geteilt werden (a, beim Scirocco TS/GT auch für die Fernscheinwerfer -f-) und auf der Wand angezeichnet werden. Das geht nicht ohne Helfer, der zum Scheinwerfer-Einstellen dann auf dem Rücksitz Platz nehmen muß. Bei eingeschaltetem Abblendlicht müssen die im vorigen Abschnitt beschriebenen Abknickpunkte genau auf die entsprechenden Markierungskreuze zeigen. Beim Vier-Scheinwerfer-System des Scirocco TS/GT anschließend das Fernlicht einschalten: die Lichtflecken müssen auf den Markierungen der Linie F liegen. Beim Zwei-Scheinwerfer-System stimmt das Fernlicht bei richtig eingestelltem Abblendlicht automatisch.

**Besseres Scheinwerferlicht**

Seit April 1975 erhält der VW Golf S/LS Halogenscheinwerfer (H 4) ab Werk, der Scirocco TS/GT hatte seit Serienbeginn Halogen-H-1-Scheinwerfer. Für die übrigen Modelle ist der Austausch der normalen Scheinwerfereinsätze gegen solche für Halogen-Zweifadenlampen (H 4; 60 Watt Fernlicht, 55 Watt Abblendlicht) problemlos: Kabel abziehen, bisherige Einsätze herausschrauben, neue Scheinwerfer festschrauben, Kabel aufstecken.

Nachdem der Fahrzeugmittelpunkt (M) durch das Heckfenster angepeilt und auf der Wand angezeichnet wurde, kann man die Scheinwerferhöhe abmessen und anzeichnen (Linie F, sie ist gleichzeitig die Einstellinie für die Scirocco-Doppelscheinwerfer). 5 cm darunter (bei 5 m Abstand von der Wand) zieht man die Linie A, auf der die Abblendlicht-Knickpunkte liegen müssen. Nachdem noch der Abstand der Scheinwerfer-Mittelpunkte eingezeichnet wurde, kann man mit dem Einstellen beginnen.

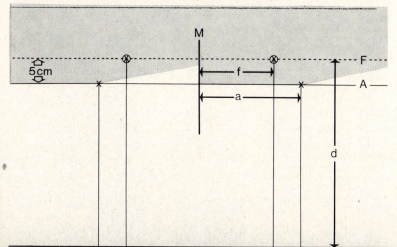

175

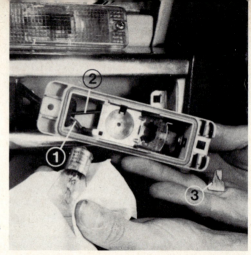

Zum Auswechseln der vorderen Golf-Blinkerlampen brauchen Sie nur einen Kreuzschlitzschraubenzieher. Das gesamte Blinkergehäuse wird von einer Art Plastikdübel (3) in der Stoßstange gehalten. Die Blinkerlampe zuerst in ihre Fassung eindrücken, dabei etwas verdrehen und herausziehen. Beim Einsetzen der neuen Lampe müssen die beiden kleinen Zapfen am Lampensockel genau in die entsprechenden Aussparungen der Lampenfassung eingeführt werden. Zur Blinkerlampe führt nicht nur ein Stromkabel (2), sondern auch ein seperates Massekabel (1), da über das Kunststoffgehäuse des Blinkers der Stromweg sonst nicht geschlossen wäre.

Für den Golf gibt es für etwa 160 DM zwei passende Einsätze von Bosch oder Hella (Bestell-Nr. O 301 608 102 bzw. 1 A 8 003 060-801), die viereckigen Scirocco-Scheinwerfer liefert Hella für ca. 110 DM je Stück (Bestell-Nr. 1 AF 003 061-111/121). Wesentlich umständlicher — da ein neues Frontziergitter und etliche Kabelveränderungen fällig wären — ist der Umbau der viereckigen Leuchten des Scirocco gegen die H-1-Doppelscheinwerfer des Scirocco TS/GT, deren geringer Durchmesser ohnehin nur eine mäßige Abblendlichtausbeute ergibt.

## Lampenwechsel
**Blinkleuchten**

Die rechten Blinkerlampen (Kugellampen 21 Watt, Sockel BA 15 s) erhalten Strom über schwarz-grüne Kabel, die linken Blinker über schwarz-weiße Kabel.

Eine ausgefallene Blinkerlampe ist die Ursache, wenn die Blinker-Kontrolllampe in schnellem Rhythmus aufblitzt (weitere Blinkerstörungen finden Sie auf Seite 181 beschrieben). Bevor eine neue Glühbirne eingesetzt wird, sollten Sie kontrollieren, ob nicht Korrosion oder mangelnder Massekontakt den Stromweg hemmt — das kommt bei den vorderen Blinkern gern vor. Als Ersatz für eine defekte Birne darf nichts anderes als eine 21-Watt-Lampe (mit gleichem Sockel gibt es auch welche mit 10 und 15 Watt) verwendet werden, sonst gerät das Blinkrelais aus dem Takt. Den Austausch einer vorderen Golf-Blinkleuchte zeigt das Bild oben, beim Scirocco geht es wie im untenstehenden Bild gezeigt.

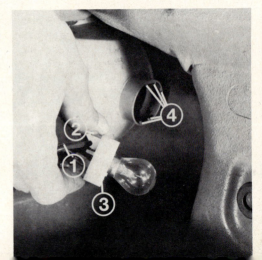

Die vorderen Blinker des VW Scirocco sitzen in einem eigenen Gehäuse außen neben den Scheinwerfern. Eine defekte Glühlampe wird vom Motorraum aus ersetzt. Dazu die Gummikappe (1) hinten am Blinkergehäuse abstreifen, Halteklammern (2) oben und unten an der Lampenfassung (3) zusammendrücken und Fassung mit der eingesteckten Glühlampe herausziehen. Wenn die Fassung wieder in das Blinkergehäuse eingesetzt wird, müssen die entsprechenden Aussparungen in die Nocken (4) im Gehäuse einrasten und die Halteklammern senkrecht oben bzw. unten stehen.

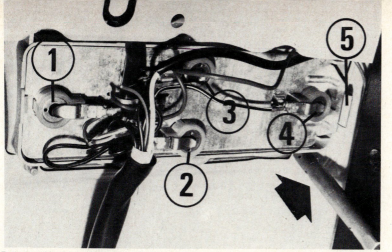

An die Glühlampen der Heckleuchte gelangt man vom Kofferraum aus: Abdeckkappe abschrauben, innere und äußere (5) Halteklemmen zusammendrücken und Lampenträger abnehmen. Die darin eingesetzten Lämpchen haben folgende Aufgaben: 1 — Rückfahrscheinwerfer, 2 — Bremslicht, 3 — Rücklicht, 4 — Blinker. Beim Scirocco sitzen Brems- und Rücklicht nebeneinander, und zwar das Rücklicht neben der Blinkleuchte.

**Heckleuchte**

Bei den Heckleuchten von Golf und Scirocco sitzen die Blinker jeweils außen. Die Kabelfarben: links schwarz-weiß, rechts schwarz-grün. Soll eine defekte Birne (Blinker, Schluß-, Brems- oder Rückfahrlicht) in der Heckleuchte ersetzt werden, muß man den Heckleuchteneinsatz, wie im Bild oben gezeigt, vom Kofferraum her ausbauen.

Eine komplette Leuchteinheit wird fällig, wenn ein Heckleuchtenglas zerbrochen ist. Vom Kofferraum aus die Kunststoff-Abdeckkappe losschrauben, den Heckleuchteneinsatz abnehmen und die 4 (Golf) bzw. 6 (Scirocco) SW-8-Sechskantschrauben rund um die Leuchteinheit mit einem Rohrsteckschlüssel lösen. Nun läßt sich die Leuchteinheit komplett nach außen wegziehen.

Falls der Heckleuchteneinsatz ausgetauscht werden muß, sollten Sie die Kabel Stück um Stück an der gleichen Stelle des neuen Einsatzes feststecken, damit hinterher nicht der Rückfahrscheinwerfer blinkt und das Schlußlicht im Blinkerfenster erstrahlt.

**Schlußleuchte**

Die Golf-Schlußleuchten sitzen in der Mitte oben, beim Scirocco zur Wagenmitte neben den orangefarbenen Blinkern. Die 5-Watt-Glühlampen (erkennbar am kleineren Glaskolben der Glühbirne; Sockel BA 15 s) werden rechts über grau-rote und links über grau-schwarze Kabel mit Strom versorgt.

**Bremslicht**

Der Strom für die Bremslichter (Kugellampen 21 Watt, Sockel BA 15 s) geht von der zuständigen Sicherung über ein rot-gelbes Kabel zum Bremslichtschalter (siehe Abbildung Seite 180), bei getretenem Pedal über ein rot-schwarzes Kabel zur Relaisplatte und von dort über ein schwarz-rotes Kabel zum linken und weiter zum rechten Bremslicht.

**Rückfahrscheinwerfer**

Die Rückfahrscheinwerfer leuchten auf, wenn Strom von der entsprechenden Sicherung über ein schwarz-graues Kabel und bei geschlossenem Rückfahrlichtschalter (= eingelegtem Rückwärtsgang) über ein schwarz-blaues Kabel zur Relaisplatte, von dort über ein schwarzes Kabel zum linken und weiter zum rechten Rückfahrscheinwerfer fließt.

Für die Rückfahrscheinwerfer haben der Golf und der Scirocco dieselben Kugellampen wie für Blinker und Bremsleuchten. Fällt unterwegs eine der letztgenannten, sehr wichtigen Lampen aus und haben Sie keinen Ersatz dabei, sollten Sie aushilfsweise sofort die benachbarte Rückfahrscheinwerfer-Glühlampe einsetzen.

Links in Fahrtrichtung unten hinten am Getriebe sitzt bei 50-PS-Modellen der Rückfahrlichtschalter, beim Getriebe des 1,5-/1,6-Liter-Motors finden Sie diesen Schalter in Fahrtrichtung vorn am Getriebe rechts vom Kupplungshebel. Der Rückfahrlichtschalter wird automatisch beim Einlegen des Rückwärtsgang vom Getriebe mitgeschaltet.

**Kennzeichenleuchten**

Zur Beleuchtung des hinteren Kennzeichens dienen zwei 4-Watt-Röhrenlämpchen (Sockel BA 9 s), die über ein grau-grünes Kabel von der zuständigen Sicherung mit Strom versorgt werden. Der Ausbau ist im Bild unten erläutert.

**Innenleuchte**

Bei geöffneten Vordertüren und entsprechender Schalterstellung muß die Innenleuchte brennen. Deren 10-Watt-Soffittenlampe (Sockel SV 8,5-8) erhält ständig Strom über ein rotes Kabel von der Sicherung, eingeschaltet wird sie von den Türkontaktschaltern (braun-weiße Kabel) oder dem Schalter in der Innenleuchte (über ein braunes Kabel zur Masse).

In Fahrtrichtung hinten hat die Innenleuchte eine Klemmfeder, die zum Ausbau mit dem Fingernagel oder einem feinen Schraubenzieher zusammengedrückt werden muß. Vorsicht beim Herausheben der Leuchte, da sie ständig unter Strom steht, kann es leicht Kurzschluß (und eine durchgebrannte Sicherung) geben — besser vorher das Batterie-Massekabel lösen. Wenn auch das neue Lämpchen nicht brennen will, liegt es entweder an der Stromzufuhr (rotes Kabel bei angeschlossener Batterie mit Prüflampe kontrollieren) oder die Kontaktzungen sind zu weit auseinandergebogen. Lämp-

Die Kennzeichenleuchten sind entweder direkt an das Karosserieblech angeschraubt oder sie haben noch eine Gummikappe (1), die das Eindringen von Wasser verhindert. Diese Kappe wird über die Kabelsteckerfahnen gestreift, dann kann das Röhrenlämpchen ausgetauscht werden. Das grau-grüne Kabel (2) liefert bei eingeschalteter Beleuchtung Strom, das braune Kabel (3) stellt die Verbindung zur Masse her und der Stromkreis ist geschlossen.

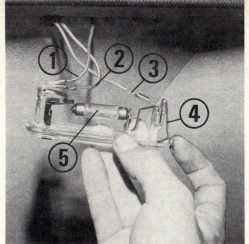

Wenn die Innenleuchte nicht brennen will, liegt es entweder an einem klemmenden oder korrodierten Türkontaktschalter (siehe unten) oder am defekten Soffittenlämpchen (5). Zum Ausbau muß die Klemmfeder (4) am Innenleuchtengehäuse mit dem Fingernagel, wie hier im Bild angedeutet, zurückgedrückt werden. Das rote Kabel (3) bringt Strom von einer stets stromführenden Sicherung. Den Stromkreis zum Aufleuchten des Lämpchens schließt entweder ein Türkontaktschalter über das braun-weiße Kabel (2) oder bei entsprechender Stellung des Innenleuchtenschalters das braune Kabel (1) als direkter Masseanschluß.

chen herausnehmen, Zungen zusammendrücken, Birne einsetzen und mehrmals drehen, damit sich die Berührungsstellen blank schleifen.
Beim Einbau der Innenleuchte zuerst die Seite mit dem Schalter in den Dachausschnitt drücken.

**Handschuhfach- und Kofferraumleuchte**

Nur in »besserer« Ausstattung besitzt das Handschuhfach eine von Hand einschaltbare Beleuchtung, die über ein schwarz-rotes Kabel Strom von Klemme X erhält (bei einigen ganz frühen Scirocco über ein rotes Kabel von einer ständig stromführenden Klemme 30) und durch ein braunes Kabel mit Masse verbunden ist. Soll das 3-Watt-Röhrenlämpchen (Sockel S 7) ersetzt werden, zieht man das Lampengehäuse mit den Fingernägeln oder leichter Hebelunterstützung eines feinen Schraubenziehers heraus.
Die Leuchte im Kofferraum brennt immer bei eingeschalteter Beleuchtung, der notwendige Strom wird von der grau-grünen Leitung zu den Kennzeichenleuchten mit einem grau-roten Kabel abgezweigt. Als Ersatz brauchen Sie eine Soffittenlampe 5 Watt (Sockel S 8,5), das Lampengehäuse hat an der Seite ein kleines Griffstück, an dem es aus der Seitenwand herausgezogen werden kann.

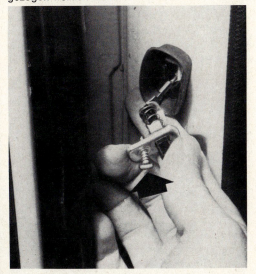

Brennt die Innenleuchte trotz richtiger Schalterstellung beim Öffnen einer Tür nicht sofort (das passiert nach einigen Jahren in aller Regel an der besonders oft geöffneten Fahrertür), muß der betreffende Türkontaktschalter ausgebaut werden. Dessen Halteschraube (Pfeil) herausdrehen, den ganzen Schalter aus dem Türrahmen ziehen, reinigen (Schaltkontakt stellt Verbindung zur Masse her und läßt Lampe dadurch leuchten), blank schaben. Der Kontaktstift muß sich leicht einfedern lassen und gut zurückfedern. Im Bedarfsfall leicht einölen.

Die Signaleinrichtungen

# Es blinkt und hupt

Die Hupe war das erste Instrument, mit dem die Autofahrer in früheren Zeiten Zeichen geben konnten. Aber als sich die Straßen belebten, mußten auch die übrigen Verkehrsteilnehmer wissen, ob ein »Chauffeur« anhalten oder abbiegen wollte. Die Autos erhielten deshalb ein Bremslicht und in den 20er-Jahren kamen Leuchtzeiger auf, später baute man Winker ein (beim VW Käfer noch bis 1960) und seit etwa 1950 wurden sie durch die Blinker ersetzt. Auch die Lichthupe fand erst seit den 50er-Jahren Verwendung.

**Das Bremslicht**
Wartungspunkt Nr. 12

Ohne große Mühe kann man die Bremslichter kontrollieren und zur eigenen Sicherheit sollte man es täglich tun — die Garagenwand hinter dem VW muß hell rot aufleuchten, wenn Sie auf das Bremspedal treten. Oder vor der roten Ampel kontrollieren Sie im Rückspiegel, ob sich in den Scheinwerferreflektoren des Hintermannes beide Bremslichter spiegeln. Eine ausgefallene Glühbirne sollten Sie sofort ersetzen (siehe Seite 177).
Falls beide Bremslichter ausgefallen sind, liegt es entweder an Sicherung Nr. 6 oder 7 oder am Bremslichtschalter (Bild unten).
Als Zusatzausstattung gibt es für den Golf und den Scirocco eine Bremskontrolleuchte (links unten im Armaturenbrett). Dann sitzen am Hauptbremszylinder zwei Bremslichtschalter mit drei Kontaktzungen und Dreifach-Kabelsteckern: die rot-gelben Kabel führen Plus-Strom von der Sicherung, die rot-braunen Kabel sind mit der Anzeigeleuchte im Armaturenbrett verbunden und die rot-schwarzen Kabel leiten bei getretenem Bremspedal den Strom weiter zu den Bremslichtern. Normalerweise sitzt am Hauptbremszylinder nur ein Bremslichtschalter mit zwei Steckerzungen und einem Doppelstecker (rot-gelbes und rot-schwarzes Kabel).
Ein defekter Bremslichtschalter läßt sich selbst feststellen, dazu rot-gelbes und rot-schwarzes Kabel abziehen und blanke Klemmen zusammenhalten

Unterhalb des Bremsflüssigkeitsbehälters (1) sitzt seitlich am Hauptbremszylinder (2) der Bremslichtschalter (3). Es handelt sich um einen einfachen Druckschalter, der beim Betätigen des Bremspedals durch den Bremsflüssigkeitsdruck seine Kontakte schließt und damit die Bremslichter zum Aufleuchten bringt. Fahrzeuge mit Bremskontrolleuchte haben einen zweiten Bremslichtschalter. In diesem Fall haben die Bremslichtschalter drei Kontaktzungen statt zwei. Hinter dem Bremsflüssigkeitsbehälter sehen Sie das Gehäuse des Bremskraftverstärkers (4).

– die Bremslichter müssen brennen (sonst Sicherung defekt, Kabel unterbrochen oder evtl. beide Glühlampen durchgebrannt).
Im übrigen – Sie haben es sicher schon längst bemerkt – brennt bei unseren VW-Modellen das Bremslicht auch bei nicht eingeschalteter Zündung.

## Warnblink- und Blinkanlage
**Wartungspunkt Nr. 13**

Zur Kontrolle: drücken Sie den Warnblinkschalter – Zündung nicht einschalten – rechts oben im Armaturenbrett – alle vier Blinkerlampen, die rote Kontrollampe im Schalter und die grüne Blinker-Kontrolleuchte blinken im gleichen Rhytmus auf. Wenn Sie jetzt die Zündung einschalten, macht die grüne Blinkerkontrolle einen »Sprung« und leuchtet im Gegentakt, also abwechselnd zur roten Kontrollampe im Warnblinkschalter und den Blinkleuchten auf. Die Stromschaltung hat sich also geändert (Erklärung auf Seite 189). Wenn Sie die Blinkanlage prüfen wollen, muß die Zündung eingeschaltet sein – die Blinker einer Seite und die grüne Blinkerkontrolle leuchten jeweils im Gegentakt auf.

**Störungssuche**

■ Blitzt die Blinkerkontrolle nur kurz auf, ist meist eine Blinkerlampe ausgefallen; wie sie ausgetauscht wird, steht auf Seite 176.
■ Brennen bei eingeschalteten Blinkern oder Warnblinkern die Blinkleuchten dauernd, ist das Blinkrelais (Nr. 5 in den Bildern Seite 184/185) der Störenfried, seine Kontakte sind wahrscheinlich verschmort.
■ Leuchten die Blinker mal in langsamer Folge, mal schnell (z. B. bei höheren Motordrehzahlen), ist ebenfalls das Blinkrelais nicht mehr in Ordnung.
■ Leuchten nur die Warnblinker auf, während die Richtungsblinker bei eingeschalteter Zündung dunkel bleiben, ist die Sicherung Nr. 8 defekt.
■ Wenn weder Warnblinken noch Richtungsblinken funktioniert, bei eingeschalteter Zündung und gedrücktem Blinkerhebel oder Warnblinkschalter aber die grüne Blinkerkontrolle dauernd brennt, ist vermutlich die Sicherung Nr. 6 defekt. Falls nicht, kann es wieder am Blinkrelais liegen.
■ Leuchten entweder die Warnblinker oder die Richtungsblinker nicht auf und brennt auch die grüne Blinkerkontrolle nicht auf Dauerlicht, ist der Fehler im betreffenden Schalter zu suchen oder ist der Stromweg zum Schalter unterbrochen.

Die ganze Blinkerei ist am Golf und Scirocco etwas kompliziert, weil vorschriftsgemäß die Warnblinkanlage mit und ohne Zündung funktionieren muß (sie wird über eine ständig Strom führende Klemme 30 a versorgt), während die Richtungsblinker nur bei eingeschalteter Zündung – über eine Klemme 15 a – Strom erhalten. Für beide Blinkanlagen läuft dabei der Strom über den Warnblinkschalter und das Blinkrelais setzt erst ein, wenn der Blinkerhebel oder der Warnblinkschalter gedrückt werden.

**Fingerzeig:** *Mit einem ausgefallenen Blinkrelais ist die Weiterfahrt nicht ganz ungefährlich, denn im dichten Verkehr bei Dunkelheit bleibt anderen Autofahrern Ihre Abbiegeabsicht trotz heftigen Winkens zum Autofenster hinaus wahrscheinlich unsichtbar. Sie können sich jedoch selbst helfen: Blinkrelais (Nr. 5 im Bild Seite 185) herausziehen und auf seiner Unterseite zwischen den Kontaktzungen 49 und 49 a (am Relais eingeprägt) mit einem kurzen Drahtstück oder einer Büroklammer eine Strombrücke herstellen (nicht an Klemme 31 kommen, sonst gibt es Kurzschluß) und das Relais wieder einstecken. Bei gedrücktem Blinkerschalter leuchtet eine Blinkerseite jetzt dauernd, durch Ein- und Ausschalten mit dem Blinkerhebel erhält man einen Blinker-Rhythmus.*

### Signalhorn auf Funktion prüfen
Wartungspunkt Nr. 15

Am besten kontrollieren Sie das Signalhorn (beim Scirocco TS/GT tönen deren zwei) bei einer Fahrt über die Landstraße, beim Druck auf die Huptaste sollte es tuten. Wer am stehenden Fahrzeug prüft, muß die Zündung einschalten, denn die Hupanlage erhält Strom über eine Klemme 15 a. Die Hupe (vorn links im Motorraum unterhalb der Batterie mit einer Sechskantschraube SW 13 befestigt) steht über ein schwarz-gelbes Kabel bei eingeschalteter Zündung ständig unter Strom. Das braune Massekabel an der Hupe läuft zur Relaisplatte, bei gedrückter Hupentaste stellt ein ebenfalls an der Relaisplatte angeschlossenes braun-blaues Kabel die Verbindung zur Masse her, der Stromkreis ist geschlossen und es hupt.

**Störungen**

Das Signalhorn kann aber auch während der Fahrt plötzlich lostuten, obwohl Sie die Hupentaste gar nicht berührt haben — dann hat das braune Kabel an der Hupe oder diese selbst Kurzschluß zur Masse. Wenn Sie die Zündung ausschalten, hat der Lärm ein Ende.
■ Zur Kontrolle, ob es am braunen Hupenkabel liegt, dieses abziehen, Zündung einschalten: bleibt es ruhig, hat das Kabel Kurzschluß zur Masse.
■ Hupt es dagegen weiter, hat die Hupe selbst (über feuchten Schmutz?) Masseschluß. In diesem Fall das schwarz-gelbe Kabel an der Hupe abziehen und (im Notfall mit Heftpflaster aus dem Verbandskasten) abisolieren.
■ Bleibt es beim Druck auf die Huptaste jedoch ruhig, zuerst die Sicherung Nr. 9 prüfen (vielleicht ist sie nur korrodiert).
■ Ist die Sicherung in Ordnung, mit einer Prüflampe kontrollieren, ob das schwarz-gelbe Kabel an der Hupe Strom bei eingeschalteter Zündung liefert. Kommt kein Strom, liegt es am schwarz-gelben Kabel.
■ Brennt aber die Prüflampe (ist also Strom vorhanden) liegt es an der Hupe selbst — Kontrolle: Hupe tönt nicht bei eingeschalteter Zündung und direkter Strombrücke vom Hupenmasseanschluß (dort braunes Kabel angeschlossen) zur Fahrzeugmasse — oder ihrem braunen Massekabel.
■ Mehrfachstecker A (siehe Abbildung Seite 153) an der Relaisplatte abziehen, Hilfskabel in die Steckbuchse des dort angeschlossenen braunen Kabels einstecken und mit Masse verbinden. Hupt es nicht, liegt es am braunen Kabel.
■ Falls die Hupe aber tönt, ist das braun-blaue Kabel von der Hupentaste unterbrochen oder die Huptaste selbst funktioniert nicht einwandfrei.

**Hupentaste prüfen**

Sind Sie bei der Störungssuche zur Überzeugung gelangt, daß der Fehler in der Hupentaste liegen muß, wird der Ausbau dieser Taste und eventuell

Das Signalhorn ist an der Karosserie mit einer Schraube SW 13 (Pfeil) befestigt. An der Hupe angeschlossen sind ein schwarz-gelbes Kabel (1), das bei eingeschalteter Zündung dauernd Strom führt, und daneben ein braunes Kabel (2), das bei gedrückter Hupentaste den Kontakt zur Masse herstellt und damit das Horn zum Tönen bringt. Für diese Aufnahme haben wir den Kühlergrill ausgebaut, zum Ausbau der Hupe ist das natürlich nicht notwendig.

An der Unterseite des Lenkrads ist der Schleifring (4) mit drei Kreuzschlitzschrauben (2) befestigt. Damit das Signalhorn bei gedrückter Hupentaste tönt, muß er den Strom an die Kontaktzunge (1) weiterleiten. Die Schalter für Scheibenwischer und Blinker können zusammen herausgezogen werden, wenn man die Querschlitzschrauben unten (3) und oben löst. Unten im Bild sehen Sie das stromführende Kabel (5) der Lenkradoberseite, das mit dem Schleifring unten am Lenkrad verbunden ist.

auch des Lenkrades fällig. Die Huptaste mit beiden Händen anfassen und mit einem kräftigen Ruck abziehen.

An der Rückseite der Signalhornplatte (Bild unten) ist ein Kabel angesteckt, an das die ebenfalls durch Kabel verbundenen Hupkontakte in der Hupentaste angeschlossen sind. Beim Druck auf die eingebaute Taste geben die Spiralfedern nach, die Huptastenkontakte berühren die blanken Gegenkontakte im Lenkrad, die über die Lenksäule den Kontakt zur Masse herstellen. Zur Probe den Kabelstecker an der Hupentaste abziehen und damit den Hupkontakt im Lenkrad berühren (Zündung eingeschaltet!) — hupt es jetzt, sind die Kontakte der Hupentaste korrodiert.

Bleibt die Hupe weiterhin schweigsam, muß das Lenkrad ausgebaut werden. Das ist nur ratsam, wenn man mit Sorgfalt an die Arbeit geht, sonst steht das Lenkrad nachher möglicherweise schief und die Blinkerrückstellung funktioniert nicht mehr richtig oder man hält das nachlässig montierte Lenkrad eines Tages plötzlich frei in der Luft. Die Vorderräder müssen ganz genau geradeaus gestellt sein, so daß die Lenkradspeichen waagrecht stehen (bzw. beim Scirocco TS/GT die obere Lenkradspeiche senkrecht). Die Lenksäulenmutter löst man mit einem Steckschlüssel SW 24 (ein Gabelschlüssel ist ungeeignet, damit verwürgt man nur die Mutter und kann sie beim Wiedereinbau nicht fest genug anziehen), dann das Lenkrad, ohne es seitlich zu verdrehen, mit ruckelnden Bewegungen von der Lenksäule abziehen.

Unten am Lenkrad sitzt ein Schleifring (mit 3 Kreuzschlitzschrauben befe-

An der Rückseite der hier abgezogenen Signalhorntaste (1) sitzen drei Druckkontakte (5), die über Kabel (4) miteinander verbunden sind und gleichzeitig mit dem meist braun-blauen, stromführenden Hupenkabel (3). Beim Druck auf die Taste geben die drei Spiralfedern (2) nach, so daß die Druckkontakte ihre Gegenkontakte (7) im Lenkrad berühren können, die mit Masse verbunden sind und so den Stromkreis schließen. Zum Ausbau des Lenkrads muß die Lenksäulenmutter SW 24 (6) losgeschraubt werden.

Hier haben wir den Blink-/Abblendschalter (1) und den Scheibenwischerschalter (2) bei einem Golf Modell 1978 ausgebaut. Dazu müssen nach Abnahme des Lenkrads 3 Querschlitzschrauben im Blinkerschalter losgedreht werden (3 zeigt auf die entsprechenden Bohrungen im Schalter), oben sehen Sie die dazugehörigen Gewindebohrungen (4). Mehrfachstecker an den Schaltern abziehen und zuerst den Blinkerschalter nach oben ziehen und leicht verkanten, damit seine Schaltnase aus dem Schalter für Lichtumschaltung und Lichthupe (5) ausrastet. Danach können Sie den Scheibenwischerschalter abnehmen.
Obwohl die Lichtumschaltung und Lichthupe mit dem Blinkerschalter links betätigt werden, sitzt das Schalterteil im rechten Scheibenwischerschalter. Dieser mechanische Schalter besorgt die Schaltung anstelle des früher hierfür zuständigen Abblendrelais. Bei einer Störung muß der komplette Scheibenwischerschalter ersetzt werden, der Umschalter kann nicht abgebaut werden.

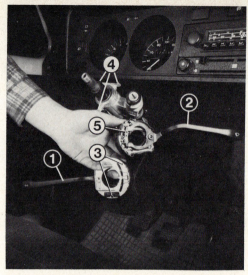

stigt; siehe Bild oben auf der Vorseite). Falls er keine Verbindung mit der Kontaktzunge darunter (links am Blinkerschalter) hat — Schleifring und Kontaktzunge mit kurzem Kabelstück verbinden, dann muß es hupen — liegt der Fehler hier. Entweder muß man nun die Kontaktzunge etwas nachbiegen oder eventuell nur blankreiben.

### Die Lichthupe

Ob die Zündung eingeschaltet ist oder nicht, das Fernlicht leuchtet immer auf, wenn Sie den Abblendhebel zum Lenkrad ziehen. Dazu leitet das Abblendrelais (Nr. 1 im Bild rechts) direkt Strom von seiner stets stromführenden Klemme 30 an die Klemme 56 a über die Sicherungen Nr. 3 und 4 zu den Fernlichtfäden der Scheinwerfer und zur Fernlichtkontrolle, wenn es vom Abblendhebel den entsprechenden Schaltimpuls erhält. Falls die Lichthupe nicht funktioniert, muß die Ursache im Abblendrelais liegen.

Seit August 1976 ist das Abblendrelais Sparmaßnahmen zum Opfer gefallen. Dauerstrom kommt jetzt von Klemme 30 des Kombischalters links am Lenkrad und bei entsprechender Schalterstellung, wie bisher, weiter über die Sicherungen Nr. 3 und 4.

Bei Störungen ist entweder das rote Klemme-30-Kabel stromlos oder der Kontakt des Lichthupenschalters defekt.

Die Relaisplatte eines Golf Modell 1978: Das Abblendrelais ist seit August 1976 entfallen, im Bild sehen Sie das leere Steckfeld (1). Das Entlastungs-Relais für den X-Kontakt (2) sitzt an Stelle des bislang nur für die heizbare Heckscheibe zuständigen Relais. Am Entlastungsrelais sind zusätzlich die Scheibenwischer und das Heizgebläse angeschlossen. Weiter bedeuten 3 — Leerfeld statt des Relais für den Kühlerventilator; 4 — Relais für Wisch-Wasch-Intervallschaltung; 5 — Blink-/Warnblinkrelais; 6 — Relais für Heckscheibenwischer und -wascher; 7 — Zusatz-Sicherungskasten für Heckscheibenwischer und -wascher sowie Nebelscheinwerfer.

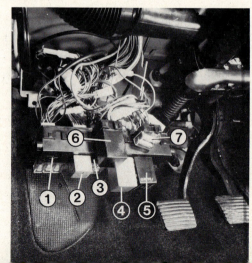

**Instrumente und Geräte**

# Wächter und Helfer

Je nach Ausstattung erhielt der Golf oder der Scirocco eine mehr oder minder große Anzahl von Instrumenten, Kontrolleuchten, Schaltern und Geräten mit auf seinen Lebensweg. So kann der Fahrer die jeweilige Geschwindigkeit ablesen, die Tankanzeige sagt ihm, ob das Benzin noch ausreicht und verschiedene Lämpchen geben Auskunft, ob das Fernlicht brennt, der Blinker blinkt, die Lichtmaschine die Batterie lädt und der Öldruck im Motor ausreicht. Und nicht zuletzt läßt ein Druck auf den Scheibenwischerschalter die Wischer über die Windschutzscheibe wedeln.

Bis zu 5 Schaltrelais können auf der Sicherungs- und Relaisplatte (der »Zentralelektrik«) vorn links im Fußraum eingesteckt sein, für Nebelscheinwerfer und andere Sonderausstattungen lassen sich an der Relaisplatte Adapter für weitere Schaltrelais anbauen. Wer sich mit der Elektrik seines VW befassen will, wird diese Relais anfangs etwas verwirrend finden, denn der Stromweg, den man bei einer Störung des betreffenden Stromverbrauchers kontrollieren muß, ist auf den ersten Blick nicht erkennbar — er läuft gewissermaßen um die Ecke.

Ein Schaltrelais wird gewöhnlich für einen Stromverbraucher verwendet, der hohe Stromansprüche stellt. Leitet man nämlich seinen Strom auf langen Kabelwegen über den dazugehörigen Schalter, gibt es erstens nachteiligen Spannungsverlust und zweitens werden die Schalterkontakte durch den hohen Stromzufluß stark beansprucht und korrodieren bald. Deshalb benutzt man den Schalter nur für den ganz geringen »Schaltstrom«, womit nicht der Verbraucher direkt, sondern dessen Relais eingeschaltet wird.

Für das einfachere Relais der heizbaren Heckscheibe bzw. das Entlastungsrelais ab August 1977 wollen wir das Funktionsprinzip kurz erläutern, das Blinkrelais, das Licht-Umschalt- (Abblend-) Relais und das Relais für die

**Die Schalt-
relais**

An der Relaisplatte bis Juli 1976 sind unten bis zu 5 Relais eingesteckt:
1 — Abblendrelais,
2 — Relais für die heizbare Heckscheibe, seit August 1977 durch Entlastungsrelais für X-Kontakt ersetzt,
3 — Relais für den Kühlerventilator, bei neueren Modellen durch Kabelbrücke oder Sicherung ersetzt,
4 — Kabelbrücke anstelle des Relais für Wisch-Wasch-Intervallschaltung, 5 — Blink- und Warnblinkrelais. Oben an der Relaisplatte sind die verschiedenen Kabelstränge über Mehrfachstecker angeschlossen, die Bedeutung der Buchstaben haben wir in der Abbildung auf Seite 153 erklärt.

Wisch-Wasch-Intervallschaltung funktionieren ähnlich, sind aber mit zusätzlichen Schaltfähigkeiten ausgestattet. Im Relais wird durch eine Magnetspule ein kräftiger Kontakt gegen Federdruck angezogen, wobei sich der Stromkreis für den »Arbeitsstrom« schließt. Dieser Arbeitsstrom wird auf möglichst kurzem Weg direkt von der Batterie an das Relais herangeführt und von dort wieder ohne Umweg weiter an den Stromverbraucher, wenn die Schaltkontakte geschlossen sind.

## Relais-Tabelle

| Kennzeichnung in den Bildern | in den Stromlaufplänen | Bezeichnung | Bemerkungen |
|---|---|---|---|
| 1 | J | Abblendrelais | Schaltet um zwischen Abblend- und Fernlicht und schaltet Lichthupenstrom; seit 8/76 entfallen |
| 2 | J 9 | Heizscheibenrelais | Schaltet Arbeitsstrom für heizbare Heckscheibe; seit 8/77 ersetzt durch J 59 |
|  | J 59 | Entlastungsrelais für X-Kontakt | Schaltet Stromlieferung an heizbare Heckscheibe, Heizgebläse und Scheibenwischer |
| 3 | J 26 | Relais für Kühlerventilator | Schaltet Arbeitsstrom für Kühlerventilator. Später ersetzt durch Direktschaltung über Kabelbrücke und ab 1975 über Sicherung |
| 4 | J 31 | Relais für Wisch-Wasch-Intervallschaltung | Schaltet Strom für Wischerlauf bei Wascherbetätigung und für Wischintervallgang |
| 5 | J 2 | Blink-/Warnblinkrelais | Schaltet Blinkimpulse |
| 6 | J 30 | Relais für Heckscheibenwischer und -wascher | Schaltet Strom für Heckscheibenwischer und -wascher |

## Relais-Störungssuche

Bei Störungen an folgenden elektrischen Verbrauchern können Sie das entsprechende Relais selbst prüfen: Heizbare Heckscheibe, ab August 1977 zusätzlich Heizgebläse sowie Scheibenwischer (Heizscheiben- bzw. ab 8/1977 Entlastungsrelais), Kühlerventilator und Nebelscheinwerfer.

■ Klemme 30 muß immer Strom führen. Zur Kontrolle Relais ein Stück aus der Relaisplatte ziehen und mit Prüflampe Klemme 30 antippen.
■ Bei eingeschaltetem Verbraucher erhält Klemme 86 des Relais Schaltstrom, der an Klemme 85 wieder »austreten« muß.
■ Zuletzt an Klemme 87 feststellen, ob sie den Arbeitsstrom weiterleitet.

An die Schalter rechts oben im Armaturenbrett kommt man schon nach Ausbau des Ablagefachs bzw. des Radios heran. Sie sind von hinten in die Armaturentafel eingeklemmt. Zum Ausbau die Kunststoffhalteklammern (Pfeile) an der Rückseite zusammendrücken. Im Bild wird gerade das Kontrollämpchen (2) des Warnblinkschalters (1) ausgebaut (Fassung nach links drehen). Rechts oben sehen Sie den vorgesehenen Ausschnitt für den Nebelscheinwerferschalter (4) und unten haben wir den statt dessen eingesetzten Blinddeckel (3) abgelegt.

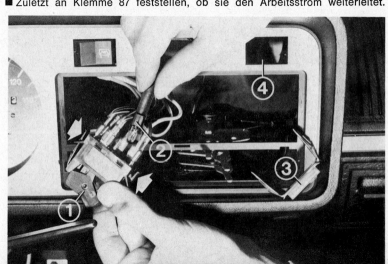

Ganz sicher ist das Relais defekt, wenn bei überbrückten Klemmen 30 und 87 der Verbraucher funktioniert.

## Die Schalter

Rechts oben im Armaturenbrett sitzen die drei Kippschalter für heizbare Heckscheibe, Warnblinker und Nebelscheinwerfer. In den Schaltertasten sitzen 1,2-Watt-Röhrenlämpchen mit Glassockel (Norm-Bezeichnung W 2 x 4,6 d), wobei das Birnchen im Warnblinkschalter bereits bei eingeschaltetem Standlicht glimmt. Es erhält Strom von Klemme 58 b (Standlicht) vom Lichtschalter über einen kleinen Widerstand. Durch diesen Widerstand brennt das Lämpchen nur schwach (und durch die Instrumentenbeleuchtungs-Regulierung sogar noch einstellbar). Erst wenn der Warnblinkschalter gedrückt wird, erhält das Birnchen volle Spannung und brennt hell.

## Schalterstörungen

Schalterkontakte können im Lauf der Jahre korrodieren, was zu Spannungsabfall führt. Da die drei eben genannten Schalter aber nur Schaltstrom an ein Relais weitergeben, müßten sie schon starke Korrosionsschichten zeigen, bis das Relais auf den »gedämpften« Strom nicht mehr anspricht. Wenn ein Schalter aber an einen Stromverbraucher den Strom direkt zuführt, senkt Spannungsabfall den Stromzufluß, der Verbraucher leistet weniger. Wie man Spannungsabfall in einem Schalter feststellt, steht auf Seite 150 beschrieben.

Den Ausbau der im Armaturenbrett eingesteckten Schalter finden Sie im Text zu dem Bild links unten beschrieben. Bei Fahrzeugen ohne heizbare Heckscheibe und Nebelscheinwerfer sitzen anstelle der Schalter Blinddeckel, die man beim nachträglichen Einbau dieses Zubehörs gegen die entsprechenden Schalter austauschen kann.

## Der Lichtschalter

In »schlichter« Ausstattung wird ein einfacher Lichtschalter eingebaut, während bei »besseren« Modellen auch eine Regulierung der Instrumentenbeleuchtung möglich ist. Über eine Klemme 30 erhält der Lichtschalter ständig Strom von der Batterie, die andere Klemme 30 dient als »Durchgangsstraße« für den Strom für die Zeituhr. Klemme 58 versorgt die Standlichter, Schluß- und Kennzeichenleuchten mit Strom, Klemme 58 b führt zur Beleuchtung der Instrumente und des Warnblinkschalters. Die Klemme 56 führt nur bei eingeschalteter Zündung Strom — von Klemme X des Zündschlosses kommend — zu den Hauptscheinwerfern, bei Fahrzeugen mit Parklichtschaltung gibt es außer der Klemme 58, die hier nur die Kennzeichenleuchten und die Kofferraumleuchte versorgt, noch eine Klemme 58 L und 58 R für linkes

Der Einsatz im Armaturenbrett mit den Instrumenten und den Kontrolleuchten wird nur von einer einzigen Kreuzschlitzschraube (Pfeil) gehalten. Nachdem das Ablagefach bzw. das Radio und die Heizhebelblende abgebaut wurden und die Tachowelle losgeschraubt wurde, dreht man diese Schraube heraus und kann dann den kompletten Armaturenbretteinsatz nach vorn herausziehen. Wenn er ganz herausgenommen werden soll, müssen noch die hinten angesteckten Kabel abgezogen werden.

Das hier in seine Einzelteile »explodierte« Kombiinstrument zeigt: 1 – Heizhebelblende, 2 – Nebelscheinwerferschalter, 3 – Warnblinkschalter, 4 – Schalter für heizbare Heckscheibe, 5 – Tachometer, 6 – Glühlampe, 7 – Lampenfassung, 8 – Tankanzeige, 9 – Armaturentafeleinsatz, 10 – Öldruck- und Ladekontrolle, 11 – Lichtschalter, 12 – Bremskontrolleuchte und (nur bei US-Fahrzeugen) Sicherheitsgurt-Warnleuchte, 13 – Zeituhr bzw. Drehzahlmesser, 14 – Temperaturanzeige, 15 – Leiterfolie. Seit September 1975 sitzt hinten am Kombiinstrument noch ein Spannungskonstanthalter, der Temperatur- und Tankanzeige auch bei unterschiedlicher Batteriespannung mit stets gleichbleibender Betriebsspannung versorgt, damit diese Geräte genau anzeigen. Dieser Spannungskonstanthalter ist an der Rückseite des Tachometers oben angeschraubt und mit der Leiterfolie verbunden. Falls Sie beim Zerlegen unter den Halteschrauben des Spannungskonstanthalters Papp-Isolierscheiben finden, dürfen diese beim Einbau nicht vergessen werden, sonst kann es Kurzschluß im Spannungskonstanthalter oder im Tachometer geben.

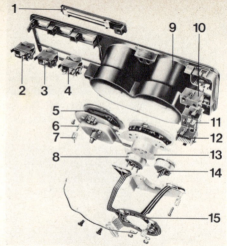

bzw. rechtes Stand- und Schlußlicht, die bei ausgeschalteter Zündung und entsprechend geschaltetem Blinkerhebel (= Parklichtschalter) Strom an die betreffende Standlichtseite leiten.

Der Lichtschalter ist ebenfalls nur links ins Armaturenbrett eingesteckt, zu seinem Ausbau muß aber der Armaturenbretteinsatz demontiert werden (siehe nächsten Abschnitt), dann die Kunststoffklammern oben und unten am Schalter zusammendrücken und Lichtschalter nach hinten herausziehen.

## Kombiinstrument ausbauen

Für den Schalterausbau von Heckscheibenheizung, Warnblinker und Nebelscheinwerfer muß nur das Ablagefach bzw. das Radio ausgebaut werden.
■ Das Ablagefach in der Mitte zusammendrücken und herausziehen.
■ Zum Radioausbau die Knöpfe abziehen, die Blende zieht man am besten mit den Fingernägeln ab, mit Werkzeug bricht man leicht eine Ecke aus der Radio- oder der Armaturenblende ab. Rechts und links am Radio sitzen zwei Halteklammern, in deren Längsschlitz einen Schraubenzieher stecken und nach innen ziehen, jetzt kann man das Radio nach vorn herausnehmen (Kabel noch abziehen).

Zum Auswechseln einer Kontrolleuchte oder eines Lämpchens der Instrumentenbeleuchtung wird das Kombiinstrument ganz ausgebaut:
■ Heizhebelknöpfe abziehen, Blende abnehmen (siehe unten).
■ Rändelmutter der Tachowelle am Tachometer abschrauben; falls sie sehr fest sitzt, vorsichtig mit einer Kombizange lösen.
■ Halteschraube des Armaturenbrett-Einsatzes (siehe Bild Seite 187) lösen.

Die Knöpfe der Heizhebel (1) und der Gebläseschalterknopf (seit August 1976) sind nur aufgesteckt und werden zum Ausbau der Heizhebelblende (2) abgezogen. Die Blende ist im Armaturenbrett eingeklemmt und muß vorsichtig von Hand herausgezogen werden, mit einem Schraubenzieher beschädigt man leicht die silberglänzende Metallschicht. Das Lämpchen für die Beleuchtung der Heizhebelmarkierungen steckt in einer Kunststoffhülse (3), die man mit Linksdrehung aus der Blende ziehen kann. Lämpchen ebenfalls nach links drehen und herausziehen. Wenn man an die Rückseite der Instrumente im Armaturenbrett gelangen will, muß ebenfalls die Blende der Heizhebel abgebaut werden.

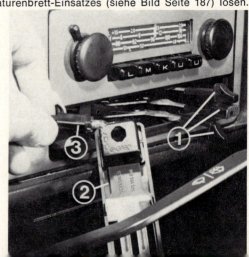

■ Gesamten Armatureneinsatz zum Lenkrad hin herausziehen und den Mehrfachstecker (10 Kontaktstifte) abziehen.
■ Die untere Abdeckung des Armaturenbretts muß nur selten ausgebaut werden. Sie ist links entweder festgeschraubt oder von einer Plastikklemme gehalten, rechts ist sie nur eingesteckt.

**Kontrollampen und -instrumente prüfen**
Wartungspunkt Nr. 14

Beim Einschalten der Zündung müssen sofort die rote Ladekontrolle und die Öldruck-Kontrolle aufleuchten, ebenso die eventuell eingebaute Bremskontrolleuchte (auch bei gelöster Handbremse), kurz darauf soll sich die Tankanzeigenadel bewegen. Die Nadel der Kühlmittel-Temperaturanzeige regt sich erst nach einigen Kilometern Fahrt, wenn der Motor betriebswarm zu werden beginnt.
Die Fernlichtkontrolle brennt bei angezogenem Abblendhebel (= Lichthupe) und eingeschaltetem Fernlicht, die Blinkerkontrolle bei eingeschalteten Blinkern oder Warnblinkern.
Die 3-Watt-Lämpchen der Kontrollinstrumente und der Armaturenbeleuchtung sitzen in dunklen Kunststoffhülsen. Strom erhalten sie über die blaue Folie zugeführt, auf der die Leitungen »aufgedruckt« sind. Zum Auswechseln eines Glühbirnchens (Glassockel W 2,1 x 9,5 d) den Steg der Lampenhülse hinten mit zwei Fingern fassen, eindrücken und nach einer Vierteldrehung herausziehen. Nun können Sie das Lämpchen aus der Fassung nehmen.

**Zentralstecker am Kombiinstrument**

Fast alle Leitungen von und zu den Kontrollinstrumenten sind im Kabelbündel des Zentralsteckers hinten am Kombiinstrument zusammengefaßt. Wer sich selbst auf die Fehlersuche machen will, muß natürlich wissen, welche Funktionen die am Mehrfachstecker zusammenlaufenden Leiterbahnen haben. Bei aufrecht stehendem Kombiinstrument bedeuten von oben nach unten gezählt:
1 — blau-rotes Kabel von Klemme 49 a des Blinkrelais zur Blinkerkontrolle.
2 — blau-weißes Kabel, Klemme 56 a von Sicherung 3 zur Fernlichtkontrolle.
3 — rotes Kabel von Klemme 30 des Lichtschalters zur Zeituhr (Plusstrom)
oder
grünes Kabel von Klemme 1 der Zündspule zum Drehzahlmesser (Plusstrom).
4 — braunes Kabel, Klemme 31, Masseanschluß für Instrumentenbeleuchtung und Zeituhr bzw. Drehzahlmesser.
5 — grau-blaues Kabel von Klemme 58 d des Lichtschalters zur Instrumentenbeleuchtung.
6 — schwarzes Kabel von Klemme 15 des Zündschlosses (Plusstrom für Blinker-, Lade- und Öldruck-Kontrolle sowie Tank- und Temperaturanzeige).
7 — lila-schwarzes oder braun-schwarzes Kabel vom Geber zur Kraftstoffanzeige.
8 — blau-gelbes oder blau-weißes Kabel vom Geber zur Temperaturanzeige bzw. zum Kühlmittel-Warnlicht.
9 — blaues Kabel von Klemme D+/61 der Lichtmaschine zur Ladekontrolle.
10 — blau-schwarzes Kabel vom Öldruckschalter am Motor zur Öldruck-Kontrolle.

**Blinkerkontrolle**

Die Eigenart der Blinkerkontrolle, bei ausgeschalteter Zündung im gleichen Takt wie die Warnblinkanlage, mit Zündung aber im Gegentakt zu den Blinkern oder der Warnblinkanlage aufzuleuchten, haben wir bereits auf Seite 181 erwähnt. Das hat folgenden Grund:

Die Blinkerkontrolle ist einerseits an Klemme 49 a des Blinkrelais angeschlossen und erhält von dort die Blinkimpulse. Auf der anderen Seite hängt sie über den Steckkontakt Nr. 6 an Klemme 15, die nur bei eingeschalteter Zündung Strom liefert. Ist diese Klemme abgeschaltet, wirkt sie als »Minus« und die Blinkerkontrolle brennt bei ausgeschalteter Zündung zusammen mit dem Blinkimpuls. Kommt dagegen bei eingeschalteter Zündung Strom von Klemme 15, passiert bei zweimal »Plusstrom« nichts, aber in der Pause zwischen den Blinkimpulsen ist der Stromkreis über den dann toten (= Minus) Relaiskontakt geschlossen, die Kontrolleuchte blinkt nun im Gegentakt.

**Fernlichtkontrolle**  Nur bei eingeschaltetem Fernlicht oder beim Lichthupen erhält die blaue Fernlichtkontrolle Strom. Ob die Fernscheinwerfer auch brennen, kann sie aber nicht anzeigen, das muß man selbst feststellen.

**Ladekontrolle**  Bei normal eingestelltem Leerlauf darf die Ladekontrolle nicht leuchten oder schwach glimmen, das deutet auf einen Fehler hin, siehe Störungsbeistand auf Seite 147. Brennt das rote Licht beim Einschalten der Zündung nicht, ist wahrscheinlich das Birnchen durchgebrannt. Das sollte man umgehend beheben, denn ohne Ladekontrolle kann die Drehstrom-Lichtmaschine nicht einwandfrei Strom liefern.

**Öldruck-Kontrolle**  Bei eingeschalteter Zündung erhält die rote Öldruck-Kontrollampe ständig Strom. Sie brennt, wenn ihr Stromkreis durch den Öldruckschalter bei fehlendem Öldruck zur Masse geschlossen ist. Bei steigendem Öldruck im Motor öffnet der Kontakt im Öldruckschalter, der Stromkreis wird unterbrochen und die Kontrollampe verlischt.
Kaltes Motoröl ist ziemlich zähflüssig. Das ergibt hohen Öldruck, der die Kontrollampe schon beim oder gleich nach dem Anlassen des Motors erlöschen läßt. Im heißgefahrenen Motor im Hochsommer ist das Öl dünnflüssiger und bei dem entsprechend niedrigeren Öldruck verlischt die Öldruck-Kontrolle erst bei höheren Drehzahlen.
Leuchtet die Öldrucklampe plötzlich während der Fahrt auf, ist dies grundsätzlich ein Alarmzeichen. Brennt das rote Licht nur kurz bei starkem Beschleunigen oder scharfer Kurvenfahrt, dürfte der Ölstand unter die Minimalmarke gesunken sein — Ölstand prüfen und gegebenenfalls nachgießen. Leuchtet die Lampe dauernd, muß sofort angehalten werden. Bevor Sie jedoch ans möglicherweise notwendige Abschleppen denken, erst einmal die Kontrolle ob das blau-schwarze Kabel vom Öldruckschalter zur Warnlampe Kurzschluß zur Masse hat: Zündung einschalten, Kabel am Schalter (links oben am Motor) abziehen, die Lampe muß bei stehendem Motor verlöschen (von Helfer beobachten lassen). Brennt sie weiter, ist das Kabel irgendwo durchgescheuert und hat Massekontakt — das ist harmlos für den Motor. Normalerweise zeigt aber das Aufleuchten der Kontrollampe, daß der notwendige Öldruck im Motor nicht aufgebaut wird und manche Teile ohne Schmierung laufen. Vielleicht war die Ölablaßschraube nicht richtig angezogen und hat sich während der Fahrt gelockert; dann läuft das Öl auf den letzten Kilometern Straße herum, anstatt Ihren Motor zu schmieren. Gleichfalls kann eine Schmierstelle defekt sein — das Öl läuft ohne Widerstand aus dem Lager. Ungewöhnlich wäre ein Schaden an der Ölpumpe.
Stellt sich der Fehler unterwegs nicht als ungefährlich heraus, muß der VW zur nächsten Werkstatt geschleppt werden, sonst wird der Motor bei der Weiterfahrt wahrscheinlich »geschlachtet«.

Bleibt die Öldruck-Kontrolle beim Einschalten der Zündung dunkel, sollten Sie das nicht auf sich beruhen lassen, denn die für den Motor lebenswichtige Druckkontrolle darf nicht fehlen. Da keine Sicherung zwischengeschaltet ist, kann es nur am Öldruckschalter oder am durchgebrannten Birnchen liegen: Zündung einschalten, blau-schwarzes Kabel am Öldruckschalter abziehen und an Masse drücken. Leuchtet nichts, ist das Glühlämpchen durchgebrannt, brennt das rote Licht, liegt es am Öldruckschalter, den man auswechseln (lassen) muß.

**Kraftstoffanzeige**

Nach dem Einschalten der Zündung dauert es einige Sekunden, bis die Tankanzeige den richtigen Benzinstand zeigt. Diese »Trägheit« ist beabsichtigt, damit der während der Fahrt umherschwappende Kraftstoff die Anzeigenadel nicht ständig hin und her zappeln läßt. Das Anzeigegerät erhält seinen Strom von Klemme 15 über den Steckkontakt Nr. 6. Die Verbindung zur Masse stellt der Tankgeber (siehe Seite 72) über den Steckkontakt Nr. 7 her. Ein Regelwiderstand am Geberarm »bremst« den Stromdurchfluß mehr oder weniger und bewirkt einen entsprechenden Zeigerausschlag.

**Temperaturanzeige**

Ähnlich wie die Tankanzeige funktioniert auch die Temperaturanzeige des Kühlkreislaufs: Den Plusstrom erhält das Anzeigegerät vom Steckkontakt Nr. 6 (Klemme 15), »Minus« liefert über Steckkontakt Nr. 8 der Temperaturfühler (Bild unten), der je nach Kühlmitteltemperatur im Motorblock als mehr oder minder starker Widerstand wirkt.
Die Nadel der Temperaturanzeige soll bei warmgefahrenem Motor zwischen der Mitte der Anzeigeskala und noch vor dem roten Feld stehen. Klettert die Nadel ins rote Feld, herrscht Überhitzungsalarm.
Dem »schlichteren« Golf haben die sparsamen VW-Kaufleute nur eine Warnleuchte zugestanden. Falls sie unterwegs aufleuchtet, droht dem Motor Gefahr — sofort anhalten. Zwischendurch sollte man kontrollieren, ob das Birnchen überhaupt noch intakt ist: dazu Zündung einschalten und den Kabelstecker am Temperaturfühler abziehen und gegen Masse halten — die Kontrolleuchte (rechts die unterste) muß brennen.
Folgende Ursachen können die Anzeigenadel ins rote Feld treiben oder die Warnleuchte brennen lassen:
■ Kühlerventilator schaltet nicht ein (siehe Seite 70).
■ Wassermangel (Seite 67).
■ Thermostat des Kühlkreislaufs öffnet nicht oder nur ungenügend (Seite 67).
■ Keilriemen gerissen — nur 1,5-/1,6-Liter-Motoren — (siehe Seite 144).

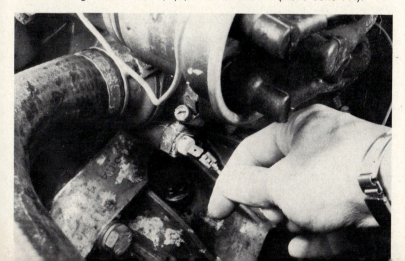

Beim 1,1-Liter-Motor sitzt der Temperaturfühler unterhalb des Zündverteilers am Thermostatgehäuse. Falls sich der Zeiger im Kontrollinstrument auch nach einigen Kilometern Fahrt nicht rührt, kann man einen defekten Temperaturfühler folgendermaßen feststellen: Der Zeiger bewegt sich dann nach oben, wenn der Kabelstecker (hier abgezogen) an Masse gehalten wird.

Nur selten wird es an einem defekten Temperaturgeber oder einem Kurzschluß des blau-gelben Kabels zur Temperaturanzeige liegen.

### Bremskontroll-Leuchte
Wartungspunkt Nr. 66

Im umfangreichen Ausstattungsangebot findet man als sogenannte M 050-Ausrüstung die »Kontrolleuchte für Zweikreisbremssystem kombiniert mit Handbremskonrolleuchte«. Damit läßt sich feststellen, ob ein Bremskreis ausgefallen ist und Vergeßliche werden an die noch angezogene Handbremse erinnert. Am Hauptbremszylinder sitzen dann zwei Bremslichtschalter (siehe Seite 180).

Ob beide Schalter bei getretenem Bremspedal den Strom an die Bremslichter weiterleiten, prüft man folgendermaßen: Dreifachstecker von einem Bremslichtschalter abziehen, Steckanschluß des blau-braunen Kabels über ein Hilfskabel mit der zugehörigen Steckerfahne am Schalter anschließen, Bremse treten lassen – die Bremsleuchten müssen brennen. Prüfung am anderen Schalter wiederholen. Falls die Bremslichter bei einem Bremslichtschalter nicht aufleuchten, muß dieser ersetzt werden.

Die Kontrolle der Kontakte für die Warnleuchte ist nur fortgeschrittenen Selbsthelfern zu empfehlen, da hierzu am hydraulischen System der Bremse gearbeitet werden muß. Zuerst Zündung einschalten, die Kontrollampe muß aufleuchten und beim Anlassen des Motors verlöschen (Handbremse gelöst, Wagen mit Steinen gegen Wegrollen sichern). Bei laufendem Motor (Vorsicht Vergiftungsgefahr, nicht in der Garage oder in einer Grube arbeiten!) das Entlüfterventil (siehe Seite 120) an der linken vorderen Bremse öffnen, Bremspedal von Helfer treten lassen, die Warnlampe muß aufleuchten. Gleiche Kontrolle an der rechten Vorderbremse. Achtung, das Bremspedal erst loslassen, wenn das Entlüfterventil wieder geschlossen ist, sonst gerät Luft ins Bremssystem. Zum Schluß Stand der Bremsflüssigkeit prüfen und nachfüllen, falls erforderlich.

### Drehzahlmesser

Je nach Motor und Modellausstattung werden Golf und Scirocco bereits serienmäßig mit Drehzahlmesser geliefert. Wer nachträglich einen Drehzahlmesser montieren will, hat zwei Möglichkeiten: Schöner, aber teurer ist der Einbau des Original-Drehzahlmessers (Teile-Nr. 171 919 253 A), dazu braucht man noch die Trägerplatte (Nr. 171 919 077), eine neue Tankuhr (Nr. 171 919 045 A) und Temperaturanzeige (Nr. 171 919 511 A) sowie eine andere Leiterfolie (Nr. 171 919 059 A). Außerdem muß eine Leitung vom Steckkontakt 3 (Seite 189) zur Zentralelektrik Klemme C 4 (Bild Seite 153) oder direkt zur Klemme 1 der Zündspule verlegt werden. Billiger wird es, wenn Sie einen Drehzahlmesser oben auf das Armaturenbrett montieren (z. B. VDO TR 7000); vor allem beim »schlichten« Golf, der nur eine Instrumentenöffnung im Armaturenbrett hat (hier wäre auch noch ein anderer Armatureneinsatz fällig).

Erwarten Sie aber nicht zu viel von einem Drehzahlmesser, er kann im oberen Anzeigebereich – wie das Tachometer – bis zu 5 Prozent voreilen. Am besten kontrollieren Sie die Anzeigegenauigkeit mit geeichtem Tachometer (Seite 14) anhand der auf Seite 219 angegebenen Drehzahlen und Geschwindigkeiten.

### Das Tachometer

Damit die Anzeigenadel über die Tachoskala wandert, erzeugt ein von der Tachowelle angetriebener ringförmiger Magnet Wirbelströme; diese ziehen je nach Stromstärke ($=$ Geschwindigkeit) eine darüber gestülpte Metallglocke mit, auf der die Zeigernadel sitzt.

Eine zitternde Tachometernadel weist meist darauf hin, daß die Tachowelle

Das untere Ende der Tachowelle ist bei den 50-PS-Modellen nur von unten erreichbar. Dort sitzt die Tachowelle oberhalb des linken Antriebsgelenks. Die Rändelmutter (Pfeil) unten an der Tachowelle löst man zu deren Ausbau vorsichtig mit einer Kombizange. Beim Einbau einer neuen Welle sorgsam darauf achten, daß der Metallschlauch an keiner Stelle zu stark gebogen oder gar geknickt wird. Sie muß glatt und ohne Zwang durch ihre Gummitüllen geführt werden.

einen Knick hat und bald brechen wird (möglicherweise ist auch die Antriebsschnecke am Getriebe verschlissen). Ein defektes Tachometer (bei dem z. B. nur der Kilometerzähler nicht arbeitet) kann allenfalls eine VDO-Vertretung (siehe Seite 17) reparieren, meist wird es gleich ausgetauscht. Am Tachometer ist die Welle mit einer Rändelmutter festgeschraubt, zum Lösen eignet sich am besten eine Kombizange. Beim 1,1-Liter-Motor kommt man an das untere Ende der Tachowelle nur von unten heran (siehe Bild oben), bei 1500/1600 dagegen von oben; dort sitzt sie — von vorn gesehen — leicht nach rechts versetzt hinter dem Kupplungszug oben im Getriebe. Die untere Überwurfmutter wird ebenfalls mit der Kombizange losgedreht oder, falls oben Kerben eingeschnitten sind, steckt man einen kräftigen Schraubenzieher in diese Kerben und dreht die Mutter los. Die neue Welle darf beim Einbau nicht stark gebogen oder gar geknickt werden, sonst ist sie bald wieder hin. Durch die Gummitüllen darf sie nicht mit Gewalt gedrückt werden. Damit die Tachowelle den Kupplungsseilzug nicht berühren kann, muß sie am Lagerbock der Lenksäule (bei abgenommener unterer Armaturenbrettabdeckung von unten sichtbar) mit einem Streifen Klebeband befestigt werden. Am Anschluß zum Tachometer kein Fett auftragen, denn es kann dessen Anzeigesystem verkleben.

**Zeituhr**

Eine ausgefallene Borduhr ist kein besonders gutes Bastelobjekt. Wenn die Zeituhr nicht mehr arbeitet, beschränkt man sich auf die Kontrolle ihrer Stromversorgung, also der zuständigen Sicherung und der Steckverbindungen. Der Ausbau der Uhr geschieht wie beim Tachometer beschrieben.

**Heizbare Heckscheibe**
Wartungspunkt Nr. 53

Der Schaltstrom für die heizbare Heckscheibe läuft nur bei eingeschalteter Zündung über Sicherung Nr. 10 oder 11 bzw. seit August 1977 ungesichert vom X-Kontakt des Zündschlosses (siehe Seite 156) zum Schalter. Der Arbeitsstrom kommt über Sicherung Nr. 5 zur Heizscheibe. Falls die heizbare Heckscheibe kalt bleibt:

- Kabelstecker rechts und links an der Heizscheibe auf festen Sitz kontrollieren, vielleicht hat auch ein Heckklappenscharnier das Kabel abgequetscht.
- Relais defekt, Störungssuche siehe Seite 186.
- Die Heizfäden der Heckscheibe können auch durch Ladegut beschädigt und dadurch unterbrochen sein (Beweis: Scheibe heizt nur teilweise). Hier hilft ein Reparaturset von der Sekurit Glas Union GmbH, 5 Köln, Heumarkt 43, der im Zubehörhandel erhältlich ist.

Die Wischerblätter erfordern Sorgfalt. Nur selten bringen sie ein wirklich einwandfreies Wischerfeld zustande. Dem kann man abhelfen, indem beispielsweise die Windschutzscheibe nach jeder Wagenwäsche sorgfältig mit dem Messingputzmittel Sidol tüchtig abgerieben wird, denn dieses uralte Mittel beseitigt alle schmierigen Rückstände einschließlich Silikon aus Lackpflegemitteln. Zum anderen sollte man sich auch etwa alle 6 Monate ein neues Wischblatt gönnen, denn die scharfe Wischkante schleift sich mit der Zeit ab und der Wischergummi wird spröde. Sparsam wie ein Heimwerker ist, setzt man das neue Wischerblatt vor den Fahresitz und versetzt das dortige zum Beifahrersitz, das seinerseits nach einem vollen Jahr Dienstzeit pensioniert werden kann.

Zum Auswechseln Wischerarm von der Windschutzscheibe abklappen, die Arretierungsfeder des Wischerblattes, wie hier gezeigt, zusammendrücken, bis ihre Nocke aus der Raste des Wischerarmes austritt und das Wischerblatt in Pfeilrichtung aus dem Wischerarm ziehen.

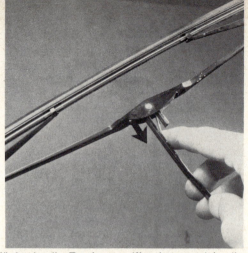

## Scheibenwischer und -wascher
Wartungspunkte Nr. 2 und 21

Je nachdem, wie tief der Käufer in die Tasche gegriffen hat, pendeln die Scheibenwischer mit einer oder zwei Geschwindigkeiten über die Scheibe, eventuell auch noch in der sogenannten Intervallschaltung einmal etwa alle 15 Sekunden und außerdem bei gedrücktem Wischerhebel (= Einschaltkontakt für den elektrischen Scheibenwascher). In älteren Golf mit Normalausstattung fördert erst ein Tritt auf den Waschpumpenknopf die scheibenreinigende Flüssigkeit.

Daß mit reinem Leitungswasser die Scheibe allenfalls durchsichtiger, keinesfalls aber sauber wird, dürfte bekannt sein, denn Abgasrückstände, Öldunst und Silikon aus Lackpflegemitteln setzen sich hartnäckig auf das Glas. Das beste Mittel, das auch den Lack nicht angreift, ist nach unseren Erfahrungen »Pingo Klarsicht« im Sommer und »Pingo Icecleaner« mit Frostschutz für den Winter. Damit sich Wascherzusatz und das Wasser gut durchmischen, zuerst das Reinigungsmittel in den Behälter gießen, noch besser ist es, wenn beides vor dem Eingießen gemischt wird.

### Scheibenwischermotor

Zuerst wollen wir kurz auf die Bedeutung der Kabelklemmen am Wischermotor eingehen: Über Klemme 53 (grün-schwarzes oder grünes Kabel) kommt der Strom für die erste Wischergeschwindigkeit, Klemme 53 a (schwarz-grünes Kabel) liefert Plusstrom für die Wischer-Endabstellung, Klemme 53 b (grün-gelbes Kabel) führt den Strom für die zweite Wischergeschwindigkeit und über Klemme 53 e (grünes oder grün-schwarzes Kabel) wird der Wischermotor beim Ausschalten abgebremst, daß die Wischerblät-

Links im Motorraum sitzt der Wasservorratsbehälter der Scheibenwaschanlage mit der daran eingehängten Wascherpumpe (umrandete Pfeile: Haltenocken am Behälter). Seit Januar 1977 ist die Pumpe unten in den Behälter eingesteckt. Am Pumpenmotor ist der Doppelstecker für die Stromversorgung angeschlossen. Die kleinen Pfeile an den Schlauchleitungen zeigen die richtige Strömungsrichtung des Waschwassers an. Wenn man in die Leitung zu den Wascherdüsen ein Kraftstoffilter einbaut, hat man übrigens nie mehr Ärger mit verstopften Düsen. Bei einer Störung zuerst prüfen, ob genügend Wasser im Behälter ist; dann hören, ob der Pumpenmotor bei eingeschalteter Zündung arbeitet. Wenn nicht, am Kontakt des grün-roten Kabels mit der Prüflampe kontrollieren, ob Strom anliegt (auch wenn der Wascherhebel nicht gezogen ist). Notfalls Strom von einer stromführenden Klemme zuführen. Dann den Kabelweg zum Wascherschalter (braun-blaues Kabel) am Lenkrad überprüfen.

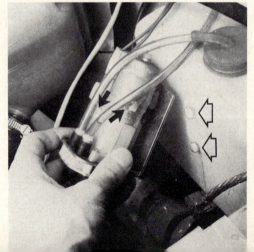

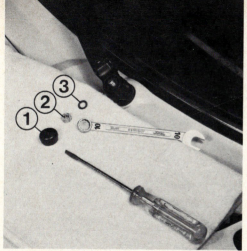

Der Scheibenwischerarm sitzt auf der kerbverzahnten Scheibenwischerwelle. Dadurch wird der Arm auf der Welle nicht verdreht, auch wenn die Befestigungsmutter (2) sich gelockert haben sollte. Allenfalls kann sich die Welle am Wischergestänge selbst verdrehen. Zum Ausbau des Wischerarmes die Schutzkappe (1) mit einem Schraubenzieher abhebeln, die Befestigungsmutter lösen und mit der Unterlegscheibe (3) abnehmen. Sehr oft wird sich jedoch der Wischerarm danach nicht ohne weiteres von der Wischerwelle ziehen lassen, weil die Kerbverzahnung korrodiert und „festbackt". In diesem Falle beidseitig dicht neben die Wischerwelle Lappenballen (zum Schutz des Karosserielacks) drücken und mit 2 gleichzeitig beidseitig angesetzten breiten Schraubenziehern den Wischerarm behutsam abhebeln.

*① ist jetzt eine Kappe mit Scharnier, die sich hochheben läßt.*

ter nicht über ihre Parkstellung hinauslaufen. Klemme 31 (braunes Kabel) stellt die Verbindung zur Masse her.

Zur Wischer-Endabstellung liefert die Klemme 53 a so lange Plusstrom, bis die Wischerarme in ihre Ruhestellung gelaufen sind; das besorgt ein Nebenschalter im Wischermotor. Bei starkem Schneetreiben im Winter kann sich das aber zum Nachteil auswirken, wenn die Wischerblätter durch den dicken Schnee ihre Endstellung beim Ausschalten nicht erreichen. Klemme 53 a führt dann weiterhin Strom und da der Wischermotor sich nicht drehen kann, brennt er durch (die Sicherung brennt in solchen Fällen meist zu spät erst durch). Deshalb bei steckengebliebenen Wischerblättern anhalten, aussteigen und die Wischerarme von der Scheibe abheben, damit sie in ihre Endstellung laufen können. Bleiben die Wischerblätter dagegen beim Ausschalten der Zündung stehen, droht keine Gefahr, dann erhält auch Klemme 53 a keinen Strom mehr. Das kann man sich im Winter zunutze machen und unter die senkrecht gestellten Scheibenwischer eine Kunststoffolie oder Pappe klemmen, was die Windschutzscheibe vor Vereisen schützt.

Funktionieren bei einem Fahrzeug ab August 1977 die Scheibenwischer und gleichzeitig auch das Heizgebläse nicht, liegt es vermutlich am Entlastungsrelais. Die Störungssuche ist auf Seite 186 beschrieben.

Für den Fall, daß der Wischermotor doch durchgebrannt ist, hier eine kurze Ausbaubeschreibung (die Wischerarme brauchen dazu nicht abgenommen zu werden):

**Wischermotor ausbauen**

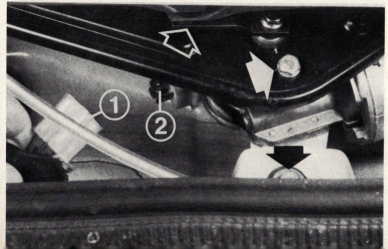

Der Scheibenwischermotor sitzt im sogenannten Wasserfangkasten hinter dem Motorraum unter dem Windlaufblech vor der Windschutzscheibe. Hier ist der Mehrfachstecker (1) von den Steckkontakten des Wischermotors (2) abgezogen. Die Pfeile deuten auf die Befestigungsschrauben, wobei die Schraube links (umrandeter weißer Pfeil) auf dieser Aufnahme vom Kurbelhebel am Scheibenwischermotor verdeckt ist.

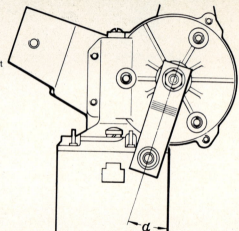

Falls ein neuer Scheibenwischermotor eingebaut werden soll, läßt man ihn einige Minuten mit angestecktem Mehrfachstecker laufen. Wird nun am Scheibenwischerschalter abgeschaltet, bleibt der Motor in Parkstellung stehen. Die Kurbel wird nun so aufgesetzt, daß der Winkel α etwa 20° beträgt. Motor einsetzen und festschrauben.

- Mehrfachkabelstecker am Wischermotor abziehen, wie im Bild Seite 195 unten gezeigt.
- Wischerantriebsstangen von der Kurbel am Wischermotor abhebeln.
- 3 Befestigungsschrauben am Wischermotor lösen (Pfeile im Bild S. 195). Zum Herausdrehen der dritten Halteschraube muß man beim Scirocco die Kurbel am Scheibenwischermotor eine halbe Umdrehung weiter drehen oder losschrauben.

Einen neuen Motor schließt man vor dem Einbau am Mehrfachstecker an, läßt ihn mehrere Minuten laufen. Wenn der Motor dann abgeschaltet wird, bleibt er in der Wischerparkstellung stehen. Kurbelhebel, wie in der Zeichnung oben gezeigt, aufsetzen. Beim Einbau werden die Gelenke der Wischeranlage gut mit Mehrzweckfett geschmiert.

**Heckscheibenwischer**

Am Motor für den Heckscheibenwischer finden Sie 3 Kabelanschlüsse: Klemme 53 für den Wischermotorantrieb, Klemme 53a für die Wischerrückstellung und Klemme 31 als Masseanschluß. Sie haben dieselbe Funktion wie die gleichlautenden Klemmen am Wischermotor vorn. Die Sicherung für den Heckscheibenwischer finden Sie entweder in einer kleinen schwarzen Kunststoffhülse hinter dem Armaturenbrett (siehe Seite 151) oder in einem Zusatzsicherungskasten an der »Zentralelektrik« (siehe Bild Seite 184).

Der Schlauch zur Wascherdüse an der Heckklappe kann im Lauf der Zeit am Scharnier oben abknicken, diesen Schlauch sollte man daher zuerst kontrollieren, wenn aus der Düse kein Wasser spritzt.

**Fingerzeige:** *Falls das Relais für die Wisch-Wasch-Intervallschaltung ausfallen sollte, bleiben die normalen Scheibenwischergeschwindigkeiten davon unberührt — es wird also immer noch gewischt.*

*Ein Heckscheibenwischer ist für den VW Golf eine praktisch unerläßliche Anschaffung, denn bei Regenwetter ist die Rücksicht sonst schnell getrübt. Wenn der hintere Wischer nicht gleich beim Neuwagen mitbestellt wurde, kann man ihn auch nachträglich einbauen. Einbausätze gibt es von Hella, SWF und VW (alle mit ausführlicher Einbauanleitung). Zusammen mit dem Heckscheibenwischer sollten Sie unbedingt auch eine Wascherdüse montieren, obwohl Heckscheibenwischer-Einbausätze auch ohne Waschanlage angeboten werden.*

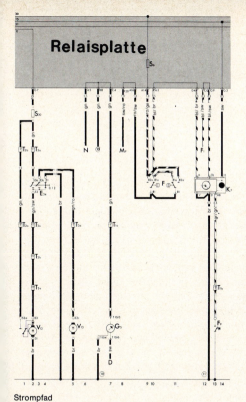

## Zusatzstromlaufplan für Drehzahlmesser, Heckscheibenwisch- und -Waschanlage, Zweikreisbremskontrollleuchte.

Kabelfarben: bl – blau   gn – grün   sw – schwarz
br – braun   gr – grau
ge – gelb   ro – rot

| Bezeichnung der Teile | in Strompfad |
|---|---|
| D – zum Zündschloß, Klemme 15 | 7 |
| $E_{34}$ – Schalter für Heckscheibenwischer und Wascherpumpe | 2, 34 |
| F – Bremslichtschalter | 9, 10, 11 |
| $F_1$ – zum Öldruckschalter | 12 |
| $F_9$ – Schalter für Handbremskontrolleuchte | 13 |
| $G_5$ – Drehzahlmesser | 7 |
| $K_7$ – Kontrolleuchte für Zweikreisbremse und Handbremse | 12, 13, 14 |
| $M_9$ – zur Lampe für Bremslicht links | 8 |
| N – zur Zündspule, Klemme 1 | 6 |
| $S_6$ – Sicherung im Sicherungskasten | 9 |
| $S_{30}$ – Einzelsicherung für Heckscheibenwischer | 2 |
| $T_1a$–$T_3a$ – Steckverbindungen | |
| $T_{10}$ – Zentralstecker am Kombiinstrument | |
| $V_{12}$ – Heckscheibenwischermotor | 1, 2 |
| $V_{13}$ – Heckscheibenwascherpumpe | 5 |
| ⑩ – Masseanschluß Kombiinstrument | |
| ⑪ – Masseanschluß Karosserie | |
| ⑬ – Prüfnetzleitung zur Diagnose-Steckdose | |

Strompfad

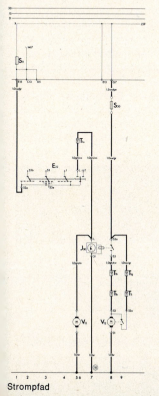

## Zusatzstromlaufplan für Heckscheibenwischer und -wascher ab August 1977

Kabelfarben: br – braun   gr – grau   ws – weiß
ge – gelb   ro – rot
gn – grün   sw – schwarz

| Bezeichnung der Teile | in Strompfad |
|---|---|
| $E_{22}$ – Scheibenwischerschalter mit Intervallstufe | 2–6 |
| $J_{30}$ – Relais für Heckscheibenwischer und -wascher | 7, 8 |
| $J_{59}$ – zum Entlastungsrelais für X-Kontakt | 9 |
| $S_{11}$ – Sicherung Nr. 11 im Sicherungskasten | 1 |
| $S_{30}$ – Einzelsicherung für Heckscheibenwischer | 8 |
| $T_1g$ – $T_{10}$ – Steckverbindungen | |
| $V_{12}$ – Heckscheibenwischermotor | 8, 9 |
| $V_{13}$ – Heckscheibenwascherpumpe | 5 |
| ⑩ – Masseanschluß Kombiinstrument | |

Strompfad

Die Karosserieteile

# Entkleidungsszene

Um den Scirocco (er wurde ja noch vor dem Golf vorgestellt) und den Golf nett einzukleiden, suchten die Wolfsburger etwas Nachhilfe in Italien. Giugiaro — damit Sie nicht herumstottern müssen: das spricht sich »Dschudscharo« — heißt der Mann, der die Grundzüge für beide Autos festlegte; er zählt mit Bertone und Pininfarina zu den bedeutendsten Stilisten Italiens. Die Techniker von VW haben diese Grundentwürfe dann im Windkanal ausgefeilt, um Golf und Scirocco zur rechten Windschlüpfrigkeit, also zu geringem Luftwiderstand, zu verhelfen. Er ist nicht nur für hohe Spitzengeschwindigkeit, sondern auch für geringen Benzinverbrauch und gute Straßenlage bei höherem Tempo verantwortlich. Von dieser Arbeit zeugt etwa der kleine Plastikspoiler vorn unter der Stoßstange, der bei hohen Geschwindigkeiten für ruhigen Geradeauslauf sorgt. Ohne dieses unscheinbare Plastikstück läuft der VW — vor allem vollbesetzt — auf der Autobahn etwas unruhig, weil Auftrieb den Wagen vorn geringfügig aus den Federn hebt.

**Die Motorhaube**

Bei geschlossener Motorhaube muß der Abstand zu beiden Kotflügeln und zum Windlauf (so heißt der Blechstreifen vor der Windschutzscheibe) rundum annähernd gleich sein. Sitzt die Haube schief, müssen die Sechskantschrauben an den Haubenscharnieren rechts und links hinten an der Motorhaube etwas gelockert werden, so daß sich der Haubendeckel entsprechend verschieben läßt. Anschließend die Schrauben an den Scharnieren wieder festziehen.

Unter der Haubenvorderkante sitzt beidseitig je ein Gummipuffer, der bei geschlossener Haube fest gegen den Karosseriesteg drücken muß, damit die Motorhaube nicht klappert. Steht die Haube vorn höher oder tiefer als die Kotflügel, kann man durch Hinein- oder Herausdrehen der Puffer flächenglatten Anschluß einstellen.

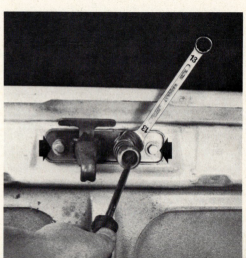

Der Schloßträger des Motorhaubenschlosses wird von zwei Schrauben SW 10 (Pfeile) gehalten. Durch Verschieben des Schloßträgers läßt sich einwandfreies Schließen der Haube erreichen. Außerdem kann man noch, wie hier gezeigt, den Schloßzapfen hinein- oder herausdrehen. Dazu die Kontermutter SW 13 gegenhalten und den Zapfen mit einem Schraubenzieher verdrehen.

**Fingerzeige:** Der »Fanghaken« vorn in der Mitte unter der Motorenhaubenkante dient nicht etwa dazu, die Gelenkigkeit der Tankwarthände zu testen. Dieser Haken muß auch noch die Haube halten, wenn durch starkes Rütteln des Wagens — ein unvermutetes Schlagloch oder ein verwahrloster Bahnübergang — das Haubenschloß die Motorhaube nicht mehr halten kann. Bei abgebrochenem oder verbogenem Fanghaken kann die Haube hoch- und Ihnen vor die Windschutzscheibe fliegen. Dann ist zumindest die Haube kaputt und meist auch noch Dachvorderkante samt Windschutzscheibe, wenn der Fahrer nicht aus Blindheit und Schrecken noch von der Straße abgekommen ist.

Trotz der lobenswerten Absicht, Ihre Umwelt nicht durch Lärm stören zu wollen, sollten Sie die Motorhaube nie zudrücken — das gibt unweigerlich Dellen im Blech, — sondern sie aus etwa 30 cm Höhe in die Verriegelung fallen lassen.

## Gerissener Seilzug

Eines Tages kann der Seilzug der Motorhaube reißen. Was tun, wenn Sie »unter die Haube« wollen? Lösen Sie mit einem Kreuzschlitzschraubenzieher die Halteschrauben des Frontgrills oberhalb der Stoßstange und unter der Motorhaubenvorderkante (siehe Bild unten). Wenn Sie den Frontgrill abnehmen, können Sie nun das Haubenschloß in der Mitte mit einer Kombizange aufziehen.

## Die Heckklappe

Für den einwandfreien Sitz der Heckklappe gilt sinngemäß dasselbe wie für die Motorhaube. Wie man das Heckklappenschloß bei Staub- und Wasserundichtigkeit oder schwergängigem Schließen versetzt, zeigt unser Bild auf der nächsten Seite. Bei schwergängiger Heckklappe kann ein Sprüher Öl auf die Haubenscharniere von Nutzen sein. Dazu muß man beim Golf erst die Kunststoffabdeckungen oben im Dach vorsichtig (am besten mit einem flachen Löffelstiel) heraushebeln, nur ganz kurz sprühen, damit das Öl nicht die Dachverkleidung verschmiert.

Die Gummidichtung der Heckklappe kann eingerissen sein, wenn Sie im Winter einmal die eingefrorene Klappe mit Gewalt aufzerren mußten, ebenso wird der Gummi mit der Zeit spröde und schließt nicht mehr elastisch. Damit in den Kofferraum kein Staub oder Feuchtigkeit eindringt, muß die alte Dichtung abgezogen werden; nach gründlicher Entfernung alter Klebereste wird eine neue Dichtung mit Profilgummikleber (z. B. Bostik 512 oder Teroson 24.44) eingebaut. Achten Sie darauf, daß die neue Gummidichtung rundum gleichmäßig hoch sitzt.

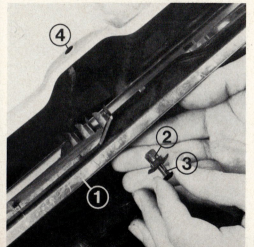

Den Kühlergrill (1) halten Kunststoffdübel (2) mit Kunststoffschrauben (3) in den entsprechenden Karosserielöchern (4). Wenn der Kühlergrill ausgebaut wird, besorgt man sich möglichst gleich neue Kunststoffdübel und Schrauben, da sie nur einmaliges Hinein- und Herausschrauben überstehen. Falls eine Schraube das „ewige Gewinde" hat, muß man den Dübel vorsichtig mit einer Zange herausziehen. Bei neueren Modellen wird der Grill oben von Blechklammern und unten von einer Kreuzschlitzschraube gehalten.

Unten an den hinteren Radkästen sitzen Wasserablauflöcher, die nicht von Schmutz verstopft sein dürfen, sonst bildet sich ein Rostnest und nach einiger Zeit lassen Lackblasen den traurigen Tatbestand der Durchrostung erkennen. Die Ablauflöcher sollen bei jeder Diagnose mit einem Draht durchstoßen werden.

Der Gasdruckheber links (beim Scirocco sitzt rechts und links einer) hält die Heckklappe in geöffneter Stellung oben, wer sich bei seinem Golf in Normalausstattung lange genug über das kümmerliche Stängelchen geärgert hat, das hier die Klappe hält, kann sich den Gasdruckheber einbauen.

**Fingerzeige:** *Vor Ablauf der Garantiezeit sollten Sie testen, ob Ihr Auto wirklich wasserdicht ist. Falls Sie bisher mangels Platzregen keine entsprechenden Erfahrungen machen konnten, empfiehlt sich der Besuch einer automatischen Waschanlage. Kontrollieren Sie vor allem im Kofferraum, ob Wasser eingedrungen ist, eventuell zusätzlich das Fahrzeugheck mit »weichem Wasserstrahl« absprühen lassen und von innen beobachten (Bereits eingedrungenes Wasser sammelt sich gern in der Reserveradmulde.) Notwendige Abdichtarbeiten sollten Sie umgehend bei Ihrer VW-Werkstatt in Auftrag geben. Eine naßgewordene Matte im Kofferraum läßt sich leider nicht herausnehmen, da sie am Boden vor den Rücksitzen angeklebt ist. Legen Sie zum Trocknen Zeitungspapier unter die Matte, das zieht die Feuchtigkeit heraus.*

**Wasserablauflöcher kontrollieren**
Wartungspunkt Nr. 48

An den hinteren Radkästen sitzen hinten unten Wasserablauflöcher, die von Straßenschmutz zugesetzt sein können, bei ganz neuen Fahrzeugen auch von dem PVC-Unterbodenschutz. Damit sich in den hinteren Radkästen keine Rostnester bilden können, müssen die Ablauflöcher ganz frei sein (siehe Bild oben).

Wenn die geschlossene Heckklappe nicht einwandfrei abdichtet (Klappergeräusche, Staub und Feuchtigkeit im Kofferraum) oder sich nur mit kräftigem Druck schließen läßt, kann durch leichtes Verstellen des Heckklappenschlosses in den Langlöchern des Klappenausschnitts Abhilfe geschaffen werden. Dazu die beiden Halteschrauben, wie im Bild gezeigt, etwas lockern, das Haubenschloß entsprechend verschieben und wieder festschrauben.

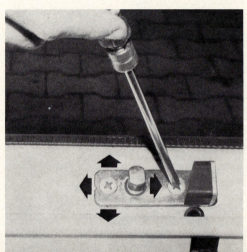

Mit einiger Geschicklichkeit kann man die Stoßstangen und Kotflügel vorn alleine ausbauen, wollen Sie aber Motorhaube, Heckklappe oder Türen demontieren, brauchen Sie unbedingt einen Helfer, der diese großen und schweren Teile hält, während Sie schrauben, sonst wird schnell irgendwo der Lack zerkratzt.

## Demontierbare Teile austauschen

An der Motorhaube sind zum Ausbau lediglich an beiden Scharnieren je 2 Sechskantschrauben SW 13 zu lösen, sowie das eventuell links angeschraubte Masseband (geflochtenes Kupferkabel). Dieses Band beim Einbau nicht vergessen, es hilft, störende »Funkwellen« vom eingebauten Radio abzuhalten.

### Motorhaube und Heckklappe ausbauen

An der Heckklappe müssen erst die Kabel für die heizbare Heckscheibe und den eventuell eingebauten Heckscheibenwischer abgezogen werden. Dann den Gasdruckheber oder die Haltestange abnehmen (beim Scirocco 2 Gasdruckheber), dazu die Federringe oben bzw. unten auseinanderdrücken und über den Haltebolzen schieben (Vorsicht, sie springen gern unauffindbar davon!). Die Scharniere der Golf-Heckklappe liegen unter der Dachverkleidung versteckt, die zum Lösen der Scharniere eingeschnitten werden muß. Die Einschnitte werden mit Abdeckkappen (Ersatzteil-Nr. 171 867 923) wieder verschlossen. Beim Scirocco sind die Scharnierschrauben direkt zugänglich. Beide Schrauben SW 10 an den Scharnieren lösen.

Zum Austausch der vorderen Stoßstange werden zuerst die darin sitzenden Blinkleuchten ausgebaut (siehe Seite 176). Motorhaube öffnen und von oben je 2 Sechskantschrauben an den Längsträgern der Karosserie abschrauben. Auf der linken Seite kommt man unter der Batterie nur schlecht an diese Schrauben heran, hier braucht man mindestens einen Steckschlüssel, noch besser eine Ratsche mit Stecknuß. Die neueren Kunststoffstoßstangen sind auch seitlich am Kotflügel angeschraubt (vom Radausschnitt aus erreichbar); ebenso die schwarzen Kunststoffecken beim Scirocco bis Juli 1977 (sie sind zusätzlich mit einer Schraube an der Stoßstange befestigt). Beim Golf bis Juli 1978 sind diese Ecken nur eingesteckt.

### Stoßstangen ausbauen

Sinngemäß wird die hintere Stoßstange abgebaut. Beim Golf bis Juli 1978 2 Schrauben SW 13 rechts und links im Kofferraum lösen, beim 79er-Golf und allen Scirocco zusätzlich an den hinteren Kotflügeln vom Kofferraum aus die Halteschrauben der Stoßstangenecken. Die seitliche Kofferraumverkleidung bei früheren Scirocco-Modellen läßt sich einfach abziehen.

Mit einem lappenumwickelten (Schutz gegen Kratzer) Schraubenzieher lassen sich die seitlichen Zierleisten von ihren Halteclips hebeln. Noch besser ist ein flacher Brieföffner aus bruchfestem Kunststoff, da man mit diesem noch besser Lackkratzer vermeiden kann. Diese Arbeit muß behutsam ausgeführt werden, sonst knicken die dünnen Zierleisten um. Deshalb drückt man, wenn ein Stück Zierleiste gelöst ist, mit der anderen Hand gegen das abstehende Ende zur Karosserie hin, damit dieses Ende nicht vom Schraubenzieher noch weiter abgebogen wird, sondern der nächste Clip nachgibt.

## Vorderkotflügel austauschen

Beim Golf muß erst die Stoßstange vorn ausgebaut werden, beim Scirocco nur die jeweilige Stoßstangenecke. Zierleiste unten am Türeinstieg mit einem breiten Schraubenzieher abhebeln (Bild auf der Vorseite). Unterbodenschutz an den Trennfugen durchschneiden. Rund um den vorderen Kotflügel bei geöffneter Motorhaube 10 Sechskant-Blechschrauben SW 10 herausschrauben (am besten mit Steckschlüssel). Davon sitzen 4 auf der Motorhauben-Ablagekante, von den restlichen sitzen 2 vorn unten am Kotflügel, 3 innen im Kotflügel zum Türpfosten und eine unten am Türpfosten.
Vor dem Anbau die Verschraubungs- und Stoßkanten des Kotflügels sauber entrosten, mit Unterbodenschutz dick einstreichen und beim Anbau darauf sehen, daß die Zwischenräume an den gegeneinanderliegenden Blechstegen mit Unterbodenschutz gegen Feuchtigkeit abgedichtet sind.

## Arbeiten an den Türen
### Türverkleidung ausbauen

Zum Ausbau der Türverkleidung, der bei vielen Arbeiten an den Türen notwendig wird, zuerst den Kunststoffüberzug von der Fensterkurbel mit einem Schraubenzieher abhebeln und die darunter sitzende Kreuzschlitzschraube herausdrehen, Fensterkurbel abziehen. Das wird auch notwendig, wenn die Fensterkurbel auf ihrer Kerbverzahnung anders eingesetzt werden muß, weil sie beispielsweise bei geschlossenem Fenster gegen das Fahrerknie drückt. Kunststoffeinsatz aus der Türgriffschale heraushebeln, darunter sitzende Kreuzschlitzschraube lösen und Griffschale herausziehen. An der Unterseite der Armlehne mit einem langen Schraubenzieher die beiden Kreuzschlitzschrauben herausdrehen. Türverkleidung an einer Ecke vorsichtig mit einem lappenumwickelten (zum Schutz vor Lackkratzern) Schraubenzieher herausziehen, mit einer Hand dahinter greifen und die Verkleidung mit den Halteclips aus dem Türblech ziehen. Zu weiteren Arbeiten im Türkasten die Plastik-Schutzfolie von oben abziehen. Beim Einbau darf diese Schutzfolie auf keinen Fall vergessen werden und falls sie beim Abziehen zerrissen wurde, muß sie ersetzt werden. Sie hält das oben durch den Fensterschacht eindringende Regen- und Waschwasser von der Verkleidungspappe fern, die sonst aufweicht.
Das Wasser fließt unten durch Abflußlöcher wieder ab, diese Löcher müssen auch bei einer Hohlraumkonservierung des Türkastens offen gehalten werden.
Die Clips, die rundum die Verkleidung im Türkastenblech festhalten müssen beim Montieren der Türverkleidung genau auf ihre jeweiligen Bohrlöcher angesetzt und mit einem Handballenschlag eingedrückt werden. Bei ungenauem Ansetzen und schiefem Schlag werden sie zerdrückt und müs-

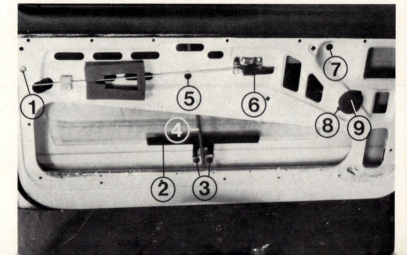

Unter der abgenommenen Türverkleidung kommen folgende Teile zum Vorschein: 1 — Halteschraube des Türschlosses im Türkastenrand, 2 — Fensterheberschiene mit ihren Halteschrauben (3), 4 — Fensterhebearm, 5 — Halteschraube des Fensterheberseilzugs, 6 — Türöffnerhebel, 7 — Halteschraube der vorderen Fensterführungsschiene, 8 — Halteschrauben des innen sitzenden Fensterkurbelmechanismus (9).

sen ersetzt werden. Ist das nicht mehr möglich, sucht man nach einer passenden Kreuzschlitz-Blechschraube (damit es ordentlich aussieht, mit verchromtem Kopf), die durch die Türverkleidung an der betreffenden Stelle (Loch vorbohren) in das Bohrloch des Türblechs eingedreht wird.

**Türen ausbauen**

Soll dieselbe Tür wieder eingebaut werden, erleichtert man sich das spätere Justieren, wenn man die genaue Lage der Scharniere vor dem Ausbau anzeichnet. Zum Ausbau mit einem Inbusschlüssel SW 8 die Halteschrauben vorn am Türpfosten losschrauben und die Tür mit den Scharnieren zur Seite herausziehen. Das Halteband der Tür, welches das zu weite Auffliegen der Autotür verhindern soll, wird von den unteren Scharnierschrauben gehalten, so daß man seine oben vernietete Spannhülse nicht herauszutreiben braucht.

**Tür einbauen und einpassen**

Beim Einbau einer Tür muß der Wagen mit den Rädern auf dem Boden stehen. An einem aufgebockten Wagen könnte sich dagegen die Karosserie etwas verwinden, so daß die Justierung der Tür nachher nicht stimmt. Wird eine neue Tür eingebaut, muß vorher der runde Schließbolzen des Türschlosses am hinteren Türpfosten mit der selten benutzten SW 15 gelockert werden, damit die Tür gut eingepaßt werden kann. Beim Wiedereinbau der vorher ausgebauten Tür ist das nicht notwendig, wenn die Tür an der Hinterkante einwandfrei im Türausschnitt saß.

Zuerst die Tür an den Scharnieren mit dem Türfeststeller leicht anschrauben, daß man sie noch nach allen Richtungen verschieben kann. Tür in den Türausschnitt drücken und so justieren, daß das Türblech flächenglatt mit dem benachbarten Karosserieblech abschließt und rundum mit gleichmäßig breitem Spalt im Türausschnitt liegt. Sie muß dabei gleichmäßig an der Gummidichtung anliegen (vom Wageninnern aus prüfen). Bei richtigem Sitz der Tür die Scharnierschrauben festziehen. Öffnertaste im Türgriff außen anziehen und Tür leicht angehoben in den Schließbolzen im hinteren Türpfosten einrasten lassen; Öffnertaste loslassen, wieder anziehen und Tür leicht angehoben öffnen. Schließbolzen fest anziehen (siehe nächsten Abschnitt). Rundum einwandfreien Sitz der Tür nochmals nachprüfen.

**Türschloß justieren**

Klappergeräusche an den Türen können sehr verschiedene Ursachen haben. Vielleicht ist ein Teil des Fensterkurbeltriebs lose — das läßt sich zumeist durch verschiedene Fensterstellungen während der Fahrt genauer ermitteln. Manchmal ist aber auch das Türschloß an den Klappergeräuschen schuld, weil sich der Schließbolzen auf dem hinteren Türpfosten gelockert hat oder verschlissen ist. Er muß dann, wie zu Beginn des vorhergehenden Absatzes beschrieben, mit einem Schraubenschlüssel SW 15 etwas gelockert werden, damit er sich in seinem Langloch entsprechend verschieben läßt. Tür in den leicht festgezogenen, aber noch bewegbaren Schließbolzen eindrücken, durch Drücken, Ziehen oder Heben des Türaußengriffes in die richtige Lage bringen und die Tür vorsichtig aus dem Schließbolzen »herausheben« und diesen daraufhin fest anziehen. Zuletzt Sitz der Tür nochmals nachprüfen.

**Türschloß ausbauen**

Das Türschloß besteht aus dem Türgriff außen mit dem Schließzylinder und dem eigentlichen Schloß im Türkasten mit dem Sicherungsknopf und dem Öffnerhebel innen. Zum Ausbau des Türschlosses braucht man einen kräftigen Kreuzschlitzschraubenzieher und einen flachen Schraubenzieher zum Abhebeln. Zum Ausbau die Türverkleidung abnehmen, die beiden Kreuz-

Wenn das Türschloß (1) abgebaut werden soll, sind dazu die beiden Kreuzschlitzschrauben (2) und eine weitere an der Türkasten-Innenkante herauszudrehen, außerdem die Halteschraube des Türaußengriffs (3). Verbindungshebel Türaußengriff-Schloß aushängen und die Zugstange vom inneren Öffnerhebel abnehmen, wie im Text beschrieben. Den kleinen Kunststoffstopfen (4) gibt es nur an den Scirocco-Türen. Wenn man ihn herauszieht, kann man durch die Öffnung im Türkastenblech etwas Öl auf das Türschloß tropfen lassen. Die obere Kreuzschlitzschraube (5) hält die hintere Fensterführungsschiene.

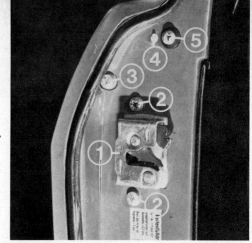

schlitzschrauben dicht über und unter dem Schloß (Bild nächste Seite) und die Schraube oben innen am Türkastenrand herausschrauben. In den Türkasten fassen und den Verbindungshebel vom Türaußengriff zum Schloß von dessen Bolzen abdrücken, Türgriff vorne etwas nach außen ziehen und hinten aushängen. Gelöstes Türschloß so drehen, daß sich die Zugstange vom inneren Öffnerhebel abnehmen läßt.

Zum Türschloßausbau ab Oktober 1976 siehe Bild und Bildtext unten.

**Schließzylinder ausbauen**

Soll der Schließzylinder aus dem Türgriff ausgebaut werden, muß der Schlüssel in den Schließzylinder eingesteckt werden (wenn er nicht schon abgebrochen drin steckt und dies der Ausbauanlaß ist), damit beim Herausziehen des Zylinders nicht die Schließplatten und Federn herausfallen. Zum Ausbau ist lediglich die Schlitzschraube am hinteren Ende des Schließzylinders herauszudrehen und nach Abnahme der darunter gehaltenen Wellscheibe, Exzenter und Drehfeder (auf deren Lage für den Wiedereinbau genau zu achten ist) der Schließzylinder nach der Türgriffvorderseite herauszuziehen.

Beim Zusammenbau müssen die gleitenden Teile des Schlosses mit einem weichen, wasserabstoßenden Fett sparsam eingerieben werden. Öl ist dazu weniger brauchbar, die Werkstatt benutzt dazu (oder soll es wenigstens) ein gelöstes Spezialfett, dessen Lösungsmittel verdunstet und einen feinen Fettfilm zurückläßt. Das gibt es auch als Fettspray (z. B. Molykote 557) und ist natürlich das beste.

Bei den etwa seit Oktober 1976 eingebauten Türschlössern werden zum Ausbau erst die beiden Inbusschrauben SW 6 (1) gelöst, dann läßt sich das Schloß in verriegeltem Zustand ein Stück herausziehen. Oben sehen Sie die Sicherungshebel (2), unten den sogenannten Fernbetätigungshebel (3), der durch die Verbindungsstange (4) mit dem inneren Türgriff verbunden ist. Zum Aus- und Einhängen dieser Verbindungsstange muß die Welle des Fernbetätigungshebels mit einem Querschlitzschraubenzieher (5) blockiert werden, wie im Bild gezeigt; unten besitzt das Türschloß eine entsprechende Öffnung. Zuletzt wird der Sicherungshebel oben aus der Hülse (6) gezogen. Zum Wiedereinbau in sinngemäß umgekehrter Reihenfolge muß die Schloßfalle (7) geschlossen sein (im Bild ist sie geöffnet gezeigt).
Außerdem sehen Sie ganz oben die innere Halteschraube (8) des Türaußengriffes. Seit August 1977 sind die Türgriffe am vorderen Teil zusätzlich mit einer Kreuzschlitzschraube befestigt. Die Schraube wird sichtbar, nachdem man die Chromblende am Türgriff abgezogen hat.

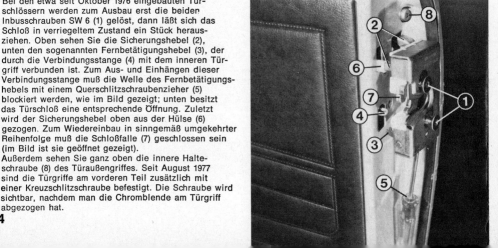

**Fenster austauschen**

Abgesehen vom Austausch der Türfenster möchten wir vor dem Einsetzen neuer Scheiben, also Windschutzscheibe und Heckscheibe, warnen. Erstens brechen bei ungeschickter Handhabung die Scheiben leicht. Dann hat man nur noch höhere Kosten, denn die Scheiben sind teurer als die Einbauarbeit. Wenn dagegen dem Mann in der Werkstatt beim Einsetzen eine Windschutzscheibe bricht, war es seine Schuld. Zweitens muß nach dem Einbau jeder Scheibe mit einer besonderen Druckpresse Dichtungsmasse zwischen die Gummifassung der Scheibe und den Karosserierand gedrückt werden. Da diese Dichtungsmasse nicht eintrocknet, kann man sich erheblich das Wageninnere verschmieren.

**Türfenster ausbauen**

Vor dem Ausbau der Fensterscheibe wird die Türverkleidung abgenommen (Seite 202). Fensterscheibe herunterkurbeln und die Fensterschacht-Abdichtung innen mit einem lappengeschützten Schraubenzieher aus dem Türblech hebeln. Oben beim Dreiecksfenster das senkrechte und das obere Fensterführungsgummi etwa 10 cm weit herausziehen und die obere Befestigungsschraube der Führungsschiene lösen, ebenso deren Schrauben im Türkasten. Schiene schräg nach unten in den Türkasten schieben. Fensterscheibe am Fensterheber (Nr. 2 im Bild auf Seite 202) abschrauben, hochschieben und oben aus dem Türkasten ziehen. Eingebaut wird die Scheibe sinngemäß umgekehrt.

Soll nur der Fensterheber ausgebaut werden, brauchen Sie die Fensterscheibe nicht herauszunehmen; sie wird heruntergekurbelt, vom Fensterheber losgeschraubt, ein Stück hochgeschoben und auf zwei entsprechende Holzklötze gesetzt, damit sie nicht herunterfallen kann. Fensterheber am Kurbeltrieb (Nr. 9 im Bild Seite 202) und an zwei Haltelaschen abschrauben, das Rohr oben ist nur in der Türbrüstung festgeklemmt. Fensterheber zum unteren Ausschnitt in der Tür herausnehmen.

Schwergängige Fensterheber können übrigens geschmiert werden: Die beflockte Spirale darf nur geölt werden, während die nicht beflockte Spirale gefettet werden muß.

**Sitze ausbauen**

Die Vordersitze lassen sich nicht einfach nach vorn aus den Schienen schieben, sondern sie werden nach hinten herausgenommen. Hinten an den Sitzschienen die Kunststoffkappen abnehmen (sie fallen ohnehin gern ab), vorn am Haltebock an der Sitzmitte die Kreuzschlitzschraube unten lösen (Bild unten) und das Sicherungsblech nach oben drücken bzw. die Sicherungsmutter seitlich am Verstellhebel losdrehen, wozu der Sitz jeweils in die

Zum Ausbau eines Vordersitzes schiebt man diesen in die zweitletzte Raste nach hinten, dann vorn am Lagerbock (1) des Sitzes die Kreuzschlitzschraube (2) herausdrehen. Jetzt kann das Sicherungsblech, wie hier gezeigt, nach oben gedrückt und der Sitz hinten aus den Schienen herausgeschoben werden. Manche Sitze haben statt des Sicherungsblechs unten am Lagerbock eine Sicherungsmutter seitlich am Verstellhebel.

zweitletzte Raste geschoben werden muß. Vor dem Wiedereinbau die Sitzschienen von verschmutztem Fett reinigen und die Gleitbahnen (nur diese) sparsam einfetten; Sitz einsetzen, dazu Verstellhebel ziehen, Gleitstücke oben mit den Federclips und unten richtig einsetzen (schmale Seiten zeigen zueinander), Kreuzschlitzschraube am Sicherungsblech bzw. Sicherungsmutter festschrauben.

Die komplette Rückbank läßt sich herausnehmen, nachdem die Lehne oben ausgehängt und nach vorn geklappt wurde; rechts und links an den Kippbügeln die Halteschrauben SW 13 lösen.

**Handschuhfach**

Bei Fahrten über wellige Fahrbahn oder beim plötzlichen Bremsen kann das Handschuhfach rechts aufspringen, wenn bei vorherigem Werken an der Armaturenbrettverkleidung die Schloß-Justierung des Handschuhfachs verändert wurde. Als Abhilfe ist nicht das Schloß im Kastendeckel zu verstellen, sondern das »Fangstück« aus Kunststoff, das am Armaturenbrettblech verschraubt ist und die Haltebolzen des Deckelschlosses aufnimmt. Dazu Kreuzschlitzschraube lösen und das Fangstück etwas verstellen oder, wenn es nach etlichen Dienstjahren ausgeschliffen ist, durch ein neues ersetzen. Der Fehler kann auch in einer ungenauen Befestigung des Kastendeckelscharniers im Karosseriequerblech liegen. Sechskantschrauben etwas lokkern und Scharnier etwas verschieben und wieder festschrauben.

**Nicht zuletzt: Reinlichkeit im Innenraum**

Wie bei Ihnen zu Hause soll es auch in diesem fahrbaren Zimmer sauber und gepflegt aussehen. Deshalb bei jeder Wagenwäsche etwa eingelegte Fußmatten herausnehmen, abwaschen oder ausklopfen. Die Gummi-Bodenmatten der Standardausstattung kann man ebenfalls abwaschen, der Bodenteppich wird am besten staubgesaugt, wenn er trocken ist und zum Austrocknen eines feuchten Bodenteppichs die Türen bei trockenem Wetter so lange wie möglich offenhalten (in der eigenen Garage verhindern stets offene Fenster muffigen Geruch im Auto).

Einen naßgewordenen Teppichboden (leider ist er eingeklebt) kann man durch zweimaliges sparsames Aufstreuen von Kieselgur-Granulat (»Katzen-Streu«) über Nacht austrocknen. Das Mittel wird anschließend abgekehrt oder, besser, herausgesaugt.

Naßwäsche des eingeklebten Teppichbodens ist aber trotz dieses Trocknungstricks problematisch. Besonders schlimm ist es, wenn man im Winter salzvermischten Schneematsch mit den Schuhen ins Auto getragen hat, denn das zurückbleibende Salz zieht immer wieder Wasser an. Dagegen helfen die waffelgemusterten Gummimatten recht gut, die Wasser und Schmutz auffangen. Wenn sich aber salzdurchmischte Dauerfeuchtigkeit im Bodenteppich sammelt, muß er herausgezogen (dazu Halteleisten am Türeinstieg abbauen) und nach gründlicher Reinigung und Trocknung wieder sparsam eingeklebt werden. Falls das Bodenblech schon Rost angesetzt hat, blank schleifen und mit Rostschutzfarbe überstreichen.

Die innere Dachverkleidung wird als »Himmel« bezeichnet. Daß dieser himmlische Plastikstoff nicht mit Benzin, sondern nur mit speziellem Plastikreiniger gereinigt werden darf, sei warnend erwähnt. Aber auch sonst sollte dieser irdische Himmel einem Heimwerker heilig sein. Es gelingt nämlich nach unseren Erfahrungen nur dem versierten Fachmann, einen neuen Himmel so einzubauen, daß er weder Falten schlägt, noch sich eines Tages über den Insassen ausbreitet. Also: Werkstattsache oder Autopolsterei aufsuchen.

Wagenwäsche und Lackpflege

# Sehr gepflegte Erscheinung

Wie bei einer schönen Frau ist auch beim Auto Pflege erforderlich, um die Schönheit über möglichst lange Zeit zu erhalten. Und so wie zuviel Make-up der Haut schadet, ruiniert ständige Fummelei mit allerlei Tinkturen den Lack. Auf diesen beiden Seiten haben wir deshalb festgehalten, was Sie für Ihren Golf oder Scirocco tun sollten, damit sein Blechkleid möglichst lang im Glanz erstrahlt.

**Die Wagenwäsche**

Die einfachste Lackpflege ist die Autowäsche und schon hierbei kann man viele Fehler machen. Ist der Wagen nur leicht verschmutzt, genügt es völlig, wenn man ihn mit viel klarem Wasser abwäscht; ohne irgendwelche Zusätze, wie Haushaltswasch- oder Geschirrspülmittel, die viel zu scharf für Autolack sind. Und auch Autoshampoo, das jedesmal angewendet wird, laugt den Lack mit der Zeit aus (trotz »rückfettender« Versprechungen der Hersteller). Erst wenn die reine Wasserwäsche nicht mehr ausreicht, sollten Sie zum Autoshampoo greifen.
Damit der Schmutz aber nicht auf dem Autolack herumgerieben wird, ist viel Wasser vonnöten. Am besten mit »weichem« Strahl aus dem Schlauch, der Sand und Staub gleich wegschwemmt, und einer Schlauchbürste, einem Waschhandschuh oder einem grobporigen Schwamm. Wer keinen Wasseranschluß am Auto zur Verfügung hat, muß sich mit zwei Wassereimern behelfen. In einem wird der schmutzige Schwamm oder Waschhandschuh ausgewaschen, im anderen der saubere Schwamm mit Wasser getränkt. Sparen Sie dabei nicht mit Wasser, denn im Wasser treibender Sand und Staub wird sonst immer wieder kratzend über den Lack gewischt. Mit den Resten des schmutzigen Wassers kann man den Schmutz an den Rädern und Radkästen aufweichen, zum Abwaschen von Reifen, Felgen und Radkästen eignet sich eine gewöhnliche Wurzelbürste.
Zum Abschluß der Wagenwäsche muß das Auto noch trockengeledert werden, sonst bleiben auf dem Lack Wasserflecken zurück. Am besten eignet sich ein großflächiges Ziegen- oder Rehleder.
Wer sich die Hände nicht naßmachen will, kann in die Schnellwaschanlage fahren. Dann sollten Sie aber nach etwa 5 Schnellwäschen den Lack wieder mit Konservierer behandeln, das in der Waschanlage versprühte Wachs dient nur schnellerem Trocknen. An guten Waschstraßen wird das Auto an unzugänglichen Stellen (z. B. unter den Stoßstangen) von Hand vorgewaschen, damit sich keine Schmutz- und Rostnester bilden können. Wenn Sie nicht gerade freitagnachmittags oder samstags zur Waschanlage fahren, wird Ihr VW gründlicher vorgewaschen, weil man dann mehr Zeit für Sie hat. Das ist auch im Winter wichtig, wenn dicke Schmutzkrusten erst zum »Vorweichen« mit sanftem Wasserstrahl besprüht werden müssen. Sonst gibt es trotz anderslautender Werbesprüche doch Kratzer im Lack.

## Lackpflege von Stufe zu Stufe

Ungepflegter Lack verliert mit der Zeit seine Elastizität; er »altert«, die Poren erweitern sich, Feuchtigkeit dringt ein und zermürbt die Farbschichten von innen. Je nach Zustand des Lacks gibt es verschiedene Pflegestufen:

■ **Wasch-Konservierer** (z. B. von Rex und Polifac). Bei der Wäsche gibt man zur letzten Nachwäsche einen Meßbecher voll Waschkonservierer in einen Eimer mit klarem Wasser, wäscht mit einem Schwamm den Wagen ab und ledert nun den Lack trocken oder läßt die Feuchtigkeit antrocknen (Gebrauchsanweisung beachten). Zum Schluß mit dem Poliertuch oder noch besser mit Polierwatte nachreiben. Es bleibt dann eine wachsartige Schutzschicht auf dem Lack zurück. Diese Konservierung ist bei gesundem Lack angebracht, aber auch nicht bei jeder Wagenwäsche notwendig.

■ **Lack-Konservierer** nennen sich in der Regel »Autowachs«, »Hartwax« oder »Glanzwachs«. Auch manche »Auto-Polish«, die dem Namen nach zu den polierenden Lackpflegemitteln gehören, sind in Wirklichkeit Lack-Konservierer. Sie enthalten keine schleifenden (= polierende) oder lackanlösenden (= lackreinigende) Anteile, sondern sind ausdrücklich zum konservierenden Schutz neuwertiger oder vorher polierter bzw. gereinigter Lacke gedacht. Lack-Konservierer gibt es nur selten als Pasten, zumeist als Flüssigkeit, die glasigtrübe aussehen muß als Beweis, daß sie keine Schleifmittel enthält, die für neuen Lack bereits zu scharf sind.

Vor der Behandlung des Lackes mit Konservierer muß der Wagen gewaschen, sorgfältig getrocknet und bei verschmutztem oder stumpfem Lack mit Lackreiniger bzw. Autopolitur vorbehandelt werden. Erst auf den völlig blanken Lack wird Konservierer mit sauberem Lappen möglichst dünn aufgetragen, danach mit einem zweiten Lappen »einmassiert« und mit einem dritten sauberen Lappen oder Polierwatte auf Hochglanz gebracht.

■ **Autopolitur oder Lackpolitur** ist schon eine scharfe Waffe zur Lackpflege und sie sollte erst dann angewendet werden, wenn der Lack schon gealtert ist und matt zu werden beginnt, wobei man diesen Lack noch durchaus als »gut erhalten« bezeichnen kann. Autopolitur hat reinigende, polierende und konservierende Wirkung, was am milchig-sahnigen Aussehen der Flüssigkeit durch die Schleifmittelanteile zu erkennen ist. Außerdem bleibt, im Gegensatz zu reinen Lack-Konservierern, bereits etwas abpolierte Farbe in der Polierwatte zurück, was bei Konservierer nicht sein darf. Wenn die Watte aber sehr kräftig Farbe annimmt, ist das Pflegemittel für nur verschmutzten Lack schon zu scharf.

■ **Schleifpolitur und Schleifpolierpaste** sind die schwersten Geschütze, die nur bei stark verwittertem Lack zum Abschleifen der obersten »toten« Lackschicht und dann für längere Zeit nicht mehr angewendet werden dürfen. Sonst ist die dünne Lackschicht bald durchpoliert. Solch eine Lackbehandlung macht man vor allem, wenn der Wagen verkauft werden soll. Dann lohnt sich auch die mehrstündige harte Handarbeit, die damit verbunden ist. An der starken Farbe, die in der Polierwatte hängen bleibt, kann man die scharfe Wirkung erkennen. Nach dieser intensiven Politur muß der Lack noch konserviert werden.

■ **Lackreiniger** nehmen eine Sonderstellung ein, denn sie leisten ihre Arbeit durch lackanlösende Anteile, denen außerdem noch Schleifmittel beigemischt sind. Lackreiniger, manchmal auch als Rapid-Reiniger bezeichnet, sind für neue und junge Lacke Gift, denn sie können im Nu die obere Lackschicht anlösen und beschädigen. Das gilt vor allem für nachlackierte Stellen. Nach der Behandlung mit Lackreiniger muß der Lack in der Regel anschließend durch Konservierer gegen Schmutz und Witterungseinflüsse geschützt werden.

**Der Winterschutz**

# Keine Angst vor Väterchen Frost

Beim ersten Schneefall im November gibt es alljährlich für manche Autofahrer ein böses Erwachen: die Reifen sind schon reichlich abgefahren und drehen im nassen Schnee durch, die Batterie ist so schwach, daß sie den Motor kaum noch durchdrehen kann und wahrscheinlich ist der Frostschutz im Kühlsystem auch nicht mehr ausreichend, weil nur immer Wasser dazugeschüttet wurde. Das kann Ihnen als Leser dieses Buches natürlich nicht passieren, denn Sie haben Ihren Golf oder Scirocco rechtzeitig – spätestens in den letzten warmen Oktobertagen – auf die kommende kalte Jahreszeit vorbereitet.

Auf diesen Seiten haben wir die wichtigen Punkte für den Winter zusammengefaßt oder verweisen auf die Seiten, wo das betreffende Thema bereits behandelt wurde.

**Vorkehrungen vor Frost**

Wenn das Außenthermometer unter +5 Grad Celsius fällt, braucht der Golf- oder Scirocco-Motor das dünnflüssigere Motoröl SAE 20 W/20, falls Sie nicht ein Mehrbereichsöl eingefüllt haben, das zumindest mit SAE 20 W beginnen muß (siehe Seite 38).

**Motoröl**

Wenn nicht in ein undichtes Kühlsystem ständig reines Wasser nachgegossen wurde, hat sich die Frostfestigkeit kaum verändert; aber eine Kontrolle sicherheitshalber kann nicht schaden. Wie das gemacht wird, steht im Kapitel »Kühlung und Heizung«; dort finden Sie auch eine Anleitung für die Frostschutzmischung.

**Kühlflüssigkeit**

Das Wasser im Scheibenwascherbehälter wird zwar von der Motorwärme aufgeheizt, aber der kalte Fahrtwind läßt das nicht frostgeschützte Wasser sofort auf der Windschutzscheibe festfrieren. Wie man das Scheibenwaschwasser vor dem Einfrieren schützt, steht auf Seite 194.

**Scheibenwaschwasser**

Wie auf Seite 134 beschrieben, ist die Batterie bei tiefen Temperaturen weit weniger leistungsfähig. Vor sehr kalten Nächten ist es daher durchaus sinnvoll, die Batterie – besonders wenn sie schon älter ist – des im Freien geparkten VW auszubauen und neben (nicht auf) die Heizung oder den Ofen zu stellen.

**Batterie**

Für leichtes Starten im Winter muß der Elektrodenabstand der Zündkerzen stimmen. Im Sommer sind sie oft zu weit abgebrannt und erschweren im Winter den Kaltstart. Normalerweise soll der Elektrodenabstand 0,6 bis 0,7 mm betragen, im Winter sind nach unseren Erfahrungen 0,5 bis 0,6 mm besser.

**Zündanlage**

Zündspule, Verteiler und Zündkabel müssen frei von Schmutz und Öl sein und vor allem darf sich auf diesen Teilen keine weißliche Schicht zeigen, das ist hochgespritztes und angetrocknetes Streusalz. Schmutz an der Zündanlage kann den Zündstrom zumindest teilweise ableiten und bewirkt Kurzschlüsse. Deshalb alle Teile der Zündanlage mit Motorreiniger behandeln, abwaschen, trocknen und anschließend mit Isolierspray einsprühen.

**Reifen im Winter**

Die VW Golf und Scirocco sind überaus wintertaugliche Fahrzeuge: durch den Motor ist die Vorderachse gut belastet und das Auto zieht spursicher seines Weges. Selbst beim »Bergsteigen«, wo bei vielen Frontantrieblern die Vorderachse stark entlastet wird, ziehen unsere VW-Modelle recht mühelos hinauf. Nur wenn die ganze Familie im Auto versammelt ist samt deren Gepäck im Kofferraum und auf dem Dach, kann es doch Schwierigkeiten geben. Da hilft ganz feinfühliger Umgang mit Gas und Kupplung. Im Notfall dreht man den Wagen und fährt die Steigung im Rückwärtsgang hinauf, dann sind die jetzt hinten laufenden Antriebsräder stärker belastet (eventuell noch zwei Personen auf die Vorderkotflügel — nicht die Haube! — setzen).

Was zur Reifenwahl im Winter zu sagen ist, finden Sie auf Seite 131 beschrieben.

**Gleitschutzketten**

Selbst wenn die griffigsten M+S-Reifen schon versagen, helfen gegen Eis und Schnee bei Hochgebirgsfahrten und starken Schneefällen die »Schneeketten«. Diesen Ausdruck mögen die Fachleute nicht besonders, denn solche Ketten sind nicht nur gegen Schnee das letzte Hilfsmittel, sondern auch bei vereistem Schnee und Glatteis besser als alles andere. Offiziell heißen sie daher Gleitschutzketten. Aber trotz aller Vorzüge sind sie bei den meisten Autofahrern nicht sonderlich beliebt — da man sie meist mit frostklammen Fingern auf- und abmontieren muß. Das ist unvermeidbar, denn schon nach wenigen Kilometern flotter Fahrt auf trockener Straße fliegen auch bei den besten Ketten die ersten Fetzen davon. Und dazu sind sie zu teuer. Auch die Fahrgeschwindigkeit ist mit Gleitschutzketten recht begrenzt: Auf Schnee nicht schneller als 80 km/h, bei kurzzeitig trockener Fahrbahn höchstens 50 km/h, sonst »liegt« das Auto unruhig.

Das Montieren kann man sich jedoch, da der Golf und der Scirocco nur ein Paar Gleitschutzketten für die Vorderräder brauchen, durch eine 6. Felge einfacher machen. Im Kofferraum stecken dann zwei mit Sommerreifen und fertig montierten Ketten bestückte Räder, die bei Bedarf gegen die Vorderräder ausgetauscht werden. Wer im Kofferraum aber keinen Platz mehr für ein zusätzliches Rad hat, kann den Wagen zur Kettenmontage mit dem Wagenheber vorn anheben. Dann behindert der Radausschnitt nicht beim Auflegen der Kette. Auf jeden Fall müssen Auto und Wagenheber besonders gut gegen Wegrutschen gesichert sein!

Gleitschutzketten dürfen nicht zu fest montiert werden, sie müssen während der Fahrt auf dem Reifen »wandern« können. Sonst kann es vor allem bei M+S-Reifen derartig einseitige Spannungen in den Kettenteilen geben, daß diese reißen oder unter Umständen ganze Profilstollen am Reifen wegreißen. Andererseits dürfen beim Fahren keine losen Kettenenden herumschleudern, sie könnten unter Umständen einen Bremsschlauch wegreißen. Eine zu locker montierte Kette, die sich während der Fahrt löst, kann sich um die Antriebswelle wickeln und die Lenkung blockieren. Deshalb die Spannvorrichtung zusätzlich mit einem kurzen Stück Draht sichern.

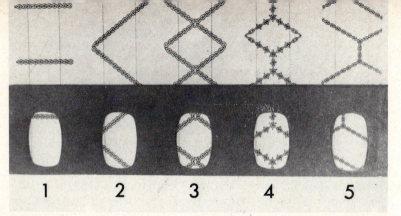

Die ovalen Ausschnitte zeigen die Aufstandsfläche eines Reifens und man erkennt deutlich, mit welchen Ketten der größte Fahrbahnkontakt besteht. Nur die Kreuzkette (3) und Spurkreuzketten (4 und 5) können gleichmäßige Bodenhaftung bieten. Leiter – (1) und Zickzackketten (2) liegen nicht immer gleichmäßig auf der Fahrbahn auf, dadurch kann das Auto seitlich ausbrechen.

**Fingerzeig:** Wer von seinem bisherigen Auto noch gute Spurkreuzketten (siehe Bild oben) hat, die nicht für die Reifen des Golf oder Scirocco passen, kann sich die Ketten umarbeiten lassen. Das machen beispielsweise die Firmen Erlau und RUD für von ihnen gelieferte Ketten.

### Einige Winter-Hilfsmittel

Recht nützlich bei Fahrten im Winter sind unterwegs folgende Hilfsmittel:
■ Eisschaber zum Reinigen vereister Scheiben. Recht praktisch fanden wir den Pingo-Diamant-Eisschaber mit auswechselbarer harter Kunststoff-Kratzkante und weicher Gummilippe, sowie einem Stiel, durch den die Finger etwas Abstand zum aufsprühenden Eispulver haben.
■ Sprühdose mit Entfroster gegen vereiste Windschutzscheiben. Das Eis löst sich nach dem Aufsprühen schnell auf, aber nicht die Scheibenwischer als Eiskratzer verwenden, das reißt Riefen in die feinen Gummilippen und gibt ein streifiges Wischerfeld. Besonders schnellwirkend fanden wir das Defroster-Spray von Texaco.
■ Handfeger, um am eingeschneiten Wagen sämtliche Fensterscheiben und die Schlitze in der Motorhaube für Heizung und Lüftung freilegen zu können, bevor Sie losfahren.
■ Anti-Beschlagtuch, mit dem die von innen beschlagene Windschutzscheibe und Heckscheibe abgerieben werden kann. Die Imprägnierung, die das Beschlagen etwa für eine Woche verhindert, reicht in dem Tuch für eine Saison. Dann wird es ausgewaschen und als normales Staubtuch weiterverwendet.
■ Sandsäckchen, um an vereister Steigung eine Fahrbahn zum Anfahren streuen zu können. Am besten und billigsten ein Müllsack.
■ Zwei alte Teppichstreifen, jeweils etwa einen halben Meter breit und mindestens 1,5 m lang aus einem alten Teppich oder Kokosläufer. Diese Stücke kann man zum Anfahren unter die Vorderräder legen, wenn es auf Glatteis nicht mehr weitergeht. Wichtig ist, daß an beiden Stücken jeweils eine lange Schnur befestigt ist. Damit wird der Teppichstreifen auf der für ihn zuständigen Wagenseite mit langem Bindfaden an die hintere Stoßstange angebunden, bevor man ihn vor den antreibenden Vorderrädern ausbreitet. Wenn der Wagen mit Hilfe der Teppichstreifen an der Steigung endlich ins Rollen gekommen ist, zieht er die Streifen an der Stoßstange einfach hinterher, bis die Steigung genommen ist.
■ Schneeschaufel, um sich bei Schneefall einen Weg bahnen zu können. Damit es auch ein wirklich brauchbares Gerät ist, kein kleines Handschäufelchen mitnehmen, sondern möglichst eine breite Kohlenschaufel mit kurzem Stiel.

## Schutz für den Autobauch

Unauffällig, aber um so erschreckender, rostet im Winter die Wagenunterseite vor sich hin, wenn sie ungeschützt den Angriffen von Salzmatsch und Rollsplitt ausgesetzt ist. Besonders heimtückisch ist dabei, daß das Streusalz in den unzugänglichsten Ritzen und Hohlräumen der Karosserie antrocknet und auch im folgenden Sommer gierig Spritzwasser aufsaugt, so daß sich böse Rostnester bilden können.

### Serienmäßigen Unterbodenschutz nachsprühen

In den vergangenen Jahren haben die Autohersteller zwar viel für den Rostschutz getan, aber hundertprozentig ist Gevatter Rost damit noch nicht aus der Autokarosserie vertrieben.

Deshalb muß auch der serienmäßige Unterbodenschutz vor jedem Winter sorgsam überprüft und nachgearbeitet werden, will man an seinem VW Golf und Scirocco mehrere Jahre Freude haben. Diese Nachbesserung des Unterbodenschutzes kann man selbst machen, wenn eine zuverlässige Aufbockmöglichkeit (Hebebühne, Auffahrrampe) zur Verfügung steht. Kann man nur mühsam unter den Wagen kriechen, wird es nichts Vernünftiges, weil man dann nicht alle Winkel, auf die es gerade ankommt, genau inspizieren kann und sich auch selbst mit der Unterbodenschutz-Sprühdose im Wege ist. Dann gibt man den Nachbesserungsauftrag besser einem Spezialbetrieb (nicht unbedingt Ihre Vertragswerkstatt, besser sind meist Karosseriebetriebe und Lackierereien), aber man sollte bei dieser Arbeit, bei der es auf Zuverlässigkeit ankommt, dabei sein, damit nicht gepfuscht wird.

Zum Nacharbeiten des Unterbodenschutzes, der beim Golf am Unterboden aus Bitumenwachs und in den Radkästen aus PVC-Material besteht, beim Scirocco durchweg aus PVC, darf nur PVC-verträgliches Kautschukmaterial (z. B. VW D 35) verwendet werden. Andernfalls kann der PVC-Unterbodenschutz angegriffen werden und Sie erreichen das Gegenteil des gewünschten Erfolgs.

### Hohlraumkonservierung

Auch mit dem besten Unterbodenschutz sind Sie leider noch immer nicht vor Rostfraß sicher. In den Hohlräumen, um die das Blech zur Verbesserung der Stabilität der Karosserie geformt oder gefaltet ist, bildet sich durch Temperaturschwankungen Kondenswasser, dort kann durch die Belüftungslöcher von oben oder unten Spritzwasser eindringen oder die Wasserableitungsschläuche aus der Schiebedachkonstruktion enden dort. Da ist das bißchen Blechgrundierung schnell durchgerostet und ohne jede Abwehrmöglichkeit wird das Autoblech von innen heraus durchfressen.

Dagegen hilft nur – möglichst sofort nach Auslieferung des neuen Fahrzeugs – das Aussprühen dieser Hohlräume bzw. deren Nachbehandlung, denn die seit August 1976 serienmäßige Hohlraumkonservierung ist nur »auf die Schnelle« durchgeführt. Wenn Sie aber Ihr Auto nicht mindestens vier Jahre lang behalten wollen, lohnen sich die 130 bis 180 DM für diese Behandlung kaum, denn der spätere Käufer wird Ihnen kaum mehr für Ihr Auto zahlen und in vier Jahren rostet die Karosserie auch noch nicht durch.

Im Zubehörhandel werden auch Sprühdosen für die Hohlraumkonservierung angeboten, aber damit kann man auf keinen Fall eine brauchbare Versiegelung der Hohlräume selbst machen und auch eine vorhandene nicht nachbessern, weil man mit den unzureichenden Sprühmöglichkeiten genau dort nicht hinkommt, wo die Konservierung sein muß. Diese Arbeit überläßt man besser einer spezialisierten und zuverlässigen Fachwerkstatt – in einer Karosserie- oder Lackierwerkstatt sind Sie gut aufgehoben, denn dort sind die Leute sorgfältiges Arbeiten gewohnt.

Schleppen und Abschleppen

# Am Schnürchen

Nehmen wir einmal an, Sie fahren flott auf der Autobahn — plötzlich fängt der Motor an zu stottern und geht aus. Zwar wird Ihnen die Fehlersuche mit dem Störungsfahrplan in der Buchklappe vorn leichtfallen, aber das Thema »Jetzt helfe ich mir selbst« ist erschöpft, wenn Sie feststellen, daß die Benzinpumpe ihren Dienst eingestellt hat und Sie keine Ersatzpumpe dabeihaben. Da hilft nur noch Abschleppen zur nächsten Werkstatt, wozu man einen gewerblichen Abschleppdienst anrufen kann. Dessen Rechnung von mindestens 70 bis 100 DM wird aber kaum zur Hebung der ohnehin schon tief gesunkenen Laune beitragen. Also ist es besser, dem Fall der Fälle vorzubeugen und ein eigenes Seil im Kofferraum mitzuführen. Damit kann Sie ein hilfsbereiter Autofahrer ins Schlepptau nehmen oder Sie können selbst einem liegengebliebenen Automobilisten helfen.

Die VW-Golf- und Scirocco-Modelle wiegen vollbeladen zwischen 1160 und 1250 kg. Sie sind also keineswegs schwergewichtig, aber mit Damenstrümpfen — die manche Autofahrer als Schleppverbindung empfehlen — kommt man nicht weit. Es muß ein Abschleppseil aus Perlon, Hanf oder Stahl oder eine Abschleppstange sein. Eine Ideal-Abschleppvorrichtung gibt es leider nicht, jede hat ihre Vor- und Nachteile. Perlonseile dehnen sich beim Abschleppen und verhüten so am besten, daß beim Anrucken an den beiden Fahrzeugen etwas verbogen wird. Dafür sind Perlonseile hitze- und scheuerempfindlich; wenn sie an den heißen Auspuff kommen oder an einer Karosserie- oder Stoßstangenkante schaben, sind sie schnell hin. Ein Perlonseil braucht deshalb unbedingt verschiebbare Ledermanschetten zum Schutz vor Auspuffwärme und Kanten. Hanfseile sind besonders preiswert, aber dick und unelastisch. Stahlseile sind bei der Handhabung ziemlich störrisch und wenig nachgiebig. Wollen Sie ein derartiges Seil kaufen, dann nur mit »Ruckdämpfer« (ein Gummistück oder eine Stahlfeder bildet aus der Seilmitte eine dehnfähige Schlinge).

Abschleppstangen gibt es mit Einhängekrallen in die Stoßstangen oder zur Befestigung an den Abschleppösen. Damit wird die Schleppfahrt auf jeden Fall ruckfrei, aber nicht alle Stoßstangen sind stabil genug für die Einhängekrallen. Schleppstangen, die in die Abschleppösen eingehängt werden, nützen natürlich nur dann, wenn auch der andere Wagen solche Ösen hat, außerdem muß man vorher kontrollieren, ob die Stange beim Überfahren von Unebenheiten nicht gegen das Karosserieblech schlagen kann. Im übrigen kosten stabile Schleppstangen mindestens 60 DM.

**Fingerzeig:** *Die serienmäßigen Abschleppösen an unseren VW-Modellen sind relativ schmal. Kontrollieren Sie daher vor dem Kauf eines neuen Abschleppseiles, ob dessen Verschlüsse sich einfädeln lassen. Andernfalls*

**Das eigene Seil**

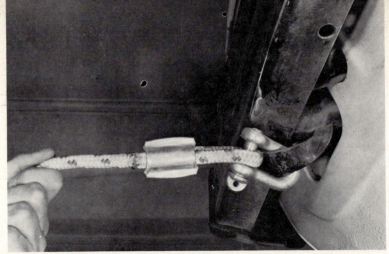

Durch die Abschleppösen unserer VW-Modelle gehen leider nur recht zierliche Seilverschlüsse. Darauf sollten Sie beim Kauf eines Schleppseils achten. Sehr praktisch ist ein Seil mit sogenannten Schäkeln, die sich leicht einfädeln lassen (hier der „Schlepp-Tiger" von APA).

kann man in einem Eisenwarengeschäft auch einen Schäkel (ein U-förmig gebogenes Stahlstück, dessen Enden mit einer Schraube verbunden sind) kaufen, der sich in die Schleppösen einhängen läßt.

## Im Schlepptau

Beim Abschleppen mit einem Seil besteht der wichtigste Punkt darin, daß das Schleppseil möglichst immer straff gespannt bleibt. Abrupte Reaktionen unbedingt vermeiden; dann bleibt auch das Rucken aus, das beim Anfahren oder Schalten die Gefahr birgt, daß das Seil reißt oder die Kräfte an den Befestigungspunkten zu stark werden. Der Fahrer des Abschleppwagens muß viel mit der Kupplung arbeiten, um die Übergänge beim Anfahren und Schalten weich zu gestalten. Im abgeschleppten Wagen bleibt die Fußspitze des Fahrers stets in geringem Abstand über — nicht auf — dem Bremspedal. Er muß die Verkehrssituationen vor seinem Zugwagen beobachten und beinahe vorausahnen, denn er muß eher bremsen als sein Helfer vorn, ihn also praktisch mitbremsen, damit das Seil immer straff bleibt. Vereinbaren Sie vor der Schleppfahrt einige Zeichen zur Verständigung untereinander.

Die Bremslichter funktionieren beim VW Golf/Scirocco ohne Zündung, man braucht sie daher nicht einzuschalten, wohl aber muß der Schlüssel eingesteckt und die Lenkschloßsperre entriegelt sein.

Besitzt der VW im Schlepp einen Bremskraftverstärker, so müssen Sie daran denken, daß dieser nur bei laufendem Motor arbeitet — es ist also ein wesentlich höherer Pedaldruck notwendig.

Am sichersten läßt sich ein Auto mit einer Schleppstange abschleppen. Aber die mehr zierenden als stoßschützenden Stoßstangen unserer VW-Modelle sind für Schleppstangen mit Einhängekrallen in die Stoßstange zu schwach. Günstiger ist eine Schleppstange, die in die Abschleppösen eingehängt werden kann (hier die „Nr. Sicher", Vertrieb Hans Herrmann, 7032 Sindelfingen 6, Carl-Orff-Straße 6). Allerdings müssen dann beide Schlepppartner auch Abschleppösen am Wagen haben und außerdem ist vorher zu prüfen, ob die Schleppstange beim Überfahren von Unebenheiten nirgends ans Blech drücken und beim Kurvenfahren keine Nebelscheinwerfer beschädigen kann. Bei tiefliegenden Ösen kann der Abstand (Pfeile) gefährlich knapp werden.

## Schleppfahrt mit Getriebeautomatik

Äußerst angenehm ist es, wenn der abschleppende VW Golf/Scirocco eine Getriebeautomatik besitzt, denn damit geht die Schleppfahrt besonders ruckfrei. Da man mit solch einem Schleppzug ohnehin nicht Volldampf fährt, schaltet man statt Fahrbereich »D« in Stellung »2«. Weiter ist nichts zu beachten.

Einige Probleme tauchen auf, wenn man seinen Automatik-VW abschleppen lassen muß. Er darf nur mit einer Höchstgeschwindigkeit von 50 km/h und allenfalls auf eine Entfernung von 50 Kilometern geschleppt werden. Größere Strecken im Schlepp sind nur mit ausgebauten Antriebswellen oder angehobener Vorderachse möglich, da das Getriebe nur bei laufendem Motor (er treibt die Getriebeölpumpe an) ausreichend geschmiert wird.

**Fingerzeig:** *Ein Warndreieck im Heckfenster des geschleppten Wagens läßt nachfolgende Fahrer erkennen, daß es sich um einen Schleppzug handelt. Die Warnblinkanlage soll beim Abschleppen nicht eingeschaltet werden.*

## Abschleppen nach Gesetz

Werfen wir kurz einen Blick auf die rechtliche Seite der Schlepperei:
Nach den Gesetzen ist das Abschleppen eine Notmaßnahme. Es darf nur dazu dienen, den aus eigener Kraft nicht fahrfähigen Wagen in die nächste zumutbare Werkstatt oder an seinen nahegelegenen Heimatort zu bringen. Die Autobahn ist an der nächsten Abfahrt zu verlassen. Für den Fahrer des abschleppenden Wagens genügt der Führerschein der Klasse 3 und vom Lenker im gezogenen Auto wird gar kein Führerschein verlangt (er muß aber lenken und bremsen können). Wird allerdings ein Wagen mit leerer Batterie angeschleppt, braucht dessen Lenker den Führerschein.
Die Versicherung des Abschleppenden kommt für Schäden auf, die während der Schleppfahrt entstehen, sofern dem Lenker des abgeschleppten Autos nicht schuldhaftes Verhalten nachgewiesen werden kann. Das Anhängsel muß daher noch in verkehrssicherem Zustand sein und sein Fahrer muß damit umgehen können.
Soll ein Fahrzeug weiter als bis zur nächsten Werkstatt geschleppt werden, muß man sich bei der Zulassungsstelle eine Schleppgenehmigung erteilen lassen, wozu man einige Auflagen erfüllen muß.

## Anhängerbetrieb

Wer an seinen VW Golf oder Scirocco einen Wohnwagen oder Lastanhänger koppeln will, braucht eine vom TÜV abgenommene und in die Fahrzeugpapiere eingetragene Anhängerkupplung. Falls der VW übrigens bereits ab Werk mit einer Anhängevorrichtung ausgeliefert wurde, erhielt er zusätzlich auch einen stärkeren Elektroventilator, den sollte man sich bei häufigem Hängerbetrieb auch einbauen.
Der Selbsteinbau einer Hängerkupplung ist für einen routinierten Heimwerker durchaus möglich, denn es muß nichts geschweißt werden. Aber außer der Montage der Kupplung muß auch noch die recht komplizierte Elektrik für die Anhänger-Steckdose und die Kontrollampe am Armaturenbrett angeschlossen werden. Die entsprechenden Teile gibt es von VW in einem fertigen Anbausatz.
Was man seinem VW an zusätzlicher Last zum Ziehen zumuten darf, ist für alle Modelle auf Seite 219 zusammengestellt.

**Technische Daten**

# Wir lassen Zahlen sprechen

Fast alle Angaben über ein Auto lassen sich in irgendeiner Form in Zahlen angeben, man nennt das »Technische Daten«. Dazu gehören auch die Kurzbeschreibung des Motors, der Elektrik und des Fahrwerks. Nachdem ein Fahrzeug die sogenannte Typprüfung (dabei wird, ehe der erste Wagen verkauft werden darf, geprüft, ob das Modell den hiesigen Zulassungsbestimmungen entspricht) bestanden hat, werden die meisten dieser Ausgaben in der »Allgemeinen Betriebserlaubnis« (ABE) behördlich registriert und Änderungen an Motor, Karosserie oder Fahrwerk sind meist nur mit amtlichem Segen zulässig. Die nachfolgend aufgeführten Angaben gelten für:
- VW Golf/L/GL 1100/50 bzw. 52 PS (ab Mai bzw. August 74)
- VW Scirocco/L 1100/50 bzw. 52 PS (ab August 74)
- VW Golf/LS 1500/70 PS (Mai 74 bis August 75)
- VW Golf S/LS/GLS 1600/75 PS (September 75 bis Juli 77)
- VW Golf S/LS/GLS 1500/75 PS (ab August 77)
- VW Scirocco S/LS/TS 1500/75 PS (Februar 74 bis April 74)
- VW Scirocco S/LS/TS 1500/70 PS (Mai 74 bis August 75)
- VW Scirocco S/LS/TS/GT/GL 1600/75 PS (September 75 bis Juli 77)
- VW Scirocco S/LS/GT/GL 1500/70 PS (ab August 77)
- VW Scirocco LS/TS 1500/85 PS (März 74 bis August 75)
- VW Scirocco LS/TS/GT/GL 1600/85 PS (ab September 75)

Die Ziffern der Fahrgestell-Nr. von VW Golf (z. B. 175 2 034 231) bzw. Scirocco (z. B. 536 2 000 399) haben folgende Bedeutung: Die beiden ersten Zahlen kennzeichnen den Fahrzeugtyp, 17 steht für »VW Golf« und 53 für »VW Scirocco«. Die nachfolgende Ziffer gibt das Modelljahr an (gewöhnlich vom 1. 8. bis zum 31. 7. des darauffolgenden Jahres): 5 = 1975, 6 = 1976, 7 = 1977 usw.
Die vierte Zahl in der Fahrgestell-Numerierung stellt eine werksinterne Steuerzahl dar; die eigentliche Fahrgestell-Nummer beginnt jedes Modelljahr neu mit 000 001.

### Motor

| Typ | | 1100 | 1500 | 1500 | 1500 | 1600 | 1600 |
|---|---|---|---|---|---|---|---|
| Kennbuchstabe | | FA/FJ | FH/FB | FD | JB | FP | FR |
| Bauart | | Wassergekühlter Vierzylinder-Viertakt-Reihenmotor | | | | | |
| Bohrung | mm | 69,5 | 76,5 | 76,5 | 79,5 | 79,5 | 79,5 |
| Hub | mm | 72 | 80 | 80 | 73,5 | 80 | 80 |
| Hubraum effektiv | cm³ | 1093 | 1471 | 1471 | 1457 | 1588 | 1588 |
| Hubraum nach Steuerformel | cm³ | 1085 | 1460 | 1460 | 1439 | 1577 | 1577 |
| Höchstleistung | PS (kW) | 50/52 (37/38) | 70/75 (51/55) | 85 (63) | 70 (51) | 75 (55) | 85 (63) |
| bei | 1/min | 6000 | 5800 | 5800 | 5600 | 5600 | 5600 |
| Höchstes Drehmoment | kpm (Nm) | 7,9 (77) | 11,4 (112) | 12,3 (120) | 10,8 (110) | 11,9 (117) | 12,5 (123) |
| bei | 1/min | 3000 | 3000 | 3200 | 2500 | 3200 | 3800 |
| Mittlere Kolbengeschwindigkeit | m/s | 14,4 | 15,5 | 15,5 | 13,7 | 14,9 | 14,9 |
| bei | 1/min | 6000 | 5800 | 5800 | 5600 | 5600 | 5600 |
| Literleistung | PS (kW)/l | 45,7/47,4 (33,8/34,7) | 47,6/51 (34,7/41,1) | 57,8 (42,8) | 48 (35) | 47,2 (34,6) | 53,5 (39,7) |
| Verdichtung | | 8,0:1 | 8,2:1/9,7:1 | 9,7:1 | 8,2:1 | 8,2:1 | 8,2:1 |
| Oktanzahlbedarf | nach ROZ | 91 | 91/98 | 98 | 91 | 91 | 91 |
| | nach MOZ | 80 | 80/86 | 86 | 80 | 80 | 80 |
| Ventilsteuerung | | Durch eine obenliegende Nockenwelle über Schlepphebel   über Tassenstößel auf hängende Ventile | | | | | |
| Ventilspiel bei handwarmem Motor | | | | | | | |
| Einlaß | mm | 0,20 | 0,25±0,05 | 0,25±0,05 | 0,25 ± 0,05 | 0,25±0,05 | 0,25±0,05 |
| Auslaß | mm | 0,30 | 0,45±0,05 | 0,45±0,05 | 0,45 ± 0,05 | 0,45±0,05 | 0,45±0,05 |

| Steuerzeiten | | | | | | | |
|---|---|---|---|---|---|---|---|
| Einlaß öffnet | | 2° vor OT | 9° vor OT | 9° vor OT | 4° vor OT | 4° vor OT | 4° vor OT |
| Einlaß schließt | | 38° nach UT | 41° nach UT | 41° nach UT | 46° nach UT | 46° nach UT | 46° nach UT |
| Auslaß öffnet | | 48,5° vor UT | 49° vor UT | 49° vor UT | 44° vor UT | 44° vor UT | 44° vor UT |
| Auslaß schließt | | 3° nach OT | 1° nach OT | 1° nach OT | 6° nach OT | 6° nach OT | 6° nach OT |
| Schmiersystem | | Druckumlaufschmierung mit Ölpumpe, Ölwechselfilter im Hauptstrom | | | | | |
| Mindestöldruck kp/cm²/bar Überdruck bei 2000/min | | 4 | 4 | 4 | 4 | 4 | 4 |
| Kühlsystem | | Wasserumlaufkühlung mit Flügelradpumpe und Thermostat, Leichtmetallkühler mit Ausgleichsbehälter und thermostatisch geschaltetem Elektroventilator | | | | | |
| Thermostat | | | | | | | |
| öffnet bei | °C | 85 [1] | 80 | 80 | 80 [3] | 80 | 80 [3] |
| volle Öffnung bei | °C | 100 [2] | 94 | 94 | 94 [4] | 94 | 94 [4] |

[1] ab 8/78: 90° C    [2] ab 8/78: 108° C    [3] ab 8/78: 85° C    [4] ab 8/78: 105° C

| Motorgewicht mit Kupplung Auspuffanlage und Öl | kg | 96 | 110 | 110 | 120 | 126 | 127 |

## Kraftstoffanlage

| Vergaser | | | | | | | |
|---|---|---|---|---|---|---|---|
| Typ | | Fallstrom-Vergaser mit Startautomatik und Beschleunigungspumpe | | | | | |
| | | Solex 34 PICT-5 | Solex 31 PICT-5 [2] | Solex 34 PICT-5 | Zenith 2 B 2 1. Stufe/2. Stufe | Solex 34 PICT-5 | Solex 34 PICT-5 | Zenith 2 B 2 1. St/2. St. |
| Lufttrichter | | 24,5 | 25,5 | 27 | 24/27 | 26 | 27 | 24/28 |
| Hauptdüse | | x 120 | x 130 | x 135 | x 115/x 125 [5] | x 135 [8] | x 142,5 | x 117,5/x 125 |
| Luftkorrekturdüse | | 145 z | 100 z | 115 z | 140/92,5 | 100 z | 115 | 135/92,5 |
| Leerlaufdüse | | 50 | 52,5 | 52,5 [3] | 52,5/70 | 50 | 52,5 | 52,5/40 |
| Leerlaufluftbohrung | | 90 [1] | 100 | 100 [4] | 140/100 [6] | 120 [9] | 140 | 135/125 |
| Zusatzkraftstoffdüse | | 35 | 35 | 40 | 42,5/— | 40 | 40 | 42,5/— |
| Zusatzluftbohrung | | 160 | 150 | 140 | 130/— | 120 | 160 | 130/— |
| Schwimmernadelventil | ⌀ mm | 1,5 | 1,5 | 1,5 | 2,0/2,0 | 1,5 | 1,5 | 2,0/2,0 |
| Einspritzmenge | cm³/Hub | 1,20±0,15 | 1,10±0,15 | 1,10±0,15 | 1,00±0,15 [7] | 1,10±0,15 | 1,1 | 0,90±0,15 [10] |
| Leerlaufdrehzahl | 1/min | 950±50 | 950±50 | 950±50 | 950±50 | 950±50 | 950±50 | 950±50 |
| CO-Gehalt | Vol. % | 1,5±0,5 | 1,5±0,5 | 1,5±0,5 | 1,5±0,5 | 1,5±0,5 | 1,0±0,2 | 1,0±0,2 |

[1] ab 12/74: 85
[2] ab 6/75: 31 PICT-5 im 50-PS-Motor
[3] ab 1/75: temperaturabhängig umschaltende Leerlaufdüse: 52,5/60
[4] ab 1/75: 95
[5] ab 4/75 (mit Schaltgetriebe) bzw. ab 5/75 (mit Getriebeautomatik): x 117,5/ x 125
[6] ab 8/74: 135/100
[7] ab 8/74 mit Getriebeautomatik temperaturabhängig umschaltende Einspritzpumpe: kalt 1,50±0,15; warm 0,90±0,15.
ab 4/75 mit Schaltgetriebe: 0,97±0,07
[8] mit Getriebeautomatik: x 132,5
[9] mit Getriebeautomatik: 135
[10] ab 5/78 mit Schaltgetriebe: 1,3±0,2

## Elektrische Anlage

| Netzspannung | | 12 Volt | | | | | |
|---|---|---|---|---|---|---|---|
| Batterie | | 12 V/27 Ah | 12 V/36 Ah | 12 V/36 Ah | 12 V/36 Ah | 12 V/36 Ah | 12 V/36 Ah |
| Batterie gegen Mehrpreis | | 12 V/36 Ah oder 12 V/45 Ah | 12 V/45 Ah | 12 V/45 Ah | 12 V/45 Ah | 12 V/45 Ah | 12 V/45 Ah |
| Lichtmaschine | | 35 A | 35 A | 35 A | 35 A | 35 A | 35 A |
| Lichtmaschine gegen Mehrpreis | | 55 A | 55 A | 55 A | 55 A | 55 A | 55 A |
| Übersetzung Motor: Lichtmaschine | | 1:1,83 | 1:1,91 | 1:1,91 | 1:1,91 | 1:1,91 | 1:1,91 |
| Ladebeginn der Lichtmaschine | 1/min | 1000 | 1000 | 1000 | 1000 | 1000 | 1000 |
| entsprechend 1/min des Motors | | 545 | 525 | 525 | 525 | 525 | 525 |
| Nennleistung | | 490 W bzw. 770 W (55-A-Lichtmaschine) bei 3000/min der Lichtmaschine | | | | | |
| Keilriemen | mm | 9,0 x 960 | 9,5 x 950 | 9,5 x 950 | 9,5 x 950 | 9,5 x 950 | 9,5 x 950 |
| Anlasser | | Bosch EF 12 V 0,7 PS (0,5 kW) | | | | | |
| Zündverstellung | | Durch Unterdruck und Fliehkraft | | | | | |
| Unterbrecher-Kontaktabstand | | 0,4 mm | | | | | |
| Schließwinkel | | 47±3° bzw. 50±3% | | | | | |
| Zündeinstellung | | Siehe Tabelle Seite 165 | | | | | |
| Zündspule | | Bosch KW 12 V | | | | | |
| Zündfolge | | 1–3–4–2 | | | | | |
| Zündkerzen | | Siehe Tabelle Seite 170 | | | | | |
| Elektrodenabstand | | 0,6–0,7 mm | | | | | |
| Glühlampen | | Siehe Seite 171 | | | | | |

## Kraftübertragung

| | | | | | |
|---|---|---|---|---|---|
| Kupplung | Einscheiben-Trockenkupplung mit Tellerfeder | | | | |
| Kupplungsdurchmesser | 175 mm | | | | |
| Schaltgetriebe | Schrägverzahntes, voll- und sperrsynchronisiertes Vierganggetriebe mit angebautem Achsantrieb | | | | |

| | 1100/50 PS GF | | 1500/70 u. 85 PS, 1600/75 u. 85 PS GC | |
|---|---|---|---|---|
| Getriebekennzeichen | Übersetzungen | Zähnezahlen | Übersetzungen | Zähnezahlen |
| 1. Gang | 3,454 | 38/11 | 3,454 | 38/11 |
| 2. Gang | 2,050 | 41/20 | 1,944 | 35/18 |
| 3. Gang | 1,348 | 62/46 | 1,286 | 36/28 |
| 4. Gang | 0,964 | 53/55 | 0,969 | 31/32 |
| Rückwärtsgang | 3,384 | 44/13 | 3,167 | 38/12 |
| Achsantrieb | 4,571 | 64/14 | 3,895 | 74/19 |

| | | |
|---|---|---|
| Getriebeautomatik | Hydraulisch gesteuertes Dreiganggetriebe mit hydrodynamischem Drehmomentwandler | |
| Getriebekennzeichen | EQ | |
| | Übersetzungen | Zähnezahlen |
| 1. Gang | 2,55 | |
| 2. Gang | 1,45 | |
| 3. Gang | 1,00 | |
| Rückwärtsgang | 2,42 | |
| Achsantrieb | 3,76 | **79/21** |

## Fahrwerk

| | |
|---|---|
| Vorderachse | Einzelradaufhängung an Dreieckslenkern und Federbeinen |
| Hinterachse | Verbundlenkerachse mit zwei Längslenkern an Federbeinen |
| Lenkung | Zahnstangenlenkung mit stoßnachgiebiger Lenksäule |
| Übersetzung des Lenkgetriebes | 17,31 [1]) |
| Lenkradumdrehungen von Anschlag zu Anschlag | 3,33 |
| Wendekreisdurchmesser | 10,5 m [2]) |
| Spurkreisdurchmesser | 9,8 m [3]) |
| Vorderradeinstellung (auf Leergewicht bezogen) | |
| Gesamtspur (ungedrückt) | − 17,5′ ± 12,5′ |
| Sturz in Geradeausstellung | + 20′ ± 30′ |
| Höchstzulässiger Unterschied zwischen beiden Seiten | 1° |
| Spurdifferenzwinkel bei 20° Lenkeinschlag nach links bzw. rechts (ungedrückt) | − 1°30′ ± 30′ |
| Versatz der Radlagerzapfen zueinander höchstens | 5 mm |
| Nachlaufwinkel eines Rades | + 2° ± 30′ |
| Hinterachseinstellung (nicht korrigierbar) | |
| Sturz | − 1° ± 30′ |
| Höchstzulässiger Unterschied zwischen beiden Seiten | 40′ |
| Gesamtspur | 0° ± 15′ |
| Höchstzulässige Abweichung von der Laufrichtung | 15′ |
| Bremsanlage | Hydraulische Vierradbremse mit zwei diagonal angelegten Bremskreisen, Bremskraftverstärker (bei Fahrzeugen mit Scheibenbremsen), Bremskraftregler (bei Fahrzeugen mit Getriebeautomatik) Mechanische Handbremse auf Hinterräder wirkend |
| Fußbremse vorn | ATE- bzw. Girling-Scheibenbremsen |
| Bremsscheiben-Durchmesser | 239 mm |
| Scheibenstärke neu/mindestens | 12/10 mm [4]) |
| Bremsbelagfläche der 4 Beläge | 95,2 cm² |
| Belagstärke neu/mindestens | 14/2 mm [5]) |
| Golf 50 PS bis März '75 | Simplex-Trommelbremsen |
| Bremstrommel-Durchmesser neu/höchstens | 230,1+0,2 mm/231,1+0,2 mm |
| Bremsbelagbreite | 40 mm |
| Belagfläche | 358 cm² |
| Belagstärke neu/mindestens | 4/1 mm |
| Fußbremse hinten | Simplex-Trommelbremsen |
| Bremstrommel-Durchmesser neu/höchstens | 180/181 mm |
| Bremsbelagbreite | 30 mm |
| Belagfläche | 189 cm² |
| Belagstärke neu/mindestens | 5/2,5 mm (aufgenietete Beläge) 4/1 mm (aufgepreßte Beläge) |
| Felgen | 4½ J X 13 Einpreßtiefe 45 mm (50 PS) [6]) 5 J X 13 Einpreßtiefe 45 mm (70, 75 und 85 PS) |
| Reifengrößen | Siehe Seite 123 |
| Reifendruck | Siehe Seite 125 |

[1]) ab 9/75: 20,8
[2]) ab 9/75: 10,3 m
[3]) ab 9/75: 9,55 m
[4]) Golf/Scirocco 50 PS ab 9/75: 10/8 mm
[5]) Golf/Scirocco 50 PS ab 9/75: 10/2 mm
[6]) Golf 50 PS mit Trommelbremsen vorn bis 4/75: 4½ J X 13 Einpreßtiefe 50 mm

## Füllmengen (in l)

|  | 1100/50 PS | 1500/70 u. 85 PS, 1600/75 u. 85 PS |  | 1100/50 PS | 1500/70 u. 85 PS 1600/75 u. 85 PS |
|---|---|---|---|---|---|
| Kraftstofftank | 40 | 40 | | | |
| Kurbelgehäuse | | | Achsantrieb der Getriebeautomatik | – | 0,75 |
| ohne Ölfilterwechsel | 2,8 [1] | 3,0 | Bremssystem | 0,39 | 0,42 |
| mit Ölfilterwechsel | 3,25 [2] | 3,5 | Kühlsystem | 6,5 [3] | 6,5 [4] |
| Schaltgetriebe mit Achsantrieb | 2,2 | 1,5 | Scheibenwascher Scheibenwascher mit Scheinwerfer- | 1,8 | 1,8 |
| Getriebeautomatik | – | 6,0 (Wechsel 3,0) | reinigungsanlage | 8,0 | 8,0 |

[1]) ab 10/75: 3,0 l  [2]) ab 10/75: 3,5 l  [3]) ab 9/75: 4,2 l  [4]) ab 9/75: 4,7 l

## Fahrwerte (Werksangaben)

|  |  | Golf 50 PS | Scirocco 50 PS | Golf 70 PS ab 8/77 | Golf 70 PS | Scirocco 70 PS | Scirocco 70 PS ab 8/77 | Golf 75 PS | Scirocco 75 PS | Scirocco 85 PS |
|---|---|---|---|---|---|---|---|---|---|---|
| Höchstgeschwindigkeit | km/h | 140 | 144 | 160 (156) | 158 (153) | 164 (160) | 162 (157) | 162 (158) | 165 (161) | 175 (171) |
| bei Motordrehzahl | 1/min | 5870 | 6040 | 5750 (5590) | 5650 (5450) | 5890 (5730) | 5790 (5590) | 5820 (5660) | 5930 (5770) | 6250 (6090) |
| Fahrgeschwindigkeit in km/h bei Nenndrehzahl | 1/min | 6000 | 6000 | 5800 | 5600 | 5800 | 5600 | 5600 | 5600 | 5800 |
| 1. Gang | | 40 | 40 | 45 (64) | 44 (62) | 45 (64) | 44 (62) | 44 (61) | 44 (61) | 46 (64) |
| 2. Gang | | 67 | 67 | 80 (112) | 78 (108) | 80 (112) | 78 (108) | 78 (108) | 78 (108) | 81 (112) |
| 3. Gang | | 102 | 102 | 114 (162) | 118 (157) | 114 (162) | 118 (157) | 110 (156) | 110 (156) | 115 (163) |
| 4. Gang | | 143 | 143 | 161 | 157 | 161 | 157 | 156 | 156 | 162 |
| Beschleunigung von 0–100 km/h | s | 16,5 | 16,0 | 12,5 (14,0) | 12,7 (14,7) | 11,5 (13,0) | 12,5 (14,5) | 12,3 (13,7) | 11,3 (12,7) | 11,0 (12,5) |
| Kraftstoffverbrauch nach DIN | l/100 km | 8,0 | 7,5 | 8,5 (9,0) | 8,6 (9,2) | 8,0 (8,5) | 8,3 (8,9) | 8,5 (9,0) | 8,0 (8,5) | 8,5 (9,1) |

Angaben in Klammern für Fahrzeuge mit automatischem Getriebe

## Maße und Gewichte (in mm bzw. kg)

|  | Golf | Scirocco |
|---|---|---|
| Radstand | 2400 | 2400 |
| Spurweite vorn | 1390 | 1390 |
| Spurweite hinten | 1358 [1] | 1358 |
| Bodenfreiheit (beladen) | 125 | 125 |
| Länge | 3705 [2] | 3855 |
| mit Gummileisten auf Stoßstangen | 3723 | 3885 |
| Breite | 1610 | 1625 |
| Höhe (unbeladen) | 1410 | 1310 |

|  | Zweitürer | | | Viertürer | | | | | | |
|---|---|---|---|---|---|---|---|---|---|---|
|  | 50 PS | 70 PS | 75 PS | 50 PS | 70 PS | 75 PS | 50 PS | 70 PS | 75 PS | 85 PS |
| Leergewicht | 750 | 780 (805) | 780 (805) | 775 | 805 (830) | 805 (830) | 780 | 800 (825) | 800 (825) | 800 (825) |
| Gesamtgewicht | 1180 [3] | 1210 (1230) | 1230 [7] (1250) | 1180 [3] | 1210 (1230) | 1230 [7] | 1160 [12] | 1180 | 1190 [16] (1210) | 1180 [18] |
| Nutzlast | 430 [4] | 430 (425) | 450 [8] (445) | 405 [10] | 405 (400) | 425 [11] (420) | 380 [13] | 380 (355) | 390 [17] (385) | 380 (355) [19] |
| Achslast vorn | 610 | 640 (660) | 610 [9] (670) | 610 | 640 (660) | 610 [9] (670) | 600 [14] | 650 | 640 [9] | 650 [20] |
| Achslast hinten | 590 [5] | 590 | 600 | 590 [5] | 590 | 600 | 560 [15] | 560 | 570 | 560 [15] |
| Anhängelast ungebremst | 400 | 400 | 400 | 400 | 400 | 400 | 400 | 400 | 400 | 400 |
| gebremst | 800 | 1000 | 1000 | 800 | 1000 | 1000 | 800 | 1000 | 1000 | 1000 |
| Dachlast | 50 [6] | 50 | 75 | 50 [6] | 50 | 75 | 50 [6] | 50 | 75 | 50 [6] |

Angaben in Klammern für Fahrzeuge mit automatischem Getriebe.

[1]) Golf 50 PS mit Trommelbremsen vorn und Felgen 4½ J X 13: 1348 mm
[2]) ab 8/78: 3815 mm
[3]) ab 9/75: 1200 kg
[4]) ab 9/75: 450 kg
[5]) ab 9/75: 600 kg
[6]) ab 9/75: 75 kg
[7]) ab 8/76: 1250 kg
[8]) ab 8/76: 470 kg
[9]) ab 8/76: 670 kg
[10]) ab 9/75: 425 kg
[11]) ab 8/76: 445 kg
[12]) ab 9/75: 1170 kg
[13]) ab 9/75: 390 kg
[14]) ab 9/75: 610 kg
[15]) ab 9/75: 570 kg
[16]) ab 8/76: 1210 kg
[17]) ab 8/76: 410 kg
[18]) ab 9/75: 1190 (1210) kg
[19]) ab 9/75: 390 (385) kg
[20]) ab 9/75: 670 kg

Hinweis: Bereits in zurückliegenden Jahren wurden die technischen Maßeinheiten vereinheitlicht. Teilweise finden Sie in diesem Handbuch bereits die neuen Angaben neben den bisherigen Maßeinheiten. So wird die Motorleistung nicht nur in Pferdestärken (PS), sondern auch in Kilowatt (kW) beziffert. Neben der bisher gebräuchlichen Bezeichnung Kilopondmeter (kpm) oder Meterkilogramm (mkg) für das Drehmoment steht die neue Maßeinheit Newtonmeter (Nm) und der Druck für Flüssigkeiten und Gase wird nicht mehr in atü angegeben, sondern stattdessen in bar Überdruck (oft auch ohne das nachfolgende Wort »Überdruck«) oder in bar Unterdruck. Bei den Drehzahlen ändert sich praktisch nur die Schreibweise: statt U/min heißt es jetzt 1/min.
Falls Sie eine frühere Angabe in die neue Maßeinheit umrechnen wollen:
1 PS = 0,736 kW                                                           1 atü = 1 bar Überdruck
1 kp bzw. kg = 9,81 N (hier wird meist auf 10 aufgerundet) 1 atu = 1 bar Unterdruck

Typ-Entwicklung

# Werdegang

## 1974

Februar: Vorstellung des Coupé-Modells VW Scirocco mit Heckklappe. Zur Auswahl stehen folgende Modelle: Scirocco/L mit 1100 cm³ und 50 PS (erst später lieferbar), Scirocco S/LS/TS 1,5 l/70 PS (anfangs nur als Superkraftstoffmotor mit 75 PS lieferbar) und Scirocco LS/TS 1500 cm³/85 PS.
April: Statt des 75-PS-Motors ist die normalbenzinverträgliche 70-PS-Version lieferbar.
Mai: Vorstellung des VW Golf als zwei- oder viertürige Limousine mit Heckklappe. Die Modellversionen umfassen Golf/L mit 50 PS und Golf S/LS mit 70 PS. Der Golf basiert auf demselben Fahrgestell wie der Scirocco, beide Typen unterscheiden sich bis auf Details nur in der Karosserie.
August: Produktionsbeginn der 1100/50-PS-Motoren für Golf und Scirocco.
September: Der Golf 1100/50 PS mit Scheibenbremsen vorn erhält die Felgen 5 J x 13 mit 50 mm Einpreßtiefe statt 4½ J x 13 mit 45 mm Einpreßtiefe.
Oktober: Die 1,5-Liter-Modelle von Golf und Scirocco können mit einem automatischen Getriebe geliefert werden.
November: Solex-Vergaser 34 PICT-5 mit einer zusätzlichen Einstellschraube am Leerlaufhebel für den Kaltleerlauf.
Dezember: Statt der herkömmlichen Sicherheitsgurte vorn kann der Golf mit einem sogenannten Rückhaltesystem ausgerüstet werden. Dieses Rückhaltesystem besteht aus einem energieabsorbierenden Kniepolster und einem Körpergurt, der mit der Tür verbunden ist und sich beim Einsteigen automatisch anlegt. Alle Modelle erhalten einen Gelenkwagenheber. Bei 1,5-Liter-Modellen ändert sich die Übersetzung des 2. Gangs von 1,947 in 1,842.

## 1975

Februar: Golf-Vordersitze mit Schaumgummi- statt Federkernpolsterung, die Rückenlehne kann bei den neuen Sitzen stufenlos verstellt werden. Die seitlichen Belüftungsdüsen beim Golf erhalten ihre Luftzufuhr direkt aus dem Wasserfangkasten statt aus dem Wärmetauschergehäuse.
März: Golf-Gepäckraumabdeckung (nur L-Modelle) aus Kunststoff mit zwei eingeprägten Ablageflächen. Luftzuführung an den seitlichen Scirocco-Belüftungsdüsen wie beim Golf.
Auspuffanlage bei allen Motoren ohne Vorschalldämpfer, gerades statt abgewinkeltes Auspuffendrohr.
April: Motorhaubenentriegelung beim Golf-Grundmodell im Kühlergrill. Rücksitzbank des Golf um 30 mm verkürzt. Scirocco-Vordersitzpolsterung mit Schaumgummikern.
Mai: Alle Modelle mit verbesserter Ausstattung: Die Golf-Grundausstattung umfaßt heizbare Heckscheibe und elektrischen Scheibenwascher, die 50-PS-Modelle erhalten außerdem Stahlgürtelreifen 145 SR 13 und Scheibenbremsen vorn, jedoch mit schmäleren Bremssätteln und dünneren Bremsscheiben. Golf-L-Modelle werden mit Gummileisten auf den Stoßstangen, einer Instrumentenkonsole und einer Ablage rechts geliefert, die 70-PS-Golf besitzen serienmäßig einen Drehzahlmesser und Halogen-Hauptscheinwerfer H 4. Zur Scirocco-Grundausstattung zählt jetzt ebenfalls die heizbare Heckscheibe.
Juni: Der 1100er-Motor erhält den Solex-Vergaser 31 PICT-5 und ein Luftfilter mit Blechgehäuse direkt auf dem Vergaser.
September: Die bisherigen 1,5-Liter-Motoren entfallen und werden durch die hubraumgrößeren 1600/75 PS und 1600/85 PS ersetzt. Beide Versionen sind 8,2:1 verdichtet und kommen mit Normalbenzin aus. Die Startautomatik der 1600er ist zusätzlich kühlwasserbeheizt, das Luftfilter sitzt direkt auf dem Vergaser, eine automatisch geregelte Ansauglufvorwärmung entfällt. Von der Benzinpumpe führt eine Rücklaufleitung zum Tank. Der Zündverteiler besitzt eine doppelte Unterdruckdose mit Früh- und Spätverstellung. Zum Schutz vor Spritzwasser wird der Anlasser am Getriebe höher gelegt.
Alle Modelle erhalten eine geänderte Schaltung, die Getriebe sind ab Werk mit einer Öldauerfüllung versehen. Weitere Änderungen: Kühlmittel-Ausgleichsbehälter direkt an den Kühler angebaut, Lenkgetriebeübersetzung geändert, gleichzeitig verringerter Wendekreisdurchmesser, Zündspulen-Vorwiderstand durch ein Widerstandskabel ersetzt, geänderte Handbremsseilbefestigung an der Hinterachse, Erhöhung der Nutzlast, geändertes Fußhebelwerk – dadurch geringerer Kraftaufwand für das Bremspedal notwendig.
Zwangsentlüftungsöffnungen beim Golf in den Türen, Scirocco mit Einarm-Scheibenwischer.
Vorstellung des Golf GTI mit 110-PS-Einspritzmotor (nicht in diesem Handbuch besprochen).
Oktober: Ölinhalt der 1,1-Liter-Motoren durch größere Ölwanne auf 3 bzw. 3,5 Liter erhöht. Geänderte Sicherheitsgurtschlösser für den Scirocco; außerdem Vollschaumsitze, auf Wunsch in der Höhe verstellbar.
Dezember: Sicherheitsgurtschlösser auch beim Golf geändert.

## 1976

Januar: Öldruckschalter mit geringerem Schaltdruck verhindert Aufleuchten der Öldruckkontrolle im Leerlauf.
März: Tankgeber oben in den Tank eingesetzt statt rechts seitlich.
Juni: Produktionsbeginn von Golf und Scirocco GTI.
August: Geänderte Golf-Ausstattungen: Grundmodell mit Automatik-Sicherheitsgurten und Kopfstützen vorn, Rücksitz zum Umklappen, Umfang der L-Ausstattung verringert, aufwendigere GL-Ausstattung neu im Angebot, außerdem Motorhaube verstärkt und Rücksitz verbreitert. Beim Scirocco entfällt der 85-PS-Motor, GT-Ausstattung (bisher TS) mit Öl-thermometer statt Voltmeter, GL-Ausstattung neu.
Golf-Zweitürer und Scirocco mit Sicherheitsgurt-Aufrollern in den hinteren Seitenteilen. Bei allen Modellen dreistufiges Frischluftgebläse sowie verbesserte Heiz- und Belüf-

tungsanlage mit geänderten Hebeln. Türschlösser und Heckklappenschloß verstärkt.
Hohlraumkonservierung serienmäßig ab Werk.
1100er mit stärkeren Zylinderkopfschrauben (Inbus SW 10 statt SW 8) zur Verbesserung der Zylinderkopfanpressung.
75-PS-Fahrzeuge mit geänderter Übersetzung des 3. Gangs von 1,370 in 1,296. Nutzlast bei 75-PS-Schaltgetriebe-Modellen erhöht.
September: Vorstellung des Golf D mit 50-PS-Dieselmotor (in diesem Handbuch nicht besprochen).
Oktober: 1 Million VW Golf produziert.

## 1977

März: Geänderte Ölpumpe im 1,1-Liter-Motor.
Mai: Scirocco-Sondermodell in alpinweiß mit schwarzen Zierstreifen und schwarz strukturiertem Dach. Die Ausstattung umfaßt den 1,6-Liter-Motor mit 75 PS, einen vergrößerten Kühler und stärkeren Kühlerventilator, Gürtelreifen 175/70 SR 13 auf weißen Felgen, Frontspoiler, Doppelscheinwerfer (wie GT), Heckscheibenwischer und -wascher, in der Höhe verstellbare Vordersitze und Radio.
August: Für den Golf und Scirocco wird statt des bisherigen 1600/75-PS-Motors ein 1,5-Liter-Motor mit 70 PS geliefert, der jedoch nicht dem früheren 1500er entspricht. Beim neuen 70-PS-Motor wurde der Kolbenhub von 80 auf 73,5 mm verringert. Dadurch läuft dieser Motor leiser als die bisher gebauten 1500er und 1600er. Das 70-PS-Triebwerk erhält einen zusätzlichen Vorschalldämpfer; bei allen Modellen werden geänderte Motorlager eingebaut, die Federbeine sitzen vorn und hinten in verbesserten Gummilagern und das Lenkgetriebe ist ebenfalls gummigelagert. Durch diese Maßnahmen werden die Innengeräusche erheblich reduziert.
Bei allen Fahrzeugen entfällt die Verkabelung für das Computer-Diagnose-System. Die Außentürgriffe sind aus Kunststoff statt Zinkdruckguß. Der Heckscheibenwischer kann direkt vom Lenkrad mit dem Scheibenwischerschalter eingeschaltet werden.
Die Golf-Grundmodelle erhalten statt der Gummimatte einen Teppichbodenbelag. Golf-L-Modelle erhalten einen Lenkradkranz mit weicher Kunststoffummantelung und wieder einen Handschuhkastendeckel.
In der GL-Ausstattung ist der Fahrerspiegel von innen verstellbar.
Für Golf GL mit brauner Innenausstattung wird ein braunes Armaturenbrett und Lenkrad geliefert.
Der Scirocco wird stilistisch überarbeitet: Neue, bis zu den Radausschnitten herumgezogene Kunststoff-Stoßfänger, vordere Blinker seitlich herumgezogen und in den Kotflügel integriert, Kühlergrill mit Chromeinfassung. Steg zwischen Tür und hinterem Seitenfenster schwarz lackiert. Hinten ebenfalls neue Kunststoff-Stoßfänger, bis zu den Radausschnitten herumgezogen. Nummernschildeinsatz in schwarzem Kunststoff, Chromband über Nummernschildeinsatz und Schlußleuchten. Heckklappenschloß zusätzlich mit Zuggriff. Ab L-Modell Fahreraußenspiegel von innen verstellbar, außen schwarz lackiert.
Dezember: 250 000 VW Scirocco hergestellt seit Produktionsbeginn.

## 1978

Februar: Verbesserte Tankentlüftung; in die Entlüftungsleitung ist eine Spiralfeder eingesetzt, die verhindert, daß die Leitung abknicken kann. Gleichzeitig wird der Tankdeckel mit Entlüftungslöchern ersetzt durch einen Deckel ohne Lüftung.
April: Im US-Werk New Stanton läuft der erste in USA gefertigte VW Rabbit (US-Verkaufsbezeichnung für den Golf) vom Band.
Mai: Bei den 1,1-Liter-Motoren wird der in der 2. Kolbenringnut sitzende »Nasenring« von 2,5 auf 2 mm Höhe verkürzt.
Für den Scirocco ist der früher schon angebotene 85-PS-Motor mit 1600 cm$^3$ wieder lieferbar.
August: Der Golf erhält statt der bisherigen schwachen Blechstoßstangen nun ebenfalls die stärkeren Kunststoffstoßfänger; beim Grundmodell schwarz, bei L- und GL-Version steingrau mit Chromstreifen. Die Türscharnierbefestigung an der Karosserie wird verbessert. Golf GL mit schwarzer Kunststoffblende auf dem hinteren Abschlußblech zwischen den Heckleuchten. Golf GL und Scirocco ab L-Version mit neuem, von innen verstellbarem Außenspiegel mit geänderter Betätigung. Bei allen Modellen sitzt das geänderte Sicherheitsgurtschloß direkt an den Vordersitzen. Bei Modellen mit Getriebeautomatik entfällt der Heckschriftzug »Automatic«.
Scirocco jetzt auch mit verstellbaren Kopfstützen an den Vordersitzen, beim GT und GL Beifahrersonnenblende auch seitlich schwenkbar. Außerdem wird für den Scirocco als Mehrausstattung ein ausstellbares oder herausnehmbares Blechdach angeboten (ein herkömmliches Schiebedach würde zu viel Innenraumhöhe beanspruchen).
Alle 1,1-Liter-Motoren erhalten einen verschleißfesteren Keilriemen. Bei allen Modellen Kühlerverschlußdeckel mit Sichtfenster zur Flüssigkeitsstandkontrolle, geänderter Thermostat mit höherer Öffnungstemperatur für verbesserte Heizleistung. Hintere Trommelbremsen jetzt selbstnachstellend.
Betriebsanleitung und Serviceunterlagen neu gestaltet und im sogenannten Bordbuch zusammengefaßt.

Stichwortverzeichnis

# Wegweiser

| | Seite |
|---|---|
| Abblend-Relais | 185 |
| Abgase | 62, 79 |
| Abgastest | 89 |
| Abschaltventil | 86 |
| Abschleppen | 213 |
| Achsantrieb | 43, 104 |
| Altöl | 35 |
| Anfahrhilfen im Winter | 211 |
| Anhängerbetrieb | 215 |
| Anlasser | 148 |
| Ansaugluft-Vorwärmung | 93 |
| Anschieben des Wagens | 139 |
| Anschleppen | 139 |
| Antriebswellen | 104 |
| API-Spezifikationen | 37 |
| **Armatureneinsatz ausbauen** | 187 |
| Aufbocken des Wagens | 32 |
| Ausgleichsgetriebe | 104 |
| Auspuffanlage | 61 |
| Automatic Transmission Fluid (ATF) | 42 |
| Automatische Zündverstellung | 160 |
| Automatisches Getriebe | 42, 103 |
| Batterie-Kapazität | 133 |
| Batterie laden | 137 |
| Batterie-Ladezustand prüfen | 137 |
| Batterie-Säurestand prüfen | 136 |
| Batterie-Schnelladung | 138 |
| Batterie, Störungsbeistand | 147 |
| Behelfskeilriemen | 145 |
| Beleuchtungsanlage | 171 |
| Benzinpumpe | 74 |
| Benzinpumpe, Störungen | 75 |
| Benzinqualität | 76 |
| Benzinuhr | 191 |
| Benzinverbrauch | 11 |
| Bereifung | 124 |
| Beschleunigungsklingeln | 76 |
| Beschleunigungspumpe | 78 |
| Bleigehalt im Benzin | 77 |
| Blinkanlage | 181 |
| Blinkerlampen auswechseln | 176 |
| Blinker-Kontrollampe | 189 |
| Blinkerstörungen | 181 |
| Blinkrelais | 181, 186 |
| Bremsbelagstärke prüfen | 114, 118 |
| Bremsbeläge auswechseln | 115, 119 |
| Bremse entlüften | 120 |
| Bremsen prüfen | 11, 119 |
| Bremsenquietschen | 117 |
| Bremsen, Störungsbeistand | 122 |
| Bremsflüssigkeit | 113, 121 |
| Bremskontrolleuchte | 192 |
| Bremskraftregler | 121 |
| Bremskraftverstärker | 121 |
| Bremsleitungen | 113 |

| | Seite |
|---|---|
| Bremslichter auswechseln | 177 |
| Bremslichtschalter | 180 |
| Bremspedalweg | 117 |
| CO-Messung | 89 |
| Destilliertes Wasser | 136 |
| Diagnose | 30 |
| Diagonalreifen | 124 |
| Differential | 104 |
| Drehmomentwandler | 103 |
| Drehstrom-Lichtmaschine | 141 |
| Drehzahlen | 54 |
| Drehzahlmesser | 54, 192 |
| Drosselklappe | 78, 88 |
| Düsen im Vergaser | 78, 90 |
| Dynamische Unwucht | 129 |
| Einbereichsöl | 38 |
| Einfachvergaser | 79 |
| Einfahren | 52 |
| Einpreßtiefe | 124 |
| Elektrische Leitungen | 149 |
| Elektrodenabstand | 168 |
| Elektroventilator | 69 |
| Entladung der Batterie | 137 |
| Ersatzlampen | 171 |
| Fading | 114 |
| **Fahren ohne Lichtmaschine** | 146 |
| Fahrgestell-Konservierung | 212 |
| Federbein | 106 |
| Felgen | 125 |
| Fenster | 205 |
| Fernlichtkontrolle | 190 |
| Filtersieb der Kraftstoffpumpe | 75 |
| Fliehkraftregler | 161 |
| Frostschutz | 63 |
| Frostschutz für Scheibenwascher | 194 |
| Fußbremse prüfen | 11 |
| Garantie | 21 |
| Gaszug einstellen | 93 |
| Gefrierschutzmittel | 63, 194 |
| Gelenkwellen | 104 |
| Getriebeautomatik | 103 |
| Getriebeautomatik, Störungsbeistand | 104 |
| Getriebeöl | 42, 103 |
| Gleitschutzketten | 210 |
| Glühlampen | 171 |
| Glühlampenwechsel | 171, 176 |
| Gürtelreifen | 125, 131 |
| Haft-Reifen | 131 |
| Halogen-Scheinwerfer | 172, 175 |
| Handbremse | 119 |
| Handschuhfach | 206 |

| | Seite |
|---|---|
| Handschuhkastenlicht | 179 |
| Haubenschloß | 198 |
| Hauptdüse | 78 |
| Hauptstrom-Ölfilter | 36 |
| HD-Öl | 37 |
| Heckklappe | 199, 201 |
| Heckleuchte | 177 |
| Heckscheibenwischer | 196 |
| Heizbare Heckscheibe | 193 |
| Heizung | 71 |
| Hinterachse | 108 |
| Hochdrehzahlklopfen | 77 |
| Höchstgeschwindigkeit | 14 |
| Hohlraumkonservierung | 212 |
| Hupe | 182 |
| Hupentaste | 183 |
| Innenbeleuchtung | 178 |
| Innenraum reinigen | 206 |
| Instrumente | 187 |
| Instrumentenbeleuchtung | 188 |
| Isolierspray | 26 |
| Iso-Oktan | 76 |
| Kabelnormen | 149, 223 |
| Kaltleerlauf einstellen | 89 |
| Kaltstart | 85 |
| Kapazität der Batterie | 133 |
| Karosserieteile | 198 |
| Keilriemenspannung | 143 |
| Kennzeichenbeleuchtung | 178 |
| Kickdownschalter | 104 |
| Klemmenbezeichnungen | 149, 223 |
| Klingeln und Klopfen | 76 |
| Kofferraumleuchte | 179 |
| Kombiinstrument | 187 |
| Kompressionsdruck | 55 |
| Kondensator | 160 |
| Kontaktabstand | 163 |
| Kontrollampen | 189 |
| Kotflügel | 202 |
| Kraftstoffanlage | 72 |
| Kraftstoffanzeige | 72, 191 |
| Kraftstoffilter | 76 |
| Kraftstoffpumpe | 74 |
| Kraftstoffpumpe, Störungen | 75 |
| Kraftstoffqualität | 76 |
| Kraftstoffsieb | 75 |
| Kraftstofftank | 72 |
| Kraftstoffverbrauch | 11 |
| Kühler | 65 |
| Kühlerventilator | 69 |
| Kühlerverschlußdeckel | 67 |
| Kühlflüssigkeit | 63 |
| Kühlsystem | 63 |

222

| | Seite | | Seite | | Seite |
|---|---|---|---|---|---|
| Kühlsystem, Störungsbeistand | 69 | Räder austauschen | 128 | Tachometer eichen | 14 |
| Kühlwasseranzeige | 191 | Räder auswuchten | 129 | Tank | 72 |
| Kulanz | 21 | Regler der Lichtmaschine | 142 | Tankanzeige | 72, 191 |
| Kupplung | 97 | Reifenbezeichnungen | 125 | Tassenstößel | 49 |
| Kupplungspedalspiel | 100 | Reifendruckwerte | 127 | Temperaturanzeige | 191 |
| Kupplungsseilzug | 44, 99 | Reifengrößen | 124 | Temperaturfühler | 191 |
| Kupplung, Störungsbeistand | 101 | Reifenreparatur | 129 | Thermoschalter des Kühler- | |
| Kurbelgehäuse-Entlüftung | 51 | Reifen-Runderneuerung | 132 | Ventilators | 69 |
| Kurbelwelle | 48 | Reifenwechsel | 128 | Thermostat | 67 |
| | | Reifenzustand prüfen | 127 | Totpunkt | 165 |
| Lackpflege | 208 | Relaisplatte | 153, 185 | Trommelbremse | 117 |
| Ladekontrollampe | 145, 190 | Relais-Tabelle | 186 | Türen | 202 |
| Laden der Batterie | 137 | Researchoktanzahl (ROZ) | 76 | Türschlösser | 45, 203 |
| Ladezustand der Batterie | 137 | Rostlösemittel | 26 | Türverkleidung | 202 |
| Lagerschäden | 53 | Rostschutz | 212 | TÜV-Prüfung | 20 |
| Lampen auf Funktion prüfen | 171 | Rückfahrscheinwerfer | 177 | | |
| Lampen auswechseln | 171, 176 | | | Unterbodenschutz | 212 |
| Leerlauf | 10, 82, 84, 87 | SAE-Klassen | 38 | Unterbrecher | 160 |
| Leerlauf-Abschaltventil | 86 | Säuredichte der Batterie | 137 | Unterbrecher-Kontaktabstand | 163 |
| Leerlauf einstellen | 87 | Säurestand der Batterie | 136 | Unterdruck-Zündverstellung | 160 |
| Leichtmetallfelgen | 126 | Schalter | 187 | Unwucht der Reifen | 129 |
| Lenk-Anlaß-Schloß | 155 | Schalterbeleuchtung | 187 | | |
| Lenkgetriebe | 110 | Schalterstörungen | 150, 187 | Ventilreihenfolge | 49, 56 |
| Lenkrad | 183 | Schaltgetriebe | 41, 102 | Ventilspiel | 56 |
| Lenkungsspiel | 111 | Schaltpunkte der Getriebe- | | Ventilsteuerung | 49 |
| Lichthupe | 184 | automatik | 104 | Verbrauchsmessung | 11 |
| Lichtmaschine | 141 | Schaltrelais | 185 | Verdichtung | 49, 76 |
| Lichtmaschine, Störungsbeistand | 147 | Scharniere ölen | 45 | Vergasereinstellung | 87 |
| Lichtschalter | 187 | Scheibenbremse | 114 | Vergaser-Grundleerlauf | 79, 82, 88 |
| Luftfilter | 93 | Scheibenwaschanlage | 194 | Vergaser reinigen | 90 |
| Luftdruck der Reifen | 127 | Scheibenwischer | 194 | Vergaser, Störungsbeistand | 95 |
| Luftklappe | 81, 86 | Scheibenwischermotor | 194 | Verteiler | 164 |
| | | Scheinwerferlampen wechseln | 171 | Verteiler schmieren | 44 |
| Masse | 135, 149 | Scheinwerfer einstellen | 174 | Viskosität | 38 |
| Mehrbereichsöl | 38 | Schlauchlose Reifen | 128 | Vorderachse | 106 |
| MIL-Spezifikationen | 42 | Schleifpoliermittel | 208 | Vorwiderstand der Zündspule | 157 |
| Motorhaube | 198, 201 | Schlepphebel | 49 | | |
| Motorlebensdauer | 53 | Schleppstange | 213 | Wagenpflege-Hilfsmittel | 24 |
| Motoroktanzahl (MOZ) | 77 | Schließwinkel | 162 | Wagenwäsche | 207 |
| Motoröl | 37 | Schlösser pflegen | 45 | Wärmewert der Zündkerzen | 169 |
| Motorölstand prüfen | 34 | Schlußleuchte | 177 | Warnblinkanlage | 181 |
| Motorölwechsel | 35 | Schneeketten | 210 | Wartungsplan | 31 |
| Motorreiniger | 26 | Schnelladung der Batterie | 138 | Waschkonservierer | 208 |
| Motorschmierung | 34, 50 | Schwimmer im Vergaser | 78 | Wasserablauflöcher | 200 |
| M+S-Reifen | 131 | Schwimmsattelbremse | 114 | Wasserpumpe | 68 |
| | | Sekundärstromkreis | 154 | Werkzeug | 22 |
| Negativer Lenkrollradius | 106 | Servo-Bremse | 121 | Winterhilfen unterwegs | 211 |
| Nockenwelle | 49 | Sicherungen | 151 | Winterreifen | 131 |
| Normklemmen-Bezeichnungen | 149, 230 | Sicherungs-Tabelle | 152 | Wischerblätter | 194 |
| Normverbrauch | 11 | Signalhorn | 182 | | |
| Nummernschildbeleuchtung | 178 | Sitze | 205 | Zähflüssigkeit | 38 |
| | | Soiex-Vergaser | 16, 79 | Zahnriemen | 49, 58 |
| Oberer Totpunkt (OT) | 165 | Spannungsabfall | 150 | Zahnstangenlenkung | 110 |
| OHC-Ventilsteuerung | 49 | Spezialwerkstätten | 16 | Zeituhr | 193 |
| Öldruckkontrolle | 190 | Spur und Sturz | 107 | Zenith-Vergaser | 79, 83 |
| Öldruckschalter | 51, 190 | Spurstangengelenke | 111 | Zierleisten | 201 |
| Ölfilter | 36 | Standlicht | 173 | Zündeinstellung | 165 |
| Ölsorten | 37 | Startautomatik | 81, 84 | Zündfolge | 168 |
| Ölverbrauch | 39 | Starten mit leerer Batterie | 139 | Zündkabel | 168 |
| Ölviskosität | 38 | Starterklappe | 81, 86 | Zündkerzen | 169 |
| Ölwechsel | 35 | Startfehler | 86 | Zündkerzentabelle | 170 |
| Ölzusätze | 39, 103 | Starthilfekabel | 139 | Zündschloß | 155 |
| | | Steuerzeiten | 59 | Zündspule | 157 |
| Parkleuchten | 156 | Stoßdämpfer | 108 | Zündspulen-Vorwiderstand | 157 |
| Pflegeplan | 31 | Stoßstangen | 201 | Zündverteiler | 44, 164 |
| Poliermittel | 208 | Stroboskoplampe | 165 | Zündzeitpunkt | 161, 165 |
| Primärstromkreis | 154 | Stufenvergaser | 79, 83 | Zusatzgemisch-Vergaser | 79 |
| | | Superkraftstoff | 76 | Zusätze zum Motoröl | 39 |
| Radantrieb | 104 | Synchronisierung | 102 | Zweikreisbremse | 112 |
| Radialreifen | 125, 131 | | | Zylinderkopf | 49, 60 |
| Radlagerspiel | 110 | Tachometer | 192 | | |
| Radlager schmieren | 44 | | | | |
| Radwechsel | 128 | | | | |

**223**

**Stromlaufplan Teil 1**

# VW Golf Modell 1975

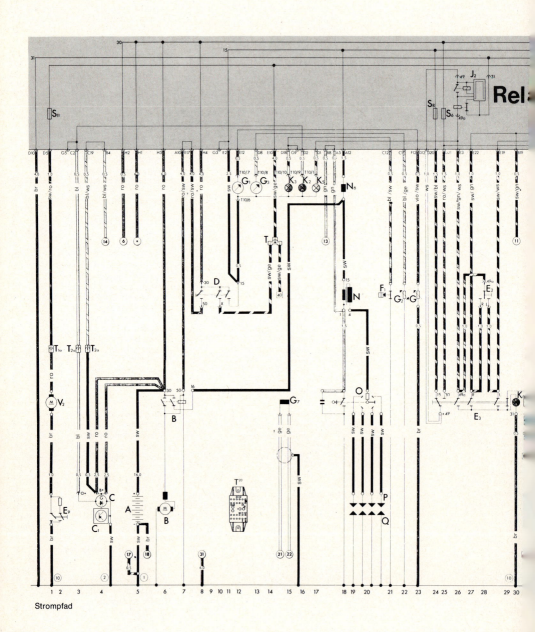

Kabelfarben:
- bl – blau
- br – braun
- ge – gelb
- gn – grün
- gr – grau
- ro – rot
- sw – schwarz
- vio – violett
- ws – weiß

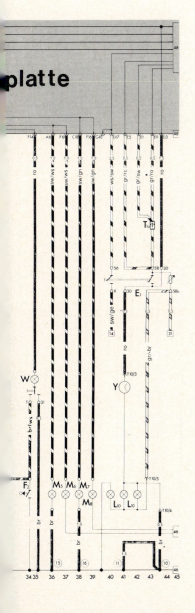

| Bezeichnung der Teile | | in Strompfad |
|---|---|---|
| A | – Batterie | 5 |
| B | – Anlasser | 6, 7 |
| C | – Drehstrom-Lichtmaschine | 4 |
| $C_1$ | – Spannungsregler | 4 |
| D | – Zündschloß | 8, 10, 11 |
| $E_1$ | – Lichtschalter | 40, 43, 44 |
| $E_2$ | – Blinkerschalter | 28 |
| $E_3$ | – Warnblinkschalter | 24, 25, 26, 27, 29, 30 |
| $E_9$ | – Schalter für Frischluftgebläse | 1, 2 |
| $F_1$ | – Öldruckschalter | 21 |
| $F_2$ | – Türkontaktschalter vorn links | 34 |
| $F_3$ | – Türkontaktschalter vorn rechts | 33 |
| G | – Geber für Tankanzeige | 23 |
| $G_1$ | – Tankanzeige | 12 |
| $G_2$ | – Geber für Temperaturanzeige | 22 |
| $G_3$ | – Temperaturanzeige | 13 |
| $G_7$ | – Totpunktmarkengeber | 15 |
| $J_2$ | – Warnblinkrelais | 26, 27, 28 |
| $K_2$ | – Kontrollampe für Lichtmaschine | 17 |
| $K_3$ | – Kontrollampe für Öldruck | 15 |
| $K_5$ | – Kontrollampe für Blinker | 17 |
| $K_6$ | – Kontrollampe für Warnblinkanlage | 30 |
| $L_{10}$ | – Instrumentenbeleuchtung | 40, 41, 42 |
| $L_{16}$ | – Lampe für Heizhebelbeleuchtung | 32 |
| $M_5$ | – Lampe für Blinklicht vorn links | 36 |
| $M_6$ | – Lampe für Blinklicht hinten links | 37 |
| $M_7$ | – Lampe für Blinklicht vorn rechts | 38 |
| $M_8$ | – Lampe für Blinklicht hinten rechts | 39 |
| N | – Zündspule | 18 |
| $N_6$ | – Vorwiderstand | 18 |
| O | – Zündverteiler | 18, 20 |
| P | – Zündkerzenstecker | 19, 20 |
| Q | – Zündkerzen | 19, 20 |
| $S_6, S_8, S_{11}$ | – Sicherungen im Sicherungskasten | 25, 24, 1 |
| $T-T_{2b}$ | – Steckverbindungen | |
| $T_{10}$ | – Zentralstecker am Kombiinstrument | |
| $T_{20}$ | – Diagnose-Steckdose | 12 |
| $V_2$ | – Frischluftgebläse | 1 |
| W | – Innenleuchte | 35 |
| Y | – Zeituhr | 41 |
| 40 , 87 usw. – Fortsetzung in Strompfad 40, 87 usw. | | |
| ① | – Massekabel Batterie-Karosserie | |
| ② | – Masseband Lichtmaschine-Motor | |
| ⑩ | – Masseanschluß Kombiinstrument | |
| ⑪ | – Masseanschluß Karosserie | |
| ⑮ | – Masseanschluß im Motorraum vorn links | |
| ⑯ | – Masseanschluß im Motorraum vorn rechts | |

Die übrigen Kreise bezeichnen die Anschlüsse der Prüfnetzleitungen, die direkt von den Anschlußpunkten zur Diagnose-Steckdose führen.
Die Zahlen in den Kabeln kennzeichnen deren Stärke in Quadratmillimeter (mm²).

**Stromlaufplan Teil 2**

# VW Golf Modell 1975

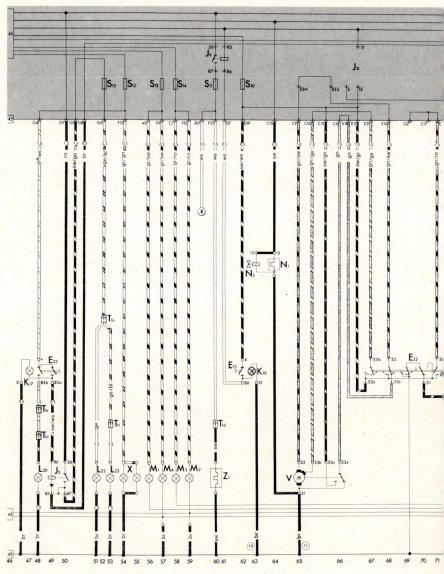

Strompfad

Kabelfarben:  bl – blau   ge – gelb   gr – grau   sw – schwarz
              br – braun  gn – grün   ro – rot    ws – weiß

| Bezeichnung der Teile | in Strompfad |
|---|---|
| $E_4$ – Abblend- und Lichthupenschalter | 72 |
| $E_{15}$ – Schalter für heizbare Heckscheibe | 62 |
| $E_{22}$ – Scheibenwischerschalter mit Intervallstufe | 67, 68, 69, 70, 71 |
| $E_{23}$ – Schalter für Nebelscheinwerfer und Nebelschlußleuchte | 48, 49 |
| F – Bremslichtschalter | 84 |
| $F_4$ – Schalter für Rückfahrscheinwerfer | 79 |
| $F_{18}$ – Thermoschalter für Kühlerventilator | 89 |
| H – Hupentaste | 81 |
| $H_1$ – Signalhorn | 82 |
| J – Abblend- und Lichthupenrelais | 72, 73, 74, 76 |
| $J_5$ – Relais für Nebelscheinwerfer | 49, 50 |
| $J_9$ – Relais für heizbare Heckscheibe | 60, 61 |
| $J_{26}$ – Relais für Kühlerventilator | 88, 89 |
| $J_{31}$ – vorgesehen für Relais für Wasch-Wisch-Intervallautomatik | 65, 66, 67 |
| $K_1$ – Kontrollampe für Fernlicht | 77 |
| $K_{10}$ – Kontrollampe für heizbare Heckscheibe | 63 |
| $K_{17}$ – Kontrollampe für Nebelscheinwerfer und Nebelschlußleuchte | 47 |
| $L_1$ – Lampenfaden für Abblendlicht links bzw. rechts | 73, 74 |
| $L_2$ – Lampenfaden für Fernlicht links bzw. rechts | 75, 76 |
| $L_{15}$ – Lampe für Ascherbeleuchtung | 87 |
| $L_{20}$ – Lampe für Nebelschlußleuchte | 48 |
| $L_{22}$ – Lampe für Nebelscheinwerfer links | 51 |
| $L_{23}$ – Lampe für Nebelscheinwerfer rechts | 53 |
| $L_{28}$ – Lampe für Zigarrenanzünderbeleuchtung | 86 |
| $M_1$ – Lampe für Standlicht links | 56 |
| $M_2$ – Lampe für Schlußlicht rechts | 59 |
| $M_3$ – Lampe für Standlicht rechts | 58 |
| $M_4$ – Lampe für Schlußlicht links | 57 |
| $M_9$ – Lampe für Bremslicht links | 83 |
| $M_{10}$ – Lampe für Bremslicht rechts | 82 |
| $M_{16}$ – Lampe für Rückfahrscheinwerfer links | 78 |
| $M_{17}$ – Lampe für Rückfahrscheinwerfer rechts | 79 |
| $N_1$ – Vergaser-Startautomatik | 64 |
| $N_3$ – Elektromagnetisches Abschaltventil | 63 |
| $S_1, S_2, S_3, S_4, S_5,$ $S_7, S_9, S_{10}, S_{12},$ $S_{13}, S_{14}, S_{15}$ } Sicherungen im Sicherungskasten | 73, 74, 75, 76, 60 84, 80, 62, 54 57, 58, 52 |
| $T$–$T_{2b}$ – Steckverbindungen | |
| $T_{10}$ – Zentralstecker am Kombiinstrument | |
| $U_1$ – Zigarrenanzünder | 85 |
| V – Scheibenwischermotor | 65, 66 |
| $V_7$ – Kühlerventilator | 88 |
| $W_6$ – Handschuhfachleuchte | 84 |
| X – Kennzeichenleuchte | 54, 55 |
| $Z_1$ – heizbare Heckscheibe | 60 |
| 31 – Fortsetzung in Strompfad 31 | |
| ⑩ – Masseanschluß Kombiinstrument | |
| ⑪ – Masseanschluß Karosserie | |
| ⑮ – Masseanschluß im Motorraum vorn links | |
| ⑯ – Masseanschluß im Motorraum vorn rechts | |

Die übrigen Kreise bezeichnen die Anschlüsse der Prüfnetzleitungen, die direkt von den Anschlußpunkten zur Diagnose-Steckdose führen.

Die Zahlen in den Kabeln kennzeichnen deren Stärke in Quadratmilimeter (mm²).

**Stromlaufplan Teil 1**

# VW Golf/Scirocco Modell 1978

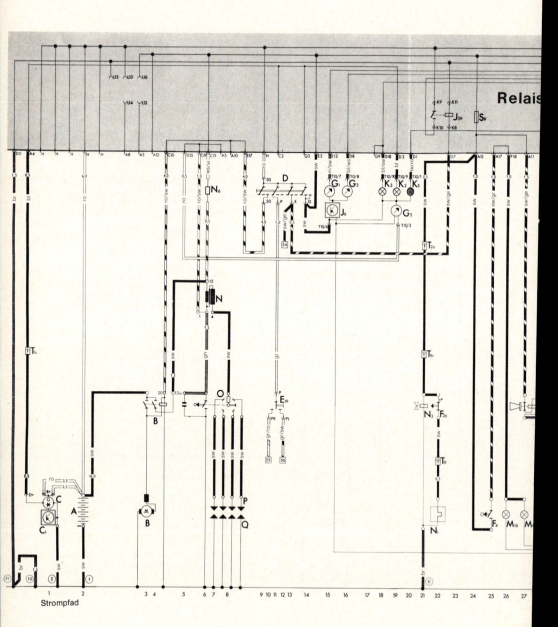

Kabelfarben:  bl – blau   gn – grün   sw – schwarz
              br – braun  gr – grau   vi – violett
              ge – gelb   ro – rot    ws – weiß

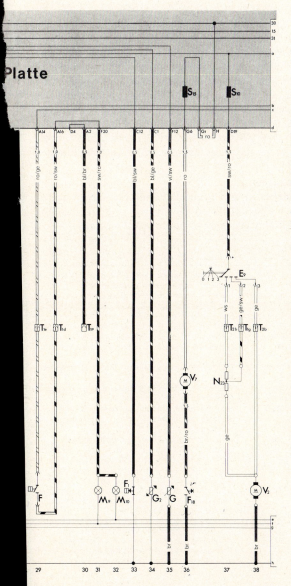

| Bezeichnung der Teile | | im Strompfad |
|---|---|---|
| A | – Batterie | 2 |
| B | – Anlasser | 3, 4 |
| C | – Drehstrom-Lichtmaschine | 1 |
| $C_1$ | – Spannungsregler | 1 |
| D | – Zündschloß | 9, 11, 13, 14 |
| $E_9$ | – Schalter für Luftgebläse | 37, 38 |
| $E_{19}$ | – Schalter für Parklicht | 10–12 |
| F | – Bremslichtschalter | 29 |
| $F_1$ | – Öldruckschalter | 33 |
| $F_4$ | – Schalter für Rückfahrscheinwerfer | 25 |
| $F_{18}$ | – Thermoschalter für Kühlerventilator | 36 |
| $F_{26}$ | – Thermoschalter für Startautomatik (nur 1,5 l) | 22 |
| G | – Geber für Tankanzeige | 35 |
| $G_1$ | – Tankanzeige | 15 |
| $G_2$ | – Geber für Temperaturanzeige | 34 |
| $G_3$ | – Temperaturanzeige | 16 |
| $G_5$ | – Drehzahlmesser | 19 |
| H | – Hupentaste | 28 |
| $H_1$ | – Hupe | 27 |
| $J_6$ | – Spannungskonstanthalter | 15 |
| $J_{59}$ | – Entlastungsrelais | 22, 23 |
| $K_2$ | – Kontrollampe für Lichtmaschine | 19 |
| $K_3$ | – Kontrollampe für Öldruck | 18 |
| $K_5$ | – Kontrollampe für Blinker | 20 |
| $M_9$ | – Lampe für Bremslicht links | 31 |
| $M_{10}$ | – Lampe für Bremslicht rechts | 32 |
| $M_{16}$ | – Lampe für Rückfahrscheinwerfer links | 26 |
| $M_{17}$ | – Lampe für Rückfahrscheinwerfer rechts | 27 |
| N | – Zündspule | 6 |
| $N_1$ | – Vergaser-Startautomatik | 22 |
| $N_3$ | – Leerlauf-Abschaltventil | 21 |
| $N_6$ | – Vorwiderstandsleitung | 6 |
| $N_{23}$ | – Vorwiderstand für Luftgebläse | 37 |
| O | – Zündverteiler | 6, 8 |
| P | – Zündkerzenstecker | 8 |
| Q | – Zündkerzen | 8 |
| $S_9, S_{10}, S_{15}$ | – Sicherungen im Sicherungskasten | |
| $T_{1c}$–$T_{2b}$ | – Steckverbindungen | |
| $T_{10}$ | – Zentralstecker am Kombiinstrument | |
| $V_2$ | – Luftgebläse | 38 |
| $V_7$ | – Kühlerventilator | 36 |
| [55], [56] usw. | – Fortsetzung in Strompfad 55, 56 usw. | |
| ① | – Batterie-Massekabel | |
| ② | – Masseband zwischen Lichtmaschine und Motorblock | |
| ⑩ | – Massepunkt am Kombiinstrument | |
| ⑪ | – Massepunkt an der Lenksäulenabstützung | |

Die Zahlen in den Kabeln kennzeichnen deren Stärke in Quadratmillimeter ($mm^2$).

**Erläuterungen zu den Stromlaufplänen**

# Erklärende Worte

In einem modernen Auto ist weit mehr Elektrik hineingepackt als in früheren Jahren. Dadurch sind die seither üblichen elektrischen Schaltpläne, aus denen man auch die ungefähre Lage der einzelnen Kabel im Fahrzeug entnehmen konnte, zu einem kaum noch entwirrbaren Kabelsalat geworden. Das hat die Wolfsburger Techniker nicht ruhen lassen, weshalb man sich dort die sogenannten Stromlaufpläne ausdachte. Diese Pläne zeigen die einzelnen Stromkreise der elektrischen Anlage nebeneinander aufgezeichnet, so daß der funktionelle Zusammenhang der verschiedenen Teile der Autoelektrik leichter zu erfassen ist. Der graue Streifen oben im Stromlaufplan stellt die Schaltungen der Zentralelektrik dar; die Fußleiste bezeichnet die »Masse« (in Wirklichkeit das Blech der Autokarosserie), über die der Stromkreislauf geschlossen wird.
Die komplette Darstellung der Schaltkreise des VW Golf und Scirocco umfaßt je zwei Stromlaufpläne. Stellvertretend für sämtliche Modelle haben wir den VW Golf Modell 1975 sowie Golf/Scirocco Modell 1978 ausgewählt. Schaltungsvariationen zu Ihrem speziellen Fahrzeug sind deshalb möglich.

**Genormte Klemmenbezeichnungen in den Stromlaufplänen**
Die nachstehenden Klemmenbezeichnungen sind sowohl in den Stromlaufplänen auf diesen Seiten und in der hinteren Buchklappe als auch auf den meisten Bauteilen im Fahrzeug vermerkt (dort gelegentlich Abweichungen durch ebenfalls zutreffende Normklemmen-Bezeichnungen möglich).

| Klemmen-Norm | Kabelführung und Hinweise | Klemmen-Norm | Kabelführung und Hinweise |
|---|---|---|---|
| 1 | Stromweg zwischen Zündspule und Unterbrecher; grünes Kabel | L, R | Stromwege zwischen den Blinkerschaltern und den Blinkerlampen links und rechts |
| 4 | Zündfunkenstromweg zwischen Zündspule und Zündverteiler; dicke Zündkabel | 50 | Anlasser-Schaltstrom zwischen Zündschloß und Anlasser, nur während des Startvorgangs unter Strom |
| 15 | Stromführend bei eingeschalteter Zündung ab Zündschloß für Zündspule und sonstige Stromverbraucher, die nur bei eingeschalteter Zündung arbeiten sollen, z. B. Blinker, Hupe, Scheibenwischer; meist schwarze oder schwarzbunte Kabel | 53, a, b, e, | Stromzuführung für den Scheibenwischermotor |
| | | 53 c | Stromzufuhr für die Scheibenwascherpumpe |
| | | 54 | Stromweg zwischen Bremslichtschalter und Bremsleuchten |
| | | 56 a | Fernlichtstromweg; weiße und weiß-schwarze Kabel |
| 16 | Umgehungsleitung um den Zündspulen-Vorwiderstand vom Zündschloß direkt zur Zündspule Klemme 15; tritt nur während des Startvorganges in Aktion. | 56 b | Abblendlichtstromweg; gelbe und gelb-schwarze Kabel |
| | | 58, b | Stromwege für Standlicht vorne, Schluß- und Kennzeichenleuchten sowie Instrumentenbeleuchtung |
| X | Stromführende Leitungen bei eingeschalteter Zündung (aber nicht in Anlaßstellung) für Hauptscheinwerfer, heizbare Heckscheibe und Frischluftgebläse; schwarz-buntes Kabel | 58 L, R | Anschlüsse für die linken bzw. rechten Parkleuchten, also Standlicht vorn und Schlußlicht |
| 30 (B+) | Stets stromführend ab Pluspol der Batterie oder Lichtmaschine zum Zündschloß und allen Stromverbrauchern, die auch ohne Zündung funktionieren sollen, z. B. Warnblinkschalter, Innenleuchte, Zeituhr; grundsätzlich rote oder rot-bunte Kabel | P | Parklichtstromweg vom Zündschloß zum Parklichtschalter (= Blinkerschalter), hat nur bei ausgeschalteter Zündung Strom |
| | | 61 | Stromweg zwischen Klemme D+ des Spannungsreglers der Lichtmaschine und der Ladekontrollampe; blaues Kabel |
| 31 | Sogenannte Masseanschlüsse und Massekabel, die zum Schließen eines Stromkreises gebraucht werden, grundsätzlich braune Kabel | 85, 86 | Schaltstromweg durch ein Schaltrelais, bewirkt das Einschalten des »Arbeitsstroms« |
| | | 87 | Arbeitsstromklemme an einem Schaltrelais, erhält bei geschlossenem Schaltstromkreis Strom von Klemme 30 des Relais |
| 49 | Stromanschluß des Blinkgebers | | |
| 49 a | Stromweg des Blinkrhythmus zwischen Blinkgeber und Blink- bzw. Warnblinkschalter | | |

## ...daß er mot liest, kommt in erster Linie seinem Auto zugute

...und nicht zuletzt seiner Brieftasche. Sein eigener Wagen macht ihm deshalb wenig Kummer — und wenn, dann weiß er sich meist selbst zu helfen. Er kennt sich aus mit Autos. Selbst seine Freunde fragen ihn zuerst, wenn sie Schwierigkeiten mit ihrem Wagen haben. Er hat fast immer einen guten Tip parat. Und wenn er selbst einen braucht, weiß er, wo er ihn bekommt: von mot. mot ist eine Zeitschrift für Männer, die mehr über ihre Autos wissen wollen. Überzeugen Sie sich selbst — überzeugen kostet nichts.
Wir senden Ihnen gerne ein Probeheft.

Vereinigte Motor-Verlage
GmbH & Co KG
7000 Stuttgart 1
Postfach 1042

Erscheint 14täglich
DM 2,50

# SPEZIELL FÜR IHR AUTO - SPEZIELL FÜR SIE

Der MOTORBUCH-VERLAG Stuttgart - Deutschlands Fachverlag für Motorliteratur - bietet Ihnen spannende und instruktive Bücher über Do-it-yourself, Fahrtechnik, Motordokumentation, Luftfahrt, sowie Schallplatten, Bildbände, Bildmappen u. Kalender.

Fischer/Kümmel
## AUTOTECHNIK — AUTOELEKTRIK

Hier werden weit über 300 Details behandelt. Ein Auto dürfte aus rund 4000 Teilen bestehen: Schräglenkerachsen, Differential, McPherson-Federung, de-Dion-Achse, Abgasvergaser, Luftkissenauto, Transistorzündung, asymmetrisches Licht, Halogenlicht, Wankelmotor, Vierspurauto — dies sind nur ein paar Begriffe, hinter denen eine interessante Technik steht. Die Experten Joachim Fischer und Helmut Kümmel erklären klipp und klar, worum es geht. Mit Hilfe vieler Bilder und Zeichnungen, die schnell erkennen lassen, worauf es ankommt. Dieses Handbuch erscheint bereits in der 6. Auflage. Dadurch ist es möglich, den Stand der Technik immer wieder einzuholen und zu überrunden.

»Der frühere Leitfaden für die Autotechnik hat sich zu einem Standardwerk gemausert. Das Anordnungsschema fördert die Übersichtlichkeit: Auf den rechten Seiten steht immer der Haupttext, auf den linken stehen die erläuternden Texte und das umfangreiche Bildmaterial.« (mot auto-journal)

300 Seiten, 370 Fotos und Zeichnungen, DM 24,—

Stefan Woltereck
## KOSTEN SPAREN BEIM AUTOFAHREN
230 Seiten, 53 Abbildungen, DM 22,—

In diesem Buche sind erstmals systematisch alle Möglichkeiten zusammengetragen, wie sich die Ausgaben fürs Auto in Grenzen halten lassen. Denn es hat kaum irgendwo in den letzten Jahren eine solche Kosten-Explosion gegeben wie beim Autofahren. Der Benzinpreis, die Reparaturkosten, die Versicherungsbeiträge, die Autopreise, alles wurde erheblich teurer.

Für spezielle technische Arbeiten
## REPARATUR-ANLEITUNG
für VW Golf/Scirocco (ohne Diesel und GTI) Band-Nr. 235

120 Seiten, 119 Abbildungen, Maß- und Einstelltabellen, kartoniert, DM 22,—. Der technisch versierte Autofahrer, der größere Reparaturen an seinem Golf/Scirocco selbst ausführen will, benötigt die spezielle Reparaturanleitung. Sie bietet alle notwendigen Hinweise und Angaben — bis ins Detail.

Wenn Sie schneller und sicherer fahren, aber auch die Technik Ihres Autos kennenlernen wollen, dann geben Ihnen diese Bücher die notwendigen Hinweise und Ratschläge für die Praxis.

Gert Hack
## AUTOS SCHNELLER MACHEN —
Automobil-Tuning in Theorie und Praxis
425 Seiten, 290 Abb., Zeichnungen, Diagramme, Maß- und Einstelldaten, gebunden, DM 44,—

Gert Hack hat mit seinem Buch eine Marktlücke gefüllt. Bei aller Gründlichkeit in seiner Darstellung motortechnischer Vorgänge fehlt niemals der Hinweis auf die Praxis . . .
(auto, motor und sport, Stuttgart)

Gert Hack
## VW GOLF/SCIROCCO TUNING
So wird er schneller

Dieses Buch will all jenen Leitfaden und Hilfe sein, die sich für das Schnellermachen ihres Golf oder Scirocco interessieren. Die theoretischen und praktischen Möglichkeiten der Leistungssteigerung und Fahrwerksverbesserung werden hier an zahlreichen Beispielen ausführlich erläutert.

240 Seiten, 202 Abbildungen, geb. DM 28,-

Unsere Bücher erhalten Sie in allen Buchhandlungen, in den Buch- und Zubehörabteilungen der Kaufhäuser und im Autozubehör-Handel.

# MOTORBUCH VERLAG · POSTFACH 1370 · 7000 STUTTGART 1